Sammlung Schubert XXXIV

Liniengeometrie

mit Anwendungen

von

Dr. Konrad Zindler
Professor an der Universität Innsbruck

I. Band

Mit 87 Figuren

Neudruck

Walter de Gruyter & Co.
vormals G. J. Göschen'sche Verlagshandlung — J. Guttentag, Verlagsbuchhandlung — Georg Reimer — Karl J. Trübner — Veit & Comp.
Berlin W 10 und Leipzig 1928

Vorwort.

Eine systematische Liniengeometrie, die auch die analytischen Methoden berücksichtigt, ist seit Plückers Originalwerk „Neue Geometrie des Raumes, gegründet auf die Betrachtung der geraden Linie als Raumelement" (I, 1868; II, 1869) in deutscher Sprache nicht erschienen (Sturms Liniengeometrie 3 Bände 1892, 1893, 1896, ist rein synthetisch); auch in anderen Sprachen giebt es nur Monographieen über einzelne allerdings ausgedehnte Teile der Liniengeometrie (namentlich Koenigs, Géométrie réglée, 1895). So bin ich der Aufforderung, eine „Liniengeometrie" zu schreiben, gerne nachgekommen, da mir diese Aufgabe lohnend schien.

Entsprechend den Zwecken der „Sammlung Schubert" sind die ersten beiden Abschnitte ganz elementar gehalten, d. h. es wurde hier von Linienkoordinaten gar nicht, von projektiver Geometrie sehr mäfsiger Gebrauch gemacht. In den letzten Abschnitten wachsen die Anforderungen an den Leser etwas; doch ist die Darstellung immer noch Studierenden höherer Semester zugänglich.

Den Hauptgegenstand des vorliegenden ersten Bandes bilden die linearen Komplexe und Kongruenzen und die linearen Mannigfaltigkeiten solcher Komplexe samt den Anwendungen, welche dieser Teil der Liniengeometrie gestattet. Die Gebilde höheren Grades, die dabei auftreten, dienen zugleich als Vorbereitung für den zweiten Band, der hauptsächlich die algebraischen Liniengebilde höheren als des ersten Grades und die infinitesimale Liniengeometrie behandeln soll. Da der angewandten Mathematik neuerdings im Universitätsunterricht mehr Aufmerksamkeit geschenkt wird, habe ich den Kreis der Anwendungen möglichst weit gezogen, z. B. die Beziehungen der Liniengeometrie zur graphischen Statik berücksichtigt.

Um die Darstellung von anderen Büchern möglichst unabhängig zu machen, habe ich einen Abschnitt „Imaginäre Elemente“ eingeschaltet, damit der Anfänger Gelegenheit hat, sich diese nun einmal unentbehrlichen Theorieen und Ausdrucksweisen nicht durch bloſse Gewöhnung, sondern durch Einsicht in ihre Berechtigung anzueignen. Ähnliche Rücksichten bewogen mich zur Einschaltung des § 80. Allerdings habe ich mich in der Theorie des Imaginären auf das engste Gebiet beschränkt, in dem ein relativer Abschluſs erreicht werden kann, nämlich auf die Gesetze des Verbindens und Schneidens, glaube aber hier einige Vereinfachungen erzielt zu haben.

Alle Gebilde suchte ich möglichst der Anschauung zugänglich zu machen. Die Anschaulichkeit hängt weniger davon ab, ob die analytische oder die synthetische Methode benutzt wird (denn die abstrakte Allgemeinheit der projektiven Geometrie ist ebenso unanschaulich als die analytische Geometrie), als vielmehr davon, ob es gelingt, die Gebilde in metrisch ausgezeichneter Weise zu erzeugen. Dies ist freilich nur in den elementaren Gebieten zu erreichen; hier soll man es aber auch verlangen. Man hat sich z. B. auffallend wenig darum gekümmert, wie denn ein Strahlennetz ohne reelle Brennlinien eigentlich „aussieht“. Die Sätze 105 bis 110 und Fig. 47 füllen diese Lücke aus.

Inhaltlich Neues findet sich in den §§ 43, 54, 55, 59, 60, 68, 83, B. Auſserdem wurden manchmal neue Beweise alter Sätze gegeben und Bekanntes in einzelnen Punkten ergänzt: So dürfte die geometrische Bedeutung tetraedrischer Linienzeiger in dieser Vollständigkeit (Satz 47) noch nicht ausgesprochen sein und die Diskussion der imaginären Tangenten zweiter Art einer Fläche zweiter Ordnung (§ 72) explicite nicht gegeben sein. Die Untersuchung der Achsenkongruenzen der Komplexnetze wurde mit Berücksichtigung aller speziellen Fälle geführt, was weder bei Plücker noch bei Ball (Theory of the Screws, 1900) geschieht, aber notwendig ist, wenn man für die Anwendungen auf Mechanik und die Beurteilung jedes einzelnen Falles von Bewegungsfreiheit dritten Grades sicheren Boden gewinnen will.

Den bequemen Ausdruck Grafsmanns „Zeiger“ für „Koordinaten“ (dementsprechend „Zeigersystem“, „Linienzeiger“ u. s. w.). halte ich einer gröfseren Verbreitung wert und habe ihn ebenso angenommen, wie einige zweckmäfsige Bezeichnungen Sturms. Ich habe die Gelegenheit benutzt, in den Übungsaufgaben den Leser auf weitere Litteratur aufmerksam zu machen, zu deren Erwähnung im Text kein Anlafs war. Andere Bände der „Sammlung Schubert“ wurden mit S. S. zitiert.

Zwischen synthetischer und analytischer Methode wurde nach Bedarf abgewechselt. Denn die „Reinheit der Methode“ befriedigt nur in den grundlegenden Disziplinen. Später wirkt sie ermüdend und soll durch diejenigen Hilfsmittel abgelöst werden, die am raschesten und natürlichsten weiterführen.

Innsbruck, am 26. Februar 1902.

Konrad Zindler.

Inhaltsverzeichnis.

Einleitung.

Der Gegenstand der Liniengeometrie.

Die Mannigfaltigkeit der Geraden des Raumes ist eine vierfache, d. h. die einzelne Gerade hängt von vier Konstanten oder Parametern ab. Bestimmen wir z. B. eine Gerade durch ihre Schnittpunkte S, S' mit zwei festen Ebenen, so erhalten wir jede Gerade nur einmal, und jeder der Punkte S, S' braucht zur Bestimmung in seiner Ebene wieder zwei Zeiger (Koordinaten). Oder wenn wir die analytische Darstellung

$$x = az + \alpha, \qquad y = bz + \beta$$

in einem Parallelzeigersystem mit den laufenden Zeigern x, y, z zu Grunde legen, so können wir a, b, α, β als die vier Parameter der Geraden betrachten. Innerhalb dieses vierfachen Gebietes*) giebt es nun einfache, zweifache, dreifache Gebiete, analog wie es innerhalb des dreifach ausgedehnten Punktraumes einfache und zweifache Gebiete (Kurven und Flächen) giebt. Die einfachen Gebiete gerader Linien heifsen Regelflächen, die zweifachen Strahlensysteme, häufiger Strahlenkongruenzen (auch Linienkongruenzen oder Kongruenzen schlechtweg), die dreifachen Linienkomplexe oder Komplexe. Z. B. bilden die sämtlichen Normalen einer Fläche eine Strahlenkongruenz, die sämtlichen Tangenten derselben einen Komplex (sehr spezieller Art). Auch aus der obigen analytischen Darstellung erhalten

*) Statt „Mannigfaltigkeit“ werden wir häufig den kürzeren Ausdruck „Gebiet“ gebrauchen.

wir Komplexe, wenn wir die Wahl der vier Parameter dadurch beschränken, dafs wir ihnen eine Bedingung

$$f(a, b, \alpha, \beta) = 0$$

auferlegen. Zwei solche Bedingungen sondern Kongruenzen, drei sondern Regelflächen aus. Vier unabhängige Bedingungen sondern nurmehr eine diskrete Anzahl gerader Linien aus, analog wie sich drei Flächen im allgemeinen nur noch in einer endlichen Anzahl von Punkten schneiden.

Die Untersuchung der einfachen, zweifachen und dreifachen Geraden-Mannigfaltigkeiten bildet nun den Gegenstand der Liniengeometrie im engeren Sinn; eine Erweiterung wird dieser Stoff am Schlufs des § 43 erfahren. Daneben gestattet die Liniengeometrie Anwendungen auf Mechanik, graphische Statik und Bewegungslehre, mit denen wir uns auch befassen werden.

I. Abschnitt.

Das Nullsystem und das Strahlengewinde.

§ 1. Die Schraubenbewegung.

Es sei P ein Punkt einer Kreiscylinderfläche mit dem Halbmesser r, N seine senkrechte Projektion auf die Achse a des Cylinders, P' seine senkrechte Projektion auf eine zu a senkrechte Ebene ε (Fig. 1). Wenn sich dann P so bewegt, dafs der von P' beschriebene Kreisbogen und die von N beschriebene Strecke zu allen Zeiten im selben Verhältnis stehen, so beschreibt P eine Schraubenlinie. Es ist am einfachsten, sich die Bewegung von N, also auch von P' gleichförmig zu denken; es sei τ die Geschwindigkeit von N, ω die Winkelgeschwindigkeit des Punktes P', also $r\omega$ seine absolute Geschwindigkeit. Wenn man die Ebene ε von derjenigen Seite betrachtet, nach der τ gerichtet ist, so kann die Drehung von P' noch im positiven oder negativen Drehungssinn erfolgen, demgemäfs ω zweierlei Vorzeichen haben. Im ersten Fall heifst die Schraubenlinie rechtsgewunden oder rechtsgängig (sie steigt, von der Aufsenseite des Cylinders betrachtet, nach rechts), im zweiten linksgewunden oder linksgängig.*) Diese Festsetzung ist vom Sinne, in dem die Schraubenlinie s durchlaufen wird, unabhängig; denn drehen wir den Cylinder der Fig. 1 so um, dafs seine Basis nach oben zu liegen kommt, so bleibt s

*) Danach sind z. B. die Korkzieher und die allgemein gebräuchlichen Schraubennägel „rechtsgewunden“. Dieser Sprachgebrauch ist in der Maschinenlehre üblich; in der theoretischen Geometrie ist die Bezeichnung mitunter umgekehrt.

rechtsgewunden. Es sei P_0 der Schnitt von s und ε, t die Zeit, welche der Punkt von P_0 bis P gebraucht hat; das auf dem Cylinder gelegene Dreieck $P_0P'P$ können wir in eine Ebene abwickeln und erhalten ein rechtwinkliges Dreieck mit den Katheten:

$$P_0P' = r\omega t, \quad P'P = \tau t;$$

die Neigung ϑ der Schraubenlinie ist also bestimmt durch

$$1) \qquad tg\,\vartheta = \frac{\tau}{r\omega}.$$

Da ω für rechtsgewundene Schraubenlinien positiv, für linksgewundene negativ ist, wird ϑ im ersten Falle spitz, im zweiten stumpf, d. h. wir haben unter ϑ immer den Winkel zu verstehen, den der Geschwindigkeitsvektor des Punktes P_0 mit der im Sinn der positiven Drehung gezogenen Kreistangente bildet. Wenn P' einen vollen Kreis beschrieben hat, so ist $P_0P' = 2r\pi$ geworden, also $2r\pi = r\omega t$ und die zugehörige Zeit

$$t = \frac{2\pi}{\omega}$$

$P'P$ ist gleich der Ganghöhe h geworden; also ist

$$2) \qquad h = \frac{2\pi\tau}{\omega}.$$

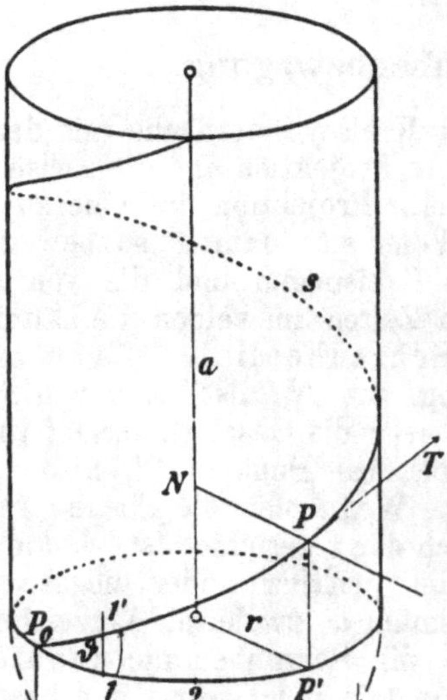

Fig. 1.

Durch die Achse a und die Tangente T eines ihrer Punkte ist s vollkommen bestimmt. Wenn s rechtsgewunden ist, so ist es auch diejenige Schraubenlinie, die durch T als Achse und a als Tangente bestimmt ist. Hiernach nennen wir ein Paar windschiefer Geraden, die nicht aufeinander senkrecht stehen, selbst rechts- oder linksgewunden, je nachdem es die beiden Schraubenlinien sind, die bestimmt werden, wenn man die eine Gerade als Achse, die andere als Tangente nimmt.

Wenn ein geometrisches Gebilde sich mit der gleichförmigen Winkelgeschwindigkeit ω um a dreht und gleichzeitig längs a mit der gleichförmigen Geschwindigkeit τ fortschreitet, so sagt man, das Gebilde vollführe eine gleichförmige Schraubenbewegung oder Schraubung um die Achse a. Da man sich jeden Punkt des Raumes mit dem beweglichen Gebilde fest verbunden denken kann, so gelangt man zur Vorstellung, als ob der ganze bewegliche Raum $\mathfrak{R}$ in einem zweiten ruhenden Raum eine Schraubung vollzöge. Jeder Punkt P von $\mathfrak{R}$ beschreibt dabei eine Schraubenlinie, deren Ganghöhe nach 2) von seiner Lage unabhängig ist, deren Neigung nach 1) mit wachsendem r abnimmt; bloſs die Punkte von a beschreiben a selbst. Wir nennen die ganze Schraubung rechts- oder linksgewunden, je nachdem es ihre einzelnen Schraubenlinien sind. Dabei hängen die Bahnen der Punkte nicht von den absoluten Werten τ und ω, sondern nur von ihrem Verhältnis

3) $$\frac{\tau}{\omega} = \mathfrak{f}$$

und von der Lage der Achse ab; $\mathfrak{f}$ heiſst der Parameter oder die Steigung der Schraubung. Für $r = 1$ wird $tg\vartheta = \mathfrak{f}$, also:

Satz 1: Die Steigung der Schraubung ist gleich der Tangente der Neigung derjenigen Schraubenlinien, die auf dem Cylinder mit dem Halbmesser eins liegen.

---

§ 2. Das Nullsystem.

Wir denken uns den Raum in einer Schraubung um a begriffen und fassen einen bestimmten Zeitpunkt ins Auge; die Normalebene der Bahn, die ein Punkt P zu dieser Zeit hat, nennen wir aus einem später zu besprechenden Grunde seine Nullebene ν. Hierdurch ist jedem Punkt des Raumes eine durch ihn gehende Ebene zugeordnet. Denken wir uns die Normalebene während der Schraubung mitgeführt, so bleibt sie für jeden Zeitpunkt Nullebene des Punktes P. Jene Zuordnung ist also vom gewählten Zeitpunkt unabhängig. ν enthält die Normale PN des Punktes P auf a. Versuchen wir umgekehrt, wenn ν gegeben ist, einen Punkt P zu finden, dessen Nullebene ν ist. Wenn $\nu \perp a$, so ist ihr Schnittpunkt N mit a der gesuchte Punkt. Andernfalls legen wir in ν durch N die Gerade $g \perp a$; nur auf g haben wir P zu suchen. Sein Abstand r von N muſs die Bedingung 1) erfüllen, wobei ϑ durch die Normale von ν bekannt ist. Wenn wir vorläufig beiderseits nur die absoluten Werte dieser Gleichung berücksichtigen, so ist durch sie r eindeutig bestimmt. Aber es giebt auf g zwei symmetrisch zu N gelegene Punkte dieses Abstandes; derjenige ist der gesuchte, dessen Normale zu ν gegen a ebenso gewunden ist, wie die gegebene Schraubung. P heiſst der Nullpunkt von ν. Die Zuordnung ist also gegenseitig eindeutig; nur die zu a parallelen Ebenen haben noch keine Nullpunkte erhalten. Diese Lücke wird sich alsbald schlieſsen.

Satz 2: In einer Schraubung sei jedem Punkt die Normalebene seiner Bahn zugeordnet. Die so definierte geometrische Verwandtschaft ist gegenseitig eindeutig und heiſst Nullsystem.

Die Achse a der Schraubung heiſst auch Achse des Nullsystems, der Parameter $\mathfrak{k}$ der Schraubung auch Parameter (Steigung) des Nullsystems. Das Nullsystem hängt von der Lage der Achse und von $\mathfrak{k}$ ab; also giebt es, da es ∞^4 Gerade giebt, fünffach unendlich viele Nullsysteme. Aus der Entstehungsweise eines Nullsystems $\mathfrak{N}$ geht hervor, daſs es bei einer Drehung um a in sich selbst übergeht, d. h.: Dreht man einen Punkt samt seiner Nullebene um a, so bleibt die Ebene fortwährend Nullebene des Punktes. Man sagt, $\mathfrak{N}$ „gestatte" eine Drehung um a. Ebenso gestattet es eine Schiebung längs a, daher auch eine Schraubung, die irgendwie aus solchen Drehungen und Schiebungen zusammengesetzt ist, also nicht nur diejenige Schraubung, durch welche es definiert wurde, sondern:

Satz 3: Ein Nullsystem gestattet eine beliebige Schraubung um seine Achse.

Hiernach kann man sich eine anschauliche Vorstellung machen, in welcher Weise durch $\mathfrak{N}$ die Punkte und Ebenen des Raumes einander zugeordnet sind. Man kann sich dabei auf die Punkte P einer Geraden g beschränken, welche a senkrecht in N schneidet. Denn jeden anderen Punkt des Raumes kann man durch eine passende Schraubung in einen Punkt von g überführen. Wir denken uns a der bequemerer Ausdrucksweise halber lotrecht, schreiben die Gleichung 1) in der Form

1a) $$tg\vartheta = \frac{\mathfrak{k}}{r}$$

und ersehen daraus: Wenn r von Null bis ∞ wächst, bewegt sich P auf g von N ins Unendliche; dabei werden die zugehörigen Schraubenlinien der Schraubung immer flacher, dagegen die Nullebenen immer steiler gegen die Horizontalebene.

§ 3. Über die Bewegung einer Geraden.

Eine Gerade g bewege sich irgendwie im Raume und der Geschwindigkeitsvektor α eines ihrer Punkte A sei auf ihr senkrecht; β sei der Geschwindigkeitsvektor eines zweiten Punktes B auf g, g_1 eine Nachbarlage von g, g' die durch A zu g_1 gezogene Parallele, endlich ε die Normalebene von g in B. Dann können wir g nach g_1 so überführen, daſs wir g zuerst durch bloſse Drehung um A nach g' bringen, dann durch eine Parallelverschiebung nach g_1; der Geschwindigkeitsvektor von B wird beim ersten Schritt in ε liegen, weil er die Kugelfläche aus A durch B berühren muſs, beim zweiten Schritt zu α parallel, also ebenfalls zu g senkrecht sein. Aus diesen beiden Vektoren setzt sich β zusammen, liegt daher auch in ε, falls es nicht etwa verschwindet. Wir wollen diese Überlegung durch einen analytischen Beweis ergänzen, d. h. zeigen:

Satz 4: Wenn bei einer Bewegung einer Geraden die Bahntangente eines ihrer Punkte auf ihr senkrecht steht, so tritt dasselbe für alle ihre Punkte ein.*)

*) Dieser Satz dürfte zuerst von **Chasles** („Propr. géom. rel. au mouv. inf. petit ...“, Comptes R. Bd. 16, 1843) ausgesprochen sein.

Wir verlegen den Ursprung eines rechtwinkligen Zeigersystems nach A, die z-Achse in die Gerade g; ein zweiter Punkt B auf g habe den Zeiger $z = r$. Bei der Bewegung von g wird A eine Kurve

4) $$x = \varphi(t),\ y = \psi(t),\ z = \chi(t)$$

mit der Tangente α in A beschreiben und B eine Kurve

5) $$x_1 = \varphi_1(t),\ y_1 = \psi_1(t),\ z_1 = \chi_1(t) + r$$

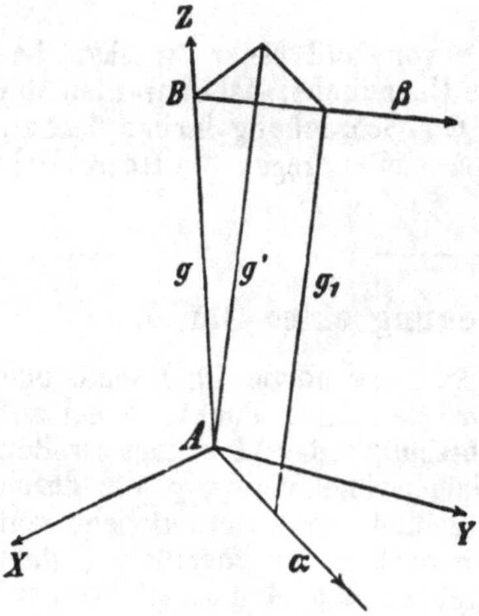

Fig. 2.

mit der Tangente β in B. Dabei müssen zufolge der Lage des Zeigersystems alle sechs Funktionen φ, ψ, χ für $t = 0$ verschwinden, wenn wir die Zeit t vom Beginn der Bewegung an zählen. Aber aufserdem mufs

$$\chi'(0) = 0$$

sein; denn die Richtungscosinus von α sind proportional $\varphi'(t)$, $\psi'(t)$, $\chi'(t)$ und nach Voraussetzung ist $\cos(\alpha, Z) = 0$. Zu beweisen ist, dafs auch $\frac{dz_1}{dt}$ für $t = 0$ verschwindet. Weil die Punkte A und B während der Bewegung ihre Entfernung r beibehalten, ist

$$(\varphi_1 - \varphi)^2 + (\psi_1 - \psi)^2 + (r + \chi_1 - \chi)^2 = r^2;$$

durch Differentiation nach t erhalten wir:

$$(\varphi_1 - \varphi)(\varphi'_1 - \varphi') + (\psi_1 - \psi)(\psi'_1 - \psi') + (r + \chi_1 - \chi)(\chi'_1 - \chi') = 0;$$

setzen wir hierin $t = 0$, so kommt:

$$r\,[\chi'_1(0) - \chi'(0)] = 0,$$

also ist

$$\chi'_1(0) = 0.$$

§ 4. Das Strahlengewinde.

Ein Punkt P hat bei einer Bewegung im Raume in einem bestimmten Augenblick ∞^1 Bahnnormalen und zwar, wenn ν die Normalebene seiner Bahn ist, alle Strahlen des Büschels (P, ν). Wir definieren:

Die Gesamtheit der Bahnnormalen aller Punkte des Raumes bei einer Schraubung heifst Strahlengewinde oder Gewinde.

Mit jedem Nullsystem ist also nach Satz 2 zugleich ein Gewinde definiert; indem wir nämlich in jedem Punkte P des Raumes alle Strahlen auffassen, die durch ihn gehen und in seiner Nullebene ν liegen, erhalten wir ein Gewinde. Wir fragen, ob durch P noch ein Strahl s des Gewindes aufserhalb ν gehen kann? Ein solcher müfste in der Nullebene eines seiner Punkte liegen; dann stünde die Bahntangente dieses Punktes Q auf s senkrecht, daher*) nach Satz 4 auch die Bahntangente von P. Dies ist aber nur möglich, wenn s in ν liegt. Zugleich folgt aus Satz 4, dafs die Bahntangente jedes Punktes Q eines Gewindestrahls s auf s senkrecht steht; daher ist s in der Nullebene ν jedes seiner Punkte Q enthalten. Bewegt sich Q auf s, so dreht sich ν um s, wobei es nach Satz 2 ausgeschlossen ist, dafs ν früher in dieselbe Lage zurückkehrt als Q. Es giebt ∞^3 Punkte im Raume; durch jeden gehen ∞^1 Strahlen des Gewindes, die ein ebenes Büschel bilden. Andererseits tritt jeder Strahl bei jedem seiner Punkte als Strahl des zugehörigen Büschels auf. Es giebt also doch nur ∞^3 Gewindestrahlen.

Satz 5: Die Strahlen eines Gewindes bilden eine dreifach unendliche Mannigfaltigkeit. Durch jeden Punkt des Raumes geht und in jeder Ebene des Raumes liegt davon ein lineares Büschel.

Den letzten Teil des Satzes müssen wir noch beweisen: Ist zunächst die Ebene ε parallel zur Achse a, so wählen wir in ihr eine Gerade g parallel zu a. Alle Punkte von g haben, da das Nullsystem eine Schiebung längs g gestattet,

*) Der in § 3 vorgesehene Fall, dafs β verschwindet, kann hier nicht eintreten, weil bei einer gleichförmigen Schraubung überhaupt kein Punkt in Ruhe bleibt.

parallele Nullebenen; sie schneiden ε in einem Parallelbüschel, dessen Strahlen dem Gewinde angehören. Aufserdem giebt es in ε keinen Gewindestrahl; denn für jeden seiner Punkte müfste, da durch ihn noch ein zweiter Gewindestrahl in ε ginge, diese Ebene die Nullebene sein. Ist ε nicht zu a parallel, so kennen wir in ε einen Büschel von Gewindestrahlen, dessen Scheitel der nach § 2 ihr zugeordnete Nullpunkt ist; aus demselben Grunde wie früher kann kein anderer Strahl von ε dem Gewinde angehören. Somit ist Satz 5 vollständig bewiesen und wir können jetzt auch den Ebenen, die parallel zu a sind, also in § 2 noch keinen Nullpunkt erhielten, einen solchen zuordnen. Da nämlich für eine solche Ebene ε der Scheitel des Büschels der Gewindestrahlen, der sonst zugleich der Nullpunkt ist, in bestimmter Richtung in unendliche Ferne rückt, so haben wir den unendlich fernen Punkt V dieser Richtung als Nullpunkt von ε zu betrachten. Es giebt aufserdem keinen Gewindestrahl durch V; denn legen wir durch einen solchen s eine Ebene ε', so enthält ε' zwei parallele Gewindestrahlen, nämlich s und die Schnittlinie mit ε, was unmöglich ist, da ε' ihren Nullpunkt im Endlichen hat. Aus § 2 geht hervor, dafs jetzt auch umgekehrt jedem unendlich fernen Punkte (vorläufig mit Ausnahme desjenigen U der Achsenrichtung) eine Nullebene zugeordnet ist. Wenn aber eine Ebene, immer parallel zu einer beliebigen Ausgangsstellung, ins Unendliche rückt, so rückt ihr Nullpunkt immer in der Achsenrichtung ins Unendliche; wir haben daher den Punkt U als Nullpunkt der unendlich fernen Ebene zu betrachten. Damit stimmt überein, dafs U der einzige unendlich ferne Punkt ist, durch den keine im Endlichen liegenden Gewindestrahlen gehen. Es sind also jetzt die Punkte und Ebenen des Raumes **ausnahmslos** (einschliefslich der unendlich fernen Elemente) einander gegenseitig eindeutig in einem Nullsysteme zugeordnet. Ein Gewindestrahl heifst auch **Leitstrahl** des zugehörigen Nullsystems.

---

§ 5. Die Paare polarer Geraden.

Fassen wir zwei Punkte P, P' einer Geraden g auf (Fig. 3), die dem Gewinde nicht angehört, so gehen ihre Nullebenen nicht durch g, schneiden sich also in einer zu g

windschiefen Geraden g'. Alle Strahlen des Büschels (P, g'), ebenso des Büschels (P', g') sind Gewindestrahlen, insbesondere auch QP und QP', wenn Q ein beliebiger Punkt auf g' ist. Der Ort der Gewindestrahlen durch Q ist ein ebenes Strahlbüschel, das durch die beiden Strahlen QP und QP' vollkommen bestimmt ist; also ist Qg die Nullebene von Q, ebenso $Q'g$ von Q', so dafs auch umgekehrt g als Schnitt der Nullebenen zweier beliebigen Punkte Q, Q' auf g' bestimmt ist. Zwei so gegenseitig zugeordnete Gerade heifsen Polaren des Nullsystems oder Gewindes. Jeder Strahl durch Q, der g schneidet, gehört dem Gewinde an; dies gilt für jeden Punkt Q auf g; also:

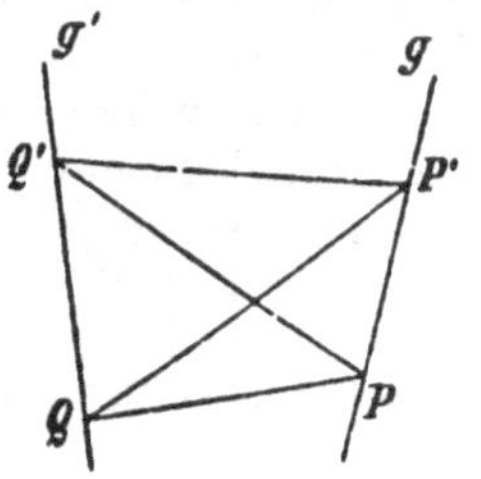

Fig. 3.

Satz 6: Alle Strahlen, die zwei zugeordnete Polaren schneiden, gehören zum Gewinde.

Die Nullebene eines Punktes einer der beiden Geraden ist also die Verbindungsebene mit der anderen. Wir fassen dies mit einem Ergebnis des § 4 zusammen:

Satz 7: Wenn ein Punkt eine Gerade g beschreibt, so dreht sich seine Nullebene um eine Gerade g', die mit g zusammenfällt oder zu ihr windschief ist, je nachdem g ein Strahl des mit dem Nullsystem verbundenen Gewindes ist oder nicht; die Rollen von g und g' sind vertauschbar.

Die Nullebenen zweier Punkte P, P' sind, wie aus der Erzeugungsweise des Nullsystems durch Schraubung unmittelbar hervorgeht, nur dann parallel, wenn die Verbindungslinie g von P und P' zur Achse a parallel ist. Dann rückt g' ins Unendliche und ist durch die Stellung des Parallel-Ebenenbüschels repräsentiert, das die Nullebenen von g bilden; g heifst alsdann ein Durchmesser des Nullsystems. Der Satz 7 behält also auch in diesem Falle seine sinngemäfse Geltung; nur tritt an Stelle einer eigentlichen Drehung eine Parallelverschiebung. Wenn dagegen ein Punkt eine unendlich ferne Gerade g' beschreibt, so dreht sich die Nullebene im eigentlichen Sinne um den polaren Durchmesser g. Nur für die unendlich fernen Geraden der Parallelebenen zu a, die als Gewindestrahlen zu betrachten sind, tritt an Stelle der Drehung eine Parallelverschiebung. Die Achse ist der einzige Durchmesser, für den die zugeordnete Stellung auf ihm senkrecht steht.

Satz 8: Wenn ein Strahl des Gewindes eine Gerade g schneidet, so schneidet er auch ihre Polare g'.

Denn er liegt zugleich mit g' in der Nullebene seines Schnittpunktes mit g. Es sei h, h' ein zweites Polarenpaar, wobei h weder g noch g' schneiden möge. Ein Strahl s, der g, g' schneidet, ist ein Gewindestrahl; schneidet er auch h, so schneidet er nach Satz 8 auch h'. Nun bilden die Strahlen s, welche drei gegebene g, g', h schneiden, eine Regelschar $\mathfrak{R}$ zweiter Ordnung (vergl. Reye, Geom. d. Lage, I. Vortr. 10). Da alle auch von h' geschnitten werden, ist h' ein Strahl der Leitschar $\mathfrak{R}'$, der auch g, g', h angehören. Man sagt, vier Gerade haben hyperbolische Lage, wenn sie derselben Regelschar zweiter Ordnung angehören.

Wenn g und h sich schneiden (Fig. 4), mufs in der Nullebene σ des Schnittpunktes S sowohl g' als h' liegen; also schneiden sich auch diese beiden in einem Punkte T, dessen Nullebene τ sowohl g als h enthält. Die vier Geraden liegen so, dafs sie sich zu je zweien schneiden, wobei die Verbindungslinie der Schnittpunkte mit der Schnittlinie der Verbindungsebenen identisch ist.

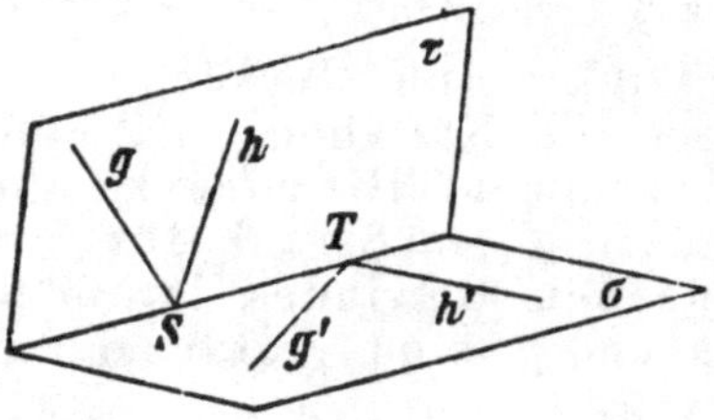

Fig. 4.

Wir wollen diese Lage unter dem Namen „hyperbolische Lage“ einbegreifen (wenn nötig als „spezielle hyperbolische Lage“ von der „allgemeinen“ unterscheiden). Die Gesamtheit der Geraden, welche g, h, g' schneiden, zerfällt hier in die beiden Strahlbüschel (S, σ) und (T, τ). Also können wir sagen:

Satz 9: Zwei beliebige Paare zugeordneter Polaren eines Nullsystems haben hyperbolische Lage.

Wir lassen jetzt h mit a zusammenfallen; wenn dann eine Gerade s sowohl h als h' schneidet, so heifst das soviel, als dafs sie h senkrecht schneidet. $\mathfrak{R}'$ enthält jetzt eine unendlich ferne Gerade h' und ist daher ein hyperbolisches Paraboloid $\mathfrak{P}$, von dem die eine Leitebene auf der Achse senkrecht steht, die andere zu ihr parallel ist;*) $\mathfrak{P}$ ist also gleichseitig und jede der beiden Haupterzeugenden wird von allen Geraden der anderen Schar senkrecht geschnitten. Die Achse ist die eine Haupterzeugende; die andere enthält, da sie von g, g' senkrecht geschnitten wird, den kürzesten Abstand dieser beiden Geraden, also:

Satz 10: Der kürzeste Abstand zweier Polaren eines Nullsystems schneidet die Achse senkrecht.

Drei Strahlen bestimmen eine Regelschar. Gehören alle drei einem Gewinde an, so fassen wir eine Gerade g der Leitschar auf; dann gehört ihre Polare g' nach Satz 8 auch zur Leitschar. Daraus folgt in Verbindung mit Satz 6:

Satz 11: Wenn drei Strahlen einer Regelschar $\mathfrak{R}$ einem Gewinde angehören, so gehört jeder Strahl von $\mathfrak{R}$ dem Gewinde an.

§ 6. Das Nullsystem als reciproke Verwandtschaft.

Aus Satz 7 und Ende des § 4 ergiebt sich, dafs durch ein Nullsystem jedem „Raumelement“, nämlich einem Punkt, einer Geraden oder einer Ebene stets wieder ein Raumelement und zwar bezw. eine Ebene, eine Gerade oder ein Punkt zugeordnet wird und zwar so, dafs, wenn der Punkt eine Gerade durchläuft (die Ebene um eine Gerade sich dreht), die entsprechende Ebene sich um die entsprechende Gerade dreht (der zugeordnete Punkt die entsprechende Gerade beschreibt). Wenn der Punkt Q in der Nullebene ν des Punktes P liegt, so ist QP ein Strahl des zugehörigen Gewindes; also geht auch umgekehrt die Nullebene von Q durch P. Den Punkten des Feldes ν entsprechen also die Ebenen des Bündels P, ferner den Geraden des Feldes die Geraden des Bündels. Wenn also g in ν liegt, geht g' durch P. Wenn endlich zwei Gerade g, h sich schneiden, so schneiden sich auch die entsprechenden (§ 5).

---

*) Für Leser, die mit der Geometrie der Lage nicht vertraut sind, sei bemerkt, dafs der wichtige Satz 10 in § 8 nochmals bewiesen werden wird.

Wenn ein Punkt in einer Ebene liegt oder ein Punkt in einer Geraden oder eine Gerade in einer Ebene oder endlich, wenn zwei Gerade sich schneiden, so sagt man in allen diesen Fällen, die beiden Raumelemente seien incident. Unter Benutzung dieser Ausdrucksweise können wir die eben ausgesprochenen Einzelsätze in den einen Satz zusammenfassen:

Satz 12: Wenn zwei Raumelemente incident sind, so sind die in einem Nullsystem entsprechenden auch incident.

Welcher Art diese Incidenz ist, bestimmt sich aus der Art der Raumelemente von selbst. Das Nullsystem gehört also zu den aus der projektiven Geometrie bekannten „reciproken Verwandtschaften“ oder „Korrelationen“; wir werden später noch darauf zurückkommen (§ 46).

§ 7. Analytische Darstellung des Nullsystems.

Wir knüpfen unmittelbar an § 2 an und wünschen, wenn die Zeiger x, y, z eines Punktes P gegeben sind, die Gleichung seiner Nullebene hinschreiben zu können. Wir lassen die Z-Achse eines rechtwinkligen Zeigersystems erster Art mit der Achse a des Nullsystems zusammenfallen. Die Gleichung einer Ebene durch P hat die Form:

$$6)\qquad A(\xi - x) + B(\eta - y) + C(\zeta - z) = 0,$$

wobei ξ, η, ζ ihre laufenden Zeiger sind. Soll sie die Nullebene von P sein, so müssen A, B, C proportional den Richtungs-Cosinus der Bahntangente von P bei der Schraubung sein; diese Cosinus müssen wir also berechnen. Durch die Schraubung sei P nach der Zeit t in die Lage $P_1 \equiv (x_1, y_1, z_1)$ gekommen. $P' \equiv (x, y, 0)$ und $P'_1 \equiv (x_1, y_1, 0)$ seien die Projektionen von P und P_1 auf die XY-Ebene. Dann ist P'_1 aus P' durch Drehung in der XY-Ebene um den Winkel $\beta = \omega t$ hervorgegangen (§ 1). Wenn also r, α die Polarzeiger von P' in der XY-Ebene sind (Fig. 5), r_1, α_1 von P_1, so ist

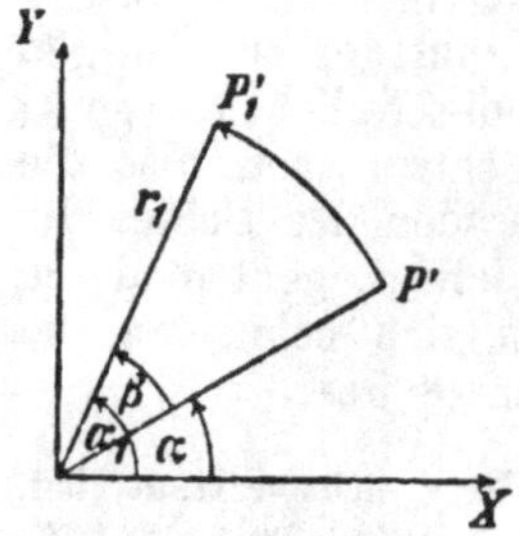

Fig. 5.

$$r_1 = r,\ \alpha_1 = \alpha + \beta$$
$$x_1 = r_1 \cos\alpha_1 = r(\cos\alpha\cos\beta - \sin\alpha\sin\beta)$$
$$y_1 = r_1 \sin\alpha_1 = r(\sin\alpha\cos\beta + \cos\alpha\sin\beta)$$

oder

$$x_1 = x\cos\beta - y\sin\beta,\ y_1 = x\sin\beta + y\cos\beta;$$

aufserdem ist die Höhe von P über der XY-Ebene um τt gewachsen. Der Zusammenhang der Zeiger von P und P_1 wird also dargestellt durch:

$$7)\qquad \begin{aligned} x_1 &= x\cos\omega t - y\sin\omega t \\ y_1 &= x\sin\omega t + y\cos\omega t \\ z_1 &= z + \tau t \end{aligned}$$

Diese Gleichungen stellen die Bahnkurve des Punktes P dar, in x_1, y_1, z_1 als laufenden Zeigern und mit t als Parameter. Für $t = 0$ wird, wie es sein mufs, $P_1 \equiv P$. Wollen wir also drei Gröfsen kennen, die den Richtungs-Cosinus der Bahntangente in P proportional sind, so müssen wir nach t differenzieren und hierauf $t = 0$ setzen. Dies ergiebt:

$$\left(\frac{dx_1}{dt}\right)_0 = -y\omega,\quad \left(\frac{dy_1}{dt}\right)_0 = x\omega,\quad \frac{dz_1}{dt} = \tau$$

Diese drei Gröfsen haben wir für A, B, C in Gleichung 6) einzusetzen und erhalten mit Berücksichtigung von Gleichung 3) als Gleichung der Nullebene von P:

$$8)\qquad x\eta - \xi y + \mathfrak{k}(\zeta - z) = 0.$$

Wir betrachten jetzt τ und ω als mit einem Vorzeichen behaftete Gröfsen; aber es bestätigt sich, dafs das Nullsystem nur von ihrem Verhältnis $\mathfrak{k}$ abhängt. Wenn beide gleichzeitig ihr Vorzeichen umkehren, geschieht die Schraubung im entgegengesetzten Sinn, aber in denselben Bahnen wie früher. Es entspricht einem positiven $\mathfrak{k}$ eine rechtsgewundene, einem negativen eine linksgewundene Schraubung.

---

§ 8. Die Lage der Polarenpaare.

Da wir durch eine passende Drehung um die Achse a des Nullsystems und eine Schiebung längs derselben es dahin bringen können, dafs der kürzeste Abstand einer Geraden g von a in die X-Achse fällt, so können wir uns auf die Geraden g beschränken, welche die X-Achse senkrecht schneiden. Eine solche ist durch den X-Zeiger c ihres Schnittpunktes S und durch ihren Neigungswinkel ν gegen die XY-Ebene bestimmt. Über die Zählung dieses Winkels setzen wir folgendes fest: Durch die positive Seite der X-Achse ist in der YZ-Ebene (und in jeder zu ihr parallelen) ein positiver Drehungssinn fixiert. Wenn nun g_1 die Projektion von g auf die YZ-Ebene ist (Fig. 6), so verstehen wir unter dem Neigungswinkel ν von g mit der XY-Ebene den Winkel (Y, g_1). Wenn c und ν gegeben sind, stellen wir uns die Aufgabe, die Polare g' zu finden. Die Gleichungen der Geraden g sind

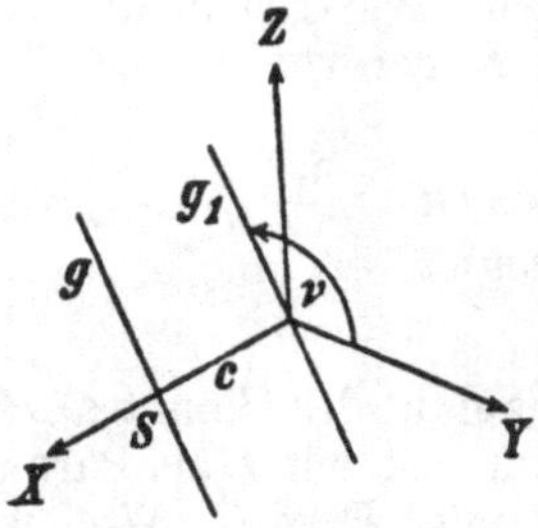

Fig. 6.

$$x = c, \quad \frac{z}{y} = \tan \nu.$$

Die Zeiger eines ihrer Punkte P sind also

$$c, y, y \,.\, \tan \nu$$

und nur von der einzigen Veränderlichen y abhängig. Setzen wir sie in Gleichung 8) ein, so erhalten wir als Nullebene von P:

$$9) \qquad c\eta + \mathfrak{k}\zeta - y(\xi + \mathfrak{k} \tan \nu) = 0.$$

Aus dieser Gleichung können wir durch Wahl von y noch die Gleichung der Nullebene eines beliebigen Punktes von g berechnen; insbesondere wollen wir die Nullebene ε von S finden und die Nullebene ε' des unendlich fernen Punktes U von g. Wir setzen $y = 0$ und erhalten als Gleichung von ε:

$$10) \qquad \frac{\zeta}{\eta} = -\frac{c}{\mathfrak{k}}.$$

Um die Gleichung von ε' zu finden, schreiben wir Gleichung 9) zunächst in der Form:

$$\frac{c\eta + \mathfrak{k}\zeta}{y} - (\xi + \mathfrak{k} \tan \nu) = 0.$$

Lassen wir jetzt y unendlich werden, so nähert sich die Ebene der Grenzlage

11) $$\xi = -\mathfrak{k} \tan \nu,$$

der Nullebene von U. Die Ebene 10) enthält, wie es sein mufs, die X-Achse, die Ebene 11) ist auf ihr senkrecht. Die Schnittlinie beider ist nach § 5 die gesuchte Polare g'. Übrigens findet man aus der Form der Gleichung 9), dafs die gemeinsamen Punkte der Ebenen 10) und 11) für jeden Wert y in der Ebene 9) liegen, weil ihre Zeiger die Bestandteile $c\eta + \mathfrak{k}\zeta$ und $\xi + \mathfrak{k} \tan \nu$ für sich zu Null machen; also dreht sich diese Ebene um die Schnittlinie der beiden anderen. Hiermit ist der erste Teil des Satzes 7 neuerdings und unabhängig von § 3 ff. bewiesen worden, ebenso der Satz 10. Denn die Gleichungen 10) und 11) stellen eine Gerade g' vor, die, wie g, die X-Achse senkrecht schneidet; sind c', ν' ihre analogen Bestimmungsstücke, so ist:

$$\frac{\zeta}{\eta} = \tan \nu', \quad \xi = c',$$

durch Vergleich mit 10) und 11) finden wir

$$\tan \nu' = -\frac{c}{\mathfrak{k}}, \quad c' = -\mathfrak{k} \tan \nu,$$

oder symmetrischer:

12) $$\begin{aligned} c &= -\mathfrak{k} \tan \nu' \\ c' &= -\mathfrak{k} \tan \nu, \end{aligned}$$

wodurch die Beziehung zwischen den vier Bestimmungsstücken der Geraden g, g' ausgedrückt ist. Wir entnehmen daraus noch:

13) $$c : c' = \tan \nu' : \tan \nu.$$

Wir fragen, wann g' mit g zusammenfällt. Hierzu mufs $c' = c$ sein, also auch nach Gleichung 12)

$$c = -\mathfrak{k} \tan \nu.$$

Für die Gewindestrahlen s, deren Bestimmungsstücke wir durch den Index s kennzeichnen, gilt also

14) $$\tan \nu_s = -\frac{c_s}{\mathfrak{k}}.$$

Vergleichen wir die rechten Seiten dieser Gleichung und der Gleichung 1), so finden wir (mit Rücksicht auf die Änderungen in der Bezeichnung), dafs ihr Produkt -1 ist. In der That ist ν um $\frac{\pi}{2}$ gröfser als ϑ, wenn g in die Lage s kommt.

Wir wollen uns einen anschaulichen Überblick über die Verteilung der Polarenpaare verschaffen, indem wir die Gerade g das Büschel (S, ε') beschreiben lassen (Fig. 7) und die Bewegung von g' verfolgen. Da ε, U die entsprechenden Elemente von S, ε' sind, können wir aus Satz 12 folgern, dafs g' das Strahlbüschel (ε, U) beschreibt, d. h. in der Nullebene von S parallel zur Lage s von g sich bewegt. Diesen Umstand und die quantitativen Eigenschaften der Bewegung können wir auch aus Gleichung 12) entnehmen. Aufser s betrachten wir noch die zwei ausgezeichneten Lagen, in denen g parallel zur Y- oder Z-Achse wird und nennen sie p und q. Je nachdem $\mathfrak{k}$ positiv oder negativ ist, wird g, die Drehung im positiven Sinn von der Lage p aus beginnend, zuerst die Lage q oder s durchschreiten; dies entnimmt man aus der Gleichung 14) oder unmittelbar aus der geometrischen Bedeutung des Vorzeichens von $\mathfrak{k}$ (§ 7). Um die Vorstellungen zu fixieren, denken wir uns $\mathfrak{k}$ positiv. Während ν von 0 bis $\frac{\pi}{2}$ wächst, nimmt c' nach Gleichung 12) ab von 0 bis $-\infty$. Auch bei weiterer Drehung entsprechen sich die nebeneinander stehenden Intervalle des folgenden Schemas:

ν	c'
0 bis $\frac{\pi}{2}$	0 bis $-\infty$
$\frac{\pi}{2}$ „ ν_s	$+\infty$ „ c
ν_s „ π	c „ 0

Diese Verhältnisse sind in der Fig. 7 ersichtlich gemacht, wo die ausgezeichneten Lagen von g und die entsprechenden von g' eingezeichnet sind. Ferner sind die Winkel, welche ν beschreibt, durch Bogen angedeutet, die gleiche Ziffern tragen, wie die entsprechenden Strecken, welche der Schnittpunkt (g', X) durchläuft; q' liegt im Unendlichen.

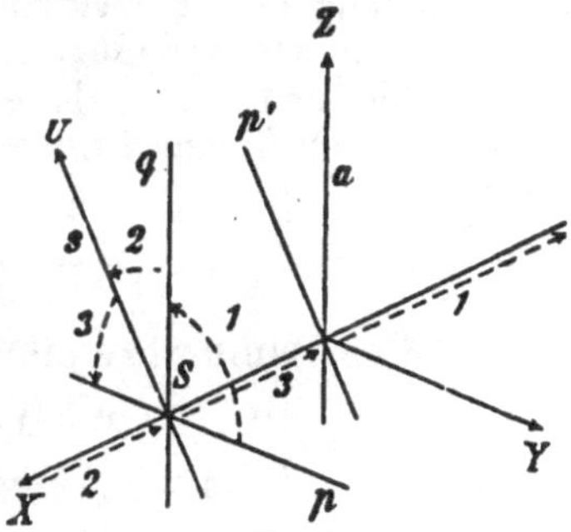

Fig. 7.

Wenn der kürzeste Abstand von g, g' diese Geraden in N, N' schneidet, die Achse in M, so entnehmen wir noch aus Figur 7 oder aus Gleichung 13) den:

Satz 13: Je nachdem die Projektionen von g, g' auf die YZ-Ebene in verschiedenen oder in denselben Quadranten liegen, liegt M innerhalb oder aufserhalb NN'.

---

§ 9. Das Strahlengebüsch.

Wir haben uns bisher stets eine eigentliche Schraubung gedacht. Wenn jedoch die Schiebungskomponente τ verschwindet, so haben wir eine blofse Drehung um a. Es leuchtet unmittelbar ein, dafs die Bahnnormalen sämtlicher Raumpunkte in diesem Fall aus allen ∞^3 Geraden bestehen, die a schneiden. Man nennt ihre Gesamtheit ein „spezielles Gewinde" oder ein Strahlengebüsch und a seinen Träger. Ihm entspricht kein eigentliches Nullsystem mehr. Denn die Nullebene jedes Achsenpunktes wird unbestimmt, die aller anderen Punkte geht durch die Achse. Die Nullpunkte der Ebenen durch die Achse werden unbestimmt, die aller anderen Ebenen liegen im Schnitt mit der Achse. Die gegenseitige Eindeutigkeit der Zuordnung hört also auf. Aber dieses ausgeartete Nullsystem wird immer noch durch die Gleichung 8) dargestellt ($\mathfrak{k} = 0$).

Wenn andererseits die Drehungskomponente ω verschwindet, so wird $\mathfrak{k}$ unendlich. Dividiert man vorher Gleichung 8) durch $\mathfrak{k}$, so erhält man für diesen Fall die

Gleichung $\zeta - z = 0$; in der That stellt sie noch immer die Normalebenen der Bahnen aller Punkte dar; denn es liegt eine Schiebung in der Richtung der Z-Achse vor. Das Gewinde besteht jetzt aus allen ∞^3 Strahlen, die zur XY-Ebene parallel sind und kann als ein Strahlengebüsch aufgefafst werden, dessen Träger die unendlich ferne Gerade dieser Ebene ist.

---

§ 10. Bestimmungsweisen eines Gewindes oder Nullsystems.

Ein Gewinde ist eindeutig bestimmt:

a) Durch die Achse a und einen Strahl s (der zu a windschief sein mufs). Denn wählen wir den kürzesten Abstand von a und s als X-Achse eines wie in § 8 liegenden Zeigersystems, in der wir die positive Richtung willkürlich fixieren können, so sind damit ν_s und c_s gegeben, und man kann $\mathfrak{k}$ aus Gleichung 14) berechnen.

Wenn von einem Nullsystem ein Polarenpaar g, g' (mit dem kürzesten Abstand NN') gegeben ist, so mufs a die Strecke NN' senkrecht (in M) schneiden. Aufserdem ist noch die Bedingung 13) zu erfüllen. Man kann also die Richtung von a innerhalb eines Büschels willkürlich wählen, wodurch auch die Ebene bestimmt ist, von der aus die Winkelzählung erfolgt. Alsdann ist M nach Gleichung 13) dadurch eindeutig bestimmt, dafs man NN' im Verhältnis $\tan \nu' : \tan \nu$ zu teilen hat (vergl. auch Satz 13). Zieht man eine Treffgerade von g, g' hinzu, so ist man hiermit beim Fall a) angekommen. Ein Nullsystem ist also auch eindeutig bestimmt:

b) Durch ein Polarenpaar und die Richtung von a, die dem Büschel der Richtungen g, g' entnommen sein mufs.

Es giebt also ∞^1 Gewinde, in denen g, g' polar sind. Wählt man eine dritte Gerade h (zu g und g' windschief), so ist h' durch Satz 9 auf die Regelschar beschränkt, der g, g', h angehören, kann also ebenfalls gerade noch ∞^1 Lagen einnehmen. Man wird also h' innerhalb der Regelschar willkürlich wählen dürfen. Dann ist aber ein Gewinde bestimmt.

Denn wenn d der kürzeste Abstand von g, g' ist, d_1 von h, h', so mufs a nach Satz 10 der kürzeste Abstand von d, d_1 sein. Wenn d, d_1 sich schneiden, ist a die gemeinsame Senkrechte im Schnittpunkte. Ein Nullsystem ist also auch eindeutig bestimmt:

c) Durch zwei Polarenpaare in hyperbolischer Lage.

Insbesondere kann man h' mit h identisch wählen. Dann ist vom Gewinde aufser g, g' ein Strahl s gegeben, und man kann zu jedem Punkte P des Raums die Nullebene konstruieren. Zunächst kann man nämlich (Fig. 8) den Nullpunkt Q der Ebene $(P, s) = \varepsilon$ finden, indem man in dieser Ebene aufser s noch den durch die Schnittpunkte mit g, g'

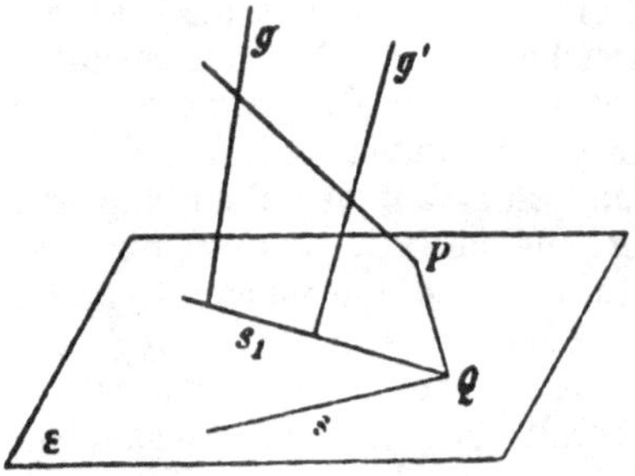

Fig. 8.

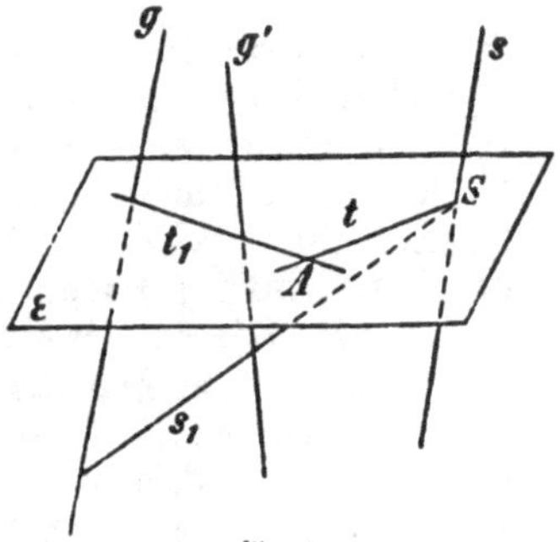

Fig. 9.

bestimmten Gewindestrahl s_1 kennt. Man kennt also durch P den Gewindestrahl PQ und denjenigen, der g, g' schneidet. Dual kann man zu jeder Ebene ε des Raums (Fig. 9) den Nullpunkt A konstruieren. Zunächst kann man nämlich die Nullebene ihres Schnittpunktes S mit s finden, indem man durch S aufser s noch den Gewindestrahl s_1 kennt, der g, g' schneidet. In ε erhält man einen Gewindestrahl t als Schnitt mit der Ebene (s, s_1) und einen zweiten t_1 durch die Schnittpunkte von g, g' mit ε. Ein Nullsystem ist also auch bestimmt durch:

d) Ein Polarenpaar und einen Leitstrahl.

§ 11. Anordnung der Gewindestrahlen.

Es ist wichtig, sich eine möglichst anschauliche Vorstellung vom Strahlengewinde zu machen. Da aber eine Mannigfaltigkeit von ∞^3 Geraden unzerlegt schwer vorstellbar ist, so ist es förderlich, Zerlegungen in Teilmannigfaltigkeiten vorzunehmen. Eine besonders anschauliche wollen wir noch besprechen: Wir denken uns der leichteren Ausdrucksweise halber die Achse a lotrecht; wenn dann $MN = c$ der kürzeste Abstand eines Gewindestrahls s von a ist, wobei M auf a, N auf s liegt, so ist die Neigung von s gegen die Horizontalebene χ durch Gleichung 14 bestimmt. Beschreibt man um a einen Kreiscylinder mit dem Halbmesser c, so berührt s diesen Cylinder; und alle Cylindertangenten, die mit s die gleiche Neigung gegen χ haben und gegen a gleich gewunden (§ 1) wie s sind, gehören ebenfalls zum Gewinde. Diese Neigung wächst mit wachsendem Cylinderhalbmesser nach Gleichung 14. Die ∞^3 Gewindestrahlen lassen sich also zu je ∞^2 als Tangenten von ∞^1 Kreiscylindern anordnen; in jedem Punkte eines Cylinders berührt ein Gewindestrahl und steht auf der Bahntangente, die der Punkt vermöge der zugehörigen Schraubung hat, senkrecht. Die ∞^2 Gewindestrahlen, die denselben Cylinder berühren, lassen sich also wieder zu je ∞^1 als Tangenten von ∞^1 Schraubenlinien anordnen, welche die Bahnschraubenlinien der Cylinderpunkte überall senkrecht durchschneiden, also mit ihnen entgegengesetzt gewunden sind. Man sagt, eine Schraubenlinie (überhaupt eine Kurve) sei in einem Gewinde enthalten, wenn ihre Tangenten dem Gewinde angehören. Je nach der Windung der in ihm enthaltenen Schraubenlinien kann man das Gewinde selbst **rechts oder links gewunden** nennen; also:

Satz 14: **Ein Strahlengewinde ist entgegengesetzt gewunden wie die Schraubung, durch die es definiert wurde.**

Wir haben in Fig. 10 drei von den koaxialen Cylinderflächen dargestellt, sie durch eine Ebene durch a geschnitten und die Parallelbüschel von Gewindestrahlen, die längs der so entstandenen Cylindererzeugenden berühren, durch kurze Striche angedeutet. Dreht man dieses System von ∞^2 Geraden um a, so erhält man sämtliche Gewindestrahlen. Da nach

Gleichung 3 einem positiven $\mathfrak{k}$ rechtsgewundene Schraubenlinien entsprechen, so stellt Gleichung 8 für $\mathfrak{k} > 0$ ein linksgewundenes Gewinde dar.

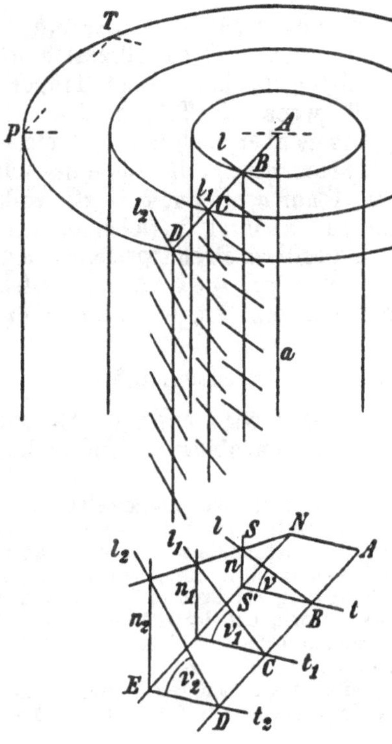

Fig. 10.

§ 12. Das Moment zweier Stäbe und zweier Geraden.

Man nennt allgemein Strecken, an denen nur ihre Länge, Richtung und Sinn in Betracht kommt, Vectoren. Sie sind parallel zu sich selbst frei beweglich, ohne ihre Bedeutung zu ändern. Dagegen ist z. B. eine Kraft, die an einem starren Körper angreift, an eine bestimmte Wirkungslinie gebunden. Eine Strecke, bei der die Länge, die Gerade auf der sie liegt und der Durchlaufungssinn in Betracht kommen, nennen wir mit H. Grassmann d. J. (vergl. Ges. W. I, b, S. 438) einen Stab. Ein Stab ist also nur längs dieser Geraden, seines „Trägers“ frei verschiebbar, ohne seinen Wert zu ändern.

b) Unter dem Moment zweier Stäbe a, b versteht man das Produkt ihrer Längen, ihres kürzesten Abstands und des sinus des Neigungswinkels ihrer Träger. Das Moment wird also Null, wenn die Träger sich schneiden (oder parallel sind). Um es aber auch dem Vorzeichen nach definieren zu können, nehmen wir auf der Linie des kürzesten Abstandes AB (wobei A auf a, B auf b liegt), willkürlich eine positive Richtung an, wodurch zugleich in den hierzu senkrechten Ebenen ein positiver Drehungssinn*) und daher der Winkel (a, b) fixiert ist (vergl. § 8). Dann verstehen wir unter dem Moment der beiden Stäbe, wenn a und b zugleich ihre Mafszahlen sind:

15) $$M(a,b) = -\text{a. b. AB. sin}\,(a,b).$$

Der Grund des Minuszeichens wird aus Satz 15 ersichtlich werden. Das Moment ist davon unabhängig, wie im kürzesten

---

*) Als positiven Drehungssinn in einer Ebene betrachten wir denjenigen, der, von der positiven Seite ihrer Normalen aus gesehen, der Uhrzeigerbewegung entgegengesetzt ist, also mit dem Drehungssinn der Erde um ihre Achse, vom Nordpol aus gesehen, übereinstimmt, ferner mit dem Sinn der Bewegung der Erde in der Ekliptik, von der Nordseite der Ekliptik aus gesehen, auf der sich die meisten Kulturländer das ganze Jahr hindurch befinden. Unter dem Winkel (a, b) zweier Richtungen (Halbstrahlen) der Ebene versteht man nun den Winkel der überstrichen wird, wenn man einen Halbstrahl aus der Richtung a im positiven Drehungssinn in die Richtung b dreht; es ist also

$$\measuredangle(b,a) = 2\pi - \measuredangle(a,b).$$

Wo nur trigonometrische Funktionen in Betracht kommen, kann man setzen:

$$\measuredangle(b,a) = -\measuredangle(a,b),$$

und man kommt mit Winkeln zwischen Null und 2π (ausschliefslich der oberen Grenze) aus. Es ist nicht immer nötig, einen positiven Drehungssinn einzuführen oder, was auf dasselbe hinauskommt, die Reihenfolge der Winkelschenkel zu beachten, weil viele Ergebnisse hiervon unabhängig sind, z. B. alle jene, in denen nur der cos der Winkel auftritt. Wir sprechen dann von absoluter Winkelzählung. Sie braucht sich nur von Null bis π (einschliefslich beider Grenzen) zu erstrecken. Wir werden sogleich ein Beispiel ihrer Verwendung haben (Satz 15).

Abstand die positive Richtung fixiert wurde; denn bei Änderung derselben wechseln die letzten beiden Faktoren ihr Vorzeichen. Aus demselben Grund ist

$$M(b,a) = M(a,b).$$

Wenn dagegen der eine Stab in den entgegengesetzten verkehrt wird, ändert das Moment sein Vorzeichen, weil sich der Winkel (a,b) um π ändert. Wir haben uns bisher die positive Richtung in den Trägern der Stäbe durch diese selbst fixiert gedacht, so dafs die Zahlen a, b positiv waren. Eine etwaige andere Festsetzung hat auf das Moment keinen Einflufs. Denn wechselt die postive Richtung im Träger von a, so wechselt sowohl a als $\sin(a,b)$ sein Vorzeichen. Aus Fig. 11 sieht man,*) dafs das Moment der Stäbe a, b positiv bleibt, so lange der Drehungssinn, den der Stab b in Bezug auf a bestimmt, positiv ist.**) Indem wir den Begriff der Windung zweier Geraden (§ 1) auch auf Stäbe übertragen, können wir auch den letzten Teil des folgenden Satzes aus Fig. 11 entnehmen.

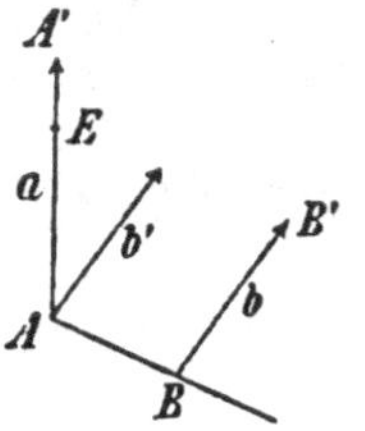

Fig. 11.

Satz 15: Das Moment zweier Stäbe stimmt dem Vorzeichen nach mit dem Drehungssinn überein, den der eine Stab in Bezug auf den anderen bestimmt; das Moment zweier rechts gewundenen Stäbe ist positiv, wenn sie einen absolut spitzen Winkel bilden.

Die übrigen Fälle ergeben sich hieraus von selbst.

c) Unter dem Moment zweier Geraden verstehen wir das Moment zweier Einheitsstäbe auf diesen Geraden; damit es also auch dem Vorzeichen nach bestimmt sei, müssen auf den Geraden positive Richtungen fixiert sein. Unter dem Moment eines Stabes in Bezug auf eine

---

*) In Fig. 11 ist die Strecke AB nach rechts vorn unten gehend zu denken. Dann liegt, wenn $AB > 0$, $\measuredangle(a,b)$ im vierten Quadranten. Also ist $M(a,b) > 0$. Die Stäbe sind rechts gewunden.

**) Man denke sich in b eine Kraft, die einen Körper um die Achse a dreht. Je nachdem der Sinn dieser Drehung positiv oder negativ ausfällt, sagen wir, der Stab b bestimme in Bezug auf den Stab a einen positiven oder negativen Drehungssinn. Der Drehungssinn, den der Stab a in Bezug auf b bestimmt, hat dasselbe Vorzeichen.

Achse verstehen wir das Moment des Stabes in Bezug auf einen Einheitsstab auf der Achse; unter dem Moment eines Stabes ST in Bezug auf einen Punkt P verstehen wir das Moment des Stabes in Bezug auf eine Achse, die durch P senkrecht auf die Verbindungsebene PST gelegt ist; es ist also gleich dem doppelten Dreieck PST. Diese Definitionen sind natürlich den Bedürfnissen der Mechanik angepaſst.

d) Das Volumen eines Tetraeders $ABCD$ betrachten wir als positiv oder negativ, je nachdem das Dreieck ABC, von D aus gesehen, für einen inneren Punkt den positiven oder negativen Umfahrungssinn ergiebt.*) Es ändert also sein Vorzeichen, wenn man zwei benachbarte oder überhaupt zwei beliebige Symbole vertauscht (vergl. Baltzer, Determin. § 1), ebenso bei cyklischer Vertauschung der vier Symbole. Dagegen ist

$$ABCD = CDAB.$$

Oder wenn man die Stäbe AB, CD mit m, n bezeichnet und durch Nebeneinandersetzen den durch sie bestimmten Tetraederinhalt ausdrückt, so ist auch dem Vorzeichen nach

$$mn = nm.$$

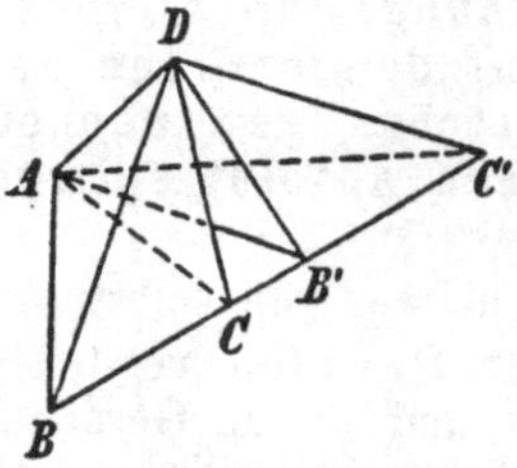

Fig. 12.

Verschiebt man eine Kante eines Tetraeders in sich selbst, ohne ihre Länge zu ändern (Fig. 12; $B'C' = BC$), so ändert sich sein Inhalt nicht; denn es hat weder die Höhe aus D noch die zugehörige Grundfläche ihre Gröſse geändert. Verschiebt man zwei Gegenkanten AA', BB' eines Tetraeders (Fig. 11), bis ihre Anfangspunkte in die Fuſspunkte ihres

---

*) Möbius hat zuerst (1827) ein Vorzeichen des Tetraederinhalts eingeführt; vergl. den Baryc. Calc., § 19 (Ges. W., Bd. I) und „Über die Bestimmung des Inh. eines Polyeders", § 18 (Ges. W. Bd. II). Er nimmt den Drehungssinn des Uhrzeigers als den positiven, betrachtet dagegen von A aus die Fläche BCD; also hat trotzdem hier und bei Möbius jedes Tetraeder $ABCD$ dasselbe Vorzeichen. Für die hier getroffene Festsetzung spricht auſser dem Satz 16 noch der Umstand, daſs das Tetraeder $ABCD$ positiv ist, wenn A in den Ursprung, B, C, D der Reihe nach in die positive X-, Y-, Z-Achse eines Zeigersystems erster Art fallen.

kürzesten Abstands fallen, so sieht man, dafs der sechsfache Tetraederinhalt $6V$ dem absoluten Betrag nach gleich dem Moment der Stäbe AA', BB' ist. Denn $6V$ ist auch gleich dem Inhalt eines Parallelepipeds, dessen Grundfläche das durch a, b' ($b' \# b$ durch A) bestimmte Parallelogramm und dessen Höhe AB ist. Aber diese Gleichheit gilt auch dem Vorzeichen nach; denn aus der Definition des Vorzeichens des Tetraederinhalts geht hervor, dafs es mit dem des Drehungssinnes übereinstimmt, den der Stab AA' in Bezug auf die Achse BB' bestimmt. Durch Vergleich mit Satz 15 finden wir also:

Satz 16: Das Moment der Stäbe AA', BB' ist auch dem Vorzeichen nach gleich dem sechsfachen Inhalt des Tetraeders $AA'BB'$.

e) Hieraus können wir einen analytischen Ausdruck für das Moment zweier Geraden g_1, g_2 ableiten, wenn g_1 durch einen ihrer Punkte $P_1 \equiv (\xi_1, \eta_1, \zeta_1)$ und ihre Richtungswinkel α_1, β_1, γ_1, analog g_2 durch $P_2 \equiv (\xi_2, \eta_2, \zeta_2)$ und α_2, β_2, γ_2 gegeben ist. Liegen zunächst auf den Geraden zwei beliebige Stäbe P_1P_1' und P_2P_2', so ist der sechsfache Tetraederinhalt gegeben durch (vergl. Baltzer, Determ. § 15):

$$16)\qquad 6\,P_1P_1'P_2P_2' = \begin{vmatrix} 1 & \xi_1 & \eta_1 & \zeta_1 \\ 1 & \xi_1' & \eta_1' & \zeta_1' \\ 1 & \xi_2 & \eta_2 & \zeta_2 \\ 1 & \xi_2' & \eta_2' & \zeta_2' \end{vmatrix}$$

Dafs diese Gleichung auch dem Vorzeichen nach gilt, erkennt man am einfachsten an einem Spezialfall: Nimmt man P_1 im Ursprung, P_1', P_2, P_2' bezw. auf der X-, Y-, Z-Achse eines rechtwinkligen Systems erster Art in den Abständen eins vom Ursprung an, so wird $6\,P_1P_1'P_2P_2' = +1$; andererseits wird auch die Determinante

$$\begin{vmatrix} 1 & 0 & 0 & 0 \\ 1 & 1 & 0 & 0 \\ 1 & 0 & 1 & 0 \\ 1 & 0 & 0 & 1 \end{vmatrix} = +1.$$

Da der Tetraederinhalt sein Vorzeichen nicht ändert, solange bei Bewegung seiner Eckpunkte mit Beibehaltung ihrer Reihenfolge niemals eine Ecke die Ebene der drei anderen durchschreitet, und auch die Determinante unter dieser Voraussetzung nie verschwindet, mufs die Übereinstimmung der Vorzeichen immer gelten, sobald sie in einem speziellen Falle gilt.*) Also ist (Satz 16):

$$M(P_1 P'_1, P_2 P'_2) = \begin{vmatrix} 1 & \xi_1 & \eta_1 & \zeta_1 \\ 0 & \xi'_1 - \xi_1 & \eta'_1 - \eta_1 & \zeta'_1 - \zeta_1 \\ 0 & \xi_2 - \xi_1 & \eta_2 - \eta_1 & \zeta_2 - \zeta_1 \\ 0 & \xi'_2 - \xi_2 & \eta'_2 - \eta_2 & \zeta'_2 - \zeta_2 \end{vmatrix}.$$

Sind insbesondere $P_1 P'_1$ und $P_2 P'_2$ zwei Einheitsstäbe, so ist

$$\xi'_1 - \xi_1 = \cos\alpha_1,\ \xi'_2 - \xi_2 = \cos\alpha_2, \text{ u. s. w.; also}$$

17) $$M(g_1, g_2) = \begin{vmatrix} \xi_1 - \xi_2 & \cos\alpha_1 & \cos\alpha_2 \\ \eta_1 - \eta_2 & \cos\beta_1 & \cos\beta_2 \\ \zeta_1 - \zeta_2 & \cos\gamma_1 & \cos\gamma_2 \end{vmatrix},$$

wobei (ξ_1, η_1, ζ_1) und (ξ_2, η_2, η_2) je ein beliebiger Punkt auf g_1 und g_2 ist.

Übungsaufgaben:

1. Es ist der eigentliche Inhalt des Satzes 7 für den Fall explicite auszusprechen, dafs g die unendlich ferne Gerade einer zur Achse parallelen Ebene ist.

2. Wie berechnet man, wenn eine Ebene $A\xi + B\eta + C\zeta + D = 0$ gegeben ist, ihren Nullpunkt mit Hilfe der Gleichung 8)?

3. Die Gleichung 8) darf sich zufolge der Eigenschaften des Nullsystems nicht ändern, wenn man das Zeigersystem

*) Es ist also zu beachten, dafs die Reihe der Einser als erste Kolonne (oder Zeile) geschrieben werden mufs, hierauf die Reste der Zeilen (oder Kolonnen) entsprechend der Reihenfolge der Eckpunkte.

um die Z-Achse dreht oder längs ihr verschiebt; dies ist unmittelbar zu bestätigen.

4. Die zur Fig. 7 analoge Figur für ein negatives $\mathfrak{k}$ ist zu zeichnen.

5. Es ist im Anschlufs daran g' zu einer gegebenen Lage von g zu konstruieren.

6. Was geschieht, wenn man in § 10 bei der Bestimmungsweise b) die Achsenrichtung senkrecht zu g wählt oder parallel dazu?

7. Bei der Bestimmungsweise § 10, c) ist unmittelbar wie bei d) zu jedem Punkt die Nullebene und umgekehrt zu konstruieren.

8. Wieso kann in § 10 die Bestimmungsweise a) als ein Spezialfall von d) aufgefafst werden?

9. Wie findet man bei § 10, d) am schnellsten die Achse?

10. Wie hilft man sich, wenn d, d_1 bei § 10, c) zusammenfallen?

11. Wenn a die (lotrecht gedachte) Achse eines Nullsystems ist (Fig. 13), d der kürzeste Abstand eines Gewindestrahls l, ν seine Neigung gegen die Horizontalebene, so ist (l, d) die Nullebene von P. Nach Gleichung 14) gilt die Beziehung: $d \cdot \cot \nu = -\mathfrak{k}$. Haben d_1, ν_1 für einen anderen Gewindestrahl l_1 durch P die entsprechende Bedeutung, so mufs auch $d_1 \cot \nu_1 = -\mathfrak{k}$ sein. Also ist

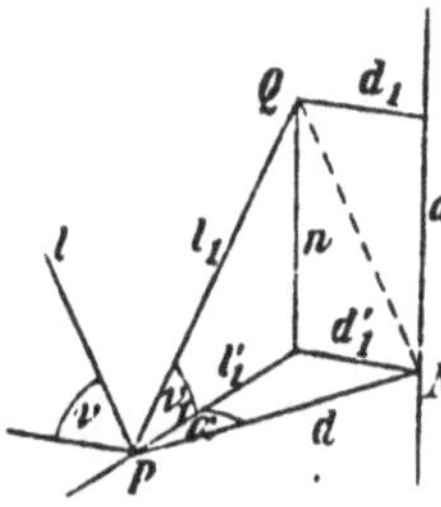

Fig. 13.

$$d_1 \cot \nu_1 = d \cdot \cot \nu.$$

Dies ist unmittelbar zu bestätigen.

12. Wenn man ein Tetraeder durch eine Ebene E nach einem Parallelogramm schneidet (wie?) und dann eine Kante, die zu E parallel ist, in sich selbst verschiebt (§ 12), so verschiebt sich das Parallelogramm kongruent mit sich selbst

in E; auch hieraus kann man die Unveränderlichkeit des Tetraederinhalts entnehmen (Prinzip von Cavalieri).

13. Für alle in einem Nullsystem enthaltenen Schraubenlinien ist der Quotient aus dem Querschnitt des Schraubencylinders und der Höhe des Schraubenganges konstant (Silldorf, Zeitschr. f. Math. u. Phys. Bd. 20).

13a) Drei Punkte ABC und drei der Reihe nach durch sie gehende Ebenen α, β, γ bestimmen ein Nullsystem, wenn die Ebene (A, B, C) durch den Punkt (α, β, γ) geht.

II. Abschnitt.

Anwendungen auf Bewegungslehre, Mechanik und graphische Statik.

§ 13. Momente von Kräften.

Wenn ein starrer Körper um eine Achse a beweglich ist, und es greift eine Kraft k an ihm an, zunächst längs einer Wirkungslinie, die a senkrecht im Abstande $AB = d$ kreuzt (Bezeichnungen und Zeigersystem sind dieselben wie im § 12), so spielt das Produkt kd in der Theorie der Drehung des Körpers bekanntlich*) eine analoge Rolle, wie die Kraft in der Theorie des beweglichen Massenpunktes; es heifst Moment der Kraft k bezüglich der Achse a. Wenn in a eine positive Richtung fixiert ist, so ist hiermit auch ein positiver Drehungssinn um a gegeben, und dann zählt man das Moment positiv oder negativ, je nachdem die Drehung, die seine Kraft hervorbringt, im positiven oder negativen Sinn erfolgt. Trägt man auf a eine Einheitsstrecke AE nach der positiven Richtung ab, so ist das Moment (auch dem Vorzeichen nach) gleich dem sechsfachen Tetraeder $AEBB'$ (wenn $k = BB'$), weil es gleich einem Parallelepiped mit AE als Höhe und $AB . BB'$ als Basis ist.

Liegt k beliebig gegen a, so kommt für die Drehung um a nur die Komponente von k in Betracht, die durch Projektion auf eine zu a senkrechte Ebene entsteht, und man versteht unter dem Moment von k auf a das Moment dieser

---

*) In § 13 erinnern wir an gewisse Sätze der Mechanik, von denen wir die einfachsten als bekannt voraussetzen.

Komponente. Der Tetraederinhalt wird durch die Projektion nicht geändert, weil die Höhe ungeändert bleibt, wenn man ABE als Basis betrachtet (Fig. 11). Also ist immer noch das Moment von k bezüglich a gleich $6AEBB'$. Hieraus folgt in Verbindung mit Satz 16, wenn g die Wirkungslinie der Kraft ist:

Satz 17: Das Moment einer Kraft bezüglich einer Achse a ist gleich dem Moment des Kraftstabs und eines Einheitsstabes auf a oder gleich dem Moment von a,g multipliziert mit dem Betrage der Kraft.

Unter dem Momente eines Kräftesystems bezüglich a verstehen wir die algebraische Summe der Momente aller Einzelkräfte bezüglich a. Ist das Kräftesystem insbesondere ein Kräftepaar, so ist sein Moment bezüglich einer Normalen seiner Ebene bekanntlich von der Lage dieser Normalen unabhängig und heifst deshalb schlechtweg das Moment des Kräftepaars. Es kann durch eine Strecke auf einer solchen Normalen versinnlicht werden, deren Mafszahl gleich der Momentmafszahl ist, und die so gerichtet ist, dafs sie als positive Normale der Ebene des Kräftepaars das Vorzeichen des Moments positiv macht. Da auch die Ebene des Kräftepaars bekanntlich beliebig parallel zu sich selbst verschoben werden darf, so hat die Strecke, durch die das Moment dargestellt wird, den Charakter eines Vektors (s. Anfang des § 12). Die Momentvektoren dürfen bekanntlich geometrisch addiert werden, ebenso wie Kraftstäbe, deren Träger sich schneiden (Parallelogramm der Kräfte). Auch in letzterem Falle hat die resultierende Kraft bezüglich jeder Achse des Raums dasselbe Moment wie das System der Komponenten.

Unter dem Moment einer Kraft k bezüglich des Punktes P versteht man das Moment von k bezüglich einer durch P gehenden Normalen der Ebene (P,k).

---

§ 14. Normalform eines Kräftesystems.

Es sei eine Kraft k gegeben, $l = AA' \perp k$ (Fig. 14) und $g \parallel k$ durch A'. Lassen wir in A' zwei entgegengesetzt gleiche Kräfte $k_1, -k_1$ angreifen ($k_1 = k$), so ist das ganze

System der einzigen Kraft k gleichwertig. k und $-k_1$ bilden ein Drehmoment, dessen Vektor m hinter die Zeichenebene gerichtet ist; k, l, m liegen also (in alphabetischer Reihenfolge) wie die Achsen eines Zeigersystems erster Art. Bezeichnen wir die Maſszahlen dieser Stäbe und Vektoren mit denselben Symbolen,*) so ist $m = kl$; man kann das Ergebnis so aussprechen:

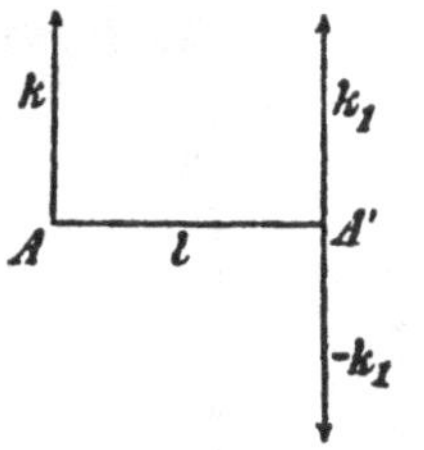

Fig. 14.

Satz 18: Man darf mit einem Kraftstab k in einer zu ihm senkrechten Richtung eine Schiebung l vornehmen, wenn man ein Moment m von der Gröfse kl so hinzufügt, dafs k, l, m wie die Achsen eines Zeigersystems erster Art liegen.

Da Kraftstäbe auf ihren Trägern beliebig verschiebbar sind, kann man l durch einen beliebigen Vektor ersetzen, der von A zu irgend einem Punkte von g hinführt; aber es genügt die speziellere Fassung des Satzes. Bei der Transformation des Satzes 18 ändert sich auch das Moment bezüglich einer beliebigen Achse des Raums nicht; denn es ist als algebraische Summe von der Anordnung und Zusammenfassung der Posten unabhängig. Dabei ist das Moment eines Momentvektors m bezüglich einer Achse a gleich der nach a fallenden Komponente von m.

Wenn nun ein Kräftesystem gegeben ist, so können wir es auf einen beliebigen Punkt P des Raums „reduzieren", d. h. alle seine Kräfte unter Hinzufügung geeigneter Drehmomente in P angreifen lassen, hierauf alle Kräfte zu einer einzigen Kraft und alle Drehmomente zu einem einzigen Moment zusammensetzen. Waren dabei im System Kräftepaare vorhanden, so können wir ihre Momentvektoren ohne weiteres nach P verschieben. Die Reduktion auf P ist eindeutig und jetzt ist das Kräftesystem durch einen einzigen Kraftstab k und einen einzigen Momentvektor M dargestellt, den wir ebenfalls durch P gehen lassen. Aus Satz 18 folgt nun:

---

*) Ein Mifsverständnis kann dadurch nicht entstehen, da wir Grafsmannsche Symbolik (aufser im § 16) nicht verwenden.

Satz 19: Länge und Richtung von k sind von der Lage des Punktes P unabhängig.

Wir fragen, ob wir von hier aus auf einen anderen Punkt O so reduzieren können, daſs die Ebene des Drehmoments auf der Wirkungslinie der Kraft senkrecht wird, daſs also Träger von k und M zusammenfallen. Wir zerlegen M in die zwei Komponenten $m_1 \perp k$ und $m \parallel k$ (Fig. 15). Wir reduzieren dann auf einen Punkt O, der im Abstand l auf derjenigen Hälfte der Normalen der Ebene (k, M) liegt, von der aus der Winkel k, m_1 als 90^0 (nicht als 270^0) erscheint. Wir müssen dann (Satz 18) einen Momentvektor m' von der Gröſse kl zufügen, der mit m_1, entgegengesetzt gerichtet ist. Wählen wir also $l = \frac{m_1}{k}$, so wird m_1 durch m' gerade getilgt, und es bleibt bei der Reduktion auf O nur eine Kraft von der Gröſse k und das Moment m übrig. Ein beliebiger Punkt ihres neuen gemeinsamen Trägers a („Achse" des Kräftesystems) kann die Rolle von O spielen. Aber abgesehen hiervon ist die Reduktion auf diese „Normalform" des Kräftesystems eindeutig. Die Reduktion von P auf O ist nämlich eindeutig; würde man von einem anderen Punkte P' aus zu einem Punkte O' einer Geraden a' kommen, so müſste nach Satz 19 mindestens $a' \parallel a$ sein, und es würde eine Reduktion von O auf O' die Richtung des Momentvektors nicht ändern, was nach Satz 18 unmöglich ist.

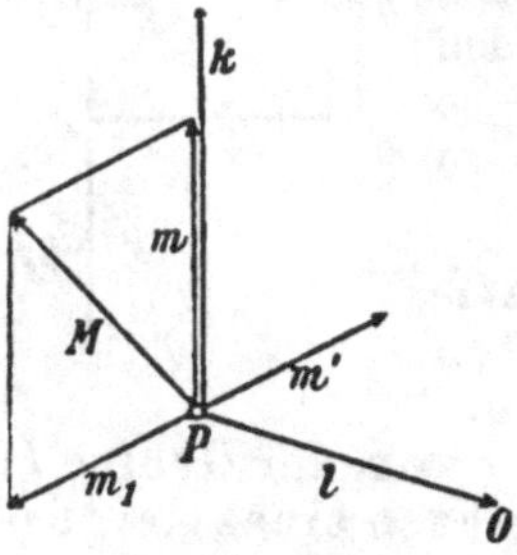

Fig. 15.

Wir nennen ein Aggregat einer Kraft und eines Drehmoments, dessen Ebene zur Kraft senkrecht steht, eine Dyname; sie hat wegen ihres Kraftanteils die Beweglichkeit eines Stabes; solche, die durch Verschiebung längs ihres Trägers auseinander hervorgehen, betrachten wir als nicht verschieden.

Satz 20: Jedes räumliche Kräftesystem läſst sich eindeutig auf eine Dyname reduzieren.

Es ist natürlich nicht ausgeschlossen, daſs in speziellen Fällen der Kraft- oder der Moment-Anteil der Dyname verschwindet.

§ 15. Einfachste Formen eines Kräftesystems.

Als solche betrachten wir die Formen, in denen das Kräftesystem ein Aggregat von möglichst wenig, nämlich zwei Bestandteilen ist, also entweder a) eine Kraft und ein Drehmoment oder b) zwei Kräfte enthält.

a) Wir gehen jetzt von der Dyname k, m mit dem Träger a aus und verschieben (Fig. 16) k nach k' um die Strecke $OP = l$ unter Zufügung des Momentes $m' = kl$, das wir mit m in P zu einem einzigen Moment M zusammensetzen. Da wir k, l, m' als die Achsen eines Zeigersystems erster Art betrachten können, ist der Winkel (m', k) von P aus gesehen stets ein Rechter. Wenn ferner M mit der Ebene l, m' den Winkel ϑ bildet (über die Winkelzählung vergl. § 8), so ist

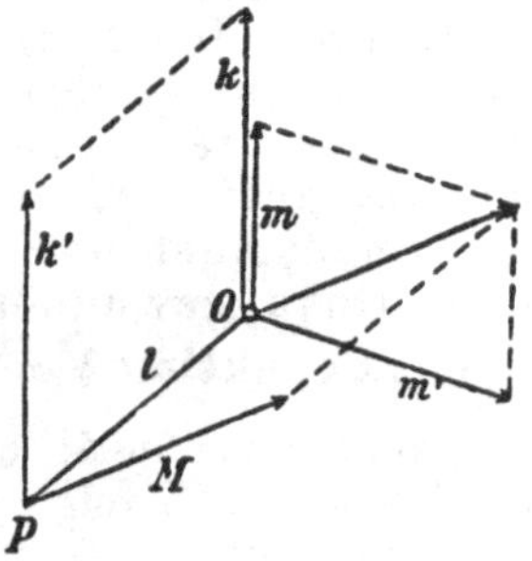

Fig. 16.

$$1) \qquad tg\vartheta = \frac{m}{m'} = \frac{m}{kl},$$

wobei m positiv oder negativ ist, je nachdem es mit k gleich oder entgegengesetzt gerichtet ist; k und l sind zufolge der Einrichtung unseres Zeigersystems von selbst immer positiv. Vergleichen wir Gleichung 1) mit Gleichung 1a) in Abschnitt I, § 2, so sehen wir, dafs beide Gleichungen bis auf die Bezeichnung des Abstandes von der Achse identisch werden, wenn wir

$$2) \qquad \mathfrak{t} = \frac{m}{k}$$

setzen. Es stimmt also die Richtung von M überein mit der Tangente einer Schraubenbewegung $\mathfrak{S}$ um a vom Parameter $\frac{m}{k}$. Da die Konstruktion bei einer Schiebung längs a oder einer Drehung um a ihre Gültigkeit behält, so gilt dies nicht nur für den Punkt P, sondern für jeden Punkt des Raumes. Diese Schraubenbewegung ist gleichgewunden mit derjenigen Schraubung $\mathfrak{S}'$, die einem homogenen koaxialen

Kreiscylinder von der Dyname erteilt würde.*) Da die Momentenebene und auch die Nullebene der Schraubung auf M senkrecht stehen, können wir die wichtigeren Ergebnisse so zusammenfassen und ergänzen:

Satz 21: Reduzieren wir eine Dyname k, m nacheinander auf alle Punkte des Raums in die Formen k', M, so ist dadurch jedem Punkte P eine Momentenebene zugeordnet. Diese Zuordnung ist ein Nullsystem mit dem Parameter $\mathfrak{k} = m:k$; die Schraubung, die zum Nullsystem gehört, ist rechts oder links gewunden, je nachdem k, m gleich oder entgegengesetzt gerichtet sind. Wir nennen hiernach die Dyname selbst und auch das Kräftesystem rechts oder links gewunden. Der Betrag von M ist bei jener Reduktion $\sqrt{m^2 + k^2 r^2}$, wobei $r = (P \dashv a)$ ist.**)

Da der Vektor M in den ersten oder vierten Quadranten der Ebene (M, k') zeigt, je nachdem die Dyname rechts oder links gewunden ist, ergiebt sich die anschauliche Regel:

Satz 22: Die Achse einer Dyname $\mathfrak{D}$ liegt nach derjenigen Seite, von der aus der Winkel (k', M) hohl erscheint. $\mathfrak{D}$ ist rechts oder links gewunden, je nachdem k', M einen absolut***) spitzen oder stumpfen Winkel einschliefsen.

Suchen wir alle durch einen Punkt P gehenden Achsen a, bezüglich deren ein gegebenes Kräftesystem das Moment Null hat. Wenn wir das System auf P reduzieren, wodurch die Form k', M entsteht, so wird k' bezüglich einer Achse durch P stets das Moment Null haben M aber nur dann, wenn die zugehörige Momentenebene E durch a geht. Die „Nullachsen" durch P bilden also das ebene Büschel

*) Statt des Cylinders könnte man einen beliebigen Körper nehmen, von dem eine Hauptträgheitsachse in a liegt. Man darf aber nicht glauben, dafs $\mathfrak{S}$ und $\mathfrak{S}'$ identisch sind. Denn welche Bewegung der Körper unter dem Einflusse der Dyname annimmt, hängt nicht nur von dieser ab, sondern auch von der Masse und Massenverteilung (Trägheitsmoment) des Körpers.

**) Wir verwenden die Bezeichnung von Rohn und Papperitz (Darst. Geom.) für den Abstand eines Punktes von einer Geraden.

***) Vergl. die erste Anm. zu § 12.

(P, E).*) Aus Satz 21, Satz 14 und § 4 folgt nun unmittelbar

Satz 23: **Die Nullachsen eines Kräftesystems $\mathfrak{S}$ bilden ein Strahlengewinde, das entgegengesetzt gewunden ist wie $\mathfrak{S}$.**

b) Wir nennen ein System von zwei Stäben ein **Stabkreuz**, in Anlehnung an **Buddes** „Vektorkreuz" (Mechanik) oder, wenn die Stäbe Kräfte vorstellen sollen, auch **Kraftkreuz**. Jetzt untersuchen wir, wie ein Kräftesystem $\mathfrak{S}$, das wir uns in Form einer Dyname $\mathfrak{D}$ gegeben denken, durch ein Kraftkreuz k_1, k_2 ersetzt werden kann. Soll das Kraftkreuz $\mathfrak{D}$ gleichwertig sein, so mufs es bezüglich jeder Achse dasselbe Moment wie $\mathfrak{D}$ haben, auch bezüglich derselben Achsen wie $\mathfrak{D}$ das Moment Null haben. Nun bilden die Nullachsen ein Gewinde (das zugehörige Nullsystem heifse $\mathfrak{N}$). Schneidet ein Strahl s desselben k_1, so ist das Moment von k_1 bezüglich s Null; daher mufs auch das von k_2 auf s für sich Null sein, d. h. s mufs auch k_2 schneiden. Wir haben also (§ 5) die Träger eines äquivalenten Stabkreuzes k_1, k_2 jedenfalls nur unter den Polarenpaaren von $\mathfrak{N}$ zu suchen.

Wir fragen, ob umgekehrt jedes Polarenpaar g_1, g_2 als Träger eines solchen Stabkreuzes auftreten kann. Wir wählen eine beliebige Gerade g_1; P sei auf ihr der Fufspunkt des

*) Jetzt erklärt sich der Name „Nullsystem". Da die durch einen Punkt gehenden Nullachsen eine Ebene erfüllen, nannte **Möbius** (Statik, § 84; Ges. W. Bd. III), der Entdecker des Nullsystems, diese Ebene die „Nullebene" des Punktes und umgekehrt den Punkt ihren „Nullpunkt" (1837). Hierauf nannte v. **Staudt** (Geom. d. Lage, Art. 321; 1847) diese Zuordnung ein Nullsystem. In neuerer Zeit wird mitunter **Giorgini** („Intorno alle propr. geom. dei movim. di un sist. di punti di forma invar.". Mem. di mat. e di fis. della soc. it. delle sc. res. in Modena, Tomo XXI, eingereicht 1830, gedruckt 1836) als Entdecker des Nullsystems genannt. Er behandelt dort verschiedene Aufgaben über Zusammensetzung und Zerlegung von Bewegungen; aber gerade die charakteristische Zuordnung zwischen Punkten und Ebenen, die das Nullsystem ausmacht, findet sich bei ihm nicht. In Art. 32 stellt er unrichtige Behauptungen auf, z. B. die Aufgabe, eine Bewegung nach 3 gegebenen Achsen zu zerlegen sei i. A. lösbar, während doch erst bei 7 Achsen die Bedingungen fortfallen (vergl. hier, § 85).

Die bisherigen Sätze über das Nullsystem waren gröfstenteils **Möbius** bekannt; vergl. aufser der Statik noch „Über eine bes. Art dualer Verh. . . .", Journ. f. Math. Bd. 10 (1833).

kürzesten Abstands von der Achse a des Kräftesystems, ε die Ebene $\parallel a$ durch g_1. Reduzieren wir $\mathfrak{S}$ auf P, so liegen sowohl k' als M in ε. Die Ebene μ des Momentes M steht senkrecht auf dem Vektor M, daher auch auf der Zeichenebene ε der Fig. 17, in der ihre Spur σ eingetragen ist. Nun kann man die Gröfse der Kräfte eines Paares, durch das man ein Drehmoment darstellen will, beliebig wählen und darnach die Entfernung der Wirkungslinien bestimmen. Wir legen die eine Kraft des Paares, durch das wir M darstellen wollen, durch P und wählen sie so grofs, dafs ihre Resultierende mit k' in g_1 fällt. Wir finden also diese Kraft PT, indem wir $QS \parallel \sigma$ und $ST \parallel k'$ ziehen. Wir haben nun erreicht, dafs $\mathfrak{S}$ ersetzt ist durch eine Kraft $k_1 = PS$, die in g_1 hineinfällt und die andere Kraft k_2 des Kräftepaares, die nach dem früheren von selbst in g_2 fallen mufs.

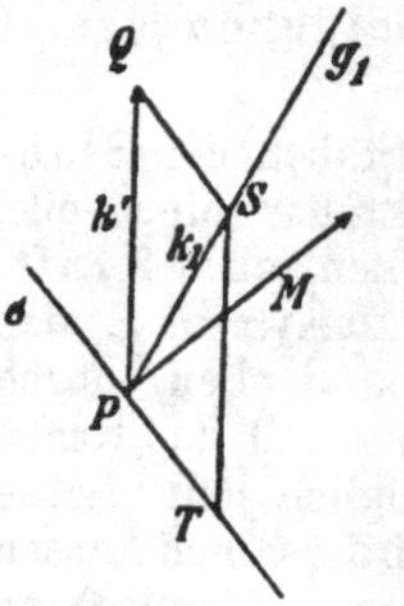

Fig. 17.

Die Konstruktion versagt nur: Erstens, wenn g_1 mit k' zusammenfällt (dann wird der Arm des Kräftepaars unendlich und es tritt der Fall a) ein); zweitens, wenn g_1 mit σ zusammenfällt. Dann ist g_1 Leitstrahl von $\mathfrak{N}$, es fällt auch g_2 mit g_1 zusammen, und es ist daher begreiflich, dafs die Aufgabe nicht mehr lösbar ist. Wir wollen uns anschaulich machen, wie das Stabkreuz aussieht, wenn g_1 sich um P drehend in die Nähe der Lage σ kommt: Dann rückt g_2 nach § 8 ebenfalls in die Nähe der Lage σ, und gleichzeitig wächst PT unbegrenzt. Die beiden Stäbe des Kraftkreuzes werden also, während ihre Träger immer näher rücken, nahezu entgegengesetzt gerichtet und beide unendlich grofs. Nachdem wir einmal wissen, dafs ein Polarenpaar g_1, g_2 wenn g_1 und g_2 verschieden sind und beide im Endlichen liegen, immer Träger eines äquivalenten Kraftkreuzes im eigentlichen Sinn sein können, finden wir die Stäbe des Kreuzes auf einfachere Weise, indem wir k' nach den Richtungen g_1, g_2 zerlegen. Wir fassen zusammen:

Satz 24: Eine gegebene Dyname k, m kann auf ∞^4 Arten durch ein Kraftkreuz ersetzt werden. Die Wirkungslinie g_1 der einen Kraft kann man (ausschliefslich der Leitstrahlen und Durchmesser des zugehörigen Nullsystems $\mathfrak{N}$) willkürlich wählen, die andere ist ihre Polare g_2 in $\mathfrak{N}$. Gröſse und Sinn der beiden Kräfte erhält man durch Zerlegung des Vektors von k nach den Richtungen g_1, g_2.

Umgekehrt wollen wir, wenn ein Kraftkreuz k_1, k_2 gegeben ist, die gleichwertige Dyname k, m auf kürzestem Wege suchen. Zwar könnte man das allgemeine Verfahren von § 14 auch hier anwenden, doch gelangt man übersichtlicher so zum Ziel: Indem wir die Vektoren von k_1, k_2 geometrisch addieren ($PC \# QB$) erhalten wir in k' (Fig. 18) Gröſse und Richtung von k, von dem wir auſserdem wissen (Satz 10), daſs es den kürzesten Abstand PQ der Stäbe des Kreuzes senkrecht schneidet. Es handelt sich also nur noch um Ermittlung dieses Schnittpunktes S. Nach Abschn. I, Gleichung 13) muſs sein:

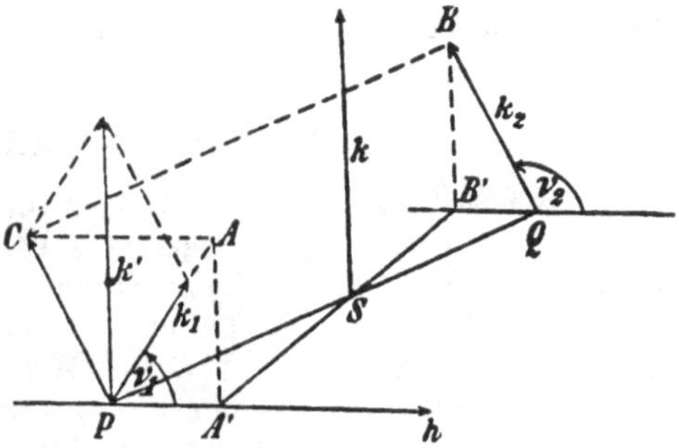

Fig. 18.

$$SP : SQ = \tan \nu_2 : \tan \nu_1 = \cot \nu_1 : \cot \nu_2,$$

wobei die Winkel ν_1, ν_2 von einer der beiden Richtungen h aus gezählt sind, die sowohl auf k', wie auf PQ senkrecht stehen; sie liegen in der Normalebene $\mathfrak{H}$ von k', die wir uns wagerecht denken wollen. Wir wählen also zur Konstruktion von S zwei Punkte A und B auf k_1 und k_2 in gleichem Niveau über $\mathfrak{H}$ ($CA \parallel h$), projizieren sie nach A' und B' auf $\mathfrak{H}$ und schneiden PQ mit $A'B'$ in S. Durch $\mathfrak{H}$ wird der Raum in zwei Hälften geteilt; ebenso durch die Verbindungsebene $\mathfrak{V}$ von k und k'; k_1 und k_2 weisen immer in verschiedene Halbräume bezüglich der Teilung durch $\mathfrak{V}$, können aber bezüglich $\mathfrak{H}$ in denselben oder in verschiedene Halbräume weisen. In letzterem Fall sind PA' und QB' im selben Halbraum bezüglich $\mathfrak{V}$, und S liegt auſserhalb PQ. Da zwei gegenüber liegende Ecken eines Parallelogramms von einer Diagonale gleichen Abstand haben, sind die Projektionen von k_1 und k_2 auf $\mathfrak{H}$ entgegengesetzt gleich, bilden daher das Moment m der Dyname, und es folgt:

Satz 25: **Wenn man die Vectoren eines gegebenen Kraftkreuzes k_1, k_2 geometrisch addiert, so erhält man eine Richtung k. Der Stab der gleichwertigen Dyname $\mathfrak{D}$ wird durch Zusammensetzung der in die Richtung k fallenden Komponenten von k_1, k_2 gefunden, während die in die Normalebene von k fallenden Komponenten das Drehmoment von $\mathfrak{D}$ bilden.**

---

§ 16. Ein Satz von Chasles.

Wenn $k_1 = KL, k_2$ und k'_1, k'_2 zwei gleichwertige Kraftkreuze sind, so haben sie bezüglich jeder Achse A dasselbe Moment. Wenn $e = EE'$ ein Einheitsstab auf A ist, so ist das Moment von k_1 bezüglich A gleich dem sechsfachen Inhalt des Tetraeders $EE'KL$. Wir können diesen Inhalt auch kurz mit ek_1 bezeichnen, wo also jedes Stabsymbol durch die beiden Symbole seiner Endpunkte ersetzt zu denken ist. Obige Thatsache können wir nun durch die Gleichung

$$ek_1 + ek_2 = ek'_1 + ek'_2$$

ausdrücken, die aber auch gilt, wenn wir e durch das Symbol eines beliebigen Stabes a auf A ersetzen, weil dies einer Multiplikation mit einem numerischen Faktor gleichkommt. A, daher auch a konnte willkürlich gewählt werden. Lassen wir nun a nach einander mit allen vier Stäben k zusammenfallen, so verschwindet immer je ein Tetraeder und wir erhalten die Gleichungen:

$$k_1 k_2 = k_1 k'_1 + k_1 k'_2, \quad k_2 k_1 = k_2 k'_1 + k_2 k'_2,$$
$$k_1 k'_1 + k_2 k'_1 = k'_1 k'_2, \quad k_1 k'_2 + k_2 k'_2 = k'_2 k'_1.$$

Durch Addition dieser vier Gleichungen erhält man:

$$k_1 k_2 = k'_1 k'_2.$$

Es gilt nämlich für zwei beliebige Stäbe s, s' stets:

$$ss' = s's,$$

weil der Inhalt eines Tetraeders $ABCD$ sein Vorzeichen nicht ändert, wenn man die Paare AB und CD als Ganzes vertauscht (§ 12, d). Also:

Satz 26: Der Inhalt des Tetraeders, das durch ein Kraftkreuz bestimmt wird, ist für alle gleichwertigen Kraftkreuze konstant.

Die hier verwendete Symbolik stimmt thatsächlich mit der Grassmannschen überein; der Beweis stammt von Möbius (Ges. W. Bd. III, S. 503 oder Crelles J. Bd. 4, S. 179, f.), 1829.

---

§ 17. Zusammensetzung von Geschwindigkeiten.

Wenn sich ein starrer Körper bewegt, so hat in einem bestimmten Zeitpunkt jeder Punkt P eine gewisse Geschwindigkeit, die durch eine von P ausgehende Strecke versinnlicht werden kann. Ein solches System von ∞^3 Strecken, deren jede an einem bestimmten Punkte angebracht ist, nennt man ein Vektorfeld.*) Die Geschwindigkeitsverteilung der Punkte eines starren Körpers ist also durch ein Vektorfeld dargestellt, das wir uns über den ganzen unendlichen Raum ausgedehnt denken können, weil wir uns jeden Punkt des Raums mit dem starren Körper fest verbunden denken können (§ 1).

Man pflegt nun von der Zusammensetzung von Geschwindigkeiten bei Bewegung eines starren Körpers in zweierlei Sinn zu reden:

a) Ein starrer Körper K_1 bewege sich in einem ruhend gedachten Raum (die Erde im Weltraum bei fest gedachter Sonne); dieser Bewegung entspricht ein Vektorfeld V_1. Ein zweiter starrer Körper K_2 bewege sich in Bezug auf K_1 (ein Geschofs auf der Erde). Dieser Bewegung entspreche (wenn man die Erde ruhend denkt) das Vektorfeld V_2. Der Bewegung von K_2 im ruhenden Raum entspricht dann ein Vektorfeld V. Es wird gefunden, indem man an jedem

*) Der Name ist insofern nicht ganz passend, als wir uns unter Vektor eine im ganzen Raume mit Beibehaltung ihrer Richtung frei bewegliche Strecke dachten, während die Strecken des Vektorfeldes sich von den Stäben dadurch unterscheiden, dafs sogar auch noch ihr Anfangspunkt fixiert ist. Die Bezeichnung mag jedoch umso eher beibehalten werden, als es überhaupt nur ∞^3 Vektoren im Raume giebt (∞^2 Richtungen und in jeder ∞^1 Längen), man daher von einer Mannigfaltigkeit von ∞^6 Vektoren im eigentlichen Sinne zu reden kaum Anlafs haben wird.

einzelnen Punkte die Strecken der Vektorfelder V_1 und V_2 geometrisch addiert. Man nennt diese Operation die Zusammensetzung der Vektorfelder V_1 und V_2. Da sich K_2 auch in Bezug auf den ruhenden Raum als starrer Körper bewegt, ist von vornherein klar, dafs durch Zusammensetzung wieder ein solches Vektorfeld entsteht, dessen Geschwindigkeitsverteilung einer möglichen Bewegung eines starren Körpers entspricht.

b) Ein starrer Körper kann im ruhenden Raum verschiedene Bewegungen ausführen. Wir fassen aus zwei Bewegungen je einen Zeitpunkt heraus und setzen die beiden Vektorfelder V_1, V_2, die diesen Zeitpunkten entsprechen, zu einem Feld V zusammen. In dieser Auffassung*) ist nicht von vornherein klar, dafs V eine solche Geschwindigkeitsverteilung darstellt, die einer möglichen Bewegung eines starren Körpers entspricht; aber da wir es schon aus a) wissen, folgt es auch hier; denn die Operation der Zusammensetzung selbst unterscheidet sich in beiden Fällen gar nicht. Aus diesem Grunde ist es nicht immer nötig hinzuzufügen, welcher Auffassung eine bestimmte Zusammensetzung von Vektorfeldern entsprungen ist.

In speziellen Fällen ist ein Vektorfeld einer einfacheren geometrischen Darstellung fähig: Wenn sich ein Körper um eine Achse a mit der Winkelgeschwindigkeit ω dreht, so ist dieser Zustand vollkommen gekennzeichnet, wenn man auf a die Strecke ω in derjenigen Richtung aufträgt, die, als positive von a angenommen, auch den gegebenen Drehungssinn positiv erscheinen läfst. Die Strecke hat also den Charakter eines Stabes und ersetzt uns das Vektorfeld, das der Drehung entspricht; wir nennen sie einen Drehungs-

*) Sie greift in der Physik Platz (allerdings meist für Beschleunigungen statt für Geschwindigkeiten), wo man die Bewegungen kennt, die ein Körper infolge zweier gleichzeitig wirkender Ursachen einzeln annimmt. Wir haben hier nur einen starren Körper (z. B. einen frei fallenden Magnet) und immer denselben Bezugskörper (die Erde). Man kennt die Beschleunigungen, die der Magnet infolge der Schwere allein und infolge des magnetischen Feldes der Erde allein annehmen würde. Dagegen tritt diese Auffassung auch bei Geschwindigkeiten ein, wo es sich um Impulskräfte handelt. Dabei ist zu bemerken, dafs die beiden Vektorfelder V, die man für Beschleunigungen bei analogen Definitionen in den Fällen a) und b) erhält, nicht mehr identisch sind (Satz von Coriolis).

stab und *a* seinen Träger. Drehgeschwindigkeiten, deren Achsen sich schneiden, werden bekanntlich zusammengesetzt, indem man die entsprechenden Drehungsstäbe geometrisch addiert.

Wenn ein Körper eine Schiebung (Translation) vollführt, so kann dieser Zustand durch einen Schiebungsvektor gekennzeichnet werden, der das Vektorfeld, das der Schiebung entspricht, ersetzt. Auch die Zusammensetzung von Schiebungen erfolgt durch geometrische Addition der entsprechenden Vektoren.

§ 18. Dualismus zwischen Kräften und Geschwindigkeiten.

Zwei Drehungsstäbe, deren Träger parallel sind, deren Strecken jedoch entgegengesetzt gleich sind (ein Drehungspaar), sind bekanntlich*) einem Schiebungsvektor gleichwertig, der seiner Gröfse und Richtung nach durch die Stäbe ebenso bestimmt ist, wie der Momentvektor, falls die Stäbe ein Kräftepaar bedeuten. Deshalb behält die Konstruktion, die zum Satz 18 führte, auch für Bewegungen ihre Gültigkeit, wenn man jeden Kraftstab durch einen Drehungsstab und jeden Momentvektor durch einen Schiebungsvektor ersetzt. Dem Satz 18 entspricht im Falle der Bewegungen der:

Satz 27: Man darf mit einem Drehungsstab *d* in einer zu ihm senkrechten Richtung eine Schiebung *l* vornehmen, wenn man einen Schiebungsvektor *s* von der Gröfse *ld* so zufügt, dafs *d*, *l*, *s* wie die Achsen eines Zeigersystems erster Art liegen.**)

Überhaupt hat sich bis jetzt zwischen Kräften an einem starren Körper und Geschwindigkeiten folgende vollkommene Analogie gezeigt, die man als Dualismus zwischen Kräften und Geschwindigkeiten zu bezeichnen pflegt: Kräfte und Drehungsgeschwindigkeiten haben den Charakter von Stäben und werden, wenn sich ihre Träger schneiden, wie solche

*) Vergl. etwa Schell, Th. d. Beweg. u. d. Kräfte, I. S. 168 (2. Aufl.).

**) Man bemerke, dafs sich die alphabetische Reihenfolge der Symbole *k*, *l*, *m* des Satzes 18 auch hier bei *d*, *l*, *s* erhalten hat.

geometrisch addiert. Drehmomente und Schiebungsgeschwindigkeiten haben den Charakter von Vektoren und werden wie solche geometrisch addiert. Ein Kräftepaar ist einem Drehmoment und ein Drehungspaar einer Schiebungsgeschwindigkeit gleichwertig. Kräfte können nach der Regel des Satzes 18, Drehungen nach Satz 27 verschoben werden (der Vektor l steht aufserhalb des Dualismus).

Man kann also solche Sätze und Konstruktionen über Kräftesysteme, die blofs aus den eben erwähnten Sätzen und aus rein geometrischen Eigenschaften des Nullsystems abgeleitet sind, sofort auf die Zusammensetzung und Zerlegung von Geschwindigkeiten übertragen, wenn man die in den Sätzen und Konstruktionen auftretenden Stäbe und Vektoren anders deutet, nämlich die Stäbe als Drehungsstäbe und die Vektoren als Schiebungsvektoren betrachtet. Wir sprechen also den Satz aus, dessen Bedeutung wir alsbald noch im einzelnen verfolgen werden:

Satz 28: In den Sätzen über Zusammensetzung und Zerlegung von Kräften und Geschwindigkeiten bei starren Körpern kann man je zwei nebeneinanderstehende der Begriffe

Kraft	Drehungsgeschwindigkeit
Drehmoment (Kräftepaar)	Schiebungsgeschwindigkeit

gleichzeitig vertauschen.

Dabei gehört zur „Drehungsgeschwindigkeit“ immer eine bestimmte Achse. Es ist zu beachten, dafs die vorausgesetzten Eigenschaften der Kräfte nur für starre Körper gelten; deshalb sagt Budde treffend, der Dualismus sei eine Eigenschaft der starren Körper. Da die Dislokationen von einer bestimmten Anfangszeit t angefangen den Geschwindigkeiten zur Zeit t um so genauer proportional sind, je kleiner der Zeitzuwachs genommen wird, so gelten die Gesetze über die Zusammensetzung von Geschwindigkeiten angenähert auch für die Zusammensetzung kleiner Bewegungen; man spricht deshalb manchmal von einer „Zusammensetzung unendlich kleiner Bewegungen“, was man genauer als Zusammensetzung von Geschwindigkeiten bezeichnet, indem man sich den Übergang von den Differenzen- zu den Differentialquotienten vollzogen denkt.

Wir nennen eine Schraubenbewegung, die **mit bestimmter Geschwindigkeit** vor sich geht, eine **Windung**. Sie entspricht im Dualismus nach Satz 28 der Dyname. Sowohl zu einer Windung (τ, ω) als zu einer Dyname (m, k) gehört ein bestimmtes Nullsystem $\mathfrak{N}$ (§ 2 und 15). Aber umgekehrt gehören zum selben $\mathfrak{N}$ unendlich viele Windungen und Dynamen, die aus einer derselben durch Multiplikation beider Bestandteile mit demselben numerischen Faktor hervorgehen. Denn der Parameter $\mathfrak{k}$ von $\mathfrak{N}$ hängt in beiden Fällen nur vom Verhältnis $\tau : \omega$, bezw. $m : k$ ab (§ 1 und 15).*)

Bei vielen Untersuchungen über Dynamen und Windungen kommt nur das Nullsystem in Betracht, das durch sie definiert ist. Dieses wieder können wir uns durch eine Schraubenlinie auf einem Cylinder vom Halbmesser eins und mit der Steigung $\operatorname{tg} \vartheta = \mathfrak{k}$ vollkommen repräsentiert denken (§ 1). Wir nennen eine solche Schraubenlinie auf einem Cylinder vom Halbmesser eins schlechtweg eine **Schraube**.**) Die Nullsysteme und die Schrauben sind einander gegenseitig eindeutig zugeordnet. Wir sagen mit **Ball** (Theory of the Screws), eine Windung oder eine Dyname „**liege auf einer Schraube**“, oder auch „die Schraube sei Träger der Windung oder der Dyname“, wenn das Nullsystem der Schraube identisch ist mit dem Nullsystem der Dyname oder der Windung. Nur die Windung, aber nicht die Dyname, hat einen unmittelbaren anschaulichen Zusammenhang mit der Schraube, auf der sie liegt. Überhaupt sei betont, dafs eine Dyname und eine Windung, auch wenn sie auf derselben Schraube liegen, an und für sich in keinem ursächlichen Zusammenhang stehen (vgl. die erste Anm. zu § 15), sondern nur bei Zusammensetzung mit ihresgleichen dieselbe Rolle spielen und im Dualismus einander entsprechen.

Wir können jetzt eine Windung auch bestimmen durch ihren Parameter (Steigung) $\mathfrak{k}$, ihre Achse und ihre Geschwindigkeit ω, die wir nicht nur als Geschwindigkeit des Drehungsanteils, sondern auch als **Geschwindigkeit der Windung** schlechtweg bezeichnen. Dann ist

$$\tau = \mathfrak{k}\,\omega.$$

---

*) Um es im richtigen Sinne zu bilden, halte man sich vor Augen, dafs $\mathfrak{k}$ eine lineare Gröfse ist.

**) Eine Erweiterung wird dieser Begriff in § 36 erfahren.

Analog können wir eine Dyname durch $\mathfrak{k}$, ihre Achse und ihre „Intensität" k bestimmen. Dann ist

$$m = \mathfrak{k}\, k.$$

Wir brauchen den Ausdruck „Steigung" für $\mathfrak{k}$ (pitch bei Ball) der Analogie wegen manchmal auch bei den Dynamen, obgleich er hier keine unmittelbare mechanische Bedeutung hat. Bei $k = 1$ entsteht die „Einheitsdyname", bei $\omega = 1$ die „Einheitswindung".

Auf den Dualismus zwischen Kräften und Drehungsgeschwindigkeiten hat zuerst Poinsot (Théorie nouv. de la rot. des corps, 1834) hingewiesen.

§ 19. Psychologische Bemerkungen.

Die Zusammensetzung von Geschwindigkeiten ist insofern erkenntnis-theoretisch einfacher, als sie ein rein geometrisches Problem ist, während Kraft ein physikalischer Begriff ist. Trotzdem ist die Theorie der Zusammensetzung der Kräfte anschaulicher und in allen übrigen Beziehungen einfacher als die entsprechende für Geschwindigkeiten: Zunächst ist die Kraft eine unter der Form Druck oder Zug ebenso sinnlich wahrnehmbare Erscheinung*) wie die Bewegung, in deren Begriff aber nicht schon (wie bei Geschwindigkeit) ein Differentiationsprozess darin steckt. Ferner können an einem starren Körper mehrere Kräfte thatsächlich zugleich angreifen (z. B. in Form von elastischen Schnüren oder Spiralfedern in einem bestimmten Spannungszustand), während ein Körper nicht mehrere Geschwindigkeitszustände zugleich haben kann; vielmehr ist eine Zerlegung dieses Zustandes eine bloſse Hilfsvorstellung. Endlich ist die Vorstellung eines Kräftesystems in seinen einfachsten Formen sozusagen erschöpfbar (zwei Kräfte beim Kraftkreuz, drei bei Kraft nebst Kräftepaar), während schon ein einzelner Drehungsstab von unendlich vielen Punkten des Körpers etwas aussagt und das ganze unendliche Vektorfeld vertritt. Es stellt also ein Kraftstab das zu bezeichnende viel unmittelbarer dar als ein Drehungsstab. Wir haben aus diesen Gründen die Theorie der Kräfte als die einfachere vorangestellt.

*) Es ist weder wünschenswert noch möglich, diese sinnliche Erscheinung aus den Grundlagen der Mechanik zu entfernen.

§ 20. Die Momentanachse.

Die Lage eines Körpers K im Raume ist durch die Lage dreier seiner Punkte, die ein eigentliches Dreieck bilden, vollkommen bestimmt, weil hierdurch die Lage einer Ebene im Körper bestimmt ist. Nehmen wir zunächst einen Punkt M von K als fest an, so können wir als die anderen beiden A, B zwei Punkte derselben Kugelfläche um M als Mittelpunkt wählen. Dann ist die Lage von K durch die Lage von A, B allein bestimmt, die bei einer Bewegung in eine Nachbarlage A', B' übergehen mögen. Man kann dieselbe Dislokation erreichen, wenn man zuerst A nach A' auf dem gröfsten Kugelkreise durch eine Drehung überführt, worauf B nach B' durch eine Drehung um MA' überführbar sein mufs; und man kann die Überführung sich so bewerkstelligt denken, dafs man MA' mit einem zweiten starren Körper K' fest verbindet, der bezüglich des ruhend gedachten Raums R nur die erste Drehung ausführt. Nun können die Bewegungen von K' bezüglich R und von K bezüglich K' auch gleichzeitig in mannigfacher Weise z. B. gleichförmig ausgeführt werden. Gehen wir zur Grenze über, indem wir die Nachbarlage $A'B'$ in A, B hineinrücken lassen, so wird im betrachteten Zeitpunkt die Bewegung von K' bezüglich R durch einen Drehungsstab charakterisiert sein, der auf MA senkrecht steht und die Bewegung von K bezüglich K' durch einen Drehungsstab, dessen Träger mit MA zusammenfällt. Das Vektorfeld der thatsächlichen Bewegung von K entsteht (§ 17a) durch Zusammensetzung der beiden Felder, die den Drehungen entsprechen; wir wissen aber, dafs dies wieder eine Drehung ergiebt. Also:

Satz 29: Bei Bewegung eines starren Körpers, von dem ein Punkt fest ist, haben alle Punkte dieselben Geschwindigkeiten, als ob der Körper um eine bestimmte Achse mit bestimmter Geschwindigkeit sich drehen würde.

Wir betrachten nun eine allgemeine Bewegung eines Körpers K, bei der drei Punkten A, B, C die Nachbarlagen $A'B'C'$ entsprechen mögen. Wir können dann die Dislokation so bewerkstelligt denken, dafs wir den Punkt C von K mit einem anderen Körper K' fest verbunden denken, der blofs die Schiebung längs des Vektors CC' ausführt, während K bezüglich K' um C frei beweglich ist. Durch einen analogen Grenzübergang wie früher erkennen wir, daſs das Vektorfeld der wirklichen Bewegung von K durch Zusammensetzung zweier Vektorfelder entsteht, von denen das eine einer Schiebungsgeschwindigkeit τ' entspricht, deren Gröſse und Richtung mit der Geschwindigkeit von C übereinstimmt, das andere der Drehung ω', die K bezüglich K' ausführt (Satz 29). Wenn die Bewegungen von K' bezüglich R und von K bezüglich K' willkürlich angenommen werden, so resultiert immer eine mögliche Bewegung von K. Also sind τ' und ω' an und für sich unabhängig von einander, aber bei einer bestimmten Bewegung von K nach Wahl des Punktes C auch vollkommen bestimmt. Wir sind hiermit dazu gelangt, das Geschwindigkeitsvektorfeld eines starren Körpers für einen bestimmten Zeitpunkt durch das Aggregat eines Drehungsstabes ω' und eines Schiebungsvektors τ' zu kennzeichnen und hier ist der Punkt, wo die Thatsache des Dualismus zwischen Kräften und Geschwindigkeiten verwertet werden kann: Wir können τ' und ω' auf einen beliebigen Punkt des Raums reduzieren (gerade so wie ein Kräftesystem in § 14), entsprechend der beliebigen Wahl von C. Wir können den Reduktionspunkt so wählen, daſs an Stelle von τ' ein Schiebungsvektor τ von der Richtung des Stabes ω' tritt (Analogon der Dyname), wobei ω' parallel nach ω verschoben werde. Dann definieren τ und ω eine Windung (§ 18) vom Parameter $\mathfrak{k} = \frac{\tau}{\omega}$ (§ 1).

Satz 30: Bei einer beliebigen Bewegung eines starren Körpers haben in jedem Augenblick alle Punkte dieselbe Geschwindigkeit als ob der Körper eine bestimmte Windung mit bestimmter Geschwindigkeit ausführte. Die Achse dieser Windung heiſst die „Momentanachse“, ihr Parameter der „Momentanparameter“ oder die „Momentansteigung“. Durch Momentanachse und Momentanparameter, die zusammen die „Momentanwindung“ bestimmen, ist das Geschwindigkeitsvektorfeld für diesen Augenblick bis auf einen numerischen Faktor vollkommen bestimmt.

Es ist nicht ausgeschlossen, dafs τ oder ω verschwindet. Im ersten Fall tritt reine Drehung an Stelle der Windung, im zweiten reine Schiebung; man kann den zweiten mitunter so auffassen, als ob die Momentanachse die unendlich ferne Gerade aller Ebenen wäre, die auf der Schiebung senkrecht stehen. Es können auch τ und ω gleichzeitig verschwinden; in einem solchen Zeitpunkt haben alle Punkte des Körpers die Geschwindigkeit Null, und die Momentanachse wird entweder völlig unbestimmt oder ist als Grenzlage der Momentanachsen der Nachbarzeiten zu definieren. Wenn z. B. ein Körper eine gleichförmig beschleunigte Windung zur Zeit t beginnt, so erhält man auf diese Art die Achse der Windung auch für t als Momentanachse.

Der Entdecker der Momentanachse ist Giulio Mozzi (Discorso mat. sopra il rotamento mom. dei corpi, Napoli 1763).*)

§ 21. Zerlegung einer Windung in einfachste Formen.

Wir hätten diesen § unmittelbar an § 18 anschliefsen können; nun aber wissen wir, dafs nach Satz 30 die Ergebnisse, die wir für das Geschwindigkeitsvektorfeld einer Windung ableiten, für jeden Augenblick einer beliebigen Bewegung gelten.

Wir übertragen zunächst die wichtigsten Sätze des § 15 nach dem Gesetz des Dualismus auf den Fall einer Windung. Wenn $\mathfrak{k} = \tau : \omega$ die Steigung der Windung ist, so kann man den Drehstab ω der Windung parallel zu sich selbst in einer beliebigen auf ihm senkrechten Richtung um die Strecke r verschieben, wenn man den Schiebungsvektor τ durch einen anderen T von der absoluten Gröfse $\sqrt{\tau^2 + \omega^2 r^2}$ ersetzt, der ebenso liegt, wie der Vektor M des § 15 a). Ferner:

*) Folgende einfache Überlegung des Korrolars IX dieser Schrift ist noch erwähnenswert: Wenn beliebig viele Kräfte gegeben sind, kann man immer zwei ihnen gleichwertige finden, von denen die eine in einer beliebig angenommenen Ebene E liegt, die andere auf E senkrecht steht. Denn man kann jede Kraft zerlegen in eine Komponente in E und in eine senkrecht zu E.

Satz 31: Eine Windung (τ, ω) kann auf ∞^4 Arten als Resultierende zweier Drehungsgeschwindigkeiten dargestellt werden. Die Achse g der einen Drehung kann man (ausschliefslich der Leitstrahlen und Durchmesser des zur Windung gehörigen Nullsystems $\mathfrak{N}$) beliebig wählen. Die andere Achse ist die Polare g' von g in $\mathfrak{N}$. Die Winkelgeschwindigkeiten beider Drehungen erhält man durch Zerlegung von ω nach den Richtungen g, g'. Umgekehrt dient zur Zusammensetzung zweier Drehungen unverändert die Konstruktion der Fig. 18.

Hierbei ist noch ein Bedenken zu beseitigen: Bei der Ableitung des Satzes 24 wurde vom Begriff des Momentes eines Kräftesystems bezüglich einer Achse Gebrauch gemacht, der in der Bewegungslehre kein ungezwungenes Analogon hat. Ist man also berechtigt, nach dem Gesetz des Dualismus die Ergebnisse hierher zu übertragen? Man weifs, dafs, wenn man in so einem Ergebnis die Drehungsstäbe wieder durch Kraftstäbe, die Schiebungsvektoren durch Momentvektoren ersetzt und hierauf die Reduktion auf einen Achsenpunkt vornimmt, die gerade Dyname herauskommt. Also mufs mit Beibehaltung der ursprünglichen Bedeutung bei derselben Reduktion die gegebene Windung herauskommen, weil die Sätze über Zusammensetzung und Zerlegung von Stäben und Vektoren nach § 18, besonders Satz 27, davon unabhängig sind, ob man sie als Kräfte oder Geschwindigkeiten deutet. Durch diese Überlegung kann man sich nochmals nachträglich überzeugen, dafs in der That alle Ergebnisse des § 15 in das Gebiet der Bewegungslehre übertragen werden können, wenn auch die **Ableitung** dieser Ergebnisse nicht immer unmittelbar übertragen werden kann.

Als Anwendung des Satzes 31 behandeln wir noch eine Frage, die in der Theorie der Kräfte kein Analogon hat: Eine Ebene E eines starren Körpers bestimmt bei einer beliebigen Bewegung desselben mit einer Nachbarlage eine Schnittlinie g_1. Die Grenzlage von g_1 (bezogen auf das Zusammenfallen der Nachbarlage mit der ursprünglichen), oder die „**Charakteristik**" (**Chasles**) der Ebene E ist zu suchen. Wenn E zur Momentanachse a senkrecht steht, so ist die Charakteristik die unendlich ferne Gerade von E; wenn $E \parallel a$, so ist sie jene in E liegende Parallele zu a, die von

a den kürzesten Abstand hat. Diese beiden Spezialfälle schliefsen wir nun aus.

Momentanachse und Momentansteigung bestimmen eine Momentanwindung und ein zugehöriges Nullsystem. Um einen Überblick über die Verteilung der Geschwindigkeitsvektoren aller Punkte von E zu erhalten, errichten wir im Nullpunkt N von E eine Normale g'. Die Polare g von g' liegt in E (Satz 12). Ersetzen wir die Momentanwindung durch zwei Drehungsgeschwindigkeiten mit den Achsen g, g', so erteilt die Drehung g jedem Punkt von E eine auf E senkrechte Geschwindigkeitskomponente, die Drehung g' eine in E liegende. Nur für die Punkte von g verschwindet die erste, für N die zweite Komponente. Man kann sich nun (§ 17) die Windung so vollzogen denken (Fig. 19), dafs sich E um g dreht, während sich gleichzeitig g um g' dreht und dabei in Nachbarlagen g'_1 kommt, die auch in E liegen. Die bewegliche Gerade g'_1 ist fortwährend der Schnitt von E mit seinen Nachbarlagen. Deshalb ist die Grenzlage g von g'_1 die Charakteristik der Ebene. Also:

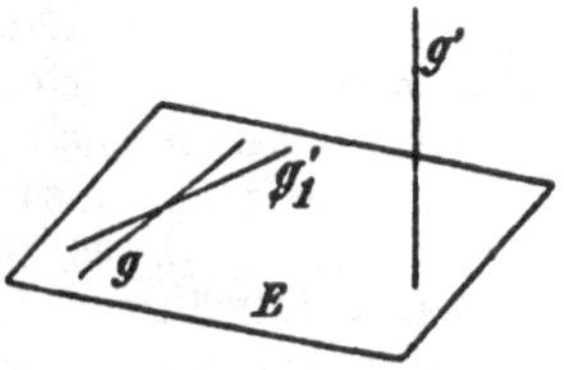

Fig. 19.

Satz 32: Bei einer Windung ist der Nullpunkt N einer Ebene E der einzige Punkt von E, dessen Geschwindigkeit auf E senkrecht steht. Der Ort der Punkte von E, deren Geschwindigkeit in E fällt, ist eine Gerade g, die zur Normalen von E in N polar ist; g ist zugleich die Charakteristik von E.

Um die Lage von g genauer kennen zu lernen, setzen wir in § 8, Gleichung 12)

$$\tan \nu = -\cot \nu'$$

(da sich die Winkel selbst um 90° unterscheiden) und erhalten:

$$cc' = -\mathfrak{k}^2,$$

d. h.:

Satz 33: Nullpunkt und Charakteristik einer Ebene liegen auf entgegengesetzten Seiten der

Achse a in solchen Abständen von a, dafs der Parameter des Nullsystems die mittlere geometrische Proportionale zwischen den absoluten Beträgen dieser Abstände ist.

§ 22. Die Momentanwindung eines Körpers, von dem fünf Punkte gezwungen sind, auf fünf Flächen zu bleiben.

Wenn ein starres ebenes System sich in seiner Ebene bewegt, so ist die Bewegung vollkommen bestimmt, wenn für zwei Punkte die Bahnen vorgeschrieben sind, weil dann die Bewegung der Verbindungsstrecke bestimmt ist, und diese das ganze System eindeutig mit sich führt. Analog können wir bei Bewegung eines starren Körpers einer Anzahl seiner Punkte $P_1, P_2, \ldots P_k$ Flächen $F_1, F_2, \ldots F_k$ vorschreiben, auf denen sie während der ganzen Bewegung bleiben müssen. Es wird sich zeigen, dafs für $k = 5$ die Bewegung des Körpers i. A. gerade eindeutig bestimmt ist. Obgleich wir die Richtung, die P_i bei Beginn der Bewegung in F_i einschlagen wird, nicht von vornherein kennen, wissen wir doch, dafs die Normale n_i der Fläche F_i in P_i auch Bahnnormale für P_i, also Leitstrahl des mit der Momentanwindung verbundenen Nullsystems sein mufs. Wenn also ein Gewinde durch die fünf Strahlen $n_1, \ldots n_5$ vollständig bestimmt ist, so wird es auch die Momentanwindung der Bewegung sein, die der Körper von der gegebenen Lage aus antreten kann, und wir stehen vor der Aufgabe: Die Achse und den Parameter eines Gewindes zu bestimmen, von dem fünf Strahlen $n_1, \ldots n_5$ gegeben sind.

Wir bestimmen die beiden gemeinsamen Transversalen g, g' von $n_1, \ldots n_4$, die nach Satz 8 im Gewinde zu einander polar sein müssen. Durch g, g', n_5 ist dann das Gewinde nach § 10, d) bestimmt; g, g' konstruiert man, indem man das durch n_1, n_2, n_3 bestimmte Hyperboloid H mit n_4 zum Schnitt bringt. Durch die Schnittpunkte gehen g, g' als die Strahlen der Leitschar von n_1, n_2, n_3. Wenn die Schnittpunkte nicht reell sind, kann man auf folgende Art eine reelle Konstruktion erzwingen (Fig. 20): Man betrachte neben H noch das Hyperboloid $(n_3, n_4, n_5) \equiv H'$.

Schneidet man beide durch eine Ebene E, so erhält man in ihr zwei Kegelschnitte K, K', die den Punkt $(E, n_3) \equiv S$, also mindestens noch einen zweiten reellen Punkt T gemein haben. Durch T geht ein Strahl n'_4 der Regelschar (n_3, n_4, n_5), der nach Satz 11 auch Strahl des Gewindes ist. Ersetzen wir n_4 durch n'_4, so werden g, g' reell. Wir verschaffen uns durch Benutzung eines anderen Quadrupels aus den fünf Strahlen n noch ein zweites Polarenpaar h, h' und konstruieren dann die Momentanachse a nach Satz 10. Die Bahntangente t_i von P_i ist jene Tangente von F_i in P_i, die auf dem Schnitt von F_i mit der Nullebene von P_i senkrecht steht. Durch die Achse und eine der Tangenten t_i ist nun nach § 1 die Momentanwindung bestimmt; also:

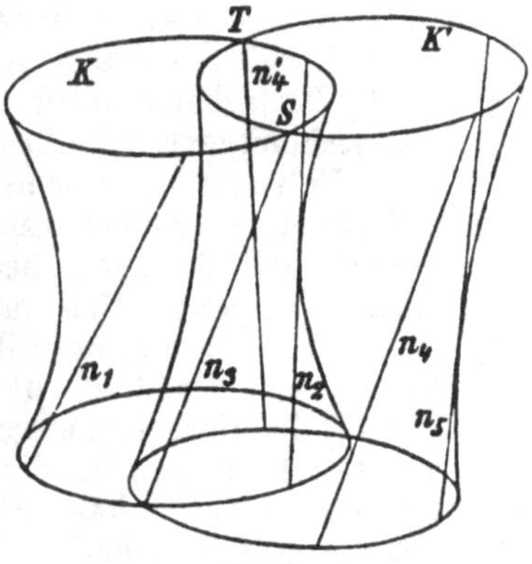

Fig. 20.

Satz 34: Wenn fünf Punkte eines starren Körpers gezwungen sind, auf je einer Fläche zu bleiben, so ist dadurch die Momentanwindung, die der Körper ausführen kann, in allen Fällen (bis auf ihre Geschwindigkeit) eindeutig bestimmt, in denen durch die fünf Flächennormalen ein Gewinde eindeutig bestimmt ist.

Wenn P_1 und P_2 zusammenfallen (nicht aber F_1 und F_2), ebenso P_3 und P_4, so liegt der Fall vor, dafs von einem Körper zwei Punkte gezwungen sind, auf zwei Kurven (den Schnittkurven je eines Flächenpaares) und aufserdem ein dritter Punkt auf einer Fläche zu bleiben. Hier die Momentanwindung zu bestimmen, ist also ein Spezialfall der eben gelösten Aufgabe, von der wir übrigens in § 47, d) eine lineare Lösung kennen lernen werden, weshalb nicht alle sich darbietenden Spezialfälle berücksichtigt wurden. Noch später (§ 71) werden wir sehen, dafs das Fehlen der Schnittpunkte die Lösung nicht stört.

§ 23. Ebene Fachwerke und zugehörige reciproke Kräftepläne.

Wir denken uns in einer Ebene ein System von materiellen Stäben, die an ihren Enden so mit einander verbunden sind, dafs das System nur als Ganzes bewegt werden kann. Der Einfachheit halber setzen wir ferner voraus, dafs die Stäbe sich nirgends überkreuzen, dafs also die von ihnen gebildeten Polygone die Ebene gerade einfach überdecken. Solche Systeme von Stäben sind spezielle Fälle der „ebenen Fachwerke" und kommen bei eisernen Brücken, Dachstühlen u. s. w. vor. Man mufs bei Konstruktion dieser Objekte, wenn die äufseren Bedingungen (die Lasten auf der Brücke, der Winddruck u. s. w. auf den Dachstuhl) gegeben sind, die Beanspruchung jedes einzelnen Stabes auf Zug oder Druck kennen, um die Dicke bestimmen zu können, die man ihm zu geben hat. Die Punkte, in denen mehrere Stäbe zusammentreffen, heifsen Knotenpunkte. Man macht nun die Voraussetzung, dafs die äufseren Kräfte nur an den Knotenpunkten des Fachwerks angreifen, bezw. (einschliefslich des Eigengewichts der Stäbe) nach statischen Gesetzen auf die Knotenpunkte verteilt werden können („statisch bestimmtes" Fachwerk). Ferner berücksichtigt man nur die Zug- oder Druckspannungen in den Stäben (nicht die Beanspruchung auf Biegung oder Torsion), so als ob die Stäbe in den Knotenpunkten gelenkartig mit einander verbunden wären. Diese Vorstellung hat sich als für die Anwendungen ausreichend erwiesen, wenn sie auch von der Wirklichkeit weit abweicht, indem die Verbindungen durch zahlreiche Nieten hergestellt sind.

Wie man die Spannungen in einem ebenen Fachwerk ausmitteln kann, zeigen wir an einem möglichst einfachen Beispiel: Es seien A, B, C, D (Fig. 21) die Knotenpunkte eines aus fünf Stäben 1, ... 5 bestehenden Fachwerks, das einen Träger darstellt, der dem nach Gröfse und Richtung gegebenen Druck l auf den Knotenpunkt C Widerstand zu leisten hat. Der Träger selbst stützt sich bei B auf ein festes, bei A auf ein bewegliches Auflager, um den Temperatureinflüssen nachgeben zu können. Wenn wir der Einfachheit halber vom Eigengewicht der Stäbe absehen, so wird l gewisse Auflagerdrücke a und b in A und B hervorrufen, wobei *a* auf der Rollfläche des beweglichen Auflagers normal sein mufs; denn wenn wir von der Reibung absehen, so können bewegliche Flächen nur einen Normaldruck aufeinander übertragen. Da die äufseren Kräfte *a*, *l*, *b*, die auf den Träger wirken, im Gleichgewicht sind, müssen ihre Wirkungslinien durch einen Punkt *S* gehen, der durch die bekannten Wirkungslinien von *a* und *l* bestimmt ist. Um die Gröfse von *a* und *b* zu finden, bedenke man, dafs beliebig viele durch einen Punkt gehenden Kräfte dann und

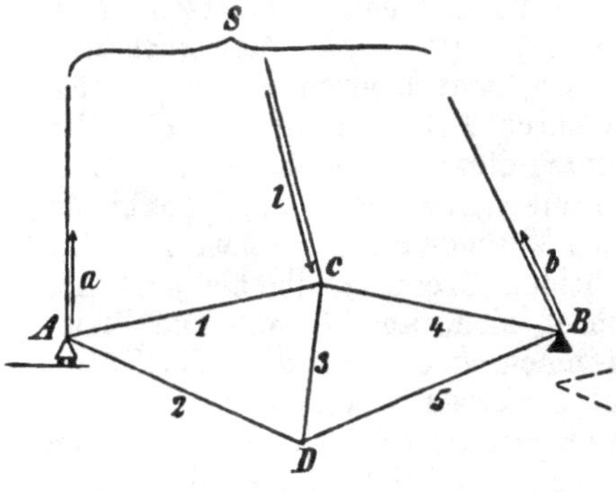

Fig. 21.

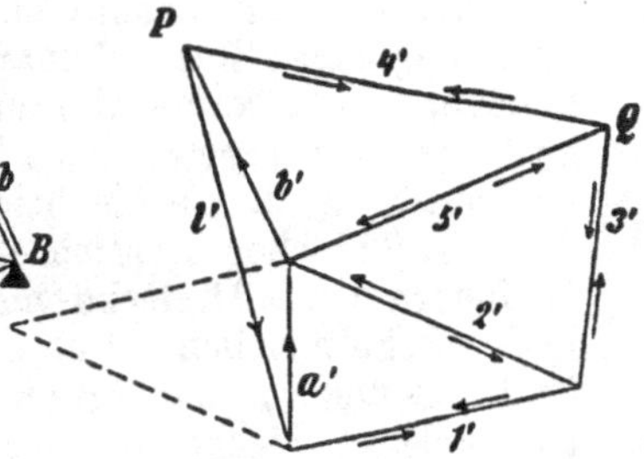

Fig. 22.

nur dann im Gleichgewicht sind, wenn ihre Vektoren, nach den Regeln der geometrischen Addition zusammengefügt, ein geschlossenes Kräftepolygon ergeben. Man ziehe also (Fig. 22) $l' \parallel l$ und durch die Endpunkte dieser Strecke $b' \parallel b$, $a' \parallel a$; man erhält so die Längen und den Sinn von *a* und *b*, da der Umfahrungssinn des Kräftepolygons durch den Sinn von *l'* gegeben ist. Um die Spannungen in den Stäben 1 und 2 zu bestimmen, denken wir uns den Knotenpunkt *A* durch einen Schnitt, der die Stäbe 1 und 2 trifft, abgetrennt (Fig. 23). Soll *A* im Gleichgewicht bleiben, so müssen wir die Spannungen in den Stäben durch Kräfte an den Schnittflächen ersetzen, die gegen *A* oder von *A* weggerichtet

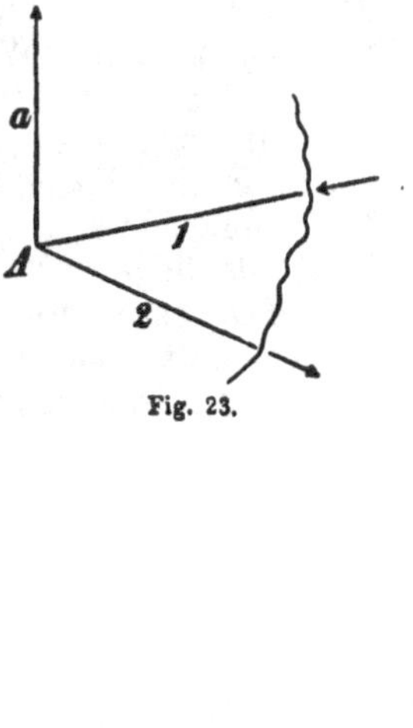

Fig. 23.

sind, je nachdem im betreffenden Stab eine Druck- oder eine Zugspannung geherrscht hatte. Sinn und Gröſse dieser Kräfte erfahren wir, indem wir wieder ein Dreieck zeichnen, dessen Seiten a', 1', 2' den drei Richtungen a, 1, 2 parallel sind, und in dem a' mit a auch der Gröſse nach übereinstimmt. Man kann es gleich an Fig. 22 anschlieſsen, um es nicht nochmals verzeichnen zu müssen. Der Pfeil in a' giebt einen Umfahrungssinn, den auch die im Innern des Dreiecks liegenden Pfeile befolgen. Diese geben daher den Sinn der Kräfte, die in den Schnittflächen angebracht werden müssen, um die thatsächlichen Spannungen zu ersetzen. Man sieht also, daſs 1 gedrückt, 2 gezogen wird. Man kann nun zu den Stabspannungen eines benachbarten Knotenpunktes fortschreiten: Ein Schnitt durch 2, 3, 5 trennt D ab. Die Spannung eines Stabes 2 durch diesen Knotenpunkt ist schon bekannt. Man kann also die beiden anderen Spannungen nach der eben angewendeten Methode finden, indem man das Dreieck 2', 3', 5' an die beiden Dreiecke, die bis jetzt von der Fig. 22 schon gezeichnet sind, anschlieſst. Die Pfeile im Innern dieses Dreiecks geben wieder den Sinn der Kräfte in den Schnittflächen. Dabei müssen natürlich die Pfeile auf beiden Seiten von 2' entgegengesetzten Sinn haben, weil sich die beiden Dreiecke, in denen 2' auftritt, auf zwei Knotenpunkte beziehen, die an den Enden von 2 liegen und beide gegen die Mitte des Stabes, also nach entgegengesetzten Richtungen gezogen werden. Durch den Pfeil bei 2' ist auch im Dreieck 2', 5', 3' ein Umfahrungssinn bestimmt, der die Richtungen der beiden anderen Pfeile festlegt. Man sieht also jetzt, daſs 3 gedrückt, 5 gezogen wird. So kann man zu immer neuen benachbarten Knotenpunkten fortschreiten. In unserem Beispiel erübrigt aber nur noch die Bestimmung der Spannung im Stabe 4, den wir als zu B gehörig betrachten können. Wir schlieſsen also an b' das Dreieck b', 5', 4' an, von dem auch die Seite 5' schon gezeichnet ist; da sich das Dreieck schlieſsen muſs, wenn wir durch P die Parallele zu 4 ziehen, muſs von selbst die Verbindungslinie PQ parallel zu 4 werden, worin eine Kontrolle liegt.

Man kann die Pfeile beiderseits jedes Stabes so anordnen, daſs man aus dem Kräfteplan allein ersieht, ob der betreffende Stab gedrückt oder gezogen wird; im ersten Fall zeichne man die Pfeile so, daſs die Spitzen, im zweiten so, daſs die Anfänge einander näher sind.

Die Fig. 22 bildet einen Kräfteplan, d. h. ein Schema von Geraden, die der Länge und Richtung nach die in den Stäben des Fachwerks herrschenden Spannungen darstellen. Man sieht, daſs es hier gelungen ist, einen Kräfteplan so zu zeichnen, daſs zu jedem Stab nur einmal eine Parallele gezogen wurde, obgleich er bei zwei Knotenpunkten auftritt. Jedem Knotenpunkt des Fachwerks entspricht ein geschlossenes Polygon des Kräfteplans; dies gilt auch von C, wo die Linien l, 1, 3, 4 zusammenstoſsen. In der That bilden l', 1', 3', 4' ein geschlossenes Viereck. Da der Knotenpunkt C zur Konstruktion nicht verwendet wurde, hätte man diesen Umstand nicht erzwingen können, wenn er nicht von selbst aufgetreten wäre. Der Umfahrungssinn, der die Kräfte durch C liefert, wird durch Pfeile am äuſseren Rand dieses Vierecks bezeichnet. Nur im Dreieck, das den äuſseren Kräften entspricht, sind naturgemäſs die Pfeile nur einmal (in den Seiten selbst) gezeichnet, wie es dem wirklichen Sinn dieser Kräfte entspricht. Aber auch umgekehrt entsprechen solchen Linien, die im Fachwerk ein Polygon bilden (z. B. a, 2, 5, b) im Kräfteplan Linien, die durch einen Punkt gehen. Wegen dieser Eigenschaften heiſst der Kräfteplan reciprok.

Will man einen reciproken Kräfteplan erreichen, so ist, sobald das erste Dreieck a', b', l' gezeichnet ist, der Fortgang der Konstruktion eindeutig bestimmt. Zwar könnte man, wenn es sich bloſs darum handelte die Spannungen in den Stäben 1 und 2 zu ermitteln, anstatt der Linien 1' und 2' ebensogut die beiden punktierten verwenden; aber da in Fig. 21 a, l, 1 ein Dreieck bilden, müssen a', l', 1' durch einen Punkt gehen. Es ist also nicht mehr zweifelhaft, durch welchen Endpunkt von a' man die Parallele zu 1 zu ziehen hat. Die Möglichkeit reciproker Kräftepläne ist keineswegs evident; ihre Existenz für gewisse Arten von Fachwerken zu beweisen, ist die Theorie des Nullsystems dienlich. Hierzu müssen wir jedoch vorerst auf die Theorie der Polyeder zurückgreifen.

§ 24. Aus der Polyederlehre.

Wenn man jede Fläche eines überall konvexen, ganz im Endlichen gelegenen Polyeders 𝔓 im selben Sinn (z. B. von Aufsen betrachtet im positiven Sinn) umfährt, so wird dabei jede Kante zweimal im entgegengesetzten Sinn durchlaufen. Dieses „Möbiussche Kantengesetz" läfst sich auch in einer dualen Form aussprechen: Wenn man um jede Ecke von 𝔓 eine Ebene im selben Sinn herumwälzt (die also das Polyeder nie schneiden darf, aber immer eine Kante oder Fläche mit ihm gemein hat), so tritt dabei jede Kante zweimal als Achse entgegengesetzter Drehungen auf.

Beginnt man also eine Fläche in einem willkürlichen Sinn zu umfahren, so kann man auch ohne zu wissen ob man sich auf der Aufsen- oder Innenseite von 𝔓 befindet, zu Nachbarflächen fortschreiten, indem man stets beachtet, das dieselbe Kante als angehörige zweier verschiedenen Flächen im entgegengesetzten Sinn durchlaufen werden mufs. So erhält unabhängig von der Art der Vermittelung jede Fläche einen bestimmten Umfahrungssinn.

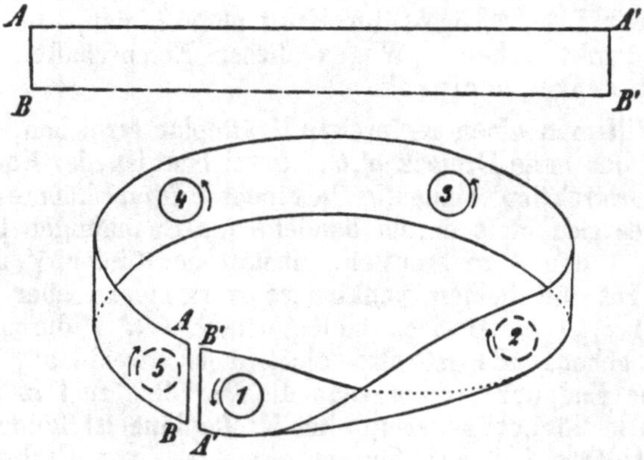

Fig. 24.

Aber nicht bei allen Polyedern ist dies möglich: Um zunächst von einer „einseitigen Zone" eine anschauliche Vorstellung zu gewinnen, biege man einen rechteckigen Streifen $AA'B'B$ (Fig. 24) so, dafs A' auf B, B' auf A zu liegen kommt. Der Rand des Streifens kann nun in einem Zuge vollständig durchlaufen werden. Verschiebt man eine kleine geschlossene Kurve, die bei 1 etwa auf der sichtbaren Seite gezeichnet sein soll, samt einem bestimmten Drehungssinn in die Lagen 2,.... 5 bis sie wieder in 1 anlangt, so ist dabei die Kurve auf die andere Seite der Stelle 1 gekommen und der Umfahrungssinn hat sich in den entgegengesetzten verwandelt; ein auf der Fläche stets normaler Halbstrahl leistet dieselben Dienste wie die Kurve. Man kann von jeder Stelle der Fläche ohne den Rand zu überschreiten und ohne die Fläche zu durchbrechen auf die andere Seite der betreffenden Stelle gelangen. Man kann also zwar an jeder einzelnen Stelle dieses Streifens aber nicht beim Streifen als Ganzem zwei verschiedene Seiten unterscheiden. Erst Möbius*) entdeckte (1858) diesen Umstand; nach ihm heifsen solche Flächen einseitig.**)

Um ein Beispiel einer geschlossenen einseitigen Fläche zu haben, braucht man nur den Rand des Streifens zu beseitigen, etwa dadurch, dafs man einen beliebigen Punkt des Raums mit ihm durch eine Kegelfläche verbindet. Dabei werden Selbstschnitte der Fläche unvermeidlich, und man wird daher, wenn man von einer Seite einer Stelle auf die andere gelangen will, die Fläche allerdings durchbrechen müssen, aber niemals jenen Teil derselben, längs dessen man sich gerade bewegt.

Analog kann man einseitige geschlossene Polyeder bilden, indem man etwa (um ein möglichst einfaches Beispiel zu geben) ein Netz von fünf durch je eine Seite aneinanderhängenden Dreiecken (Fig. 25; $A'B' = AB$) so längs der gemeinsamen Dreieckseiten bricht, dafs wieder A' mit B B' mit A zusammenfällt. Damit dies durchführbar ist, darf man das Netz nicht beliebig zeichnen (der Leser nehme es ähnlich der Figur 25 und lasse längs AB einen Rand, um ihn längs $B'A'$ anzukleben oder mit einer Nadel zu be-

*) Und gleichzeitig Listing (vgl. Stäckel, Math. Annal. Bd. 52).

**) Die Bezeichnung „Doppelfläche" der Funktionentheorie bedeutet die einseitigen Flächen. Es liegt dabei folgende Vorstellung zu Grunde: Wenn man sich auf einer bestimmten Seite einer zweiseitigen Fläche befindet, ist nur diese eine Seite zugänglich, während bei den einseitigen Flächen beide Seiten der betreffenden Stelle zugänglich sind, wodurch sich die betreffende Stelle sozusagen verdoppelt.

festigen), sondern nur die ersten vier Dreiecke innerhalb gewisser Grenzen willkürlich annehmen. Denn hält man das mittlere Dreieck 3 fest, so ist der geometrische Ort von A eine Kugelfläche vom Halbmesser AC (mit Ausschlufs gewisser Teile der Kugelfläche), der geometrische Ort von B' blofs ein Kreis. Man wird also B' so weit drehen, dafs es in die Entfernung AC von C kommt, worauf man A mit B' bei passender Wahl der Seitenlängen der Dreiecke zur Koincidenz bringen kann. Das schliefsende Dreieck 5 ist dann vollständig bestimmt. Der Streifen hat nur einen

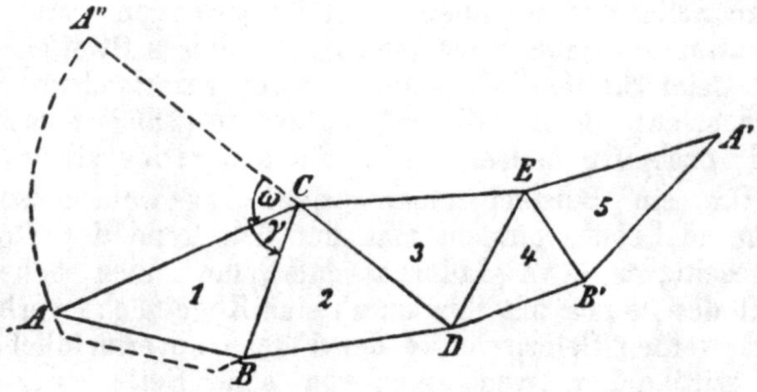

Fig. 25

Rand: $A, C, E, A' \equiv B, D, B' \equiv A$. Um ein geschlossenes einseitiges Polyeder zu erhalten, kann man den Rand beseitigen, indem man ihn mit einem beliebigen Raumpunkt durch fünf Dreiecke verbindet, aber nicht indem man einen Eckpunkt des Randes selbst mit den Gegenkanten durch drei Dreiecke verbindet; vgl. Brückner „Vielecke und Vielflache, Theorie und Geschichte“, 1900, Art. 55.

Für die einseitigen Polyeder gilt das Kantengesetz nicht; aber es ist nicht auf überall konvexe Polyeder $\mathfrak{P}$ beschränkt; sondern $\mathfrak{P}$ mufs nur zweiseitig sein, d. h. wenn man von einer bestimmten Stelle der Oberfläche ausgeht, so mufs man, wie man auch auf der Fläche sich bewegend zur selben Stelle zurückkommen mag, immer auf dieselbe Seite dieser Stelle zurückkommen. Dabei kann $\mathfrak{P}$ „aufsergewöhnlich“ sein, d. h. Flächen besitzen, deren Umfang sich selbst schneidet; vgl. Brückner, a. a. O. Art. 60.

§ 25. Reciproke Polyeder.

Man suche zu jedem Elemente (Ecke, Kante, Fläche) eines Polyeders $\mathfrak{P}$ in einem Nullsystem, dessen Achse a wir uns lotrecht denken, das entsprechende Element (beziehungsweise: Nullebene der Ecke, Polare der Kante, Nullpunkt der Fläche). Wenn durch eine Ecke E die Kanten k_1, $k_2, \ldots k_n$ gehen, so liegen ihre Polaren $k'_1, k'_2, \ldots k'_n$ in der Nullebene ε von E (Satz 12), die auch unter den entsprechenden Elementen vorkommt. Wenn umgekehrt die Kanten $\varkappa_1, \varkappa_2 \ldots \varkappa_m$ in einer Fläche φ von $\mathfrak{P}$ liegen, so gehen die Polaren $\varkappa'_1, \varkappa'_2, \ldots \varkappa'_m$ durch einen Punkt F von φ, der auch unter den entsprechenden Elementen vorkommt. Um uns aber zu überzeugen, dafs und wie alle entsprechenden Elemente wirklich die Flächen, Kanten, Ecken eines zweiten Polyeders $\mathfrak{P}'$ ausmachen, stellen wir noch folgende Überlegung an, bei der wir uns jedoch der Anschaulichkeit halber auf den Fall beschränken, dafs $\mathfrak{P}$ ein überall konvexes ganz im Endlichen liegendes Polyeder ist: Wir setzen voraus, dafs keine Fläche von $\mathfrak{P}$ zu a parallel ist und projizieren $\mathfrak{P}$ auf eine wagrechte Ebene H. Die Kanten von $\mathfrak{P}$, die dabei den Umrifs der Projektion liefern, bezeichnen wir auch im Raume als Umrifskanten; ihre Gesamtheit bildet den „wahren Umrifs" von $\mathfrak{P}$. Wenn eine Ebene $\mathfrak{E}$ sich um eine Kante k von $\mathfrak{P}$ dreht, so kommt sie in zwei Lagen, wo sie Polyederfläche wird und auf der Polaren k' die Nullpunkte dieser Flächen herausschneidet. Indem wir eine Gerade als im Unendlichen zusammenhängend denken, sagen wir, k' werde durch die zwei Nullpunkte nur in zwei Teile geteilt. Wenn $\mathfrak{E} \parallel a$ wird, rückt der Nullpunkt ins Unendliche. Wenn also eine Ebene $\mathfrak{E}$ um eine Ecke A von $\mathfrak{P}$ herumgewälzt wird, so wird ihr Nullpunkt ein geschlossenes Polygon α beschreiben, das zwei unendliche Seiten hat oder ganz im Endlichen liegt, je nachdem A dem wahren Umrifs von $\mathfrak{P}$ angehört oder nicht. Aber im ersteren Fall ändern wir das Drehungsgesetz für die Wälzung so ab, dafs wir für die Umrifskanten und für diese allein festsetzen, $\mathfrak{E}$ solle sich um eine solche Kante von einer Polyederfläche zur nächsten so drehen, dafs sie den Keil beschreibt, in dem das Polyeder selbst liegt. Eine Umrifskante k tritt nun nach wie vor zweimal als Achse entgegengesetzter Drehungen auf, weil jede der beiden früheren (im vorigen § festgesetzten)

Drehungen in ihr Gegenteil verkehrt wurde. Daher wird der Nullpunkt der Ebene das entsprechende (jetzt endliche Stück) der Polare k' noch immer zweimal in entgegengesetztem Sinn durchlaufen. Wir haben also den

Satz 35: **Wenn 𝔓 ein überall konvexes ganz im Endlichen gelegenes Polyeder ist, von dem keine Fläche der Achse a eines Nullsystems parallel ist, so schliefsen sich die endlichen Stücke der Polaren aller Kanten von 𝔓 zu einem Polyeder 𝔓′ zusammen, für das ebenfalls das Kantengesetz gilt.**

Denkt man sich nämlich das Kantengesetz für 𝔓 in der dualen Form (§ 24, Anfang) ausgesprochen, so folgt es für 𝔓′ in der ursprünglichen Form. Man kann leicht noch mehr aussagen: Wenn sich 𝔈 in der soeben abgeänderten Weise um A wälzt, so kann sie dabei nur dann, wenn A dem wahren Umrifs angehört, zweimal in dieselbe Lage kommen (in der sie die beiden Umrifskanten verbindet). Daher werden sich im entsprechenden Polygon α' von 𝔓′ die endlichen Stücke der Seiten einmal überschneiden, aufser wenn jene Umrifskanten in der Ecke benachbart waren. α' geht aus α dadurch hervor, dafs die etwaigen zwei unendlichen Seiten durch ihre endlichen Ergänzungen ersetzt werden.

Lassen wir jedoch die Ecke A durch eine Kante k beschreiben, die nacheinander alle Kantenwinkel der Ecke überstreicht, so wird die Kante nicht zweimal in dieselbe Lage kommen, aufser wenn der Mantel der Ecke sich selbst schneidet. Wenn A überall konvex ist, so wird dabei k aufserdem nie in die Erweiterung einer anderen Seite der Ecke kommen, als in der sie sich gerade bewegt. Daher wird sich k' um die Ecken des Polygons α so drehen, dafs sie nicht zweimal in dieselbe Lage kommt und nie durch eine andere Ecke von α geht, als um welche sie sich gerade dreht, d. h. sie wird sich an der Aufsenseite eines überall konvexen Polygons herumwälzen, sei es, dafs dieses ganz im Endlichen liegt oder den Typus der Fig. 26 hat. Wir folgern und fassen zusammen, indem wir die Polygone α wieder durch die α' ersetzen, die in 𝔓′ auftreten:

Satz 36: **Wenn A eine Ecke von 𝔓 ist, die dem wahren Umrifs angehört, so können die beiden durch**

A gehenden Umrifskanten durch gewöhnliche Kanten getrennt sein oder nicht; im ersten Fall besteht das entsprechende Polygon α' von $\mathfrak{P}'$ aus zwei sich schneidenden Strecken ($AB, A'B'$, Fig. 27) und zwei

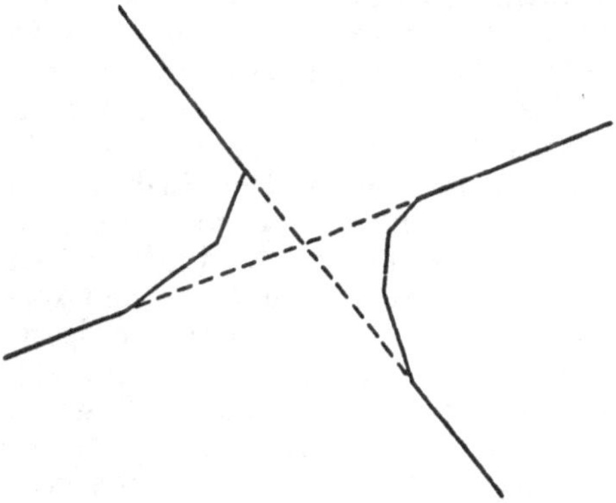

Fig. 26.

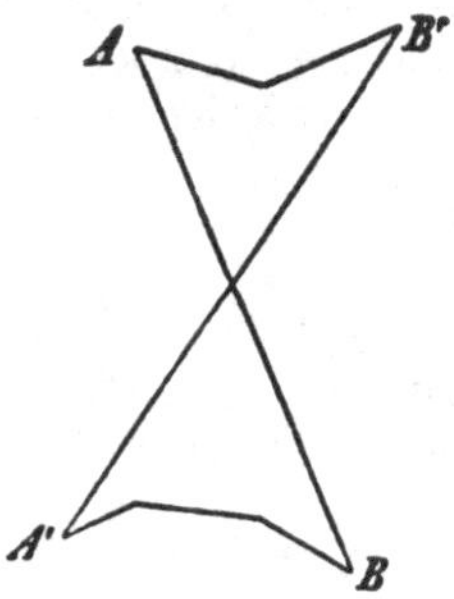

Fig. 27.

ihre Endpunkte verbindenden Linienzügen, die dem Doppelpunkt ihre konvexe Seite zukehren (sofern sie überhaupt mehr als eine Strecke enthalten); im zweiten Fall bleibt nur der Teil auf der einen Seite des Doppelpunktes übrig. Wenn A nicht dem Umrifs angehört, so ist α' überall konvex.

Man sieht daraus, dafs $\mathfrak{P}'$, wenn man die endlichen Stücke der Polaren k' auffafst (wie es für unsere Zwecke notwendig ist), i. A. ein aufsergewöhnliches Polyeder sein wird; deshalb war es notwendig, den Satz 35 sorgfältig zu beweisen. Beispiele findet man bei den Übungsaufgaben. Aus Satz 10 folgt ferner:

Satz 37: Die Projektionen auf H entsprechender Kanten reciproker Polyeder sind parallel.

Die Ecken und Flächen von $\mathfrak{P}$ sind mit den Flächen und Ecken von $\mathfrak{P}'$ incident; aber der letztere Umstand ist für unseren jetzigen Zweck unwesentlich. Dagegen bleiben die Sätze 35 und 37 erhalten, wenn man $\mathfrak{P}'$ durch ein anderes Polyeder $\mathfrak{P}'_1$ ersetzt, das aus $\mathfrak{P}'$ durch eine beliebige Parallelverschiebung und Ähnlichkeitstransformation hervorgegangen ist. Wenn wir nun 𝔓 und 𝔓′, auf H orthogonal projizieren, entstehen zwei Figuren 𝔑, 𝔑′, die wir reciproke Netze nennen wollen. Die Sätze 35 und 37 ergeben unmittelbar:

Satz 38: Wenn man ein konvexes, ganz im Endlichen liegendes Polyeder auf eine Ebene senkrecht projiziert, die zu keiner Polyederfläche senkrecht ist, so entsteht ein Netz 𝔑, zu welchem stets ein reciprokes Netz 𝔑′ existiert, d. h. ein System von lauter endlichen Strecken, deren jede einer Strecke von 𝔑 parallel ist, mit der Eigenschaft, dafs allen Strecken in einem Netz, die von einem Punkte auslaufen, Strecken im andern entsprechen, die ein geschlossenes Polygon bilden. Auch in 𝔑′ können alle diese Polygone so umfahren werden, dafs jede Strecke in den beiden Polygonen, denen sie angehört, entgegengesetzt durchlaufen wird.

---

§ 26. Die Existenz reciproker Kräftepläne.

Wir setzen von einem ebenen Fachwerk F voraus, dafs es samt den Wirkungslinien k der äufseren Kräfte (einschliefslich der Auflagerreaktionen) als Projektion eines überall konvexen räumlichen Polyeders 𝔓 aufgefafst werden kann; endlich sollen alle Linien k durch einen einzigen Punkt S gehen, dann bilden sie samt den Stäben s des Fachwerks ein Netz 𝔑, zu dem wir ein reciprokes 𝔑′ konstruieren. Dem Punkt S entspricht hierin ein Polygon σ, das wir in demjenigen Sinn umfahren, wie es den thatsächlichen Richtungen der Kräfte durch S entspricht. Wir markieren diesen Umfahrungssinn durch Pfeile in den Polygonseiten k' selbst (vergl. Fig. 22), wodurch auch der Umfahrungssinn der Nachbarpolygone bestimmt ist. Jede andere Strecke s' von 𝔑′ erhält zwei Pfeile, je nachdem sie als Strecke des einen oder des anderen Polygons aufgefafst wird, und zwar können wir hiernach, immer zu Nachbarpolygonen fortschreitend, den Umfahrungssinn eines jeden bestimmen, wobei wir nach Satz 38 wissen, dafs das Ergebnis von der Wahl der vermittelnden Polygone unabhängig ist, auch wenn einzelne Polygone sich überschneiden sollten. Lassen wir nun auf jeden Knotenpunkt des Fachwerks die durch das entsprechende Polygon bestimmten Kräfte wirken, so ist das Fachwerk jedenfalls im Gleichgewicht. Aber da bei Konstruktion von $\mathfrak{N}'$ mit Hilfe eines Nullsystems viele Annahmen willkürlich gemacht werden können, so giebt es zum selben Netz $\mathfrak{N}$ zahlreiche reciproke Netze $\mathfrak{N}'$,*) und es ist zu zeigen, daſs unter diesen eins vorkommt, in dem die Strecken k' gleich den gegebenen äuſseren Kräften sind. Wir richten unser Augenmerk auf die Ecke von $\mathfrak{P}$, deren Projektion S ist und beweisen zunächst den

Satz 39: **Eine räumliche Ecke kann durch ein Nullsystem stets so abgebildet werden, daſs die Seiten ihres entsprechenden Polygons in $\mathfrak{N}'$ willkürlich gegebene Längen haben, wenn nur die geometrische Summe dieser Längen Null ist.**

Wir nehmen die Richtigkeit dieses Satzes für Ecken mit $n - 1$ Kanten an und beweisen ihn für n-kantige Ecken: Die gegebenen Längen seien auf den Linien k_ν durch S auf-

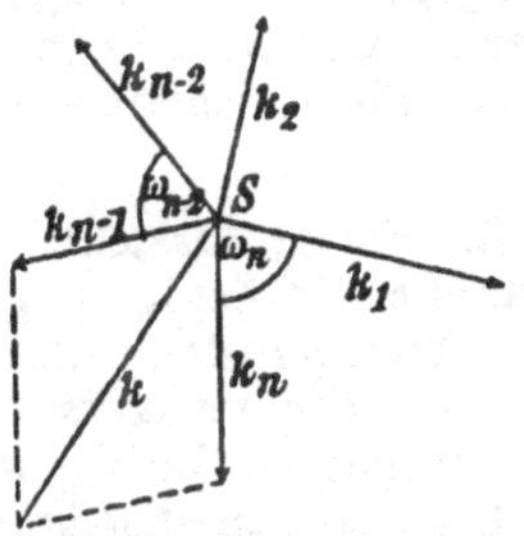

Fig. 28a)

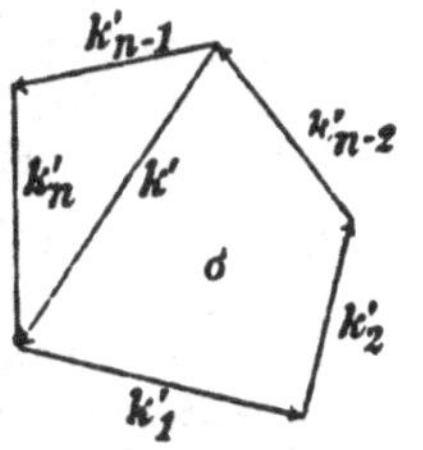

Fig. 28b)

getragen und selbst durch k_ν bezeichnet. Wir ersetzen zwei derselben, etwa k_{n-1} und k_n durch ihre geometrische Summe k (Fig. 28a). Im Raume entspricht dieser Konstruktion eine

*) In der That kann man, auch wenn man an F, der Resultierenden R der äuſseren Kräfte, daher auch an den Auflagerreaktionen nichts ändert, R auf dieselben Wirkungslinien durch dieselben Knotenpunkte noch in verschiedener Weise verteilen, erhält also auch verschiedene Spannungszustände.

Erweiterung derjenigen Seiten des n-Kants, die den Winkelräumen ω_{n-2}, ω_n entsprechen, bis sie sich in der neuen Kante k_0 schneiden (es ist wohl kein Mifsverständnis zu befürchten, wenn wir die Elemente im Raume und ihre Projektionen durch dieselben Buchstaben bezeichnen); das n-Kant kann in mannigfacher Weise so gewählt werden, dafs die Projektion von k_0 in die Diagonale k fällt. Für die durch die $n - 1$ Kanten $k_1, k_2, \ldots k_{n-2}, k$ gebildete Ecke gelte nun der Satz 39. Man kann dann durch Abbildung in einem Nullsystem (Parallelverschiebung, Ähnlichkeitstransformation) und Projektion ein Polygon σ (Fig. 28 b) erhalten, in dem jede der Seiten $k'_1, k'_2, \ldots k'_{n-2}, k'$ nicht nur parallel, sondern auch gleich der entsprechenden Strecke k_ν ist. Wenn wir nun die um die Kanten durch S nach § 25 sich wälzende Ebene, anstatt sie aus der Lage ω_{n-2} unmittelbar durch eine Drehung um k in die Lage ω_n überzuführen, zuerst um k_{n-1} in die Lage (k_{n-1}, k_n), dann um k_n in die Lage ω_n drehen, so wird der ihrem Nullpunkt entsprechende Punkt in $\mathfrak{N}'$, anstatt die Strecke k' zu beschreiben, deren beide Endpunkte auf dem Umwege k'_{n-1}, k'_n verbinden, dessen Strecken den Strecken k_{n-1}, k_n nicht nur parallel, sondern auch gleich sind, weil eine Strecke nach zwei gegebenen Richtungen nur in einer Weise zerlegt werden kann. Der Satz 39 gilt also, da er für dreikantige Ecken nach allem bisherigen selbstverständlich ist, allgemein.

Da nun σ die äufseren Kräfte richtig darstellt, so ist das Netz $\mathfrak{N}'$ in der That ein reciproker Kräfteplan des Fachwerks. Denn einerseits ist der Spannungszustand durch die äufseren Kräfte eindeutig bestimmt, andererseits stellt $\mathfrak{N}'$, wie wir schon früher sahen, einen möglichen Gleichgewichtszustand des Fachwerks dar; es mufs also den thatsächlichen Spannungszustand unter Einwirkung der gegebenen äufseren Kräfte darstellen, sobald nur diese durch $\mathfrak{N}'$ richtig dargestellt sind. Wir haben also den

Satz 40: **Läfst sich ein ebenes Fachwerk mit zwei Auflagern samt den Wirkungslinien der äufseren Kräfte (die durch denselben Punkt S gehen mögen) als Projektion eines konvexen Polyeders auffassen, so existiert ein reciproker Kräfteplan.**

Man wird nun zur wirklichen Konstruktion des Kräfteplans natürlich nicht auf das Nullsystem zurückgehen, sondern das Verfahren des § 23 anwenden, das mindestens dann den reciproken Kräfteplan liefern mufs, wenn man bei Fortsetzung des Verfahrens immer Nachbarknotenpunkte findet, bei denen blofs in zwei Stäben der Spannungszustand noch unbekannt ist. Aber aus der Fortsetzbarkeit des Verfahrens hätte man die Existenz des Kräfteplans nicht erschliefsen können.

Es stört nun nicht, wenn der Punkt S ins Unendliche rückt; dann fällt σ in eine Gerade zusammen, aber so, dafs seine Seiten bestimmte Längen behalten. Rückt z. B. bei Fig. 21 S ins Unendliche, so entsteht Fig. 29 (wir lassen zugleich Symmetrie eintreten und bezeichnen die gedrückten Stäbe durch doppelte Linien). Der reciproke Kräfteplan nimmt die Gestalt der Fig. 30 an. Man sieht leicht ein, dafs die Voraussetzungen des Satzes 40 bei allen Trägern vom

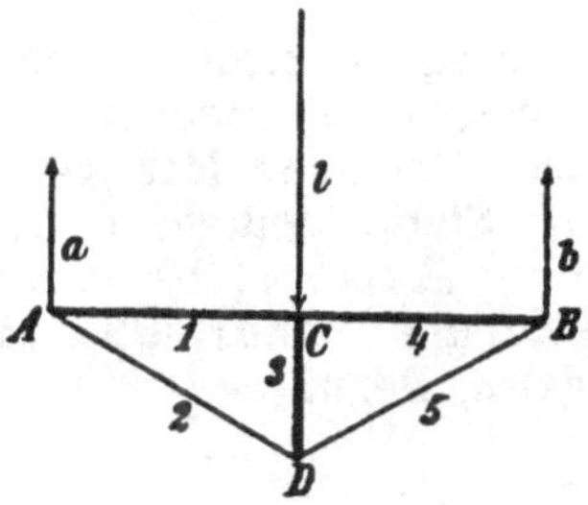

Fig. 29.

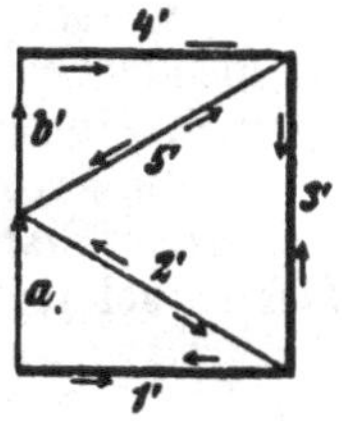

Fig. 30.

Typus der Fig. 31 erfüllt sind: S liegt hier unendlich fern. Den gebrochenen Linienzug AMB denke man sich in der Zeichenebene, während man die Gerade AB als Projektion einer gebrochenen Linie betrachte, die den Abstand AB bogenförmig in einer zur Zeichenfläche normalen Ebene überwölbt. Die parallelen Wirkungslinien der Kräfte sind dann Kanten eines prismatischen Mantels, von denen die durch A und B gehenden in der Zeichenebene liegen. Man übersieht auch, dafs das Verfahren des § 23 zur wirklichen Konstruktion des reciproken Kräfteplans hinreicht (vergl. Anhang I, Aufgabe 23).

Wir haben, um nicht zu weitläufig zu werden und doch vom Zusammenhang der Theorie des Nullsystems mit der graphischen Statik eine Vorstellung zu geben, sehr ein-

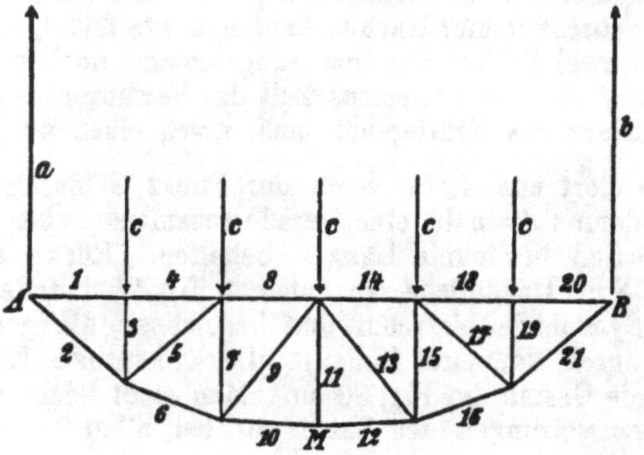

Fig. 31.

schränkende Voraussetzungen gemacht, die nicht alle wesentlich sind, müssen aber bezüglich einer umfassenderen Theorie auf folgende Schriften verweisen: Cremona-Migotti, die reciproken Figuren in der graph. Statik (Zeitschr. d. österr. Ingenieur- u. Architektenver. 1873); F. Schur, Üb. d. recipr. Fig. d. graph. Statik*) und besonders: F. Schur, Über ebene einfache Fachwerke (Math. Annalen, Bd. 48).

---

§ 27. Das Polarsystem eines Umdrehungsparaboloides.

Wir setzen in diesem § die Kenntnis der allgemeinen Polareigenschaften der Flächen zweiten Grades voraus (vergl. S. S., Bd. XXV, § 4).

Wenn eine Meridianparabel eines Umdrehungsparaboloides P in der Bildebene B liegt (Fig. 32), g_1 die senkrechte Projektion einer Geraden $g \parallel B$ ist, d_1 der zu g_1 konjugierte Durchmesser der Meridianparabel, G und D die Ebenen durch g_1 beziehungsweise d_1, die zu B senkrecht

*) (Zeitschr. f. Math. u. Phys. Bd. 40.)

sind; so ist D die Durchmesserebene für die zu g_1 parallelen Sehnen von P; m. a. W. die Polarebene des unendlich fernen Punktes dieser Sehnen. Wenn also eine Gerade g zu g_1 parallel ist, so liegt ihre Polare g' in D. Projiziert man g und g' auf eine zur Umdrehungsachse senkrechte Ebene, so sind die projizierenden Ebenen beziehungsweise parallel und senkrecht zu B, also auf einander senkrecht. Daraus folgt:

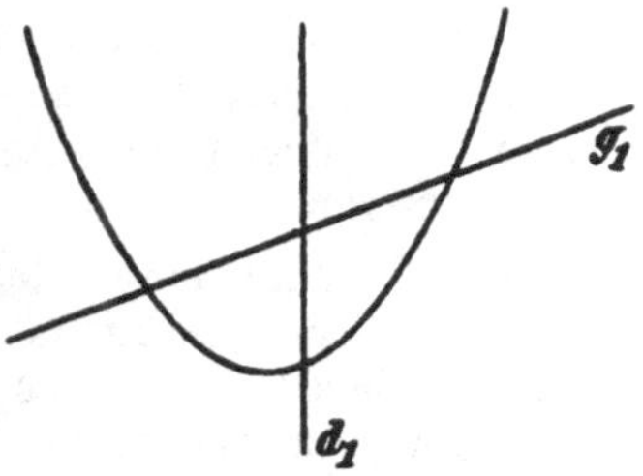

Fig. 32.

Satz 41: Zwei polare Geraden eines Umdrehungsparaboloides ergeben auf eine zur Achse senkrechte Ebene projiziert, zwei auf einander senkrechte Gerade.

Dieses Polarsystem ist ebenso wie das Nullsystem ein Spezialfall der allgemeinen räumlichen Korrelation. Sucht man zu einem Polyeder das entsprechende im Polarsystem, projiziert dann beide Polyeder etwa auf die Scheitel-Tangentialebene von P und dreht schliefslich das eine um 90°, so erhält man zwei Netze, welche dieselben Eigenschaften, wie die im § 25 betrachteten, haben. Dies war der Weg, auf dem zuerst Maxwell die Theorie der Korrelationen für die graphische Statik verwertete; vgl. Hauck, Über die Beziehung des Nulls. u. lin. Strahlenkompl. zum Polarsyst. des Rotationsparaboloides (Zeitschr. f. Math. u. Phys., Bd. 31, 1886).

Übungsaufgaben:

14. a) Bezüglich welcher von allen durch einen Punkt P gehenden Achsen hat ein Kräftesystem das gröfste Moment? b) Die Momente bezüglich aller durch P gehenden Achsen sind den Abschnitten proportional, die durch eine gewisse Kugelfläche auf diesen Achsen bestimmt werden; c) Wenn die Momente bezüglich dreier Achsen durch P gegeben sind,

das Moment bezüglich einer vierten Achse durch P zu finden.

15. a) Die Momente bezüglich der Achsen in einer Ebene E sind den Abständen dieser Achsen vom Nullpunkt von E proportional. b) Aus den Momenten bezüglich dreier Achsen in E das Moment bezüglich einer vierten Achse in E zu konstruieren.

16. Es sind unter den möglichen Zerlegungen einer Dyname in ein Kraftkreuz diejenigen herauszusuchen, bei denen die beiden Kräfte a) einen gleichen Betrag haben, b) auf einander senkrecht stehen, c) bei denen beides zugleich stattfindet.

17. Bei einer allgemeinen Bewegung eines starren Körpers gehen in jedem Augenblick a) die Normalebenen der Bahnen aller Punkte einer Ebene durch einen bestimmten Punkt dieser Ebene; b) die Normalebenen der Bahnen aller Punkte einer Geraden g wieder durch eine Gerade g'. Wenn g und g' verschieden sind, so sind die Geschwindigkeits-Vektoren aller Punkte von g dieselben, als ob sich g um g' drehen würde; wenn g mit g' identisch ist, sind die Vektoren aller Punkte von g auf g senkrecht.

18. Wir fassen von einem sich bewegenden starren Körper eine Gerade g ins Auge. a) Welcher Punkt derselben hat die geringste Geschwindigkeit? b) Welche Grenzlage hat der Fufspunkt ihres kürzesten Abstands von einer Nachbarlage?

19. Die senkrechten Projektionen zweier Polaren auf eine Ebene E schneiden sich auf der Charakteristik von E (Mannheim, Géométrie cinématique, S. 105).

20. Wie vereinfacht sich in § 22 die Aufsuchung der Momentanwindung in dem am Schlufs dieses § erwähnten Spezialfall?

21. Es sind die Kugelgebiete, die für den Punkt A der Fig. 25 erreichbar sind, genauer zu ermitteln.

22. Es sind in einem Nullsystem mit der Achse A die reciproken Polyeder zu ermitteln a) zu einem Tetraeder, von dem eine Höhe in A fällt; b) zu α) einem Oktaeder, β) einem Würfel, von denen zwei gegenüberliegende Ecken

in A fallen. Es sind die Überlegungen und Sätze des § 25 an diesen Beispielen in konkreto zu verfolgen.

23. Zu dem in Fig. 31 dargestellten Fachwerk ist der reciproke Kräfteplan zu konstruieren, wenn auf alle Knotenpunkte der wagrechten Strecke AB gleich grofse lotrechte Kräfte wirken.

24. Wenn man ein Polarsystem eines Umdrehungsparaboloides mit der Achse a und dem Parameter $2p$ um a um 90^0 dreht und dann bezüglich der Scheiteltangentialebene spiegelt, so bildet es mit der ursprünglichen Lage ein Nullsystem vom Parameter $\mathfrak{k} = p$.

III. Abschnitt.

Linienzeiger, Stabzeiger und Gleichungen zwischen ihnen.*)

§ 28. Begriff der Linienzeiger.

Die Geraden des Raums bilden eine vierfache Mannigfaltigkeit (s. Einleitung). Man braucht also, um eine einzelne Gerade festzulegen, (mindestens) vier Zahlen, die man die Zeiger (Koordinaten) der Geraden nennt. Diese für die Gerade charakteristischen Zahlen können noch in sehr verschiedener Weise gewählt werden: Z. B. kann man an die Darstellung der Geraden in einem Parallelsystem

1) $$x = rz + \varrho, \; y = sz + \sigma$$

anknüpfen (x, y, z sind die laufenden Zeiger) und die vier Zahlen r, s, ϱ, σ, welche die Gerade vollkommen bestimmen und umgekehrt einer solchen eindeutig zugeordnet sind, als Zeiger definieren.

Aber dieses Zeigersystem hätte einen grofsen Übelstand: Würde man eine Transformation desselben vornehmen, so würden die Gleichungen 1) übergehen in

2) $$x' = r'z' + \varrho', \; y' = s'z' + \sigma'$$

und die neuen Zeiger r', s', ϱ', σ' müssen aus den alten berechnet werden können, wenn die Lage der neuen Zeiger-

*) Als Einleitung zu diesem Abschnitt kann der Abschnitt III in S. S. IX (Analyt. Geom. des Raumes, I. Teil) nachgelesen werden, wo die rechtwinkligen homogenen Linienzeiger unabhängig von den tetraedrischen Zeigern aufgestellt werden, als deren Spezialfall sie hier erscheinen.

achsen gegen die alten gegeben ist. Dabei würde sich herausstellen, dafs die Formeln, welche die neuen Linienzeiger als Funktion der alten (oder umgekehrt) darstellen, in diesen Zeigern nicht linear sind. Um sich davon zu überzeugen, genügt es, einen Spezialfall zu betrachten: Wir denken uns das ursprüngliche Parallelsystem rechtwinklig und nehmen dann eine cyklische Vertauschung der Zeigerachsen vor, also:

$$x = y', \quad y = z', \quad z = x'.$$

Die Gleichungen 1) gehen dadurch über in

$$y' = rx' + \varrho, \quad z' = sx' + \sigma.$$

Wir müssen jetzt diese Gleichungen durch Auflösung nach x', y' auf die Form 2) bringen:

$$x' = \frac{z'}{s} - \frac{\sigma}{s}, \quad y' = \frac{r}{s} z' + \frac{s\varrho - r\sigma}{s};$$

durch Vergleich mit 2) finden wir:

$$r' = \frac{1}{s}, \quad \varrho' = -\frac{\sigma}{s}$$

$$s' = \frac{r}{s}, \quad \sigma' = \frac{s\varrho - r\sigma}{s}.$$

Eine algebraische Gleichung zwischen Linienzeigern würde daher durch Zeigertransformation ihren Grad ändern. Während also bei den sonst üblichen Zeigersystemen der Grad etwas für ein algebraisches geometrisches Gebilde charakteristisches ist, würde hier der Grad nicht nur vom Gebilde selbst, sondern auch vom Zeigersystem abhängen. Deshalb werden wir andere Gröfsen, die wir im Zusammenhang mit den tetraedrischen Punkt- und Ebenenzeigern einführen, als Linienzeiger definieren.

---

§ 29. Homogene Punkt- und Ebenenzeiger.

Wir stellen in diesem und den beiden folgenden Paragraphen die wichtigsten Eigenschaften der homogenen Punkt- und Ebenenzeiger zusammen, um uns leichter darauf berufen zu können; soweit hier nicht auch die Beweise mit aufgenommen sind, verweiſen wir auf die ausführliche Darstellung in Killings Lehrbuch der analytischen Geometrie, 1901 (II. Teil).

a) Definition: Wir wählen ein „Zeigertetraeder“ oder „Grundtetraeder“, für jede seiner Ebenen eine positive Seite und bezeichnen die Abstände eines beliebigen Punktes P von diesen Ebenen mit d_1, d_2, d_3, d_4. Als Zeiger des Punktes P werden vier Zahlen definiert, die sich verhalten wie diese Abstände, wenn jeder mit einer willkürlichen Maſseinheit gemessen wird. Miſst man d_i mit der Einheit e_i, so ist $d_i : e_i$ die neue Maſszahl. Wenn

$$\frac{1}{e_i} = \varkappa_i,$$

so können also

3) $$\varrho x_i = \varkappa_i d_i \; (i = 1, 2, 3, 4)$$

als Definitionsgleichungen der Zeiger x_i gelten. Die vier Zahlen $\varkappa_i$ sind fest für alle Punkte des Raums; ϱ ist ein willkürlicher Proportionalitätsfaktor.

Es sei E eine Ebene, bei der wir eine positive und eine negative Seite unterscheiden und δ_1, δ_2, δ_3, δ_4 seien die Abstände der vier Tetraederecken von ihr, $\mathfrak{e}_i$ die Maſseinheiten, mit denen sie gemessen werden. Dann definiert man die Zeiger u_1, u_2, u_3, u_4 der Ebene E analog durch

$$\sigma u_i = \frac{\delta_i}{\mathfrak{e}_i}$$

oder, wenn $1 : \mathfrak{e}_i = \lambda_i$, durch

4) $$\sigma u_i = \lambda_i \delta_i \; (i = 1, 2, 3, 4).$$

Von den Zeigern eines Punktes oder einer Ebene kommen also nur die Verhältnisse in Betracht, unter denen sich drei unabhängige befinden. Umgekehrt ist einem Zahlenquadrupel x_i oder u_i eindeutig ein Punkt, bezw. eine Ebene zugeordnet.

Im Grundtetraeder liegen die Flächen und Ecken mit gleichen Indices einander gegenüber.

b) Man kann die vier Konstanten $\varkappa_i$ willkürlich wählen und hierauf die Verhältnisse der λ_i so bestimmen, daſs die

Bedingung für die Incidenz von P und E möglichst einfach wird, nämlich:

5) $$\sum_{i=1}^{4} u_i x_i = 0.$$

c) Geht man von einem homogenen Zeigersystem x_i, u_i zu einem ebensolchen x'_i, u'_i über, so sind die alten Zeiger lineare homogene Funktionen der gleichnamigen neuen, ebenso die neuen der alten, nämlich:

6) $$\begin{aligned} \varrho x_i &= a_{i1} x'_1 + a_{i2} x'_2 + a_{i3} x'_3 + a_{i4} x'_4 \\ \sigma u_i &= A_{i1} u'_1 + A_{i2} u'_2 + A_{i3} u'_3 + A_{i4} u'_4, \end{aligned}$$

wobei die A_{ik} die Adjunkten der Determinante $| a_{ik} |$ sind. Hieraus ergiebt sich durch Auflösung nach den neuen Zeigern:

7) $$\begin{aligned} \varrho' x'_i &= A_{1i} x_1 + A_{2i} x_2 + A_{3i} x_3 + A_{4i} x_4 \\ \sigma' u'_i &= a_{1i} u_1 + a_{2i} u_2 + a_{3i} u_3 + a_{4i} u_4. \end{aligned}$$

Umgekehrt kann jedes solche System von linearen Transformationen als eine Zeigertransformation aufgefafst werden. Setzt man die rechten Seiten von Gleichung 6) gleich Null, so erhält man die Gleichungen der Flächen und Ecken des alten Grundtetraeders in Bezug auf das neue, analog bei 7) die Gleichungen der Elemente des neuen Tetraeders im alten System.

d) Beim Übergang von einem rechtwinkligen System zu einem homogenen sind die homogenen Zeiger lineare ganze Funktionen der rechtwinkligen x, y, z, diese lineare homogene gebrochene Funktionen (mit gemeinsamem Nenner) der homogenen Zeiger, nämlich:

8) $$\varrho x_i = a_{i1} x + a_{i2} y + a_{i3} z + a_{i4} \quad (i = 1, \ldots 4).$$

9) $$x = \frac{\sum_1^4 A_{i1} x_i}{\sum_1^4 A_{i4} x_i}, \quad y = \frac{\sum_1^4 A_{i2} x_i}{\sum_1^4 A_{i4} x_i}, \quad z = \frac{\sum_1^4 A_{i3} x_i}{\sum_1^4 A_{i4} x_i}.$$

e) Die unendlich fernen Punkte erfahren in tetraedrischen Zeigern eine eigentliche Darstellung: Ein Zahlenquadrupel x_i, das den Nenner der Gleichungen 9) zu Null macht, bedeutet einen unendlich fernen Punkt, dessen repräsentierende

Richtung man findet, indem man die Verhältnisse der Zähler sucht.

f) Wenn i, k, l, m die Zahlen 1, 2, 3, 4 in irgend einer Reihenfolge sind, P_i die Ecken, E_i die gegenüberliegenden Ebenen des Grundtetraeders, so sind x_k, x_l, x_m auch die trimetrischen Zeiger des Schnittpunktes von P_iP mit der Ebene E_i in dieser Ebene bezüglich P_k, P_l, P_m als Grunddreieck; u_k, u_l, u_m sind auch die trimetrischen Zeiger der Schnittlinie E, E_i in der Ebene E_i bezüglich desselben Grunddreiecks.

g) Der Punkt, dessen vier Zeiger einander gleich (z. B. gleich eins) sind, heifst **Einheitspunkt** e, die Ebene, deren vier Zeiger einander gleich sind, **Einheitsebene** $\mathfrak{E}$. Wenn die Konstanten $\varkappa$ und λ nach b) gewählt sind, besteht zwischen e und $\mathfrak{E}$ folgende Beziehung: Wenn k eine Tetraederkante ist, S der Schnittpunkt der Gegenkante mit $\mathfrak{E}$, so sind die beiden durch k gehenden Tetraederebenen harmonisch getrennt durch e und S; und wenn $\mathfrak{B}$ die Verbindungsebene der Gegenkante mit e ist, so sind die beiden Tetraederecken auf k harmonisch getrennt durch $\mathfrak{E}$ und $\mathfrak{B}$.

---

§30. Geometrische Darstellung der Zeigerverhältnisse durch Doppelverhältnisse.

Wir nehmen eine Ebene E mit den Zeigern u_i an und betrachten ein bestimmtes Zeigerverhältnis, z. B. $u_2 : u_1$. Es sei S der Schnittpunkt der Kante P_1P_2 des Grundtetraeders mit E, $\mathfrak{S}$ mit $\mathfrak{E}$ (Fig. 33). Dann ist nach § 29 a):

$$\frac{u_2}{u_1} = \frac{\delta_2}{\delta_1} : \frac{\mathfrak{e}_2}{\mathfrak{e}_1};$$

nun ist

$$\frac{\delta_2}{\delta_1} = \frac{P_2S}{P_1S},$$

weil das erstere Verhältnis aus dem letzteren durch Projektion auf die Normalenrichtung von E hervorgeht. Analog ist

$$\frac{\mathfrak{e}_2}{\mathfrak{e}_1} = \frac{P_2\mathfrak{S}}{P_1\mathfrak{S}},$$

also*)

10) $$\frac{u_2}{u_1} = (P_2 P_1 S \mathfrak{S}).$$

Wir nehmen einen Punkt P mit den Zeigern x_i an und betrachten das Verhältnis

$$\frac{x_2}{x_1} = \frac{d_2}{d_1} : \frac{e_2}{e_1}.$$

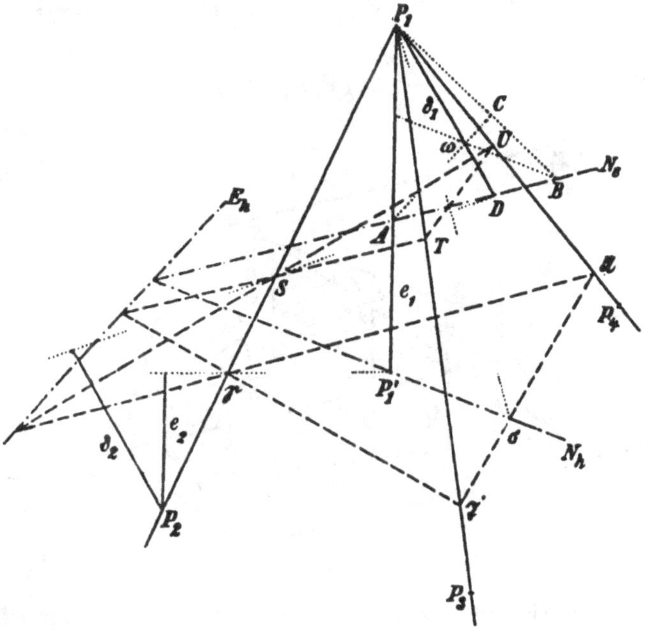

Fig. 33.

Man kann nun die Punkte, P und e, was das Abstandsverhältnis von den Ebenen E_1, E_2 betrifft, durch einen beliebigen Punkt der Verbindungsebenen PP_3P_4 und eP_3P_4

---

* Wir verwenden für das Doppelverhältnis die Bezeichnung

$$(ABCD) = \frac{AC}{CB} : \frac{AD}{DB},$$

wobei wir AB als die geteilte Strecke, C, D als die teilenden Punkte ansehen.

ersetzen, z. B. durch ihre Schnittpunkte S' und $\mathfrak{S}'$ mit der Kante $P_1 P_2$ (Fig. 34; $P_3 P_4 \equiv y$ ist die Schnittlinie von $E_1 E_2$; vom Tetraeder sind nur zwei Ecken $P_1 P_2$, zwei Flächen E_1, E_2 und zwei Kanten k, y gezeichnet). Wenn also d_1', d_2' für S'; e_1', e_2' für $\mathfrak{S}'$ die analoge Bedeutung haben wie die ungestrichelten Gröſsen für P und e, so ist

$$d_1 : d_2 = d_1' : d_2', \qquad e_1 : e_2 = e_1' : e_2';$$

$$d_1' : e_1' = P_2 S' : P_2 \mathfrak{S}', \qquad d_2' : e_2' = P_1 S' : P_1 \mathfrak{S}';$$

also

11) $$\frac{x_2}{x_1} = (P_1 P_2 S' \mathfrak{S}')$$

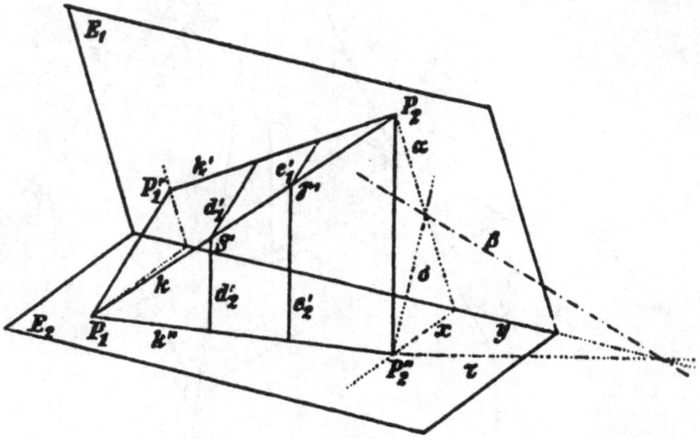

Fig. 34.

Den Elementen $P_2, P_1, S, \mathfrak{S}$ in Gleichung 10) entsprechen dual die vier Ebenen $E_2, E_1, (P, y), (e, y)$; die letzteren wurden dann mit k in $S_2, S_1, S', \mathfrak{S}'$ zum Schnitt gebracht. Nun ist $S_2 \equiv P_1, S_1 \equiv P_2$, und dies ist der Grund, warum in Gleichung 11 die Punkte P_1, P_2 im Vergleich zu Gleichung 10) ihre Stellen gewechselt haben.

Satz 42: **Wenn $P_i P_k$ eine Tetraederkante k ist, y die Gegenkante, so lassen sich das Zeigerverhältnis $u_i : u_k$ für eine Ebene E und das Zeigerverhältnis $x_i : x_k$ für einen Punkt P durch je ein Doppelverhältnis auf k darstellen, u. zwar: Wenn $S, \mathfrak{S}$ im ersten Fall die**

Schnittpunkte von k mit E und der Einheitsebene sind, $S', \mathfrak{S}'$ im zweiten Fall die Schnitte von k mit den Ebenen (P,y), (e,y), so ist:

$$\frac{u_i}{u_k} = (P_i P_k S \mathfrak{S}), \quad \frac{x_i}{x_k} = (P_k P_i S' \mathfrak{S}').$$

Diese geometrische Deutung der Zeigerverhältnisse rührt von Fiedler her (Darst. Geom.).

§ 31. Die Parallelzeiger als Spezialfall der tetraedrischen Zeiger.

Wir nehmen P_1 als Ursprung eines Parallelsystems, dessen positive Halbachsen X, Y, Z bezw. nach den anderen Eckpunkten P_2, P_3, P_4 des Grundtetraeders gerichtet sind, und wollen den Zusammenhang zwischen den Parallelzeigern x, y, z eines Punktes P und dessen tetraedrischen Zeigern x_i unter der Voraussetzung aufsuchen, dafs wir die Tetraederebene E_1 ins Unendliche rücken lassen. Dann spielt die X-Achse die Rolle der Kante k des vorigen Paragraphen; die Gegenkante ist die unendlich ferne Gerade der YZ-Ebene, daher $P_1 S' = x$ (Fig. 35) und

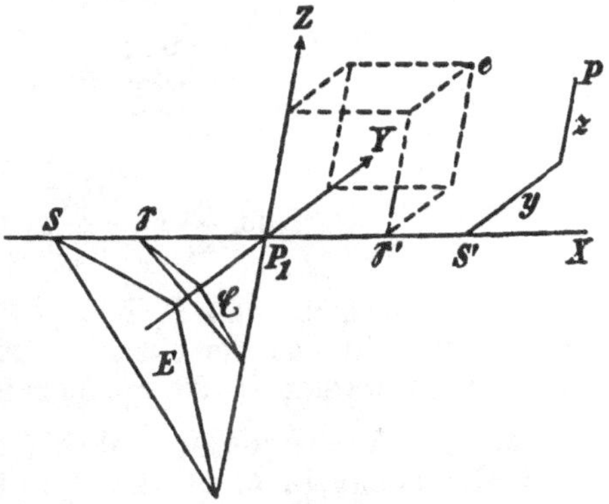

Fig. 35.

$$\frac{x_2}{x_1} = \frac{P_1 S'}{S' P_2} : \frac{P_1 \mathfrak{S}'}{\mathfrak{S}' P_2} = \frac{P_1 S'}{P_1 \mathfrak{S}'} : \frac{S' P_2}{\mathfrak{S}' P_2}.$$

Nun wird

$$\lim \frac{S' P_2}{\mathfrak{S}' P_2} = 1,$$

wenn E_1 ins Unendliche rückt; also wird $x_2 : x_1$ genau gleich x, falls wir $P_1 \mathfrak{S}' = 1$ wählen. Analoges gilt für

$x_3 : x_1$ und $x_4 : x_1$. Wir wählen daher den Einheitspunkt e als den P_1 gegenüberliegenden Eckpunkt eines Parallelepipeds, das durch drei Einheitsstrecken auf den positiven Halbachsen bestimmt ist. Unter dieser Voraussetzung wird:

$$\frac{x_2}{x_1} = x, \quad \frac{x_3}{x_1} = y, \quad \frac{x_4}{x_1} = z.$$

Als Einheitsebene $\mathfrak{E}$ mufs nun die Verbindungsebene der drei von P_1 ausgehenden negativen Einheitsstrecken angenommen werden. Wenn ferner u, v, w die Parallelzeiger einer Ebene E, u_i ihre tetraedrischen Zeiger sind, so ist

$$u = -\frac{1}{P_1 S}$$

und es war

$$\frac{u_2}{u_1} = \frac{P_2 S}{S P_1} : \frac{P_2 \mathfrak{S}}{\mathfrak{S} P_1} = \frac{P_2 S}{P_2 \mathfrak{S}} \cdot \frac{P_1 \mathfrak{S}}{P_1 S},$$

es ist

$$\lim \frac{P_2 S}{P_2 \mathfrak{S}} = 1,$$

also

$$\lim \frac{u_2}{u_1} = \frac{P_1 \mathfrak{S}}{P_1 S},$$

also genau gleich u, weil $P_1 \mathfrak{S} = -1$ war. Da die Lage von Einheitspunkt und Einheitsebene ein für allemal gegenseitig bedingt wurden (§ 29, g), können wir sagen:

Satz 43: Verlegen wir den Anfangspunkt eines Parallelsystems in die Ecke P_1 des Grundtetraeders, die positiven Halbachsen X, Y, Z in die Richtungen nach P_2, P_3, P_4, lassen die Einheitsebene von den Halbachsen die Strecken -1 abschneiden und die Tetraederebene E_1 ins Unendliche rücken, so gehen $\frac{x_2}{x_1}, \frac{x_3}{x_1}, \frac{x_4}{x_1}; \frac{u_2}{u_1}, \frac{u_3}{u_1}, \frac{u_4}{u_1}$ bezw. über in x, y, z; u, v, w.

Wenn also die Gleichung G eines Gebildes in homogenen Punkt- oder Ebenen-Zeigern gegeben ist, so kann man daraus die Gleichung G' desselben Gebildes in Parallelzeigern dadurch ableiten, dafs man x_1, x_2, x_3, x_4; u_1, u_2, u_3, u_4 bezw. durch 1, x, y, z; 1, u, v, w ersetzt; und zwar gilt dies, wenn die Koeffizienten von G numerisch sind, nur, wenn die beiden Zeigersysteme so gegen einander liegen, wie im Satz 43 angegeben, wenn sie jedoch allgemeine, unbeschränkt willkürliche Zahlen sind, für eine beliebige Lage der Systeme gegeneinander (§ 29, c), in dem Sinne, dafs die Gesamtheit der durch G dargestellten Gebilde mit der Gesamtheit der durch G' dargestellten identisch ist.

---

§ 32. Allgemeine (tetraedrische) homogene Linienzeiger.

a) Die in § 28 vorübergehend als Linienzeiger verwendeten Gröfsen r, s, ϱ, σ sind zugleich Koeffizienten in den Gleichungen zweier Ebenen, die durch die Gerade hindurchgehen und zwar zweier ausgezeichneten (projizierenden) Ebenen. Analog wollen wir, wenn eine Gerade g gegeben ist, bei Verwendung tetraedrischer Punkt- und Ebenen-Zeiger die ausgezeichneten Ebenen ε_i durch g und je einen Eckpunkt P_i des Grundtetraeders betrachten, namentlich die Koeffizienten ihrer Gleichungen oder, was dasselbe ist, ihre Zeiger berechnen. Zwei solche Ebenen würden i. A. zur Bestimmung von g genügen; um jedoch keine zu bevorzugen, wollen wir alle vier berücksichtigen; Wir denken uns g durch die Zeiger v_i, w_i zweier durch g gehenden Ebenen ε_v, ε_w gegeben. Dem Ebenenbüschel $(\varepsilon_v, \varepsilon_w)$ gehören alle vier Ebenen ε_i an; die Zeiger von ε_1 müssen also in der Form

12) $$u_i = \lambda v_i + \mu w_i \; (i = 1, 2, 3, 4)$$

enthalten sein. Zur Bestimmung des Verhältnisses $\lambda : \mu$ dient der Umstand, dafs für eine durch P_1 gehende Ebene $u_1 = 0$ ist. Also giebt Gleichung 12):

$$\frac{\lambda}{\mu} = -\frac{w_1}{v_1}, \text{ z. B. } \lambda = -w_1, \; \mu = v_1.$$

Setzen wir dies für $i = 2, 3, 4$ in Gleichung 12) ein, so erhalten wir:

$$0, \; v_1 w_2 - v_2 w_1, \; v_1 w_3 - v_3 w_1, \; v_1 w_4 - v_4 w_1$$

als Zeiger der Ebene ε_1. Analog berechnet man die Zeiger von ε_2, ε_3, ε_4. Wir stellen sie in folgendem Schema zusammen, wobei

$$v_i w_k - v_k w_i = p_{ik}$$

gesetzt ist; also ist

13) $$p_{ki} = -p_{ik}.$$

Schema der Zeiger der Ebenen durch g und die Ecken des Grundtetraeders:

14) $$\begin{array}{c|cccc} \varepsilon_1 & 0 & p_{12} & p_{13} & p_{14} \\ \varepsilon_2 & p_{21} & 0 & p_{23} & p_{24} \\ \varepsilon_3 & p_{31} & p_{32} & 0 & p_{34} \\ \varepsilon_4 & p_{41} & p_{42} & p_{43} & 0. \end{array}$$

Wegen Gleichung 13) könnte man die Zahlen dieses Schemas so schreiben, dafs die sechs Gröfsen

$$p_{12}, p_{13}, p_{14}, p_{23}, p_{34}, p_{42}$$

allein darin auftreten.*) Da schon die v und w, durch welche die p definiert wurden, nur bis auf einen gemeinsamen Faktor bestimmt sind, so kommen auch von den p nur ihre Verhältnisse in Betracht. Wir definieren nun sechs Zahlen, die sich verhalten wie diese sechs Gröfsen p als Linienzeiger der Geraden g, wobei (unter Hinzufügung eines Proportionalitätsfaktors ϱ)

15) $$\varrho p_{ik} = v_i w_k - v_k w_i$$

als endgültige Definition der Gröfsen p beibehalten wird. Da von den sechs Gröfsen p nur ihre Verhältnisse in Betracht kommen, sind sie fünf Zahlen äquivalent; es mufs also zwischen ihnen noch eine Relation bestehen, da wir schon wissen (Einl. und § 28), dafs eine Gerade nur vier von einander unabhängige Zeiger haben kann. Diese Relation findet man, indem man die Determinante

---

*) Man sieht, dafs die zwei Indices überall in der natürlichen Reihenfolge geschrieben sind, ausgenommen p_{42}; dafs nicht p_{24}, sondern p_{42} unter die sechs Zeiger aufgenommen wurde, hat seinen Grund darin, dafs so die Formeln am übersichtlichsten werden. Z. B. würde sonst in Gleichung 16) ein Minuszeichen auftreten.

$$\Delta = \begin{vmatrix} v_1 & v_2 & v_3 & v_4 \\ w_1 & w_2 & w_3 & w_4 \\ v_1 & v_2 & v_3 & v_4 \\ w_1 & w_2 & w_3 & w_4 \end{vmatrix}$$

nach den Elementen der ersten beiden Zeilen (Laplacescher Determinantensatz, vergl. Pascal, Determ. § 4) entwickelt. Andererseits ist $\Delta = 0$, weil gleiche Zeilen vorkommen. Also (indem wir einen Faktor 2 weglassen):

16) $$p_{12}p_{34} + p_{13}p_{42} + p_{14}p_{23} = 0.$$

Je sechs Zeiger einer Geraden erfüllen diese Gleichung, die zu einer Identität wird, sobald man auf die v und w zurückgeht. Eine Gerade ist also i. A. schon durch fünf ihrer Zeiger (deren Verhältnisse vier Gröfsen äquivalent sind) bestimmt. In der That entspricht der Thatsache, dafs g schon durch zwei der Ebenen ε_i bestimmt ist, der Umstand, dafs je zwei Zeilen des Schemas 14) fünf Gröfsen p enthalten. Man behält trotzdem der Symmetrie wegen und noch aus einem anderen Grunde, der aus § 39, a) erhellt, alle sechs Zeiger bei.

Umgekehrt können je sechs Zahlen, welche die Bedingung 16) erfüllen, als Zeiger einer Geraden betrachtet werden. Denn bildet man mit den sechs Zahlen das Schema 14), so kann man diesem Schema entsprechend die Gleichungen von vier Ebenen ε_i hinschreiben, von denen sich zeigen läfst, dafs sie alle durch eine und dieselbe Gerade hindurchgehen. Dies wird der Fall sein, wenn zwei von den vier Tripeln aus den ε_i eine gemeinsame Schnittlinie haben. Hierfür ist wieder das Kennzeichen, dafs alle Determinanten dritter Ordnung aus den dreireihigen Matrices dieser zwei Tripel verschwinden. Es ist also nachzuweisen, dafs die Adjunkten zweier Zeilen des Schemas 14) verschwinden, sobald Gleichung 16) erfüllt ist. Dieses Schema ist (wegen Gleichung 13)) schief symmetrisch; es verschwinden also die Adjunkten der Hauptdiagonalglieder als schief symmetrische Determinanten ungerader Ordnung (vergl. Pascal, Determ. § 16). Die Adjunkten zweier Elemente, die zur Hauptdiagonale symmetrisch sind, unterscheiden sich nur durch den Faktor $(-1)^3$.

Man hat also die Rechnung nur für die Adjunkten von fünf Elementen durchzuführen. Z. B. ist die Adjunkte von p_{12}:

$$p_{43}\,(p_{14}p_{23}+p_{13}p_{42}+p_{12}p_{34}).$$

Sie verschwindet also vermöge Gleichung 16); ebenso enthalten die übrigen Adjunkten die linke Seite von Gleichung 16) als Faktor.

Satz 45: **Die Geraden des Raums und die Verhältnisse von sechs Zahlen, die der Gleichung 16) genügen, sind einander gegenseitig eindeutig zugeordnet.**

Hierin sind auch die unendlich fernen Geraden einbezogen; denn es wird nur das Büschel ε_v, ε_w zu einem Parallel-Ebenenbüschel, und alle Schlüsse bleiben aufrecht.

b) Wir haben uns in a) die Gerade als Träger eines Ebenenbüschels gedacht und die Zeiger derjenigen Ebenen des Büschels berechnet, die durch die Ecken P_i des Grundtetraeders gehen. Nach dem Prinzip der Dualität müssen wir folgendes Verfahren als gleichberechtigt anerkennen: Wir denken uns g als Träger einer Punktreihe durch zwei ihrer Punkte P_y, P_z mit den Zeigern y_i, z_i gegeben und berechnen die Schnittpunkte S_i mit den Tetraederflächen E_i. Wenn P mit den Zeigern x_i irgend ein Punkt der Reihe g ist, so ist:

$$x_i = \lambda y_i + \mu z_i \quad (i = 1,2,3,4).$$

Soll P mit S_1 zusammenfallen, so mufs $x_1 = 0$ sein; also können wir $\lambda = -z_1, \mu = y_1$ setzen. Wenn σ ein willkürlicher Proportionalitätsfaktor ist, setzen wir

17) $$\sigma\pi_{ik} = y_i z_k - y_k z_i \quad (\text{also } \pi_{ki} = -\pi_{ik})$$

und erhalten als Zeiger von S_1:

$$0, \quad \pi_{12}, \quad \pi_{13}, \quad \pi_{14}.$$

Man sieht schon, dafs man alle wesentlichen Ergebnisse aus a) hierher übertragen kann; namentlich: Die sechs Zahlen.

$$\pi_{12}, \quad \pi_{13}, \quad \pi_{14}, \quad \pi_{23}, \quad \pi_{34}, \quad \pi_{42}$$

erfüllen die Beziehung:

16a) $$\pi_{12}\pi_{34} + \pi_{13}\pi_{42} + \pi_{14}\pi_{23} = 0,$$

und unter dieser Voraussetzung sind deren Verhältnisse den Geraden des Raums gegenseitig eindeutig zugeordnet.

c) Da zur Bestimmung einer Geraden entweder das System der p oder der π ausreicht, so mufs das eine System durch das andere bestimmt sein. Um diesen Zusammenhang zu finden, schreiben wir zunächst das Schema 14) und das entsprechende der π nebeneinander:

$$
18) \quad \begin{matrix} 0 & p_{12} & p_{13} & p_{14} \\ p_{21} & 0 & p_{23} & p_{24} \\ p_{31} & p_{32} & 0 & p_{34} \\ p_{41} & p_{42} & p_{43} & 0 \end{matrix} \qquad \begin{matrix} 0 & \pi_{12} & \pi_{13} & \pi_{14} \\ \pi_{21} & 0 & \pi_{23} & \pi_{24} \\ \pi_{31} & \pi_{32} & 0 & \pi_{34} \\ \pi_{41} & \pi_{42} & \pi_{43} & 0 \end{matrix}
$$

Eine Zeile links stellt die Zeiger einer Verbindungsebene (g, P_i), eine Zeile rechts die Zeiger eines Schnittpunktes (g, E_i) dar. Da jeder der vier Punkte S_i in jeder der vier Ebenen ε_i liegt, so mufs man Null erhalten, wenn man eine Zeile links mit einer Zeile rechts derart kombiniert, dafs man die Summe der Produkte gleichvielter Elemente bildet (§ 29, b). Dies giebt 16 Relationen, von denen die vier, die durch Kombination gleichvielter Zeilen entstehen, dreigliedrig sind, die anderen zweigliedrig. Wir schreiben von den letzteren diejenigen an, die durch Verwendung der ersten Zeile links entstehen:

$$
\begin{aligned} p_{13}\pi_{23} + p_{14}\pi_{24} &= 0 \\ p_{12}\pi_{32} + p_{14}\pi_{34} &= 0 \\ p_{12}\pi_{42} + p_{13}\pi_{43} &= 0 \end{aligned}
$$

was wir auch schreiben können:

$$
19) \qquad \frac{p_{12}}{\pi_{34}} = \frac{p_{13}}{\pi_{42}} = \frac{p_{14}}{\pi_{23}}.
$$

Dies ergiebt sich schon aus je zwei der Relationen; also ist jede eine Folge der beiden anderen. Analog erhält man durch Verwendung der zweiten Zeile links:

$$
\frac{p_{12}}{\pi_{34}} = \frac{p_{23}}{\pi_{14}} = \frac{p_{42}}{\pi_{34}}.
$$

Es fehlt noch eine Relation mit p_{34}. Man erhält sie z. B. aus der 3. Zeile links und der 2. rechts:

$$
\frac{p_{34}}{\pi_{12}} = \frac{p_{13}}{\pi_{42}}.
$$

Man sieht, daſs die Gleichungskette 19) und die beiden folgenden je ein Glied gemein haben. Man kann sie also zu einer einzigen zusammenschlieſsen:

20) $$\frac{p_{12}}{\pi_{34}} = \frac{p_{13}}{\pi_{42}} = \frac{p_{14}}{\pi_{23}} = \frac{p_{23}}{\pi_{14}} = \frac{p_{34}}{\pi_{12}} = \frac{p_{42}}{\pi_{13}}$$

Über die Reihenfolge der Indices vergl. Anm. zu a).

Man bezeichnet die p als Achsenzeiger, die π als Strahlenzeiger, weil g bei der Definition der p als Achse eines Ebenenbüschels, bei der Definition der π als Träger einer Punktreihe gedacht war. Die Achsenzeiger sind also bis auf die Reihenfolge mit den Strahlenzeigern identisch.*) Bezeichnet man

$$P = p_{12}\, p_{34} + p_{13}\, p_{42} + p_{14}\, p_{23}$$
$$\Pi = \pi_{12}\, \pi_{34} + \pi_{13}\, \pi_{42} + \pi_{14}\, \pi_{23},$$

so kann man den Zusammenhang auch kurz so schreiben:

21) $$\varrho p_{ik} = \frac{d\Pi}{d\pi_{ik}}, \quad \sigma \pi_{ik} = \frac{dP}{dp_{ik}}.$$

---

*) Da es in den meisten Untersuchungen überflüssig ist, beide Zeigerarten beizubehalten, muſs man doch, wenigstens in der Schreibweise, das eine bevorzugen. Es nützt nichts, wie es Koenigs thut, ein gemeinsames Symbol r_{ik} einzuführen (Géom. reglée, p. 8). Die Gleichberechtigung ist hiermit nur scheinbar gewahrt. Denn man muſs sich doch entscheiden, ob r_{ik} mit p_{ik} oder π_{ik} identisch sein soll; und indem Koenigs das erstere annimmt, bevorzugt auch er thatsächlich die Achsenzeiger. Viele Autoren bezeichnen umgekehrt die Strahlenzeiger mit p_{ik} und die Achsenzeiger π_{ik} oder q_{ik}. Die Sache ist an und für sich nicht wichtig, aber für die Bezeichnung der Achsenzeiger mit p_{ik} (mit Koenigs) spricht folgender Umstand: Es ist allgemein üblich, die Symbole p als Linienzeiger beizubehalten, wo eine Unterscheidung zwischen Achsen- und Strahlenzeigern nicht nötig ist. Bei unserer Wahl steht zugleich p_{ik} mit dem Moment der Geraden g bezüglich der Tetraederkante P_iP_k in einem einfachen Zusammenhang (§ 34). Allerdings ist dasselbe bei π_{ik} der Fall, wenn man das Moment bezüglich der Kante (E_i, E_k) betrachtet. Aber es ist bequemer, eine Kante als Verbindungslinie zweier Punkte, wie als Schnitt zweier Ebenen aufzufassen.

§ 33. Rechtwinklige homogene und nicht homogene Linienzeiger.

Die Linienzeiger behalten bei beliebiger Wahl des Grundtetraeders ihre bestimmte Bedeutung, auch wenn eine seiner Ebenen in unendliche Ferne rückt. Wir wollen nachsehen, wie sich der Zusammenhang zwischen den Linienzeigern von g und den Punkt- und Ebenenzeigern der Elemente, durch die wir uns g gegeben dachten, spezialisiert, wenn E_1 mit der unendlich fernen Ebene zusammenfällt und gleichzeitig die anderen drei Ebenen eine rechtwinklige Ecke bilden. Wir sind durch § 31 darauf vorbereitet und nehmen wie dort Einheitspunkt und Einheitsebene so an, dafs $x_2 : x_1$ in x u. s. w. (Satz 43) übergeht. Es war:

$$\varrho p_{ik} = v_i w_k - w_i v_k$$
$$\sigma \pi_{ik} = y_i z_k - z_i y_k.$$

Da es sich hier um zwei Ebenen und zwei Punkte handelt, so wollen wir ihre rechtwinkligen Zeiger so unterscheiden, dafs wir die der Ebene w_i und des Punktes $(z_i) \equiv P'$ stricheln. Dann hat man nach Satz 43

$$\frac{v_2}{v_1},\ \frac{v_3}{v_1},\ \frac{v_4}{v_1};\quad \frac{w_2}{w_1},\ \frac{w_3}{w_1},\ \frac{w_4}{w_1};\quad \frac{y_2}{y_1},\ \frac{y_3}{y_1},\ \frac{y_4}{y_1};\quad \frac{z_2}{z_1},\ \frac{z_3}{z_1},\ \frac{z_4}{z_1}$$

durch die darunterstehenden Symbole zu ersetzen:

$$u,\ v,\ w;\quad u',\ v',\ w';\quad x,\ y,\ z;\quad x',\ y',\ z'.$$

Setzen wir also $\varrho = \varrho' v_1 w_1$, $\sigma = \sigma' y_1 z_1$ und schreiben dann wieder ϱ, σ statt ϱ', σ', so erhalten wir

$$\text{22)}\quad \begin{aligned} \varrho p_{12} &= u' - u, & \varrho p_{23} &= uv' - u'v, \\ \varrho p_{13} &= v' - v, & \varrho p_{34} &= vw' - v'w, \\ \varrho p_{14} &= w' - w, & \varrho p_{42} &= wu' - w'u. \end{aligned}$$

$$\text{23)}\quad \begin{aligned} \sigma \pi_{12} &= x' - x, & \sigma \pi_{23} &= xy' - x'y, \\ \sigma \pi_{13} &= y' - y, & \sigma \pi_{34} &= yz' - y'z, \\ \sigma \pi_{14} &= z' - z, & \sigma \pi_{42} &= zx' - z'x. \end{aligned}$$

Wir setzen $\sigma = 1$ und bezeichnen

$$\text{24)}\quad \begin{aligned} x' - x &= q_1, & yz' - y'z &= q_4, \\ y' - y &= q_2, & zx' - z'x &= q_5, \\ z' - z &= q_3, & xy' - x'y &= q_6. \end{aligned}$$

Diese sechs Gröſsen q nennen wir die **homogenen rechtwinkligen Zeiger** der Geraden PP'. Auch von ihnen kommen, da P, P' auf ihr willkürlich sind, nur die Verhältnisse in Betracht, jedoch mit der Einschränkung, daſs das Vorzeichen der Zeiger eine geometrische Bedeutung hat; q_1, q_2, q_3 sind nämlich den Cosinus der Richtung von P nach P' proportional. Den Zusammenhang zwischen den Gröſsen p, π, q stellen wir in folgendem Schema zusammen (vergl. 20):

$$25)\quad \begin{matrix} \pi_{12} & \pi_{13} & \pi_{14} & \pi_{34} & \pi_{42} & \pi_{23} \\ q_1 & q_2 & q_3 & q_4 & q_5 & q_6 \\ p_{34} & p_{42} & p_{23} & p_{12} & p_{13} & p_{14}. \end{matrix}$$

Die Relation 16) geht also über in

$$26)\quad \sum_{i=1}^{3} q_i q_{i+3} = 0.$$

Wenn umgekehrt sechs Gröſsen q gegeben sind, die 26) erfüllen, so wissen wir schon aus § 32 (Satz 45), daſs sie Zeiger einer Geraden sind. Um zwei Punkte derselben zu finden, kann man etwa z willkürlich annehmen und die anderen Zeiger aus den Gleichungen 24) berechnen.

Auch q_4, q_5, q_6 haben eine einfache geometrische Bedeutung; wir ermitteln sie zunächst unter der Voraussetzung, daſs die absoluten Gröſsen der q so fixiert sind, daſs

$$27)\quad q_1^2 + q_2^2 + q_3^2 = 1.$$

Dies kann durch Multiplikation mit dem Faktor $\frac{1}{\sqrt{q_1^2 + q_2^2 + q_3^2}}$ wegen der Doppeldeutigkeit der Wurzel auf zweierlei Weise erreicht werden (über den Fall $q_1 = q_2 = q_3 = 0$ vergl. § 36). Jetzt ist

$$28)\quad PP' = 1.$$

Wenn diese Bedingung erfüllt ist, nennen wir die sechs Zeiger **Normalzeiger** und bezeichnen sie mit q'. Wenn P_1 der Ursprung des Zeigersystems ist, so hat die Gleichung der Ebene $P_1PP' \equiv E$ die Form

$$Ax + By + Cz = 0$$

und wird durch die Zeiger von P und P' erfüllt. Also ist

$$A : B : C = yz' - y'z : \ldots = q_4 : q_5 : q_6,$$

d. h., wenn n die Normale von E ist, so sind q_4, q_5, q_6 den Cosinus der Richtung n proportional und fixieren auf n jene Richtung, von der aus gesehen das Dreieck P_1PP' positiv erscheint. Vom letzteren überzeugt man sich am einfachsten dadurch, dafs man die Strecke PP' speziell (z. B. in der XY-Ebene) annimmt; dasselbe mufs dann allgemein gelten, da solche Beziehungen bezüglich einer Zeigertransformation invariant sind (vergl. § 12, e). Um auch die Bedeutung der absoluten Gröfsen von q_4', q_5', q_6' zu ermitteln, tragen wir auf n in der eben fixierten Richtung eine Strecke s auf, die dem kürzesten Abstand der Geraden g von P_1 gleich ist. Wegen Gleichung 28) ist s auch das Moment des Stabes PP' bezüglich P_1 (vergl. § 12, c). Wenn also s_1, s_2, s_3 die Projektionen von s auf die Zeigerachsen sind, so stellen sie die Komponenten dieses Moments dar und sind den doppelten Flächen der Projektionen des Dreiecks P_1PP', d. h. den Größen $yz' - y'z$ usw. numerisch gleich (beidemale wird mit dem cos desselben Winkels multipliziert); s_1, s_2, s_3 sind also mit q_4', q_5', q_6' der Reihe nach identisch (v. Drach, Zur Theorie der Raumgeraden und der lin. Kompl., Math. Ann. II, 1869).

Satz 46: Von den sechs Normalzeigern einer Geraden g sind q_1', q_2', q_3' die Richtungscosinus der Geraden, q_4', q_5', q_6' die Projektionen eines Vektors auf die Achsen, der dem kürzesten Abstand der Geraden vom Ursprung U gleich ist und auf einer Normalen der Verbindungsebene (g, U) nach derjenigen Seite gerichtet ist, von der aus der Drehungssinn, den die Richtung g um U bestimmt, positiv ist; oder: q_4', q_5', q_6' sind die Momente von g bezüglich der X, Y, Z-Achse.

Den letzten Teil des Satzes kann man auch unmittelbar bestätigen, indem man z. B. auf der Z-Achse einen Einheitsstab UC anbringt und das Moment M_z der Stäbe PP', UC nach § 12, e) berechnet. Da C die Zeiger 0, 0, 1 hat, findet man

$$M_s = \begin{vmatrix} 1 & 1 & 1 & 1 \\ x & x' & 0 & 0 \\ y & y' & 0 & 0 \\ z & z' & 0 & 1 \end{vmatrix} = xy' - x'y = q_6.$$

Also ist $M_s = q_6'$, falls PP' ein Einheitsstab ist.

Wir wollen noch den Zusammenhang zwischen den Zeigern q und den Gröſsen r, s, ϱ, σ des § 28 ermitteln: Wenn die Punkte $P \equiv (x, y, z)$ $P' \equiv (x', y', z')$ auf der Geraden

$$\xi = r\zeta + \varrho, \quad \eta = s\zeta + \sigma$$

liegen, so sind die Gleichungen erfüllt:

$$x = rz + \varrho, \quad y = sz + \sigma$$
$$x' = rz' + \varrho, \quad y' = sz' + \sigma.$$

Indem man aus ihnen der Reihe nach ϱ, σ, r, s eliminiert, hierauf noch $xy' - x'y$ bildet, findet man mit Rücksicht auf die Gleichungen 24):

29)
$$r = \frac{q_1}{q_3}, \quad s = \frac{q_2}{q_3}$$
$$\varrho = -\frac{q_5}{q_3}, \quad \sigma = \frac{q_4}{q_3}$$
$$r\sigma - s\varrho = -\frac{q_6}{q_3}.$$

Bezeichnet man $r\sigma - s\varrho$ mit η, so geht die Relation 26) hier in die Identität

$$r\sigma - s\varrho - \eta = 0$$

über. Die fünf Gröſsen $r, s, \varrho, \sigma, \eta$ heiſsen **nichthomogene rechtwinklige Linienzeiger.**

---

§ 34. Geometrische Bedeutung der tetraedrischen Linienzeiger.

Wir haben gesehen, daſs drei von den rechtwinkligen Normalzeigern einer Geraden g gleich den Momenten von g bezüglich der drei im Endlichen gebliebenen Kanten des

Grundtetraeders sind, und wir fragen, ob eine ähnliche Beziehung auch für allgemeine tetraedrische Zeiger besteht? Wir setzen voraus, das Grundtetraeder $P_1 P_2 P_3 P_4$ habe einen positiven Inhalt; dann ist das Moment je zweier Gegenkanten $P_1 P_2, P_3 P_4$; $P_1 P_3, P_4 P_2$; $P_1 P_4, P_2 P_3$ positiv, wobei zu beachten ist, daſs die Indices in derselben Reihenfolge geschrieben sind, wie bei den Zeigern einer Geraden oder wie in der Relation 16). Wir legen durch P_1 eine Ebene $E \perp P_3 P_4$ und betrachten den Schnittpunkt O als Ursprung eines rechtwinkligen Systems (Fig. 36) erster Art, von dem die X-Achse nach OP_1, die Z-Achse in die Richtung $P_3 P_4$ fallen möge. Zu Folge unserer Voraussetzungen ist dann der Winkel $P_1 O P_2 = \omega$ stets ein hohler. Wir bestimmen eine Gerade g (samt ihrer positiven Richtung) durch einen Einheitsstab PQ auf ihr; in Fig. 37 erscheint

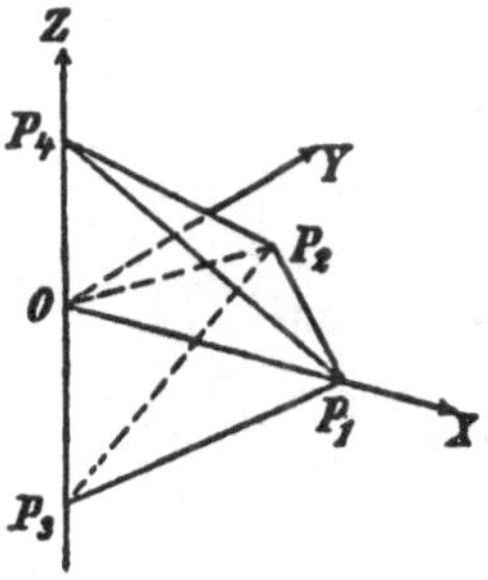

Fig. 36.

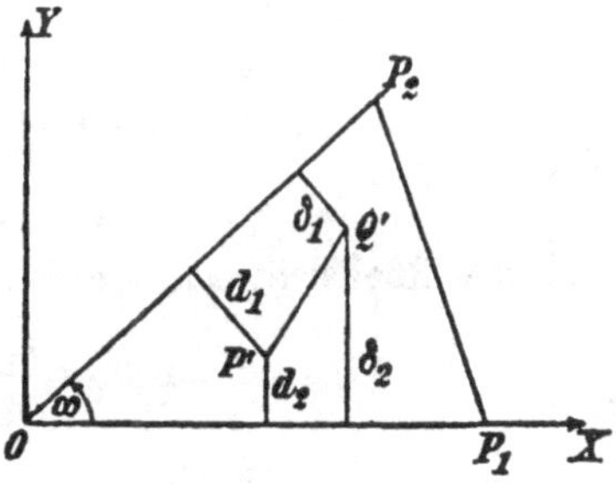

Fig. 37.

seine Projektion $P'Q'$ auf die Zeichenebene E. Die Zeiger von P seien im rechtwinkligen System ξ_1, η_1, ζ_1, im tetraedrischen y_i; analog ξ, η, ζ, z_i von Q. Die Abstände der Punkte P, Q von der Zeigerebene E_2 seien d_2, δ_2; analog d_1, δ_1 bei E_1. Wir wollen das Moment M_{34} des Stabes PQ bezüglich der Z-Achse nach Abschn. I, Gleichung 17) berechnen. Wir können ξ_2, η_2, ζ_2 nach O verlegen, haben $\cos\gamma_2 = 1$, $\cos\alpha_2 = \cos\beta_2 = 0$ zu setzen und erhalten

$$M_{34} = \xi_1 \cos\beta_1 - \eta_1 \cos\alpha_1$$

oder da

$$\cos\alpha_1 = \xi - \xi_1, \quad \cos\beta_1 = \eta - \eta_1,$$

wird:

30) $$M_{34} = \xi_1 \eta - \eta_1 \xi,$$

was man übrigens unmittelbar hinschreiben kann, da das Moment der doppelten Fläche des Dreiecks $OP'Q'$ gleich sein muſs. Wir wollen diesen Ausdruck so umformen, daſs nur die tetraedrischen Zeiger der Punkte P, Q darin erscheinen. Man kann setzen (§ 29; der Einheitspunkt liege im Tetraeder-Innern):

31) $$\frac{y_2}{x_2} = d_2 = \eta_1, \quad \frac{z_2}{x_2} = \delta_2 = \eta.$$

Wenn wir das rechtwinklige System um den Winkel ω drehen und die neuen Zeiger durch Striche bezeichnen, so wird hierbei die positive Seite der Zeigerebene mitgeführt, gelangt daher an die Auſsenseite des Tetraeders. Deshalb ist:

32) $$\frac{y_1}{x_1} = d_1 = -\eta_1', \quad \frac{z_1}{x_1} = \delta_1 = -\eta'$$

ferner

$$\xi = \xi' \cos\omega - \eta' \sin\omega$$
$$\eta = \xi' \sin\omega + \eta' \cos\omega,$$

also

$$\eta' = -\xi \sin\omega + \eta \cos\omega$$

und mit Rücksicht auf die Gleichungen 30) und 31):

$$\xi \sin\omega = \frac{z_1}{x_1} + \frac{z_2}{x_2} \cos\omega$$

$$\xi_1 \sin\omega = \frac{y_1}{x_1} + \frac{y_2}{x_2} \cos\omega$$

Hiermit wird:

$$(\xi_1 \eta - \eta_1 \xi) \sin\omega = \frac{y_1 z_2 - y_2 z_1}{x_1 x_2}.$$

Wenn wir die Faktoren ϱ und σ in den Gleichungen 3), 4), 15) und 17) gleich $+1$ setzen, erhalten wir

33) $$x_1 x_2 \sin\omega_{34} \,.\, M_{34} = \pi_{12} = p_{34}.$$

Wegen der Bemerkung am Anfang dieses Paragraphen sind die analogen Formeln für alle übrigen Zeiger stets auch dem Vorzeichen nach richtig, wenn ω_{ik} überall den innern Flächenwinkel an der betreffenden Tetraederkante P_iP_k bedeutet. Wenn man den Einheitspunkt unter Festhaltung des Tetraeders und der Geraden g eine Tetraederebene E_l passieren läſst, so wechselt π_{ik} das Vorzeichen, wenn l unter den Indices i, k vorkommt.

Wenn man dagegen die Bezeichnung zweier Tetraedereckpunkte vertauscht, wodurch das Moment zweier Gegenkanten negativ wird, so wird $\measuredangle P_1 O P_2$ erhaben. Daraus folgt, wenn i, k, l, m stets die vier Indices 1, 2, 3, 4 in irgend einer Reihenfolge sind:

Satz 47: Es seien $Y \equiv (y_i)$ und $Z \equiv (z_i)$ zwei Punkte im Abstand eins, ω_{ik} der absolut gezählte innere Flächenwinkel an der Kante $P_i P_k$ des Grundtetraeders, M_{ik} das Moment des Stabes YZ bezüglich eines Einheitsstabes, der in der Kante $P_i P_k$ liegt und mit ihrer Richtung übereinstimmt. Ferner werde in den Gleichungen 3), 4), 15), 17) $\varrho = \sigma = 1$ gesetzt, sodafs durch

34) $$\pi_{lm} = y_l z_m - y_m z_l$$

die Linienzeiger π und die ihnen nach Gleichung 20) gleichzusetzenden p auch der absoluten Gröfse nach fixiert sind. Dann ist:

35) $$p_{ik} = c_{ik} M_{ik}$$

wobei

36) $$c_{ik} = \pm \varkappa_l \varkappa_m \sin \omega_{ik}.$$

Hierbei gilt für ein Grundtetraeder mit positivem Inhalt in irgend einer dieser sechs Gleichungen das obere Zeichen, wenn der Einheitspunkt in demjenigen Keil an der Kante $P_i P_k$ liegt, in dem das Tetraeder selbst liegt, oder wenn er im Gegenkeil liegt; sonst das untere Zeichen. Für ein Grundtetraeder mit negativem Inhalt ist es umgekehrt. Die stets positiven Konstanten $\varkappa$ haben die Bedeutung von § 29.

Läfst man die absoluten Gröfsen der Linienzeiger oder, was auf dasselbe hinauskommt, die Voraussetzung über die Länge des Stabes YZ fallen, so kann man immer noch sagen: Die Linienzeiger p verhalten sich wie die Momente der Geraden g bezüglich der Einheitsstäbe auf den gleichnamigen Tetraederkanten, wenn jedes Moment mit einer gewissen (von der Lage der Geraden unabhängigen) Konstanten multipliziert wird. Durch Gleichung 36) sind dann nurmehr die Verhältnisse dieser Konstanten bestimmt.

§ 35. Stabzeiger.

Wenn wir von den Punkten P, P' des § 33 etwa P festhalten und P' auf der Geraden PP' verschieben, so ändern sich die absoluten Beträge der rechtwinkligen Zeiger der Geraden 24) proportional dem Abstande

$$PP' = d,$$

wie aus der Ableitung der geometrischen Bedeutung von q_4', q_5', q_6' hervorgeht und übrigens arithmetisch bestätigt werden kann:

$$q_1 = x' - x = d \cos(g, x) = d q_1',$$

$$q_4 = yz' - y'z = y(z + d q_3') - (y + d q_2') z = d(y q_3' - z q_2'),$$

u. s. w., wo der Faktor bei d konstant ist. Die absoluten Größsen der Zeiger einer Geraden haben also eine Bedeutung, sobald man nicht nur die Gerade an sich, sondern auch eine Länge auf ihr, d. h. einen **Stab** (§ 12, a) betrachtet. Die durch die Gleichungen 24) definierten Zahlen q werden auf diese Art **Zeiger eines Stabes**. Es giebt **fünffach** unendlich viele Stäbe im Raum. In Verbindung mit Satz 46 folgt:

Satz 48: Je sechs Zahlen q, die der Relation 26) genügen, sind rechtwinklige Zeiger eines Stabes von der Länge $d = \sqrt{q_1^2 + q_2^2 + q_3^2}$, der bezüglich der Achsen die Momente q_4, q_5, q_6 hat; die Richtungskosinus seines Trägers sind q_1, q_2, q_3, proportional. Um einen Punkt auf dem Träger zu finden, kann man etwa z' willkürlich annehmen und dann die übrigen Zeiger des Anfangspunktes aus den Gleichungen 24) berechnen.

Etwas analoges gilt für tetraedrische Zeiger: Wenn wir den Punkt Y des Satzes 47 festhalten und Z auf g bewegen, so können wir ansetzen

$$z_i = y_i + \zeta_i$$

wobei die verschiedenen Werte ζ_i für dasselbe i der Entfernung d des Punktes Z von Y proportional sind, weil auch in tetraedrischen Zeigern die Entfernungen der Punkte von ein und derselben Zeigerebene den gleichnamigen Zeigern proportional sind. Also $\zeta_i = c_i d$, und

$$\pi_{lm} = y_l(y_m + \zeta_m) - y_m(y_l + \zeta_l) = d(y_l c_m - y_m c_l),$$

wobei der bei d stehende Faktor von der Lage des Punktes Z unabhängig ist; also:

Satz 49: Fixiert man die absoluten Gröfsen der Zeiger einer Linie wie in Satz 47, so können sie als Zeiger eines Stabes YZ betrachtet werden. Sind umgekehrt die Zeiger eines Stabes gegeben, so findet man zwei Punkte, die den Stab repräsentieren, indem man z. B. $z_1 = O$ setzt, y_1 willkürlich wählt und hierauf die übrigen sechs Gröfsen z, y aus den Gleichungen 34) berechnet.

---

§ 36. Zeiger eines Feldes (Drehmoments); der endgültige Begriff der Schraube.

Wenn $q_1 = q_2 = q_3 = 0$, ist Gleichung 26) immer erfüllt; aber einen Stab im eigentlichen Sinn bekommen wir doch nicht. Um zu erkennen, ob und in welchem Sinn alsdann q_4, q_5, q_6 noch als Zeiger eines räumlichen Gebildes aufgefafst werden können, verbinden wir diesen Fall durch eine Grenzbetrachtung mit dem regulären: Wir lassen g in der Ebene E des § 33 in beliebiger Art ins Unendliche rücken und verkleinern gleichzeitig den Stab auf g so, dafs sein Drehmoment bezüglich des Ursprungs P_1 konstant bleibt. Dann erleiden während dessen q_4, q_5, q_6 keine Änderung (Satz 48), während q_1, q_2, q_3 proportional der Stablänge abnehmen und verschwinden. Die durch P_1 und den Stab bestimmte Dreiecksfläche ist dasjenige, was während des ganzen Prozesses unverändert bleibt, und an ihr kommt die Stellung ihrer Ebene, ihre Gröfse und der Umfahrungssinn in Betracht.

Diese Überlegung wird durch eine andere gestützt und vervollständigt: Wenn der Stab $P'P''$ eine Kraft bedeutet, können wir ihn unter Zufügung des Drehmoments, das er bezüglich des Ursprungs ausübt, durch den Ursprung gehen lassen (§ 14) und hierauf sowohl Kraft als Drehmoment in drei Komponenten zerlegen. Dadurch kommen wir genau auf die sechs Zeiger $q_1, \ldots q_6$, die also auch als „Zeiger einer Kraft" angesehen werden können. Wenn q_i' eine zweite Kraft ist, deren Träger den von q_i schneiden möge, so haben beide Kräfte eine Resultierende, deren Zeiger p_i

man durch algebraische Addition der gleichnamigen Zeiger der Einzelkräfte findet:

$$p_i = q_i + q'_i.$$

Wenn jedoch q_i und q'_i ein Kräftepaar bilden, so wird beim selben Verfahren $p_1 = p_2 = p_3 = 0$. Andererseits bedeutet p_6 die algebraische Summe der XY-Projektionen der doppelten Dreiecke, welche die beiden Stäbe mit dem Ursprung bestimmen. Nun sind die Vektorteile der Stäbe entgegengesetzt gleich, also (Fig. 38):

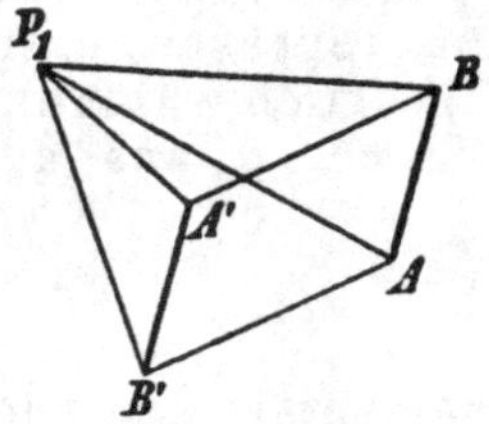

Fig. 38.

$$2ABP_1 + 2A'B'P_1 =$$
$$2ABP_1 - 2B'A'P_1 = ABA'B',$$

d. h.: Der Ursprung fällt vollkommen heraus und p_6 bedeutet ein Parallelogramm in der XY-Ebene, von dem nur seine Gröfse und sein Umfahrungssinn in Betracht kommt. Andererseits weifs man, dafs das Wesentliche eines Kräftepaars nur in seinem Drehmoment liegt, das durch ein Flächenstück der Ebene, in der es wirkt (oder einer parallelen Ebene) charakterisiert ist. Indem wir von der mechanischen Bedeutung absehen, betrachten wir nun

$$0,\ 0,\ 0,\ p_4,\ p_5,\ p_6$$

als die Zeiger eines Flächenstücks, von dem nur seine Gröfse, sein Umfahrungssinn und die Stellung seiner Ebene in Betracht kommen, das wir also beliebig (auch krummlinig) begrenzt denken können. Die drei Zeiger des Flächenstücks sind seine drei Projektionen auf die drei Zeigerebenen. Ein solches Flächenstück heifst nach Grafsmann d. J. ein Feld, während es, wenn auch die Lage (nicht nur die Stellung) seiner Ebene in Betracht kommt, ein Blatt heifst (vergl. Grafsmann, Ges. W. Bd. I, b, S. 438).

Wir haben gesehen, wieso der Stab zu einem Felde wird, wenn er in unendliche Ferne rückt und wie die Kraft, die er etwa darstellt, gleichzeitig durch ein Drehmoment ersetzt wird. Wir wollen den analogen Grenzübergang noch deuten, falls der Stab σ als Einheitsstab die Achse einer Drehung bedeutet. σ bezeichnet eine Gerade, die bei der

Bewegung des Körpers fest bleibt; rückt σ ins Unendliche, so bedeutet also das hervorgehende Feld f eine Ebene, deren Stellung bei der Bewegung fest bleibt, und die Drehung geht in eine Schiebung T senkrecht zum Felde über. Das Moment einer Kraft k bezüglich σ wird durch den sechsfachen Tetraederinhalt gemessen, den die beiden Stäbe bestimmen. Auch k und f bestimmen ein Volumen V, indem man an f einen cylindrischen Körper ansetzt, dessen Erzeugende die Länge k haben. Die Komponente von k, die für die Bewegung in der Richtung T in Betracht kommt, ist nun in der That V proportional und zwar genau gleich V, falls f ein Einheitsfeld ist. Wir werden daher auch hier V das Moment von k bezüglich f und das Moment eines Kräftesystems die algebraische Summe der einzelnen Momente nennen. Insbesondere werden wir noch verwenden:

Satz 50: Sollen zwei Kräftesysteme gleichwertig sein, so müssen auch ihre Momente bezüglich einer beliebigen Achse und eines beliebigen Feldes einander gleich sein.

Der zweite Teil des Satzes sagt nichts anderes, als daſs ihre Komponenten nach einer beliebigen Richtung gleich sein müssen; aber die obige Betrachtung läſst dies als einen Spezialfall des ersten Teils erscheinen.

Durch dasselbe Volumen V wird auch das Moment des Kräftepaars f bezüglich k dargestellt, wenn eben umgekehrt f ein Kräftepaar und k einen Einheitsstab darstellt. Es ist nun durch den vorangehenden Grenzübergang auch das Moment eines Feldes (Kräftepaars) bezüglich eines anderen wohldefiniert, aber immer Null.

Ein Feld ist die adäquate geometrische Darstellung eines Drehmoments (das wir bisher durch einen Vektor nach § 13 darstellten) und kann ebenso vermöge des Dualismus als Darstellung einer Translationsgeschwindigkeit (in Form eines Drehungspaares) gelten. Wir werden also von nun an auch eine Dyname und eine Windung anstatt durch einen Stab und einen Vektor häufig durch einen Stab s und ein darauf senkrechtes Feld f repräsentiert denken. Dieses Aggregat $\mathfrak{A}$ von Stab und Feld ist der rein geometrische Begriff, der übrig bleibt, wenn man einerseits von der mechanischen Bedeutung der Dyname, andererseits von der kinematischen der Windung abstrahiert. 𝔄 bestimmt auch vollständig das Nullsystem N (mit der Steigung $\mathfrak{k} = f : s$), das zur Dyname oder Windung gehört. Wir dachten uns N in § 18 durch eine gewisse Schraubenlinie, die „Schraube" repräsentiert. Wir können uns nun ebensogut N durch 𝔄 repräsentiert denken und übertragen die Bezeichnung „Schraube" auf ein Aggregat von Stab und dazu senkrechtem Feld. Wir dürfen dies thun, da für diesen Begriff nur die Regeln der Zusammensetzung und Zerlegung solcher Aggregate wesentlich sind, aber nicht die Form der Veranschaulichung, die wir wählen; sie kann in gleichberechtigter Weise entweder (im engeren Anschlufs an die Windung) durch eine Schraubenlinie oder (im Anschlufs an die Dyname) durch ein Aggregat von Stab und Feld geschehen. Wir haben hiermit allerdings insofern eine Erweiterung des Begriffs verbunden, als nun auch die absoluten Gröfsen von s und f in Betracht kommen, die durch die Schraubenlinie an sich nicht repräsentiert waren. Wo es nicht ausdrücklich angegeben ist, wird es aus dem Zusammenhang hervorgehen, ob wir den Begriff „Schraube" in der engeren (ametrischen) oder weiteren (metrischen) Bedeutung gebrauchen. Dyname, Schraube, Windung verhalten sich also begrifflich wie Kraft, Stab, Drehungsgeschwindigkeit (um eine bestimmte Achse); die drei letzteren sind Grenzfälle der drei ersteren.

Für $s = 1$ erhalten wir eine „Einheitsschraube" (vergl. die analogen Begriffe am Schlufs des § 18).

---

§ 37. Moment zweier Stäbe und kürzester Abstand zweier Geraden.

a) Es seien $P'P'' = p$ und $Q'Q'' = q$ zwei Stäbe mit den rechtwinkligen Zeigern p_i und q_i; ihre Endpunkte mögen die Zeiger x', y', z'; x'', y'', z''; ξ', η', ζ'; ξ'', η'', ζ'' haben. Dann ist der sechsfache Inhalt des Tetraeders (§ 12, e)

$$6 . P'P''Q'Q'' = \begin{vmatrix} 1 & x' & y' & z' \\ 1 & x'' & y'' & z'' \\ 1 & \xi' & \eta' & \zeta' \\ 1 & \xi'' & \eta'' & \zeta'' \end{vmatrix}.$$

Ebenso grofs ist nach Satz 16 das Moment M der beiden Stäbe. Entwickelt man die Determinante nach den ersten beiden Zeilen (vergl. § 32, a), so erhält man also unter Berücksichtigung der Gleichungen 24):

$$M = p_1 q_4 + p_2 q_5 + p_3 q_6 + p_4 q_1 + p_5 q_2 + p_6 q_3$$

oder

$$M = \sum_{i=1}^{6} p_i q_{i+3},$$

wobei die Indices nur modulo 6 in Betracht kommen. Aus Satz 48 geht hervor, dafs man das Moment der beiden Träger bekommt, indem man durch $p \cdot q$ dividiert, wobei

$$p = \left| \sqrt{p_1^2 + p_2^2 + p_3^2} \right|, \quad q = \left| \sqrt{q_1^2 + q_2^2 + q_3^2} \right|.$$

b) Wenn zwei Gerade p, q samt ihren positiven Richtungen durch zwei auf ihnen liegende Stäbe gegeben sind, so sei A der Fufspunkt ihres kürzesten Abstands auf p, B auf q. Die Strecke

$$d = AB$$

(alle Vorzeichenfestsetzungen wie in § 12) fassen wir als Stab auf und nennen sie den „Stab des Abstands von p nach q" oder kürzer den „Abstandsstab (p, q)"; dessen Zeiger d_i wollen wir berechnen.

Wenn wir auf d stets den Sinn von p nach q, d. h. von A nach B als positiven nehmen, so sind alle drei Gröfsen p, q, d positiv. Bezeichnen wir ferner den Winkel (p, q) mit ω, so ist (Satz 48):

$$\cos \omega = \frac{p_1 q_1 + p_2 q_2 + p_3 q_3}{pq}.$$

Setzen wir in § 12, Gleichung 15) die bis jetzt bekannten Gröfsen ein, so erhalten wir:

$$\Sigma p_i q_{i+3} = - pqd \,.\, \sin \omega.$$

Hieraus können wir das Vorzeichen von $\sin \omega$ entnehmen, diesen selbst aber aus

$$\sin^2 \omega = 1 - \cos^2 \omega$$

$$= \frac{(p_2 q_3 - p_3 q_2)^2 + (p_3 q_1 - p_1 q_3)^2 + (p_1 q_2 - p_2 q_1)^2}{p^2 \cdot q^2}.$$

Aus dem Vorzeichen von $\cos\omega$ sehen wir, ob die Stäbe einen absolut spitzen oder stumpfen Winkel bilden und hierauf aus Satz 15, ob sie rechts oder links gewunden sind. Nennen wir die mit dem Vorzeichen von $\sin\omega$ versehene Quadratwurzel des Zählers der letzten Formel w, so erhalten wir:

$$37)\qquad d = -\frac{\sum_1^6 p_i q_{i+3}}{w} = -\frac{M}{w},$$

wobei d von selbst positiv herauskommt.

Zur Berechnung der Zeiger von d berücksichtigen wir, dafs d sowohl p als q senkrecht schneidet, also:

$$\sum_1^3 p_i d_i = 0,\quad \sum_1^3 q_i d_i = 0,\quad \sum_1^3 d_i^2 = d^2$$

$$37,\text{a})\qquad d_1 = -\frac{M}{w^2}(p_2 q_3 - p_3 q_2),\quad d_2 = -\frac{M}{w^2}(p_3 q_1 - p_1 q_3),$$
$$d_3 = -\frac{M}{w^2}(p_1 q_2 - p_2 q_1).$$

Die Klammern für sich würden diejenige Richtung auf d definieren, von der aus der Drehungssinn von p durch den hohlen Winkel nach q als positiv erscheinen würde (vergl. die Ableitung des Satzes 46). Also werden durch diese Gleichungen, wie man sich an irgend einem Spezialfall überzeugt, die Gröfsen d_1, d_2, d_3 auch dem Vorzeichen nach richtig wiedergegeben.

Die anderen drei Zeiger finden wir aus den Gleichungen

$$\sum_1^3 p_i d_{i+3} = -\sum_1^3 p_{i+3} d_i$$
$$\sum_1^3 q_i d_{i+3} = -\sum_1^3 q_{i+3} d_i$$
$$\sum_1^3 d_i d_{i+3} = 0.$$

Ihre Determinante ist $-M$. Man findet:

$$37,\text{b})\qquad d_4 = \frac{M}{w^4}\left[p_1 q^2 P + q_1 p^2 Q - (q_1 P + p_1 Q)\sum_1^3 p_i q_i\right],$$

wobei

$$P = \begin{vmatrix} p_4 & p_5 & p_6 \\ p_1 & p_2 & p_3 \\ q_1 & q_2 & q_3 \end{vmatrix} \qquad Q = \begin{vmatrix} q_4 & q_5 & q_6 \\ p_1 & p_2 & p_3 \\ q_1 & q_2 & q_3 \end{vmatrix},$$

d_5, d_6 durch cyklische Vertauschung (Cayley, Coll. Pap. Vol. X. Abh. 682, 1878).

---

§ 38. Incidenz einer Geraden mit einem Punkt oder einer Ebene.

Soll die Gerade π_{ik} in der Ebene u_i liegen, so müssen die Zeiger der letzteren die Gleichungen der Schnittpunkte von π_{ik} mit den Tetraederflächen erfüllen; diese Gleichungen kann man aus Schema 18) entnehmen. Also muſs sein:

$$38)\quad \begin{aligned} \pi_{12} u_2 + \pi_{13} u_3 + \pi_{14} u_4 &= 0 \\ \pi_{21} u_1 \qquad + \pi_{23} u_3 + \pi_{24} u_4 &= 0 \\ \pi_{31} u_1 + \pi_{32} u_2 \qquad + \pi_{34} u_4 &= 0 \\ \pi_{41} u_1 + \pi_{42} u_2 + \pi_{43} u_3 \qquad &= 0. \end{aligned}$$

Wenn irgend zwei von diesen vier Gleichungen erfüllt sind, so sind es die anderen von selbst, erstens aus geometrischen Gründen, zweitens weil alle Determinanten dritter Ordnung aus dem Schema der π verschwinden (32, a). Wir werden von nun an häufig auch bei tetraedrischen Linienzeigern die Symbole mit zwei Indices durch solche mit einem Index nach Schema 25) ersetzen, nur daſs wir jetzt p_i statt q_i schreiben. Wir schreiben z. B. Gleichung 38) in die neue Bezeichnung um:

$$39)\quad \begin{aligned} p_1 u_2 + p_2 u_3 + p_3 u_4 &= 0 \\ -p_1 u_1 \qquad + p_6 u_3 - p_5 u_4 &= 0 \\ -p_2 u_1 - p_6 u_2 \qquad + p_4 u_4 &= 0 \\ -p_3 u_1 + p_5 u_2 - p_4 u_3 \qquad &= 0. \end{aligned}$$

Aus der linken Seite des Schemas 18) hätten sich die Bedingungen für das duale Vorkommnis ergeben. Aber das Schema 25) zeigt, daſs wir nur im Resultat 39) die u durch die x zu ersetzen und gleichzeitig jeden Index eines p um 3 zu ändern haben, um die Bedingung zu erhalten, dafs der Punkt x in der Geraden p liegt:

$$
40)\qquad \begin{aligned}
p_4x_2 + p_5x_3 + p_6x_4 &= 0\\
-p_4x_1 \qquad + p_3x_3 - p_2x_4 &= 0\\
-p_5x_1 - p_3x_2 \qquad + p_1x_4 &= 0\\
-p_6x_1 + p_2x_2 - p_1x_3 \qquad &= 0.
\end{aligned}
$$

Man kann diese Bedingung nach 25) wieder je nach Bedarf in Achsen- oder Strahlenzeiger umschreiben.

---

§ 39. Besondere Lagen von Geraden.

a) Gegen das Grundtetraeder.

Satz 51: Wenn eine Gerade die Tetraederkante P_iP_k schneidet, so verschwindet ihr Zeiger p_{ik}.

Dies folgt aus Satz 47; die parallele Lage ist natürlich inbegriffen. Auch aus der Definition der π (Gleichung 17) folgt, dafs π_{lm} verschwindet, wenn die Gerade die Kante P_iP_k schneidet. Der Leser wird nun leicht selbst folgern können, was geschieht, wenn die Lage der Geraden noch spezieller wird. Wenn sie schliefslich mit P_iP_k zusammenfällt, ist nurmehr p_{lm} von Null verschieden. Satz 51 gilt auch für rechtwinklige Linienzeiger. Nur treten dann an Stelle der Tetraederkanten P_2P_3, P_3P_4, P_4P_2 die Stellungen der Zeigerebenen.

b) Incidenz zweier Geraden.

Es seien p_{ik} und q_{ik} die Zeiger zweier Geraden p, q und

$$p_{ik} = v_iw_k - v_kw_i,\quad q_{ik} = v'_iw'_k - v'_kw'_i.$$

Wenn die Geraden incident sind (sich schneiden oder parallel sind), so gehen die vier Ebenen v, w, v', w' durch einen Punkt. Also ist

$$\varDelta = |\, v_i \quad w_i \quad v'_i \quad w'_i \,| = 0 \quad (i = 1, \ldots 4).$$

Entwickelt man andererseits $\varDelta$ nach den ersten beiden Kolonnen (vergl. § 32, a), so erhält man

Satz 52: Die Bedingung der Incidenz zweier Geraden p, q ist:

$$p_{12}q_{34} + p_{13}q_{42} + p_{14}q_{23} + p_{23}q_{14} + p_{34}q_{12} + p_{42}q_{13} = 0$$

oder (25):

41) $$\sum_{i=1}^{6} p_i q_{i+3} = 0.$$

Bezeichnet man

42) $$\omega(p) = \sum_{i=1}^{6} p_i p_{i+3} = 2 \sum_{i=1}^{3} p_i p_{i+3},$$

43) $$\omega(p,q) = \sum_{i=1}^{6} p_i q_{i+3} = \sum_1^6 \frac{d\omega(p)}{dp_i} q_i = \sum_1^6 \frac{d\omega(q)}{dq_i} p_i = \omega(q,p),$$

so läfst sich die Incidenzbedingung 41) schreiben:

44) $$\omega(p, q) = 0$$

und die Bedingung dafür, dafs die p Zeiger einer Geraden (Gleichung 16) und 26)) sind:

45) $$\omega(p) = 0.$$

Wenn die Bedingung 41) erfüllt ist, ergiebt sich die Aufgabe, die Zeiger u_i der Verbindungsebene der Geraden p, q zu berechnen. Es mufs das System 39) erfüllt sein und ebenso:

39, a) $$\begin{aligned} q_1 u_2 + q_2 u_3 + q_3 u_4 &= 0 \\ -q_1 u_1 + q_6 u_3 - q_5 u_4 &= 0 \\ -q_2 u_1 - q_6 u_2 + q_4 u_4 &= 0 \\ -q_3 u_1 + q_5 u_2 - q_4 u_3 &= 0 \end{aligned}$$

Verwendet man je die erste Gleichung von 39) und 39, a) und nimmt zu diesem Gleichungspaar G noch etwa die zweite Gleichung 39) hinzu, so findet man

$$u_1 : u_2 : u_3 : u_4 =$$

$$\begin{vmatrix} p_1 & p_2 & p_3 \\ q_1 & q_2 & q_3 \\ 0 & p_6 & -p_5 \end{vmatrix} : - \begin{vmatrix} 0 & p_2 & p_3 \\ 0 & q_2 & q_3 \\ -p_1 & p_6 & -p_5 \end{vmatrix} : \begin{vmatrix} 0 & p_1 & p_3 \\ 0 & q_1 & q_3 \\ -p_1 & 0 & -p_5 \end{vmatrix} : - \begin{vmatrix} 0 & p_1 & p_2 \\ 0 & q_1 & q_2 \\ -p_1 & 0 & p_6 \end{vmatrix}$$

Ersetzt man nach Ausrechnung der ersten Determinante $p_2 p_5 + p_3 p_6$ durch $- p_1 p_4$, so tritt in allen Determinanten der Faktor p_1 auf, und man findet mit Rücksicht auf 41), dafs die u der ersten Zeile des nachfolgenden Schemas 46) proportional sind. Dasselbe erhält man, welche dritte Gleichung man auch mit dem Paar G verbinden mag. Nimmt man jedoch statt G ein anderes Paar gleichvielter Gleichungen der beiden Quadrupel, so erhält man die Verhältnisse der u in anderen Formen, nämlich (wenn man $p_i q_k - p_k q_i = (i, k)$ setzt):

Satz 53: - **Die Zeiger der Verbindungsebenen zweier incidenten Geraden p, q sind den Elementen einer beliebigen Zeile des folgenden Schemas proportional** (dessen zwei Teile nebeneinander zu denken sind):

$$\begin{array}{cc}
p_1 q_4 + p_2 q_5 + p_3 q_6 & (2, 3) \\
(6, 5) & p_1 q_4 + p_5 q_2 + p_6 q_3 \\
(4, 6) & (2, 4) \\
(5, 4) & (3, 4) \\
(3, 1) & (1, 2) \\
(1; 5) & (1, 6) \\
p_2 q_5 + p_4 q_1 + p_6 q_3 & (2, 6) \\
(3, 5) & p_3 q_6 + p_4 q_1 + p_5 q_2 .
\end{array} \tag{46}$$

Wir erhalten die Zeiger des Schnittpunktes derselben Geraden p, q, wenn wir (§ 38) in diesem Schema sämtliche Indices um drei ändern oder, was auf dasselbe hinauskommt, Zeilen und Spalten vertauschen. Die Indices der p, die in jeder Zeile auftreten, sind beziehungsweise:

$$\begin{array}{ccc}
1 & 2 & 3 \\
1 & 5 & 6 \\
4 & 2 & 6 \\
4 & 5 & 3
\end{array}$$

Man bemerkt die Gesetzmäſsigkeit, nach der die letzteren drei Tripel aus dem Schema

$$\begin{array}{ccc}
1 & 2 & 3 \\
4 & 5 & 6
\end{array}$$

herausgehoben sind.

Wir machen für späteren Gebrauch noch auf folgenden Umstand aufmerksam: Wenn die Gröſsen p die Relation 45) erfüllen, ebenso die q und beide zusammen die Incidenzbeziehung 44), so werden die beiden zu 38) dualen Gleichungssysteme

$$\text{38a)} \quad \sum_{m=1}^{4} p_{km} x_m = 0, \quad \sum_{m=1}^{4} q_{km} x_m = 0 \quad (k = 1, \ldots 4; p_{kk} = q_{kk} = 0)$$

durch ein und nur ein gemeinsames System $x_1 : x_2 : x_3 : x_4$ erfüllt. Dies ist auch unabhängig von der geometrischen Bedeutung der Gröfsen eine analytische Thatsache, die also ebenso für komplexe Zahlen p, q, x gilt. Denn wenn man die aus 38a) berechneten Werte x in die Gleichungen einsetzt, so werden diese zu Identitäten.

c) **Die Strahlen eines Büschels.**

Es seien a_i und b_i die Zeiger zweier Geraden a und b. Wir bilden:

47) $$p_i = \lambda a_i + \mu b_i \quad (i = 1, \ldots 6)$$

Dann ist

$$\omega(p_i) = \omega(\lambda a_i + \mu b_i) = \sum_{i=1}^{6} (\lambda a_i + \mu b_i)(\lambda a_{i+3} + \mu b_{i+3})$$
$$= \lambda^2 . \omega(a) + 2\lambda\mu . \omega(a, b) + \mu^2 . \omega(b).$$

Es sind $\omega(a) = \omega(b) = 0$, weil a_i und b_i die Zeiger je einer Geraden sind. Nun setzen wir voraus, dafs a, b sich schneiden; dann ist auch $\omega(a, b) = 0$ und $\omega(p_i)$ wird identisch Null, d. h. die p_i sind stets Zeiger einer Geraden, wie auch λ und μ gewählt werden mögen. Da von diesen Parametern nur das Verhältnis in Betracht kommt, stellt 47) nur eine einfache Mannigfaltigkeit von Geraden dar, von der wir nachweisen werden, dafs sie mit dem Strahlbüschel (a, b) identisch ist.

Es sei nämlich c eine Gerade, die a und b schneidet; dann ist

48) $$\omega(a, c) = \omega(b, c) = 0$$
$$\omega(p, c) = \omega(\lambda a + \mu b, c) = \Sigma(\lambda a_i + \mu b_i) c_{i+3}$$
$$= \lambda . \omega(a, c) + \mu . \omega(b, c) = 0$$

d. h. p und c sind incident für alle Werte λ, μ. Wählen wir nun c beliebig in der Verbindungsebene E von a, b, so ist die Bedingung 48) erfüllt, und es folgt, dafs auch p in E liegt. Legen wir aber c beliebig durch den Schnittpunkt S von a und b, so folgt ebenso, dafs p durch S geht. Also gehört p dem Strahlbüschel (S, E) an.

Wenn umgekehrt p eine bestimmte Gerade des Büschels ist, und c eine Gerade, die p, aber nicht a und b zugleich schneidet, so kann man $\lambda : \mu$ so bestimmen, dafs

$$\lambda . \omega(a, c) + \mu . \omega(b, c) = 0.$$

Diese Werte λ, μ liefern, in 47) eingesetzt, die Zeiger einer Geraden p', die dem Büschel (a, b) angehört und zugleich c schneidet, also mit p identisch sein mufs. Daher umfafst die Darstellung 48) wirklich alle Strahlen des Büschels.

Wie sich durch Betrachtung des Schemas 25) ergiebt, ist es gleichgültig, ob wir die a, b mit den Zeigern p oder mit den Zeigern π identifizieren. Indem wir wieder zu zwei Indices übergehen, können wir also setzen:

$$a_\nu = x_i y_k - x_k y_i,$$

wobei ν aus der Reihe 1, ... 6; i, k aus der Reihe 1, 2, 3, 4 dem Schema 25) entsprechend zu wählen sind. Setzen wir voraus, dafs die x die Zeiger von S sind, so können wir setzen:

$$b_\nu = x_i y_k' - x_k y_i',$$

also

$$p_\nu = \lambda a_\nu + \mu b_\nu = x_i(\lambda y_k + \mu y_k') - x_k(\lambda y_i + \mu y_i') = x_i z_k - x_k z_i;$$

daher sind

$$z_k = \lambda y_k + \mu y_k', \quad z_i = \lambda y_i + \mu y_i'$$

zwei von den vier Zeigern eines Punktes Z auf der Verbindungslinie der Punkte y, y'. Setzen wir für $\mu : \lambda = \varphi$ nacheinander vier Werte $\varphi_1, \dots \varphi_4$ so erhalten wir vier Strahlen $\mathfrak{p}_1, \dots \mathfrak{p}_4$ des Büschels (a, b), deren Doppelverhältnis gleich dem der entsprechenden Punkte $Z_1, \dots Z_4$ ist, durch die sie gehen. Das letztere Doppelverhältnis aber ist (vergl. Hesse, Vorl. aus d. anal. Geom. d. geraden L. u. s. w):

49) $$\frac{Z_1 Z_3}{Z_3 Z_2} : \frac{Z_1 Z_4}{Z_4 Z_2} = \frac{\varphi_3 - \varphi_1}{\varphi_3 - \varphi_2} : \frac{\varphi_4 - \varphi_1}{\varphi_4 - \varphi_2}.$$

Also erhält man (Voss, Math. Ann. Bd. 8, S. 57):

Satz 54: **Wenn a_i und b_i zwei incidente Strahlen sind, so wird das durch sie bestimmte Büschel durch**

$$p_i = \lambda a_i + \mu b_i \quad (i = 1, \dots 6)$$

dargestellt, wobei das Doppelverhältnis von vier Strahlen des Büschels von den Parametern λ und μ ebenso abhängt, wie bei den Punktreihen und Ebenenbüscheln.

Lassen wir insbesondere $\mathfrak{p}_1$ mit a, $\mathfrak{p}_2$ mit b zusammenfallen und schreiben $\mathfrak{p}$, $\mathfrak{p}'$ statt $\mathfrak{p}_3$, $\mathfrak{p}_4$, so wird

$$\varphi_1 = 0, \quad \varphi_2 = \infty, \quad \lim \frac{\varphi_4 - \varphi_2}{\varphi_3 - \varphi_2} = 1,$$

also

49, a) $$(a, b, \mathfrak{p}, \mathfrak{p}') = \frac{\varphi}{\varphi'}.$$

Satz 55: Wenn a_i, b_i zwei incidente Strahlen sind, so ist das Doppelverhältnis der vier Strahlen a_i, b_i, $a_i + \varphi b_i$, $a_i + \varphi' b_i$ gleich $\varphi : \varphi'$; insbesondere sind also a_i, b_i durch $a_i + \varphi b_i$ und $a_i - \varphi b_i$ harmonisch getrennt.

Bilden wir aus den Zeigern a_i, b_i, p_i dreier Strahlen eines Büschels eine Matrix von drei Zeilen und sechs Kolonnen, so verschwinden wegen 47) alle ihre dreireihigen Determinanten. Wenn umgekehrt drei Strahlen a, b, p gegeben sind, für die alle dreireihigen Determinanten der Matrix ihrer Zeiger verschwinden, so können wir Multiplikatoren λ, μ, ν bestimmen, die alle sechs Gleichungen

50) $$\lambda a_i + \mu b_i + \nu p_i = 0 \quad (i = 1, \ldots 6)$$

erfüllen. Denn durch zwei derselben (etwa $i = 1, 2$) sind die Verhältnisse solcher Multiplikatoren eindeutig bestimmt. Diese müssen dann wegen des Verschwindens der Determinante

$$\begin{vmatrix} a_1 & a_2 & a_i \\ b_1 & b_2 & b_i \\ p_1 & p_2 & p_i \end{vmatrix}$$

die Gleichung 50) auch für ein beliebiges i befriedigen. Wählen wir $\nu = -1$, so erhalten wir 47) zurück. Man sagt, eine Matrix sei vom Range r, wenn alle ihre Determinanten $r + 1$-ter Ordnung, nicht aber alle r-ter Ordnung verschwinden. Hiermit können wir einen Teil des Satzes 54 so aussprechen:

Satz 56: Die notwendige und hinreichende Bedingung dafür, daſs drei Strahlen demselben

Büschel angehören, ist, dafs der Rang der Matrix ihrer Zeiger sich auf zwei erniedrigt.

d) Drei Strahlen eines Bündels oder eines Feldes.

Es seien drei Gerade p, q, r mit den Achsenzeigern p_{ik}, q_{ik}, r_{ik} und den Strahlenzeigern π_{ik}, $\varkappa_{ik}$, ϱ_{ik} gegeben. Wir setzen voraus, dafs jede die andere schneidet, ohne dafs sie demselben Büschel angehören, was man nach b) und c) erkennen kann. Dann müssen sie entweder demselben Bündel oder demselben Feld angehören. Um zu entscheiden, welches von beiden stattfindet, betrachten wir die Determinante

$$\varDelta_i = \begin{vmatrix} \pi_{ik} & \pi_{il} & \pi_{im} \\ \varkappa_{ik} & \varkappa_{il} & \varkappa_{im} \\ \varrho_{ik} & \varrho_{il} & \varrho_{im} \end{vmatrix}.$$

In jeder Zeile stehen nach Schema 18) die drei von Null verschiedenen tetraedrischen Zeiger des Schnittpunktes einer der Geraden mit der Tetraederebene E_i, also auch seine trimetrischen Zeiger in dieser Ebene (§ 29, f). Gehören p, q, r demselben Feld an, so müssen diese drei Schnittpunkte in einer Geraden liegen, also mufs $\varDelta_i$ für alle vier Werte i verschwinden. Natürlich reicht i. A. das Verschwinden einer dieser Determinanten hin, um die Entscheidung herbeizuführen.*)

Nennt man D_i die Determinante, die aus $\varDelta_i$ entsteht, wenn man die griechischen Symbole unter Beibehaltung der Indices durch die lateinischen ersetzt, so stehen in jeder Zeile von D_i die trimetrischen Zeiger der Projektion einer der Geraden aus P_i auf E_i. Wenn also p, q, r demselben Bündel angehören, müssen alle vier D_i verschwinden. Wir können natürlich die Kennzeichen so aussprechen, dafs entweder nur Strahlen- oder nur Achsenzeiger verwendet werden.

---

*) Wenn man die Voraussetzung, dafs jede Gerade die andere schneidet, nicht macht, so besagt das Verschwinden aller vier $\varDelta_i$ blofs, dafs in jeder Tetraederebene die drei Schnittpunkte in einer Geraden g_i liegen. Das findet auch statt, wenn p, q, r mit zwei Gegenkanten des Tetraeders derselben Regelschar angehören. Eine analoge Bemerkung gilt im dualen Fall.

Satz 57: Drei Gerade, von denen jede die andere schneidet, gehören demselben Bündel oder demselben Feld an, je nachdem diejenigen dreireihigen Determinanten aus der Matrix ihrer Strahlenzeiger verschwinden, in deren Elementen ein Index ganz fehlt oder diejenigen, in denen einer bei allen neun Elementen auftritt. Bei Verwendung von Achsenzeigern ist es umgekehrt.

e) Hyperbolische Lage von vier Geraden.

Es seien vier Gerade gegeben. Jede vierreihige Determinante aus der Matrix ihrer Zeiger $a_i, b_i, c_i, p_i, (i = 1, \ldots 6)$ möge verschwinden. Dann läfst sich (vergl. den Schlufs von c)) eine Darstellung

51) $$p_i = \lambda a_i + \mu b_i + \nu c_i \; (i = 1, \ldots 6)$$

finden. Wenn q_i irgend eine Gerade ist, so ist

52) $$\omega(p, q) = \lambda . \omega(a . q) + \mu . \omega(b, q) + \nu . \omega(c, q)$$

und (vergl. c))

53) $$\begin{aligned} \omega(p) = \lambda^2 . \omega(a) + \mu^2 . \omega(b) + \nu^2 . \omega(c) \\ + 2\mu\nu . \omega(b, c) + 2\nu\lambda . \omega(c, a) + 2\lambda\mu . \omega(a, b). \end{aligned}$$

Aus 52) folgt, dafs jede Gerade q, die a, b, c schneidet, auch p schneidet.

Es könnten die drei Geraden a, b, c demselben Bündel oder demselben Feld angehören. Dann gehört auch p diesem Bündel oder Feld an. Umgekehrt sind je sechs Zahlen, die sich aus 51) bei willkürlicher Wahl von λ, μ, ν berechnen lassen, die Zeiger einer Geraden (des Bündels oder Feldes), weil $\omega(p)$ nach 53) identisch verschwindet.

Wenn wir von diesem Spezialfall jetzt absehen, so folgt, dafs, wenn von den vier gegebenen Geraden a, b, c, p drei a, b, c gegenseitig zu einander windschief sind, alle vier (allgemeine) hyperbolische Lage haben. Wenn wir umgekehrt bei willkürlicher Wahl von λ, μ, ν die p_i aus 51) berechnen, so erhalten wir dann eine vierte Gerade der Regelschar (a, b, c), wenn die p_i überhaupt Zeiger einer Geraden sind. Die Bedingung hierzu ist $\omega(p) = 0$ oder

54) $$\mu\nu . \omega(b, c) + \nu\lambda . \omega(c, a) + \lambda\mu . \omega(a, b) = 0,$$

in der die drei Gröſsen ω konstante Zahlen sind. Ihr genügen noch einfach unendlich viele Parameterverhältnisse $\lambda:\mu:\nu$ entsprechend den ∞^1 Geraden der Regelschar. Wir werden darauf noch zurückkommen.

Wenn sich jedoch etwa a und b in S schneiden (vergl. Fig. 5, wo a, b, c an Stelle von g, h, g' zu setzen sind) und ihre Verbindungsebene τ von c in T geschnitten wird, so heiſse σ die Ebene (c, S). Soll q die drei Geraden a, b, c schneiden, so muſs es einem der Büschel (S, σ) oder (T, τ) angehören; p muſs also, da wir sowohl die eine als die andere Wahl treffen können, einem der Büschel (S, τ), (T, σ) angehören. Umgekehrt reduziert sich die Bedingung 54) in diesem Fall auf

$$\mu\nu \,.\, \omega(b, c) + \nu\lambda \,.\, \omega(c, a) = 0.$$

Sie kann entweder durch $\nu = 0$ erfüllt werden (dies liefert das Büschel (S, τ)) oder durch

$$\frac{\lambda}{\mu} = -\frac{\omega(b, c)}{\omega(c, a)};$$

dies liefert, wenn man willkürliche Werte ν hinzunimmt, die Geraden des Büschels (T, σ). Wenn wir also den Fall, daſs drei von den vier gegebenen Geraden a, b, c, p demselben Büschel angehören, als durch Satz 56 erledigt ausschlieſsen, so gehört p dem Büschel T, σ an und wir haben die spezielle hyperbolische Lage vor uns (§ 5).

Satz 58: Vier Gerade haben, wenn der Rang der Matrix ihrer Zeiger sich auf drei (aber nicht noch mehr) erniedrigt, entweder allgemeine oder spezielle hyperbolische Lage, oder sie gehören demselben Bündel oder demselben Feld an. Die Entscheidung zwischen diesen vier Fällen geschieht nach *b*) und *d*).

Über die Berechnung des Doppelverhältnisses von vier hyperbolischen Geraden vergl. Aufg. 82).

f) Rechtwinklige Zeiger.

Alle in diesem Paragraph abgeleiteten Ergebnisse finden auch auf den besonderen Fall rechtwinkliger homogener Zeiger sinngemäſse Anwendung. Wir fügen hier noch hinzu:

Die Bedingung, dafs zwei Linien p_i, q_i aufeinander senkrecht stehen, ist (§ 37, b):

$$p_1 q_1 + p_2 q_2 + p_3 q_3 = 0.$$

Besondere Lagen von mehr als vier Geraden können wir erst später besprechen (Satz 102).

---

§ 40. Transformation der Linienzeiger.

Wenn durch

55) $$\varrho x_i = \sum_{\lambda=1}^{4} a_{i\lambda} x'_\lambda \quad (i = 1, 2, 3, 4)$$

eine Transformation der Punktzeiger festgelegt ist, so wünschen wir die Strahlenzeiger π_{ik} einer Geraden in Bezug auf das alte Tetraeder durch die Zeiger π'_{ik} in Bezug auf das neue Tetraeder auszudrücken. Wir können setzen

$$\pi_{ik} = x_i y_k - x_k y_i, \qquad \varrho' y_k = \sum_{\mu=1}^{4} a_{k\mu} y'_\mu$$

und erhalten:

$$\varrho\varrho' . \pi_{ik} = \sum_{\lambda=1}^{4} \sum_{\mu=1}^{1} a_{i\lambda} a_{k\mu} x'_\lambda y'_\mu - \sum_{\lambda=1}^{4} \sum_{\mu=1}^{4} a_{k\lambda} a_{i\mu} x'_\lambda y'_\mu .$$

Hierin hat $x'_\lambda y'_\mu$ den Koeffizienten $a_{i\lambda} a_{k\mu} - a_{k\lambda} a_{i\mu}$; $x'_\mu y'_\lambda$ den Koeffizienten $a_{i\mu} a_{k\lambda} - a_{k\mu} a_{i\lambda}$, der sich vom früheren nur durchs Vorzeichen unterscheidet. Also ist

56) $$\varrho\varrho' . \pi_{ik} = \Sigma (a_{i\lambda} a_{k\mu} - a_{k\lambda} a_{i\mu}) \pi'_{\lambda\mu}$$

wobei sich die Summe nunmehr auf die sechs Kombinationen zu zweien der griechischen Indices erstreckt. Die verschiedenen Auswahlen i, k ergeben sechs solche Gleichungen. Wegen des Zusammenhanges Gleichung 20) kann man die alten Strahlen- oder Achsenzeiger beliebig durch die neuen Strahlen- oder Achsenzeiger ausdrücken. Aber das Wesentlichste ist der

Satz 59: Eine Transformation der tetraedrischen Linienzeiger wird durch eine lineare homogene Substitution der Linienzeiger vermittelt.

Die $a_{i\lambda}$ ($\lambda = 1, 2, 3, 4$) waren die Zeiger der Ebene E_i des alten Tetraeders in Bezug auf das neue (§ 29, c). Also sind nach Gleichung 15) die Gröſsen

56 a) $$a_{i\lambda}\, a_{k\mu} - a_{k\lambda}\, a_{i\mu} = \mathfrak{p}_{ik,\,\lambda\mu}$$

die Achsenzeiger der Kante (E_i, E_k) in Bezug auf das neue Tetraeder. Bezeichnen wir (vergl. die zweite und dritte Zeile des Schemas 25)) die Indexkombinationen

I) 34, 42, 23, 12, 13, 14

beziehungsweise durch die einzigen Symbole

II) 1, 2, 3, 4, 5, 6,

setzen also z. B.

$$\mathfrak{p}_{14,\,42} = \mathfrak{p}_{62},$$

so können wir Gleichung 56) auch schreiben:

57) $$\sigma \pi_n = \sum_{\nu=1}^{6} \mathfrak{p}_{n\nu}\, \pi'_\nu \quad (n = 1, \ldots 6),$$

Aus der geometrischen Bedeutung der Koeffizienten kann man leicht entnehmen, daſs nicht jede lineare Substitution von der Form 57) als Zeigertransformation gedeutet werden kann. Vielmehr müssen erstens die $\mathfrak{p}$ jeder Zeile Zeiger einer Geraden sein, also die Beziehung

$$\sum_{\nu=1}^{3} \mathfrak{p}_{n\nu}\, \mathfrak{p}_{n,\,\nu+3} = 0$$

erfüllen; zweitens müssen nach Satz 57 gewisse dreigliedrige Determinanten verschwinden: Drei Tetraederkanten, die sich in P_i (z. B. in P_2) schneiden, entsprechen drei solche Paare in der Zeile I), in denen i (z. B. 2) fehlt; gehen wir zur Zeile II) über, so muſs also nach Satz 57 z. B. die Determinante

$$\begin{vmatrix} \mathfrak{p}_{1\alpha} & \mathfrak{p}_{1\beta} & \mathfrak{p}_{1\gamma} \\ \mathfrak{p}_{5\alpha} & \mathfrak{p}_{5\beta} & \mathfrak{p}_{5\gamma} \\ \mathfrak{p}_{6\alpha} & \mathfrak{p}_{6\beta} & \mathfrak{p}_{6\gamma} \end{vmatrix}$$

verschwinden, sobald wir für α, β, γ solche Zahlen der Zeile II) setzen, die unter drei Paaren der Zeile I) mit gemeinsamer Ziffer stehen. Da wir auch für die ersten Indices vier Auswahlen haben, giebt dies 16 Relationen.

Ebenso viele erhalten wir, wenn wir ausdrücken, dafs viermal drei Kanten des alten Tetraeders in einer Ebene liegen. Aufserdem kann man die Bedingungen aufschreiben, dafs sich die Tetraederkanten schneiden. Natürlich sind nicht alle diese Gleichungen von einander unabhängig; vielmehr können wir die Anzahl der Bedingungen so abzählen: Führen wir in den Ausdruck

$$\omega(\pi) = \sum_1^6 \pi_n \pi_{n+3}$$

vermöge 57) die neuen Zeiger ein, so entsteht eine quadratische Form i. A. von $6 + \binom{6}{2} = 21$ Gliedern, die sich jedoch, wenn 57) eine Zeigertransformation darstellen soll, abgesehen von einem konstanten Faktor auf

$$\omega(\pi') = \sum_1^6 \pi'_\nu \pi'_{\nu+3}$$

reduzieren mufs. Dann mufs nämlich jedesmal, wenn die π Zeiger einer Geraden bedeuten, dasselbe mit den π' der Fall sein und umgekehrt. Die Gleichungen $\omega(\pi) = 0$ und $\omega(\pi') = 0$ müssen also vollkommen äquivalent sein und bei der Transformation in einander übergehen. Daher müssen in der neuen quadratischen Form 18 Koeffizienten verschwinden, die drei übrigen einander gleich werden; dies giebt 20 Bedingungen, auf deren nähere Diskussion wir nicht eingehen (vergl. Klein, Über die Transf. der allg. Gl. des 2. Gr. zw. Linienkoord. auf eine kanon. Form, Math. Ann. Bd. 23, S. 546 ff.).

---

§ 41. Transformation der rechtwinkligen homogenen Stabzeiger.

Die rechtwinkligen homogenen Zeiger eines Stabes $P'P''$ waren nach den Gleichungen 24):

$$\text{24)}\qquad \begin{aligned} q_1 &= x'' - x', & q_4 &= y'z'' - y''z' \\ q_2 &= y'' - y', & q_5 &= z'x'' - z''x' \\ q_3 &= z'' - z', & q_6 &= x'y'' - x''y'. \end{aligned}$$

Wir drehen das Zeigersystem um den Ursprung, so dafs die Richtungscosinus der neuen Achsen ξ, η, ζ gegen die alten x, y, z durch das folgende Schema gegeben sind:

58)

	ξ	η	ζ
x	a_1	a_2	a_3
y	b_1	b_2	b_3
z	c_1	c_2	c_3

Die neuen Zeiger p des Stabes $P'P''$ sind also:

24, b) $$\begin{aligned} p_1 &= \xi'' - \xi' & p_4 &= \eta'\zeta'' - \eta''\zeta' \\ p_2 &= \eta'' - \eta' & p_5 &= \zeta'\xi'' - \zeta''\xi' \\ p_3 &= \zeta'' - \zeta' & p_6 &= \xi'\eta'' - \xi''\eta'. \end{aligned}$$

Wir wünschen die alten Stabzeiger q durch die neuen p auszudrücken. Man findet mit Hilfe des Schemas unmittelbar:

59) $$q_1 = \sum_1^3 a_i p_i, \quad q_2 = \sum_1^3 b_i p_i, \quad q_3 = \sum_1^3 c_i p_i,$$

ferner

$$q_4 = (b_1 c_2 - b_2 c_1) p_6 + (b_2 c_3 - b_3 c_2) p_4 + (b_3 c_1 - b_1 c_3) p_5.$$

Nun ist jedes der neun Elemente in 58) gleich seiner Adjunkte (S. S. Bd. IX, § 18); also

$$q_4 = a_1 p_4 + a_2 p_5 + a_3 p_6$$

oder:

60) $$q_4 = \sum_1^3 a_i p_{i+3}, \quad q_5 = \sum_1^3 b_i p_{i+3}, \quad q_6 = \sum_1^3 c_i p_{i+3},$$

d. h. die drei letzten Zeiger drücken sich durch die entsprechenden neuen ebenso aus, wie die drei ersten. Die Gleichungen 59) und 60) stellen zusammen die gesuchte Transformation für eine beliebige Drehung dar. Wenn insbesondere die Drehung um die X-Achse des alten Systems um den Winkel ω stattfindet, so treten an Stelle des Schemas 58) in den Gleichungen 59) und 60) die Koeffizienten:

58, b) $$\begin{matrix} 1 & 0 & 0 \\ 0 & \cos\omega & -\sin\omega \\ 0 & \sin\omega & \cos\omega. \end{matrix}$$

Bei einer darauffolgenden Parallelverschiebung des Systems um die Komponenten $\mathfrak{x}$, $\mathfrak{y}$, $\mathfrak{z}$ ändern sich die ersten drei Zeiger nicht; für die letzten drei finden wir, wenn die Linienzeiger nach der Verschiebung mit $\varkappa$ bezeichnet werden:

$$
\begin{aligned}
p_4 &= \mathfrak{y}\varkappa_3 - \mathfrak{z}\varkappa_2 + \varkappa_4 \\
p_5 &= \mathfrak{z}\varkappa_1 - \mathfrak{x}\varkappa_3 + \varkappa_5 \qquad (61)\\
p_6 &= \mathfrak{x}\varkappa_2 - \mathfrak{y}\varkappa_1 + \varkappa_6.
\end{aligned}
$$

Aus 59), 60), 61) könnte man nun leicht die allgemeinen Transformationsformeln zusammenstellen. Man sieht:

Satz 60: **Bei einer Transformation der rechtwinkligen homogenen Stabzeiger drücken sich die alten durch die neuen Zeiger (und umgekehrt) linear und homogen aus.**

---

§ 42. Gleichungen zwischen Linienzeigern.

Wenn F_1 eine ganze homogene Funktion n-ten Grades der sechs Zeiger p_{ik} einer Geraden ist, so wird durch die Gleichung

62) $$F_1(p_{12}, p_{13}, p_{14}, p_{34}, p_{42}, p_{23}) = 0,$$

die der Gleichung

63) $$F_1(\pi_{34}, \pi_{42}, \pi_{23}, \pi_{12}, \pi_{13}, \pi_{14}) = 0$$

gleichwertig ist, den Linienzeigern eine Bedingung auferlegt. Es genügen also noch die Zeiger von ∞^3 Linien der Gleichung, d. h. 62) oder 63) definiert einen **Linienkomplex**. In der That kann man von den fünf Zeigerverhältnissen drei willkürlich wählen und die beiden anderen aus 62) und

16) $$P = p_{12}p_{34} + p_{13}p_{42} + p_{14}p_{23} = 0$$

bestimmen. Die Zahl n nennen wir auch den **Grad** des Komplexes. Der Grad ist nach Satz 59 vom Zeigersystem unabhängig und daher etwas für den Komplex Charakteristisches. Um seine geometrische Bedeutung zu ermitteln, denken wir uns in 62) und 63) die Linienzeiger durch ihre Ausdrücke in Ebenen- bezw. Punktzeigern ersetzt und erhalten:

62, a) $$F_1(v_1w_2 - v_2w_1,\ v_1w_3 - v_3w_1, \ldots) = 0,$$

63, a) $$F_1(y_3z_4 - y_4z_3,\ y_4z_2 - y_2z_4, \ldots) = 0.$$

Hier ist die Gleichung 16) von selbst zwischen den Argumenten erfüllt. Halten wir nun in 63, a) den Punkt y fest, so stellt diese Gleichung eine Fläche n-ten Grades in den laufenden Zeigern z dar, die der Natur der Sache nach eine Kegelfläche mit der Spitze y sein mufs. Denn sie mufs der Ort derjenigen Raumpunkte sein, deren Verbindungslinien mit y Komplexstrahlen sind. Also:

Satz 61: Die Geraden eines Komplexes n-ten Grades, die durch einen bestimmten Punkt gehen, bilden i. A.*) eine Kegelfläche n-ter Ordnung, den „Komplexkegel" dieses Punktes.

Aus der dualen Betrachtung, die an Gleichung 62, a) anknüpft, folgt:

Satz 62: Die Strahlen eines Komplexes n-ten Grades, die in einer bestimmten Ebene liegen, umhüllen i. A. eine Kurve n-ter Klasse, die „Komplexkurve" dieser Ebene.

Aus jedem der beiden Sätze folgt:

Satz 63: Der Grad eines Komplexes ist gleich der Anzahl seiner Strahlen, die einem bestimmten allgemein liegenden Strahlbüschel angehören.

Ist insbesondere $n = 1$ (linearer Komplex), so bilden alle Komplexstrahlen durch einen Punkt ein ebenes Strahlbüschel, ebenso alle Komplexstrahlen in einer Ebene, wie wir es beim Gewinde angetroffen haben. Es wird sich in der That zeigen (§ 46), dafs der lineare Komplex mit dem Gewinde (oder dem Strahlengebüsch) identisch ist.

Durch zwei Gleichungen $F_1 = 0$, $F_2 = 0$ der Form 62) von den Graden n, n' werden nurmehr ∞^2 Geraden des Raums herausgehoben, also eine Linienkongruenz $\mathfrak{C}$ definiert. Jede einzelne Gleichung stellt einen Komplex dar und $\mathfrak{C}$ ist die Gesamtheit der gemeinsamen Strahlen (der „Schnitt") beider Komplexe C und C'. Die beiden Kurven, die durch C und C' in einer Ebene definiert sind, haben die Klassen n

*) Ausnahmspunkte, bei denen dies nicht zutrifft, werden wir im II. Bd. besprechen; analog bei Satz 62.

und n', also $n \cdot n'$ gemeinsame Tangenten,*) die auch $\mathfrak{C}$ angehören. Ebenso gehen durch einen Punkt nn' Strahlen von $\mathfrak{C}$. Man nennt die Zahl der Strahlen einer Kongruenz, die durch einen Punkt gehen, ihre Ordnung, die Zahl der Strahlen, die in einer Ebene liegen, ihre Klasse; wenn Ordnung und Klasse gleich sind, sagt man Grad der Kongruenz. Dann folgt:

Satz 64: Die Kongruenz, welche der vollständige Schnitt zweier Komplexe der Grade n, n' ist, hat den Grad nn'.

Nehmen wir noch eine dritte Gleichung $F_3 = 0$ von der Form 62) und dem Grade n'' hinzu, so wird durch alle drei Gleichungen i. A. eine einfache Mannigfaltigkeit von Geraden, d. h. eine Regelfläche definiert, welche die gemeinsamen Strahlen aller drei (durch die einzelnen Gleichungen definierten) Komplexe enthält oder auch die gemeinsamen Strahlen der durch zwei Gleichungen definierten Kongruenz und des durch die dritte Gleichung definierten Komplexes. Sie heifst auch der Schnitt der drei Komplexe (der Kongruenz und des Komplexes). Um ihren Grad zu ermitteln, überlegen wir, wie viele ihrer Geraden p eine bestimmte Gerade p' des Raums schneiden. Hierzu mufs neben den drei Gleichungen $F_i = 0$ noch Gleichung 16) und

$$\sum_1^6 p_i p'_{i+3} = 0$$

erfüllt sein. Diese Gleichungen haben in den p bezw. die Gradzahlen:

$$n,\ n',\ n'',\ 2,\ 1,$$

bestimmen also $2nn'n''$ Zeigerverhältnisse; d. h.

Satz 65: Drei Komplexe der Grade n, n', n'' haben i. A.**) eine Regelfläche vom Grade $2nn'n''$ gemein.

*) Beschränkt man sich auf reelle Elemente, so müfste man hier und später bei ähnlichen Sätzen das Wort „höchstens" hinzufügen. Wir werden jedoch auch komplexen Linienzeigern eine Deutung geben (Abschn. V).

**) Drei Flächen schneiden sich i. A. in einer endlichen Anzahl von Punkten, können aber auch eine Kurve gemein haben; natürlich sind analoge Vorkommnisse in der Liniengeometrie nicht ausgeschlossen: Drei Komplexe können eine Kongruenz gemein haben.

Ebenso folgt:

Satz 66: Vier Komplexe der Grade n, n', n'', n''' haben i. A. $2nn'n''n'''$ Strahlen gemein.

§ 43. Gleichungen zwischen Stabzeigern.

Die Mannigfaltigkeit der Stäbe ist eine fünffache. Durch eine Gleichung

64) $$\Phi(\pi_{ik}) = 0$$

wird den Stabzeigern, die daneben immer die Relation

16, a) $$\sum_1^3 \pi_i \pi_{i+3} = 0$$

erfüllen, eine Bedingung auferlegt, also eine vierfache Stabmannigfaltigkeit herausgehoben, die wir einen Stabwald nennen wollen. Die drei-, zwei-, einfachen Stabmannigfaltigkeiten nennen wir bezw. Stabkomplexe, Stabkongruenzen, Stabflächen. Sie werden bezw. durch 2, 3, 4 Gleichungen zwischen Stabzeigern („Stabgleichungen") dargestellt. Da auch die absoluten Beträge von Stabzeigern in Betracht kommen, werden diese Stabgleichungen i. A. nicht homogen sein, obgleich wir stets homogene (rechtwinklige oder tetraedrische) Stabzeiger verwenden. Jeder Stab eines Stabgebildes liegt auf einer Geraden, seinem Träger. Die Gesamtheit dieser Geraden bildet den „Träger" des Stabgebildes. Die Träger der Stabkomplexe, -kongruenzen, -flächen sind also i. A. Linienkomplexe, -kongruenzen, -flächen, während als Träger eines Stabwalds (von Realitätsfragen abgesehen) der ganze Linienraum zu betrachten ist. Nur wenn alle darstellenden Gleichungen eines Stabgebildes homogen sind, tritt der Fall ein, daſs alle Stäbe einer Geraden, auf der überhaupt ein Stab des Gebildes liegt, ebenfalls dem Gebilde angehören. Dann ist die Trägermannigfaltigkeit des Stabgebildes um eine Dimension niedriger als dieses selbst. Da dieser Fall gegenüber den Liniengebilden nichts Charakteristisches bietet, schlieſsen wir ihn von nun an aus. Da den Stabgebilden metrische Eigenschaften wesentlich sind (vor allem die Länge der Stäbe), denken wir uns von nun an rechtwinklige homogene Stabzeiger und schreiben die Gleichungen des Stabgebildes in der Form:

$$\begin{aligned} &\Phi(x'-x,\ y'-y,\ z'-z,\ yz'-y'z, \ldots) = 0, \\ 65)\quad &\Psi(x'-x,\ y'-y,\ z'-z,\ yz'-y'z, \ldots) = 0 \\ &\ldots\ldots\ldots\ldots\ldots\ldots\ldots \end{aligned}$$

Wenn insbesondere Φ, Ψ, ... ganze rationale Funktionen ihrer sechs Argumente sind, heifst das Stabgebilde **algebraisch**.

Wir betrachten zunächst eine einzige Gleichung $\Phi = 0$. Halten wir den Punkt $P \equiv (x, y, z)$ fest, so wird durch 65) eine Fläche dargestellt und zwar der Ort der Endpunkte $P' \equiv (x', y', z')$ aller Stäbe des Stabwalds, deren Träger durch P gehen, wenn man die Anfangspunkte der Stäbe nach P selbst verlegt. Ist insbesondere der Stabwald algebraisch vom n-ten Grade, so folgt:

Satz 67: **Betrachtet man alle Stäbe eines algebraischen Stabwalds n-ten Grades, deren Träger durch einen Punkt P gehen und nimmt P als Anfangspunkt der Stäbe, so liegen die Endpunkte auf einer algebraischen Fläche n-ter Ordnung.**

Diese Fläche wird i. A. nicht durch P gehen (aufser wenn das konstante Glied in 65) verschwindet).

Betrachten wir nun **zwei** Gleichungen $\Phi = 0$, $\Psi = 0$; durch sie wird ein Stabkomplex $\mathfrak{C}$ definiert. Jedem Punkte P sind nun zwei Flächen zugeordnet, deren Schnittlinie als Leitlinie desjenigen Komplexkegels von $\mathfrak{C}$ betrachtet werden kann, der dem Punkt P zugeordnet ist. Wenn insbesondere $\mathfrak{C}$ algebraisch ist und n_0, n die Grade von Φ und Ψ sind, so folgt aus Satz 67:

Satz 68: **Betrachtet man alle Stäbe eines algebraischen Stabkomplexes, deren Träger durch einen Punkt P gehen und nimmt P als Anfangspunkt der Stäbe, so liegen ihre Endpunkte auf einer algebraischen Raumkurve der Ordnung $n_0 n$; vom selben Grade ist also auch der Träger des Stabkomplexes.**

Auf dieselbe Art erschliefst man:

Satz 69: **Der Träger einer durch drei Gleichungen der Grade n_0, n, n' definierten algebraischen Stabkongruenz ist eine Linienkongruenz der Ordnung $n_0 n n'$. Nimmt man eine vierte Gleichung des**

Grades n'' hinzu, so erhält man eine Stabfläche, deren Träger eine Linienfläche des Grades $2n_0 n n' n''$ ist.

Zum letzten Teil des Satzes vergleiche die Ableitung des Satzes 65; analog dem Satz 66 gilt:

Satz 70: Fünf Stabwälder der Grade n_0, n, n', n'', n''' haben $2n_0 n n' n'' n'''$ Stäbe gemein.

Durch zwei Gleichungen der Form 65) und der Grade n und m sei ein Stabkomplex $\mathfrak{C}$ gegeben. Wir stellen uns die Aufgabe, die Gleichung des Trägers C von $\mathfrak{C}$ zu berechnen. Um den Komplexkegel im Punkte $P \equiv (x, y, z)$ zu finden, haben wir P mit allen Punkten P' geradlinig zu verbinden, deren Zeiger x', y', z' beiden Gleichungen 65) genügen. Die Gleichungen einer solchen Verbindungsgeraden lauten:

$$66) \qquad \frac{\xi - x}{x' - x} = \frac{\eta - y}{y' - y} = \frac{\zeta - z}{z' - z}.$$

Um die Gleichung des Komplexkegels zu erhalten, müssen wir eine Beziehung zwischen ξ, η, ζ ableiten, die für alle Werte x', y', z' gilt, die 65) erfüllen. Wir haben also x', y', z' aus allen vier Gleichungen zu eliminieren und das Resultat mufs sich der Natur der Sache nach in den Linienzeigern

$$67) \qquad \xi - x,\ \eta - y,\ \zeta - z,\ y\zeta - z\eta,\ z\xi - x\zeta,\ x\eta - y\xi$$

allein schreiben lassen. Es fragt sich nur, wie man diese Elimination zu vollziehen hat, ohne auf die Ausdrücke in den Punktzeigern zurückzugehen, wenn die Gleichungen 65) in der Form

$$65, a) \qquad \Phi(q_1, q_2, \ldots q_6) = 0, \quad \Psi(q_1, q_2, \ldots q_6) = 0$$

gegeben sind. Wir können statt 66) auch setzen:

$$68) \qquad \begin{aligned} x' - x &= t(\xi - x) \\ y' - y &= t(\eta - y) \\ z' - z &= t(\zeta - z) \end{aligned}$$

und nun aus den fünf Gleichungen 65) und 68) die vier Gröfsen x', y', z', t eliminieren. Wir setzen zunächst für x', y', z' aus 68) die Ausdrücke in 65) ein; es wird z. B.:

$$yz' - y'z = t(y\zeta - z\eta).$$

Wenn wir also die Linienzeiger 67) mit $\varkappa_i$ bezeichnen, haben wir aus den beiden Gleichungen

$$\Phi(t\varkappa_1, \ldots t\varkappa_6) = 0, \quad \Psi(t\varkappa_1, \ldots t\varkappa_6) = 0$$

noch t zu eliminieren. Im Ergebnis brauchen wir die $\varkappa$ von den q nicht mehr zu unterscheiden, können also folgende Regel aussprechen:

Satz 71: Wenn durch die Gleichungen

$$\Phi(q_i) = 0, \quad \Psi(q_i) = 0$$

ein Stabkomplex gegeben ist, so hat man zur Berechnung seines Trägers aus den Gleichungen

69) $$\Phi(tq_i) = 0, \quad \Psi(tq_i) = 0$$

das t zu eliminieren.

Diese Regel gilt für beliebige (auch transscendente) Stabkomplexe.*) Ist jedoch $\mathfrak{C}$ algebraisch, so können wir die Rechnung noch weiter führen und kommen auf eine bekannte algebraische Aufgabe: Bezeichnen wir nämlich das Aggregat der Glieder ν-ter Dimension in Φ und Ψ bezw. mit φ_ν und ψ_ν, so können wir 65, a) auch schreiben:

$$\varphi_n + \varphi_{n-1} + \cdots + \varphi_1 + \varphi_0 = 0,$$
$$\psi_m + \psi_{m-1} + \cdots + \psi_1 + \psi_0 = 0,$$

während 69) die Form annimmt:

70) $$\begin{aligned} t^n\varphi_n + \cdots + t\varphi_1 + \varphi_0 &= 0 \\ t^m\psi_m + \cdots + t\psi_1 + \psi_0 &= 0. \end{aligned}$$

Aus den Gleichungen 70) eliminiert man t, indem man die Resultante der beiden ganzen Funktionen von t Null setzt (vergl. Pascal, Determ., § 57):

71) $$D = \begin{vmatrix} \varphi_n & \varphi_{n-1} & \varphi_{n-2} \cdots & \varphi_0 & \\ & \varphi_n & \varphi_{n-1} \cdots & \varphi_1 & \varphi_0 \\ \cdot & \cdot & \cdot & \cdot & \cdot \\ \psi_m & \psi_{m-1} & \psi_{m-2} \cdots & \psi_0 & \\ & \psi_m & \psi_{m-1} \cdots & \psi_1 & \psi_0 \\ \cdot & \cdot & \cdot & \cdot & \cdot \end{vmatrix} = 0.$$

*) Transscendente Linienkomplexe werden der Untersuchung mit homogenen Linienzeigern zugänglich, indem man sie als Träger eines Stabkomplexes betrachtet, also durch zwei nichthomogene Gleichungen in homogenen Linienzeigern definiert, von denen mindestens die eine nicht algebraisch ist.

In dieser Determinante D treten die φ in m, die ψ in n Zeilen auf.

Wenn ein Stabgebilde durch λ Gleichungen ($\lambda > 2$) definiert ist, so können wir, indem wir eine Gleichung mit je einer der $\lambda - 1$ übrigen verbinden und Satz 71 anwenden, $\lambda - 1$ Komplexe finden, die den Träger des Stabgebildes definieren; ihre Gleichungen ersetzen $\lambda - 1$ der ursprünglichen Gleichungen.

Satz 72: Ein Stabgebilde läfst sich so darstellen, dafs alle seine Gleichungen bis auf eine homogen sind. Nach Weglassung der nichthomogenen Gleichung ist der Träger des Gebildes dargestellt.

Zur Liniengeometrie im weiteren Sinn zählen wir nun auch die Untersuchung der Stabgebilde. Nicht algebraische Liniengebilde können durch Gleichungen zwischen Stabzeigern definiert werden, wobei man von der Länge der Stäbe absieht.

---

§ 44. Geschichtliche Bemerkungen.

Gewisse Liniengebilde treten schon in der Flächen- und in der Kurventheorie auf, z. B. die Normalenkongruenz einer Fläche, die Regelfläche der Tangenten, der Hauptnormalen einer Raumkurve, u. s. w. Aber auch abgesehen hiervon wurden Liniengebilde schon lange vor Entstehung der systematischen Liniengeometrie betrachtet, z. B. von Binet ein quadratischer Komplex, den wir im III. Bd. kennen lernen werden. Wir wollen aber jetzt insbesondere die Geschichte der Linienzeiger (Linienkoordinaten) verfolgen.

Das Wesen der allgemeinen tetraedrischen Linien- und Stabzeiger samt ihrer mechanischen Bedeutung (und noch viel allgemeinere Begriffsbildungen) waren Grassmann schon 1844 vollkommen geläufig (Ausdehnungslehre, Ges. W. Bd. I a, § 117), wenn er auch seine diesbezüglichen Andeutungen nicht so weit ausgearbeitet hat, dafs man damit wirklich hätte rechnen können; auch blieben seine Werke jahrzehntelang unbeachtet. Der Name „Linienkoordinaten“ wurde zuerst von Plücker 1846 gebraucht, der die Gröfsen

$r, s, \varrho, \sigma, \eta$ (vergl. hier § 33, Schlufs) so nannte (Syst. der Geom. des Raumes in neuer analyt. Behandlung, Art. 258). Sechs homogene Linienzeiger hat Cayley 1860 explicite benützt, um eine Raumkurve analytisch durch eine einzige Gleichung zwischen ihren Treffgeraden darzustellen (On a new anal. repres. of Curves in space, Coll. pap. Vol. IV, No. 284 und 294); hier findet sich auch die Gleichung des Strahlengebüsches. Er geht bei der Definition der Linienzeiger von den Zeigern (x, y, z, w), $(\alpha, \beta, \gamma, \delta)$ zweier auf ihr liegenden Punkte aus, die er jedoch als gewöhnliche Zeiger „of the ordinary kind" annimmt. Er hat hier also trotz der formalen Identität seiner Formeln mit den hier als Gleichung 17) (§ 32, b) vorkommenden i. J. 1860 noch keine tetraedrischen Linienzeiger, weil die definierenden Punktzeiger rechtwinklig und blofs äufserlich*) dadurch homogen gemacht sind, dafs $x:w$, $y:w$, $z:w$ statt x, y, z geschrieben wurde.**)

In seiner grundlegenden Abhandlung „On a new geometry of space" (Phil. Transact., Bd. 155; Received Dec. 1864; Read. Febr. 1865; Ges. math. Abh. No. 34) untersucht Plücker im ersten Teil (S. 725—759) die Linienkomplexe (er führt hier das Wort „Komplex" ein) und -congruenzen, die Regelflächen zweiter Ordnung als Schnitt dreier Komplexe und im Zusammenhang damit die zweifachen und dreifachen linearen Komplexmannigfaltigkeiten. Er verwendet dabei die nichthomogenen rechtwinkligen Strahlenzeiger $r, s, \varrho, \sigma, \eta$ und die entsprechenden Achsenzeiger, wodurch die Rechnungen

*) Man sieht, dafs der Name „tetraedrische" Zeiger bezeichnender ist als „homogene".

**) Dies geht unzweifelhaft daraus hervor, dafs er S. 448 sagt (in gekürzter freier Übersetzung): „Die sechs Linienzeiger können nicht in zwei gleichberechtigte Gruppen zu dreien geteilt werden. Die Symmetrie der Zeiger ist vielmehr dieselbe, wie bei den Ecken (Seiten) eines vollständigen Vierseits (Vierecks). Wir können die Zeiger auf vier Arten in zwei Gruppen teilen . . ., wo jede linke Gruppe drei Ecken entspricht, die ein Dreieck bilden und jede rechte Gruppe den drei übrigen Ecken, die in einer Geraden liegen." Hätte er an das Tetraeder auch nur gedacht, so hätte er sicher die Gruppierung der Zeiger an den Tetraederkanten selbst erläutert und nicht am ferner liegenden Beispiel der Ecken eines vollständigen Vierseits. Es ist dies um so auffallender, als er nebenbei (in den Klammern) auf das vollständige Viereck hinweist, das als Projektion eines Tetraeders aufgefafst werden kann.

unsymmetrisch und unübersichtlich werden. Auch die sechs Ausdrücke $x'-x, \ldots yz'-y'z, \ldots$ der homogenen rechtwinkligen Linienzeiger treten hier gelegentlich auf, werden aber noch nicht als Linienzeiger aufgefafst und ohne eigene Symbole immer explicite ausgeschrieben. Im zweiten Teil (S. 760—774) macht er Anwendungen auf die Lichtbrechung in doppelt brechenden Krystallen, in einer „additional note“ S. 774—788 (received Dec. 1865) führt er homogene rechtwinklige Linienzeiger ein, indem er (wie Cayley) von künstlich homogen gemachten rechtwinkligen Punkt- und Ebenenzeigern ausgeht, schreibt die Gleichung eines und desselben allgemeinen Komplexes in mannigfachen (acht) Formen und beweist die allgemeinen grundlegenden Sätze über Komplexe und Kongruenzen beliebigen Grades (hier in § 42). Ferner stellt er, unmittelbar vom Gewinde ausgehend, Linienzeiger auf, ohne auf die Punkt- und Ebenenzeiger zurückzugehen und bemerkt, dafs auch die absoluten Gröfsen der Linienzeiger eine Bedeutung haben, eine Anregung,*) die lange zu wenig beachtet wurde. In dieser Abhandlung finden sich also schon die wesentlichsten Ideen seines Werkes „Neue Geometrie des Raumes, gegründet auf die Betrachtung der geraden Linie als Raumelement“ (herausgeg. von Klein, 1868); auch hat sie unmittelbar auf die Zeitgenossen Einflufs genommen. Man wird deshalb, obgleich Malus (1808), Hamilton (1828) und Kummer (1860) schon vorher wichtige Untersuchungen über Strahlenkongruenzen veröffentlicht haben, 1865 als das Geburtsjahr der Liniengeometrie zu betrachten haben, weil doch erst mit dem Gebrauch der Linienzeiger ihre systematische Entwickelung anhebt.

Tetraedrische Linienzeiger wurden von Battaglini (Intorno ai sist. di rette di sec. grado, Atti della acc. di sc. Napoli, vol. III, 1866), Cayley (On the six coord. of a line, Coll. pap. Vol. VII, No. 435, gelesen 1867, gedruckt 1869 Transact. of the cambr. phil. soc.) und Klein (Über die Transf. der allg. Gl. des 2. Grades zw. Linienkoord. auf eine kanon. Form, Dissert. Bonn 1868, wieder abgedruckt Math. Ann., Bd. 23) eingeführt. Die mechanische Bedeutung der rechtwinkligen Linienzeiger findet sich bei Plücker (1865),

*) In erweiterter Form findet sie sich in Art. 25 der „Neuen Geometrie“.

die der tetraedrischen namentlich bei **Zeuthen** (1869), der sie zum Ausgangspunkt ihrer Definition nimmt (Notes sur une syst. de coord. lin. dans l'espace, Math. Ann., Bd. I). Auf weitere Verallgemeinerungen des Zeigerbegriffs werden wir noch zu sprechen kommen (§ 49 und 81).

Ein ausführlicher Bericht über die älteren liniengeometrischen Entdeckungen findet sich in **Lie** und **Scheffers**, Geom. der Berührungstransf. Kap. 7, § 2.

Übungsaufgaben.

25. Die Determinante des Schemas 14) mufs als schief symmetrische Determinante gerader Ordnung ein vollständiges Quadrat sein; da sie andererseits verschwindet, weil ihre sämtlichen Adjunkten verschwinden, mufs sie (bis auf einen etwaigen konstanten Faktor) das Quadrat der linken Seite von 16) sein. Dies ist unmittelbar zu bestätigen.

26. Die Gröfsen p und π müssen aus geometrischen Gründen unabhängig davon sein, wie die Ebenen v_i und w_i durch g oder die Punkte y_i und z_i (§ 32, a) auf g gewählt werden. Dies ist durch Rechnung zu bestätigen.

27. Wir haben bei der Zeigerdefinition die Gerade g einmal durch zwei Ebenen ε_v, ε_w, einmal durch zwei Punkte P_y, P_z bestimmt gedacht, im ersten Fall die Zeiger ihrer Verbindungsebenen mit den Tetraederecken, im zweiten Fall die Zeiger ihrer Schnittpunkte mit den Tetraederflächen berechnet. Man kann auch umgekehrt im ersten Fall die Schnittpunkte, im zweiten Fall die Verbindungsebenen berechnen und gelangt so zu denselben Zeigern. Dies ist durchzuführen.

28. Zu zeigen: Die notwendige und hinreichende Bedingung dafür, dafs zwei Gerade p, q mit den zwei Gegenkanten (i, k), (l, m) des Grundtetraeders hyperbolisch liegen, ist, dafs die zwei Quadrupel, die nach Streichung der Zeiger mit den Indicespaaren i, k; l, m übrig bleiben, einander proportional sind.

29. In § 40 hätte man ebenso gut statt von den Gleichungen 55) von den ihnen äquivalenten

$$\varrho u_i = \sum_{\lambda=1}^{4} A_{i\lambda} u'_\lambda \; (i = 1, 2, 3, 4)$$

ausgehen können, wobei die $A_{\iota\lambda}$ die Adjunkten in $| a_{ik} |$ sind. Man gelangt so zu

72) $$\varrho\varrho' p_{lm} = \Sigma (A_{l\lambda} A_{m\mu} - A_{m\lambda} A_{l\mu}) p'_{\lambda\mu}.$$

Aus dieser Gleichung ist 56) abzuleiten.

30. Es ist durch Rechnung zu bestätigen, dafs 63, a) die Gleichung einer Kegelfläche ist, wenn der Punkt y fest ist.

31. Soll die Gleichung 71) wirklich den Trägerkomplex darstellen, so mufs sie in den Linienzeigern homogen vom Grade mn sein. Dies ist rein algebraisch durch Betrachtung der Determinante D zu bestätigen.

32. In Plückers Werk von 1846 finden sich an der hier in § 44 citierten Stelle die Worte: „Eine Gleichung zwischen diesen vier Koordinaten*) bestimmt noch keinen geometrischen Ort für die gerade Linie, sondern nur ein Gesetz, nach welchem der unendliche Raum aus geraden Linien besteht.“ In welchem Sinn ist diese auffallende Bemerkung zu verstehen?

---

*) Nämlich zwischen r, s, ϱ, σ (vergl. hier § 28).

IV. Abschnitt.

Lineare Stabwälder, Komplexe und Kongruenzen mit Anwendungen auf die Mechanik.

§ 45. Die allgemeine lineare Stabgleichung.

Da die Stabgebilde wesentlich metrische Eigenschaften haben, setzen wir rechtwinklige homogene Stabzeiger voraus, schreiben also die allgemeine lineare Stabgleichung in der Form:

$$1)\qquad \alpha_0 + \sum_1^6 \alpha_i q_i = 0.$$

Drehen wir das Zeigersystem um den Ursprung und wählen a_1, b_1, c_1 (§ 41) so,*) dafs

$$a_1\alpha_1 + b_1\alpha_2 + c_1\alpha_3 = 0$$
$$a_1\alpha_4 + b_1\alpha_5 + c_1\alpha_6 = 0,$$

so verschwinden die Koeffizienten der neuen Zeiger p_1, p_4. Wir können also (zu den ursprünglichen Symbolen q und α zurückkehrend) statt 1) die Gleichung

$$2)\qquad \alpha_0 + \alpha_2 q_2 + \alpha_3 q_3 + \alpha_5 q_5 + \alpha_6 q_6 = 0$$

voraussetzen, die noch immer den allgemeinen linearen Stabwald darstellt. Drehen wir das System nochmals um die X-Achse um den Winkel ω, so wird nach § 41, Schema 58, b):

$$q_5 = \cos\omega \,.\, p_5 - \sin\omega \,.\, p_6, \qquad q_6 = \sin\omega \,.\, p_5 + \cos\omega \,.\, p_6,$$

*) Dies ist immer so möglich, dafs gleichzeitig die Relationen erfüllt werden, die zwischen den neun Koeffizienten einer orthogonalen Substitution bestehen müssen.

während die lineare homogene Funktion, die aus den Gliedern mit q_2 und q_3 gebildet wird, in eine ebensolche mit p_2, p_3 übergeht. Bestimmen wir ω aus

3) $$\alpha_5 \cos \omega + \alpha_6 \sin \omega = 0,$$

so verschwindet der Koeffizient von p_5. Indem wir also jetzt die lineare Stabgleichung in der Form

4) $$\alpha_0 + \alpha_2 q_2 + \alpha_3 q_3 + \alpha_6 q_6 = 0$$

voraussetzen, haben wir keine Spezialisierung des Stabwalds vorgenommen, sondern nur seiner Lage gegen das Zeigersystem. Nehmen wir schliefslich mit letzterem eine Schiebung vor, so wird nach § 41, Gleichungen 61), wenn $\mathfrak{y} = 0$, $\mathfrak{z}$ beliebig ist,

$$q_6 = \mathfrak{x} p_2 + p_6.$$

Also geht 4) über in

$$\alpha_0 + (\alpha_2 + \alpha_6 \mathfrak{x}) p_2 + \alpha_3 p_3 + \alpha_6 p_6 = 0.$$

Wir setzen zunächst voraus:

$$\alpha_6 \neq 0,$$

dann wählen wir:

$$\mathfrak{x} = -\frac{\alpha_2}{\alpha_6}$$

und haben also die allgemeine lineare Stabgleichung durch Zeigertransformation (indem wir wieder q statt p schreiben) auf die Form gebracht:

5) $$\alpha_0 + \alpha_3 q_3 + \alpha_6 q_6 = 0.$$

Das konstante Glied ist von diesen Rechnungen nicht betroffen worden. Die Transformationen gelten also auch für den speziellen Fall des linearen Komplexes ($\alpha_0 = 0$). Wenn $\alpha_6 = 0$, können wir durch Drehung um die X-Achse aus 4) die Form

6) $$\alpha_0 + \alpha_3 q_3 = 0$$

erreichen, die in 5) enthalten ist, wenn wir $\alpha_6 = 0$ zulassen.

Satz 73: Die allgemeine lineare Stabgleichung läfst sich durch Zeigertransformation stets auf die Form 5) bringen.

Wir nennen einen Stabwald **allgemein**, wenn alle drei Koeffizienten in 5) von Null verschieden sind, sonst **speziell**.

§ 46. Der lineare Komplex.

Vom Ergebnis des letzten Paragraphen diskutieren wir zunächst den Fall des linearen Komplexes ($\alpha_0 = 0$). Indem wir

$$\frac{\alpha_3}{\alpha_6} = \mathfrak{k}$$

setzen, nimmt 5) die Form

7) $$\mathfrak{k} q_3 + q_6 = 0$$

an oder, wenn wir die Zeiger der Anfangspunkte $P \equiv (x, y, z)$ und Endpunkte $Q \equiv (\xi, \eta, \zeta)$ der Stäbe einführen:

8) $$\mathfrak{k}(\zeta - z) + x\eta - \xi y = 0.$$

Dies ist aber genau die Gleichung 8) des Abschnittes I, stellt also i. A. ein Gewinde dar; wenn $\alpha_3 = 0$, stellt $q_6 = 0$ oder

$$\frac{\eta}{\xi} = \frac{y}{x}$$

alle Geraden dar, welche die Z-Achse schneiden; wenn $\alpha_6 = 0$, stellt $q_3 = 0$ oder $\zeta = z$ alle Geraden dar, welche zur XY-Ebene parallel sind. Also:

Satz 74: Der lineare Komplex ist entweder mit dem Strahlengewinde oder mit dem Strahlengebüsch identisch;*) die Achse des letzteren kann im Endlichen oder im Unendlichen liegen.

Nachdem wir dies wissen, können wir wieder allgemeine tetraedrische Zeiger voraussetzen und schreiben die Gleichung des linearen Komplexes in der Form**)

9) $$\Sigma a_{ik} \pi_{ik} = 0$$

oder

10) $$\Sigma a_{ik} p_{lm} = 0;$$

*) Wir werden die Namen „Gewinde" und „Strahlengebüsch" immer wie im ersten Abschnitt verwenden, während wir „linearer Komplex" als gemeinsame Bezeichnung beider beibehalten. Die Strahlengebüsche nennen wir auch singuläre lineare Komplexe.

**) Wo alle vier Indices i, k, l, m auftreten, bezieht sich die Summe stets auf die drei Anordnungen 1 2, 3 4; 1 3, 4 2; 1 4, 2 3 und die durch die Vertauschungen der Paare entstehenden, also auf sechs Glieder.

ferner sei bezeichnet:

11) $$a_{12}\,a_{34} + a_{13}\,a_{42} + a_{14}\,a_{23} = A.$$

Wenn $A = 0$, so sind die a_{ik} Zeiger einer Geraden, und zwar betrachten wir sie als Achsenzeiger. Dann drückt 10) aus, daſs die Geraden a, p sich schneiden (§ 39, b). In diesem Fall ist also 9) oder 10) die Gleichung eines Strahlengebüsches.

Wir setzen jetzt voraus:

12) $$A \neq 0.$$

In diesem Falle giebt es keine Treffgerade sämtlicher Geraden p, die 10) erfüllen. Denn die Zeiger einer solchen müſsten mit den a_{ik} identisch sein, deren Verhältnisse durch fünf passend gewählte Sextupel p_{ik} vollkommen bestimmt sind. Also stellt 9) oder 10) nach Satz 74 ein Gewinde dar. Um die Zuordnung zwischen den Punkten und Ebenen des Raums zu finden, führen wir

$$\pi_{ik} = y_i x_k - y_k x_i$$

in 9) ein und ordnen nach den y:

13) $$\begin{aligned}(a_{12}x_2 + a_{13}x_3 + a_{14}x_4)\,y_1 + (-a_{12}x_1 + a_{23}x_3 - a_{42}x_4)\,y_2 \\ + (-a_{13}x_1 - a_{23}x_2 + a_{34}x_4)\,y_3 \\ + (-a_{14}x_1 + a_{42}x_2 - a_{34}x_3)\,y_4 = 0.\end{aligned}$$

Denken wir uns den Punkt x_k festgehalten, so stellt 13) den Ort der Punkte y dar, die mit x_k verbunden, einen Komplexstrahl liefern, also die Nullebene des Punktes x. Die Koeffizienten der y sind daher die Zeiger u dieser Ebene. Durch das Gewinde wird also eine Zuordnung von der Form

14) $$\sigma u_i = \sum_{k=1}^{4} \alpha_{ik}\,x_k \quad (i = 1, \ldots 4)$$

definiert, wobei $\alpha_{ii} = 0$, $\alpha_{ik} = -\alpha_{ki}$. Setzen wir daher auch $a_{ik} = -a_{ki}$, so können wir 14) in unserem Fall so schreiben:

15) $$\begin{aligned}\sigma u_1 &= \phantom{-a_{12}x_1 - a_{23}x_2} a_{12}\,x_2 + a_{13}\,x_3 + a_{14}\,x_4 \\ \sigma u_2 &= -a_{12}\,x_1 \phantom{- a_{23}x_2} + a_{23}\,x_3 + a_{24}\,x_4 \\ \sigma u_3 &= -a_{13}\,x_1 - a_{23}\,x_2 \phantom{+ a_{23}x_3} + a_{34}\,x_4 \\ \sigma u_4 &= -a_{14}\,x_1 - a_{24}\,x_2 - a_{34}\,x_3.\end{aligned}$$

Die Determinante D der a_{ik} ist als schiefsymmetrische Determinante gerader Ordnung ein vollständiges Quadrat (vergl. **Pascal**, Determ. § 16), und zwar

$$D = (a_{12}a_{34} + a_{13}a_{42} + a_{14}a_{23})^2.$$

Wegen der Voraussetzung 12) lassen sich die Gleichungen 15) nach den x auflösen:

$$\tau x_i = \sum_{k=1}^{4} A_{ki} u_k,$$

womit auch zu jeder Ebene u der Nullpunkt x gefunden ist; und zwar haben die A_{ki} den gemeinsamen Faktor A (vergl. § 32, a)). Nach dessen Weglassung nehmen diese Gleichungen die Form an:

$$16)\quad \begin{aligned} \tau x_1 &= \phantom{- a_{34}u_1 - a_{14}u_2} a_{34}u_2 + a_{42}u_3 + a_{23}u_4 \\ \tau x_2 &= -a_{34}u_1 \phantom{- a_{14}u_2} + a_{14}u_3 - a_{13}u_4 \\ \tau x_3 &= -a_{42}u_1 - a_{14}u_2 \phantom{+ a_{14}u_3} + a_{12}u_4 \\ \tau x_4 &= -a_{23}u_1 + a_{13}u_2 - a_{12}u_3. \end{aligned}$$

Schreibt man die Gleichung des Gewindes in der Form:

$$\Sigma a_i q_i = 0,$$

so hat man in den Gleichungen 15) und 16) auch die Indices der a nach den ersten beiden Zeilen des Schemas 25) umzuschreiben und erhält:

$$15, a)\quad \begin{aligned} \sigma u_1 &= a_1 x_2 + a_2 x_3 + a_3 x_4 \\ \sigma u_2 &= -a_1 x_1 + a_6 x_3 - a_5 x_4 \\ \sigma u_3 &= -a_2 x_1 - a_6 x_2 + a_4 x_4 \\ \sigma u_4 &= -a_3 x_1 + a_5 x_2 - a_4 x_3. \end{aligned}$$

$$16, a)\quad \begin{aligned} \tau x_1 &= a_4 u_2 + a_5 u_3 + a_6 u_4 \\ \tau x_2 &= -a_4 u_1 + a_3 u_3 - a_2 u_4 \\ \tau x_3 &= -a_5 u_1 - a_3 u_2 + a_1 u_4 \\ \tau x_4 &= -a_6 u_1 + a_2 u_2 - a_1 u_3. \end{aligned}$$

Dabei ist festzuhalten, dafs die q_i (übrigens beliebige tetraedrische) **Strahlenzeiger** bedeuten.

Die Gleichungen 14) definieren (auch bei beliebiger Wahl der a, wenn nur die Determinante nicht verschwindet) eine räumliche **Korrelation** (lineare reciproke Verwandtschaft). Unsere Korrelation ist dadurch ausgezeichnet, daſs jeder Punkt in der ihm zugeordneten Ebene liegt. Fragen wir nach der allgemeinsten Korrelation, welche diese Eigenschaft hat, so muſs

$$\Sigma u_i x_i = 0$$

identisch vermöge 14) erfüllt sein; also

$$\sigma \Sigma u_i x_i = \Sigma \alpha_{ii} x_i^2 + \Sigma \alpha_{ik} x_i x_k$$

muſs bei willkürlicher Wahl der x verschwinden. Dies legt den α die Bedingungen auf:

$$\alpha_{ii} = 0, \; \alpha_{ki} = -\alpha_{ik} \; (i \neq k),$$

gerade dieselben, die in unserem Falle erfüllt sind.

Satz 75: Das durch ein Gewinde definierte Nullsystem ist die allgemeinste Korrelation, bei der jeder Punkt und seine entsprechende Ebene incident sind.

Bei jeder Korrelation entspricht einer Geraden g als Punktreihe eine Gerade g' (ihre Polare) als Achse des der Punktreihe zugeordneten projektiven Ebenenbüschels. Beim Nullsystem ist aber auch g die Polare von g' (§ 5); die Korrelation eines Nullsystems ist also involutorisch. Falls g und g' verschieden sind, ist jene Projektivität in unserem Falle trivial, weil die Punktreihe g und der Ebenenbüschel g' sogar perspektiv liegen. Wir sprechen also den betreffenden Satz nur für die Gewindestrahlen aus (welche die in der Korrelation sich selbst entsprechenden Geraden sind).

Satz 76: Beschreibt ein Punkt einen Gewindestrahl s, so beschreibt seine Nullebene einen projektiven Ebenenbüschel um s.

Wenn eine Gerade Träger einer Punktreihe und zugleich Achse eines zur Punktreihe projektiven Ebenenbüschels ist, so sagt man, die Gerade sei Träger einer Korrelation.

---

§ 47. Weitere Eigenschaften und Erzeugungsweisen des Gewindes.

a) Wir nehmen fünf Punkte an, von denen keine vier in einer Ebene liegen, verbinden sie in irgend einer Reihenfolge zu einem einfachen räumlichen Fünfseit, dessen Ecken und Flächen der Reihe nach mit 1, ... 5; I ... V bezeichnet sein mögen, so daſs I die Fläche 5 1 2 ist u. s. w. (Fig. 39). Dann gehen auch keine vier der fünf Ebenen I, ... V durch einen Punkt. Denn drei benachbarte derselben, z. B. I, II, III haben bloſs den Punkt 2 gemein, der aber weder in IV noch in V liegt. Indem wir also den Punkten 1, 2, ... bezw. die Ebenen I, II, ... zuordnen, ist jedenfalls

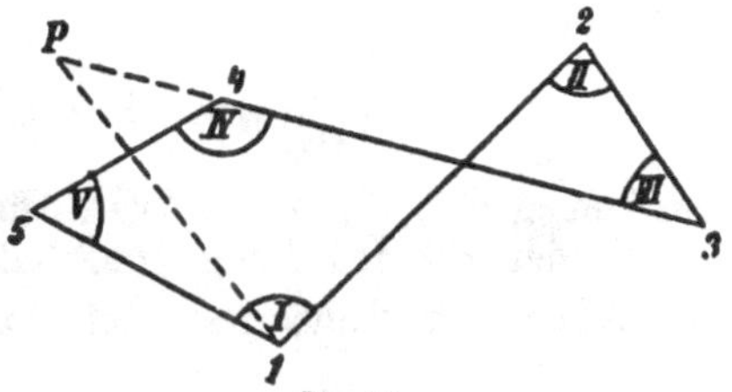

Fig. 39.

eine nicht ausgeartete Korrelation definiert (vergl. Killing, Analyt. Geom. II„ S. 236), von der wir zeigen wollen, daſs sie ein Nullsystem ist (v. Staudt, Geom. d. Lage, Art. 325).

Jede Seite des Fünfseits entspricht sich selbst, dem Schnittpunkt $P \equiv (34, \mathrm{I})$ entspricht also die Verbindungsebene (34, 1), die durch P geht. Im Strahlbüschel (1, I) entsprechen die drei Strahlen nach 5, P, 2 also alle Strahlen sich selbst. Deshalb entspricht jedem Punkte in I, überhaupt in einer der fünf Ebenen I, II, ... eine Ebene, die durch ihn geht. Um dasselbe für einen beliebigen Punkt Q des Raums zu zeigen, legen wir durch Q eine Gerade g; sie schneidet mindestens drei der Ebenen I, II, ... in lauter verschiedenen Punkten P_i. Fassen wir g als Punktreihe P auf, so ist g' der Träger eines projektiven Ebenenbüschels, das mit P perspektiv liegt, da die drei Punkte P_i von P in ihren entsprechenden Ebenen liegen. Da mit jedem Nullsystem ein Gewinde verbunden ist, können wir sagen:

Satz 77: Durch ein einfaches räumliches Fünfseit ist ein Gewinde definiert, zu dessen Strahlen die fünf Seiten des Fünfseits gehören.

b) Aber auch wenn wir fünf beliebige Strahlen des Raums als Strahlen eines Gewindes annehmen, so ist dieses dadurch i. A. gerade eindeutig bestimmt. Denn es seien

$$p_i^{(\lambda)} \; (\lambda = 1, \ldots 5; \quad i = 1, \ldots 6)$$

die Zeiger der fünf Strahlen, so muſs die Gleichung des gesuchten Gewindes

$$\sum_1^6 \alpha_i p_i = 0$$

durch alle fünf Sextupel $p_i^{(\lambda)}$ erfüllt werden. Aus den Gleichungen

$$\sum_{i=1}^{6} \alpha_i p_i^{(\lambda)} \; (\lambda = 1, \ldots 5)$$

bestimmen sich die Verhältnisse der α eindeutig, wenn die Matrix der $p_i^{(\lambda)}$ den Rang fünf hat. Dann kann man die Gleichung des Gewindes auch in Determinantenform anschreiben:

$$\begin{vmatrix} p_1 & p_2 & \cdots & p_6 \\ p_1^{(1)} & p_2^{(1)} & \cdots & p_6^{(1)} \\ \vdots & & & \vdots \\ p_1^{(5)} & p_2^{(5)} & \cdots & p_6^{(5)} \end{vmatrix} = 0.$$

Satz 78: Ein Gewinde ist durch fünf Strahlen eindeutig bestimmt, wenn die Matrix ihrer Zeiger den Rang fünf hat.

Die geometrische Bedeutung dieser Bedingung können wir erst später (Satz 102) besprechen.

c) Wir betrachten zwei projektive Strahlbüschel, bei denen die Verbindungslinie a ihrer Scheitel mit der Schnittlinie ihrer Ebenen identisch und den beiden Büscheln entsprechend gemein sein soll. Dann können wir diese projektiven Büschel p, p' nach § 39, c) in der Form darstellen:

$$p_i = a_i + \mu b_i, \quad p_i' = a_i + \mu b_i',$$

wobei die demselben Werte μ entsprechenden Strahlen einander zugeordnet sind. Stellen wir die Bedingung auf, dafs ein Strahl q irgend zwei entsprechende Strahlen der Büschel schneidet, so mufs sein:

$$\sum_{i=1}^{6} (a_i + \mu b_i)\, q_{i+3} = 0, \qquad \sum_{i=1}^{6} (a_i + \mu b_i')\, q_{i+3} = 0;$$

eliminieren wir hieraus μ, so erhalten wir

$$\Sigma (b_i' - b_i)\, q_{i+3} = 0,$$

die Gleichung eines linearen Komplexes, der ein Gewinde ist, wenn b und b' sich nicht schneiden. Dann ist nämlich (vergl. § 39, c)):

$$\omega(b-b') = \omega(b) - 2\omega(b, b') + \omega(b') = -2\omega(b, b') \neq 0.$$

Wir haben hiermit die Sylvestersche Erzeugungsweise (in Comptes R. Bd. 52, 1861 auf synthetischem Wege zuerst abgeleitet) eines Gewindes kennen gelernt:

Satz 79: Es seien zwei projektive Strahlbüschel mit einem entsprechend gemeinsamen Strahl aber in verschiedenen Ebenen und mit verschiedenen Scheiteln gegeben. Die Gesamtheit der Geraden, welche zwei entsprechende Strahlen der Büschel schneiden, bilden ein Gewinde.

Umgekehrt kann ein Gewinde auf ∞^5 Arten so erzeugt werden, da man einen Punkt und eine durchgehende Ebene als Scheitel und Ebene des einen Büschels willkürlich wählen kann. Um zu einer Ebene E den Nullpunkt zu konstruieren, beachte man, dafs E die beiden Büschel in zwei perspektiven Punktreihen schneidet; das Perspektivitätscentrum ist also der gesuchte Nullpunkt (duale Konstruktion?).

d) Die Sylvestersche Erzeugungsweise kann dazu benützt werden, ein Gewinde aus fünf Strahlen $g_1, \dots g_5$ linear zu konstruieren (Sturm, Liniengeom. Bd. I, Art. 74). Wenn

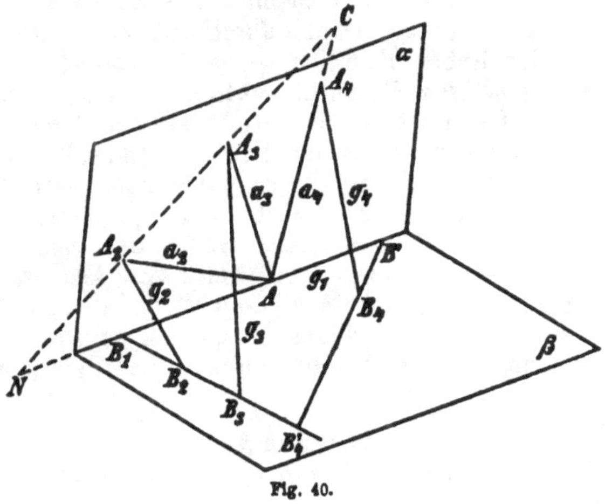

Fig. 40.

(A, α) das eine Strahlbüschel dieser Erzeugungsweise ist, können wir A auf g_1 und α durch g_1 nach c) willkürlich annehmen. Es seien (Fig. 40) $A_2, \ldots A_5$ die Schnittpunkte von $g_2, \ldots g_5$ mit α; $B_2, \ldots B_5$ mit einer anderen Ebene β durch g_1; B ein zweiter Punkt auf g_1; $a_2, \ldots a_5$ die Strahlen von A nach $A_2, \ldots A_5$; $b_2, \ldots b_5$ von B nach $B_2, \ldots B_5$. Wir haben dann β und gleichzeitig B so zu wählen, daſs

$$A\,(g_1, a_2, a_3, a_4, a_5) \;\bar{\wedge}\; B\,(g_1, b_2, b_3, b_4, b_5).$$

Wir suchen eine Lage B' von B, wo dies zunächst bloſs für vier Strahlenpaare erreicht ist, nämlich:

$$B'\,(g_1, b_2, b_3, b_4) \;\bar{\wedge}\; A\,(g_1, a_2, a_3, a_4),$$

wozu wir die Ebene β noch willkürlich durch g_1 wählen können. Wenn B_1 der Schnittpunkt $(B_2\,B_3, g_1)$ ist, so bestimmen wir auf $B_2\,B_3$ einen Punkt B_4' so daſs

$$(B_1\,B_2\,B_3\,B_4') = (g_1\,a_2\,a_3\,a_4).$$

Dann schneidet $B_4'\,B_4$ auf g_1 den Punkt B' aus. Setzt man in dieser Konstruktion g_5 an Stelle von g_4, so wird man einen Punkt B_5' statt B_4' auf $B_2\,B_3$ und einen Punkt B'' statt B' auf g_1 erhalten. Die Lösung wird dann erreicht sein, wenn B' und B'' zusammenfallen, wozu noch β um g_1 gedreht werden kann. Dabei durchläuft $B_2\,B_3$ die Leitschar der Regelschar $\mathfrak{R}$, der g_1, g_2, g_3 angehören, daher B_4' einen Strahl g_4' von $\mathfrak{R}$ selbst, ebenso B_5' einen Strahl g_5' von $\mathfrak{R}$. Die Gerade $B_4'\,B_4$ beschreibt also bei Drehung von β die Leitschar der Regelschar g_4', g_4, g_1, schneidet also auf g_1 eine zum Ebenenbüschel β projektive Punktreihe B' aus. Ebenso ist B'' zu β, daher auch zu B' projektiv. Wenn β in die Lage α kommt, fällt B_4' in den Schnittpunkt $(A_2\,A_3, a_4)$, daher B' (ebenso B'') nach A. Also ist A der eine Doppelpunkt der beiden projektiven Reihen B', B'' auf g_1; der andere Doppelpunkt B und die zugehörige Lage von β bestimmen das zweite Büschel der Sylvesterschen Erzeugungsweise.

Es ist nur noch nachzutragen, wie man aus einem Doppelpunkt A und zwei Paaren P, P'; Q, Q' entsprechender Punkte auf g_1 (Fig. 41) den zweiten Doppelpunkt B linear konstruiert. Man projiziere P, Q aus einem beliebigen Punkte S auf eine beliebige durch A gehende Gerade h nach P_1, Q_1. Dann sind die Reihen $A P' Q'$ und

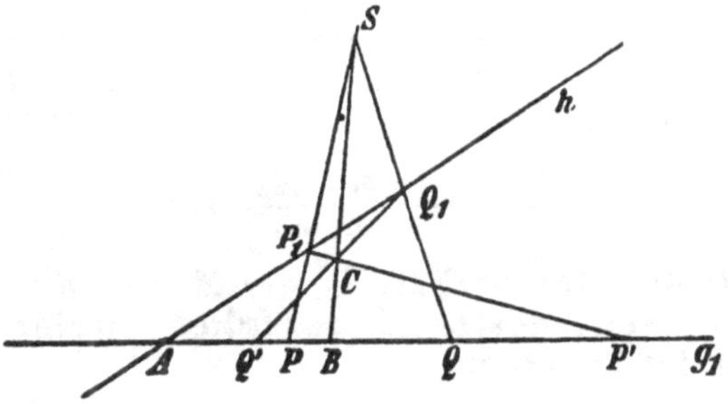

Fig. 41.

$A P_1 Q_1$ perspektiv mit C als Centrum. Also wird B von $S C$ auf g_1 herausgeschnitten.

e) Es sei

17) $$\Sigma a_{\lambda\mu} p_{\lambda\mu} = 0$$

die Gleichung eines Gewindes. Wir setzen voraus, daſs wir zwei Polaren desselben zu Gegenkanten 1 2, 3 4 des Grundtetraeders gemacht haben. Dann ist jede Gerade g, welche diese beiden Kanten schneidet, ein Gewindestrahl. Andererseits sind für g nach § 39, a

$$p_{12} = p_{34} = 0.$$

Es muſs also bei willkürlicher Wahl der übrigen vier Zeiger, die nurmehr durch die Bedingung $p_{13} p_{42} + p_{14} p_{23} = 0$ beschränkt ist, die Gleichung 17) erfüllt sein, insbesondere auch, wenn wir g mit der Tetraederkante 1 3 zusammenfallen lassen, für die nur p_{42} von Null verschieden ist. Also muſs $a_{42} = 0$ sein, u. s. w.

Satz 80: Die Gleichung eines Gewindes, in dem die Kanten i, k und l, m des Grundtetraeders polar sind, hat die Form:

18) $$a_{ik} p_{ik} + a_{lm} p_{lm} = 0.$$

Aus Satz 47 finden wir

$$\frac{p_{ik}}{p_{lm}} = \frac{c_{ik}}{c_{lm}} \cdot \frac{M_{ik}}{M_{lm}}$$

und aus Gleichung 18) für die Gewindestrahlen:

$$\frac{p_{ik}}{p_{lm}} = -\frac{a_{lm}}{a_{ik}};$$

also gilt für diese:

$$\frac{M_{ik}}{M_{lm}} = -\frac{a_{lm}\,c_{lm}}{a_{ik}\,c_{ik}}, \text{ d. h.:}$$

Satz 81: Das Verhältnis der Momente eines beliebigen Gewindestrahls bezüglich zweier fester Polaren ist konstant.

Es zeigt sich neuerdings, dafs ein Gewinde durch zwei Polaren und einen Strahl bestimmt ist; denn durch diesen ist jene Konstante bestimmt.

f) Satz 82: Bildet man alle Strahlen eines Gewindes G durch eine Kollineation oder eine Korrelation ab, so entsteht wieder ein Gewinde.

Denn man denke sich G durch ein Nullsystem definiert; dieses wird als eine Korrelation durch eine Kollineation oder eine Korrelation wieder in eine Korrelation und zwar wegen der Erhaltung der Incidenzbeziehungen in ein Nullsystem übergeführt.

Da es nun ∞^{15} Kollineationen, aber nur ∞^5 Gewinde giebt, so folgt, dafs ein Gewinde bei ∞^{10} Kollineationen in sich selbst übergeführt wird oder sie „gestattet"; ebenso gestattet es ∞^{10} Korrelationen.

---

§ 48. Der lineare Stabwald.

a) Die lineare Stabgleichung läfst sich nach Satz 73 auf die Form

19) $$\alpha + \beta q_3 + \gamma q_6 = 0$$

bringen. Wir setzen zuerst voraus, dafs alle drei Koeffizienten von Null verschieden sind, also der Stabwald $\mathfrak{S}$ allgemein ist. Lassen wir das konstante Glied fort, so erhalten wir die Gleichung eines Gewindes $\mathfrak{G}$:

20) $$\beta q_3 + \gamma q_6 = 0$$

oder, wenn $\frac{\beta}{\gamma} = \mathfrak{k}$ gesetzt wird,

21) $$\mathfrak{k} q_3 + q_6 = 0,$$

das auch bei Untersuchung von $\mathfrak{S}$ eine Rolle spielt und das diesem Stabwald zugehörige Gewinde heifsen soll. Seine Achse heifse auch Achse von $\mathfrak{S}$. Aus § 41 geht hervor, dafs bei Verschiebung eines Stabes längs der Z-Achse sich nur die Zeiger q_4, q_5 ändern, bei einer Drehung um die Z-Achse nur die Zeiger q_1, q_2, q_4, q_5, die aber in 19) nicht auftreten. $\mathfrak{S}$ gestattet also jede Schraubung um die Z-Achse. Um daher sämtliche Stäbe von $\mathfrak{S}$ kennen zu lernen, genügt es, einen Punkt P auf der X-Achse zu verschieben und stets eine durch ihn gehehende, zur X-Achse senkrechte Ebene ε mitzuführen. Wenn man in allen Strahlbüscheln (P, ε) die Länge der Stäbe bestimmt hat, so kann hieraus durch Schraubung jeder andere Stab von $\mathfrak{S}$ gefunden werden.

Jedem Punkt (x, y, z) ist durch $\mathfrak{S}$ nach Satz 67 eine Ebene zugeordnet, deren Gleichung in den laufenden Zeigern x', y', z' lautet:

22) $$\alpha + \beta(z' - z) + \gamma(xy' - x'y) = 0.$$

Insbesondere ist also dem Punkte $P \equiv (x = c, y = z = 0)$ die Ebene π

23) $$\alpha + \beta z' + \gamma cy' = 0$$

zugeordnet. Sie schneidet ε in einer Geraden h, welche die Längen der Stäbe des Büschels (P, ε) begrenzt. Der Neigungswinkel ν' von h gegen die XY-Ebene ist bestimmt durch (vergl. die Winkelzählung und die Figuren in § 8)

$$\tan \nu' = -\frac{\gamma c}{\beta} = -\frac{c}{\mathfrak{k}}.$$

Ebenso grofs ist aber nach Abschnitt I, Gleichung 12) die Neigung desjenigen Strahls s von $\mathfrak{G}$, der dem Büschel (P, ε) angehört. h entsteht also aus s durch Schiebung längs der Z-Richtung um die von c unabhängige Strecke $-\frac{\alpha}{\beta}$ und π ist der Nullebene von P in $\mathfrak{G}$ parallel.

Satz 83: Die den Punkten des Raums durch einen linearen Stabwald zugeordneten Ebenen entstehen aus den Nullebenen des zugehörigen Gewindes durch Verschiebung längs der Achsenrichtung um eine konstante Strecke (vergl. auch Plücker, Fund. Views regarding Mechanics, 1866; Ges. math. Abh. No. 35).

Betrachten wir nochmals die Konstruktion in § 15, b (Fig. 17), so liegt bei willkürlicher Wahl des dortigen g_1 im Büschel (P, ε) der Endpunkt S stets auf der festen Geraden QS, die aus dem Gewindestrahl σ durch Schiebung längs des Vektors $k' = k$ ensteht. Wählen wir also den Bestandteil k einer Dyname gleich $-\frac{\alpha}{\beta}$ und bestimmen hierauf den Bestandteil m aus $m = k\mathfrak{k}$ (§ 15, a), also

$$m = -\frac{\alpha}{\beta} \cdot \frac{\beta}{\gamma} = -\frac{\alpha}{\gamma},$$

so steht diese Dyname $\mathfrak{D}$ mit $\mathfrak{S}$ in einem innigen Zusammenhang:

Satz 84: Die Stäbe eines allgemeinen linearen Stabwalds sind identisch mit der Gesamtheit aller Stabkreuze, die einer gewissen Dyname äquivalent sind.

Um den Zusammenhang zwischen $\mathfrak{D}$ und $\mathfrak{S}$ noch übersichtlicher zum Ausdruck zu bringen, führen wir in 19) die Gröfsen k, m statt der bisherigen Koeffizienten ein. Indem wir mit $\frac{\alpha}{\beta\gamma}$ multiplizieren, erhalten wir:

24) $$m q_3 + k q_6 - m k = 0.$$

Das charakteristische dieser Gleichung ist, dafs das konstante Glied gleich dem negativen Produkt der beiden anderen Koeffizienten ist. Diese Form heifse die Normalform der Gleichung.*)

*) Sie spielt, wie wir bald sehen werden, eine ähnliche Rolle, wie die Hessesche Normalform der Gleichung einer Ebene. Während es aber zwei Normalformen der Gleichung einer Ebene gibt (durch Multiplikation mit -1 entsteht wieder eine solche), ist hier bei einem bestimmten Zeigersystem nur eine vorhanden. Dagegen kann man eine mit 24) gleichberechtigte Normalform erreichen, indem man die Rich-

Hiernach kann man unmittelbar, wenn 𝔇 gegeben ist, die Gleichung des Stabwalds hinschreiben und umgekehrt, wenn 𝔖 zunächst in dieser speziellen Lage zum Zeigersystem gegeben ist, 𝔇 finden, indem man die Gleichung von 𝔖 auf die Normalform bringt. 𝔊 ist nur vom Verhältnis $m:k$ abhängig, 𝔖 jedoch auch von den absoluten Gröfsen der Bestandteile der Dyname. Zu jedem Gewinde gehören also ∞^1 Stabwälder. Man sieht aus Satz 83 sehr deutlich, in welcher Weise die Stäbe der Stabkreuze unendlich werden, wenn sich ihre Träger den Strahlen des zugehörigen Gewindes nähern. Wir nennen einen Stabwald zugleich mit dem zugehörigen Gewinde rechts- oder linksgewunden.

b) Der Zusammenhang des Satzes 84 besteht nicht mehr im Falle eines speziellen Stabwalds. Ist nämlich $\beta = 0$ ($\mathfrak{k} = 0$), so tritt an Stelle von 𝔇 eine Einzelkraft k auf der Z-Achse. Andererseits reduziert sich Gleichung 23) auf

25) $$\alpha + \gamma c y' = 0.$$

Der Stabwald enthält also auch Stäbe, die zu k windschief sind, während alle Stäbe, die durch Zerlegung von k in zwei Kräfte erhalten werden können, k selbst schneiden. Vielmehr läfst sich der Stabwald jetzt geometrisch so charakterisieren:

---

tung der Z-Achse umkehrt (in der That war ω durch Gleichung 3) nur bis auf π bestimmt). Dann mufs man noch die Richtung einer zweiten Achse, z. B. der Y-Achse umkehren, damit das Zeigersystem von erster Art bleibt. Nennt man die neuen Zeiger q'_i, so ist

$$q'_i = -q_i, \quad \text{aufser } q'_4 = +q_4.$$

Die q'_i genügen also der Gleichung

24 a) $$-mq'_3 - kq'_6 - mk = 0,$$

was wieder eine Normalform ist. Durch Vergleich mit

$$m'q'_3 + k'q'_6 - m'k' = 0$$

findet man:

$$m' = -m, \qquad k' = -k,$$

was geometrisch selbstverständlich ist. Trotzdem also bei einem bestimmten Zeigersystem nur eine Normalform existiert, kann man doch immer eine Normalform erreichen, bei welcher der Koeffizient von q_6 positiv ist, was darauf hinauskommt, die positive Richtung der Z-Achse übereinstimmend mit dem Stabteil der Dyname zu wählen; m kann dann noch doppeltes Vorzeichen haben.

Satz 85: Die Gleichung $\alpha + \gamma q_6 = 0$ umfafst alle Stäbe, die bezüglich eines Einheitsstabes der Z-Achse das konstante Moment $-\frac{\alpha}{\gamma}$ haben.

Denn 25) stellt eine Ebene parallel zur Z-Achse dar. Verschiebt man den Endpunkt des Stabes in ihrer Schnittlinie mit ε, so ändert sich die Projektion des Stabes auf die XY-Stellung nicht, daher auch nicht sein Moment bezüglich der Z-Achse, das durch cy' bestimmt ist. Unmittelbar ergiebt sich:

Satz 86: Die Gleichung $\alpha + \beta q_3 = 0$ umfafst alle Stäbe, deren Projektion auf die Z-Richtung einen konstanten Vektor von der Länge $-\frac{\alpha}{\beta}$ ergiebt.

Im Falle des Satzes 85 haben alle Stäbe des Waldes gegen einen beliebigen Stab k der Z-Achse das konstante Moment $-\frac{k\alpha}{\gamma}$. Analog tritt hier im Falle $\gamma = 0$ ($\mathfrak{k} = \infty$) ein blofses Drehmoment m, das durch ein Feld repräsentiert wird (§ 36), an Stelle der Dyname und alle Stäbe des Waldes bestimmen mit dem Felde m ein konstantes Volumen, wenn man das Feld als Basis eines Cylinders betrachtet, dessen Erzeugende die Richtung und Länge eines solchen Stabes haben.

Wir nennen einen speziellen Stabwald des Satzes 85 erster Art, einen des Satzes 86 zweiter Art. Ersterem ist ein Strahlengebüsch mit einer Achse im Endlichen, letzterem mit einer Achse im Unendlichen als „zugehörig" zugeordnet. Man erhält seine Gleichung, indem man das konstante Glied Null setzt.

c) Wir müssen die Betrachtungen in a) auf eine beliebige Lage des Stabwaldes gegen das Zeigersystem S ausdehnen: Eine solche erhalten wir, wenn wir die Gleichung 24) einer beliebigen Zeigertransformation unterwerfen. Wir drehen zuerst S um den Ursprung in die Lage S'. Wenn die neuen Zeiger q'_i heifsen, so geht 24) nach § 41 dadurch über in

26) $m(c_1 q'_1 + c_2 q'_2 + c_3 q'_3) + k(c_1 q'_4 + c_2 q'_5 + c_3 q'_6) - km = 0.$

Verschieben wir S' in die Endlage S'', und nennen die neuen Zeiger p_i, so geht 26) in eine Form über:

$$\Sigma a_{i+3} p_i - a_0 = 0,$$

oder indem wir wieder q_i schreiben:*)

27) $$\Sigma a_{i+3}\, q_i - a_0 = 0.$$

Dabei ist nach § 41, Gleichungen 61):

28) $$\begin{cases} a_4 = m\, c_1 + k\,(c_2\, \mathfrak{z} - c_3\, \mathfrak{y}) \\ a_5 = m\, c_2 + k\,(c_3\, \mathfrak{x} - c_1\, \mathfrak{z}) \\ a_6 = m\, c_3 + k\,(c_1\, \mathfrak{y} - c_2\, \mathfrak{x}) \end{cases}$$

29) $$a_1 = k\, c_1,\ a_2 = k\, c_2,\ a_3 = k\, c_3,$$

30) $$a_0 = k\, m.$$

Bilden wir

$$\sum_1^3 a_i\, a_{i+3} = A,$$

so wird der Koeffizient von k^2 Null; also:

31) $$a_1\, a_4 + a_2\, a_5 + a_3\, a_6 = a_0,$$

oder:

Satz 87: Für einen allgemeinen Stabwald ist A von Null verschieden.

Die Beziehung 31) ist für die Größen a charakteristisch, wenn wir von einer Normalform der Gleichung 24) ausgehen. Wenn sie erfüllt ist, wollen wir auch hier 27) eine „Normalform“ der Gleichung des Stabwalds oder eine Normalgleichung desselben nennen. Aus einer beliebigen Form

$$\Sigma \alpha_{i+3}\, q_i - \alpha_0 = 0$$

können wir die Normalform durch Multiplikation mit einem geeigneten Faktor N erhalten. Wenn

$$\sum_1^3 \alpha_i\, \alpha_{i+3} = \mathfrak{A},$$

so bestimmt sich der „normalmachende“ Faktor eindeutig aus

$$N^2\, \mathfrak{A} = N\, \alpha_0,$$

also

33) $$N = \frac{\alpha_0}{\mathfrak{A}}$$

*) Warum wir den Koeffizienten von p_i mit a_{i+3} und nicht mit a_i bezeichnen, wird im nächsten Paragraphen ersichtlich werden.

Wir kehren zur Normalgleichung 27) und der geometrischen Bedeutung ihrer Koeffizienten zurück: Wie aus Schema 58) in § 41 hervorgeht, sind c_1, c_2, c_3 die Richtungscosinus der Achse a des Stabwalds bezüglich S''; $\mathfrak{x}, \mathfrak{y}, \mathfrak{z}$ die Zeiger des Ursprungs von S'' bezüglich S oder S'. Wenn wir uns aber auf den Standpunkt stellen, die Gleichung 27) und somit S'' seien ursprünglich gegeben, so sind $-\mathfrak{x}, -\mathfrak{y}, -\mathfrak{z}$ die Zeiger eines Punktes von a bezüglich S''. Wenn also eine Dyname und ihre Lage gegen das Zeigersystem durch die Gröfsen

34) $$k, \mathrm{m}, c_1, c_2, c_3, -\mathfrak{x}, -\mathfrak{y}, -\mathfrak{z}$$

gegeben ist, so können wir vermöge der Gleichungen 28) bis 30) die Gleichung 27) des zugehörigen Stabwalds hinschreiben.

Wollen wir umgekehrt aus der Gleichung eines Stabwalds die geometrischen Bestimmungsstücke der zugehörigen Dyname ermitteln, so müssen wir seine Gleichung zuerst auf die Normalform bringen und dann die Gleichungen 28) bis 30) (worunter sechs unabhängige), nach den Gröfsen 34) auflösen. Dies sind zwar 8 Gröfsen, jedoch ist $\Sigma c^2 = 1$ und von den Gröfsen $\mathfrak{x}, \mathfrak{y}, \mathfrak{z}$ ist der Natur der Sache nach eine willkürlich, da jeder Punkt von a die gleiche Rolle spielt. Wir finden aus 29):

35) $$k = \sqrt{a_1^2 + a_2^2 + a_3^2}$$

und dürfen den positiven Wert der Wurzel wählen (vergl. die Anmerkung unter a)); dann aus 28) und 30):

36) $$a_1 a_4 + a_2 a_5 + a_3 a_6 = k m$$

also

37) $$m = \frac{A}{k},$$

38) $$\mathfrak{f} = \frac{m}{k} = \frac{A}{a_1^2 + a_2^2 + a_3^2},$$

aus 29):

$$c_i = \frac{a_i}{k} \; (i = 1, 2, 3),$$

wodurch 28) die Gestalt annehmen:

$$
39) \qquad \begin{aligned} a_2 \mathfrak{z} - a_3 \mathfrak{y} &= a_4 - \mathfrak{k}\, a_1 \\ a_3 \mathfrak{x} - a_1 \mathfrak{z} &= a_5 - \mathfrak{k}\, a_2 \\ a_1 \mathfrak{y} - a_2 \mathfrak{x} &= a_6 - \mathfrak{k}\, a_3 \end{aligned}
$$

d) Wir könnten nun eine der Gröfsen $\mathfrak{x}, \mathfrak{y}, \mathfrak{z}$ willkürlich wählen und die anderen beiden berechnen. Statt dessen suchen wir die Zeiger $\mathfrak{a}_i$ des Stabes $k = QR$. Setzt man im Ursprung 0 einen Stab k' an, dessen Vektorteil gleich dem von k ist (Fig. 42), so sind nach Gleichung 29) a_1, a_2, a_3 die Zeiger seines Endpunktes P, während $(-\mathfrak{x}, -\mathfrak{y}, -\mathfrak{z}) \equiv R$ ein Punkt von $\mathfrak{a}$ ist. Es sei $OR'P'$ die Projektion des Dreiecks ORP auf die XY-Ebene, so ist

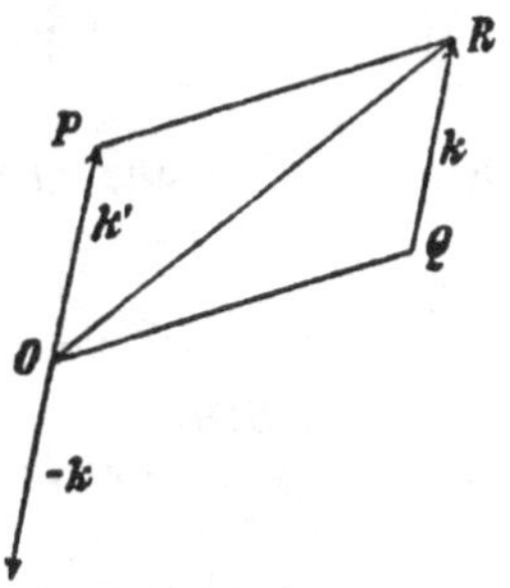

Fig. 42.

$$
2\, OR'P' = \begin{vmatrix} -\mathfrak{x} & -\mathfrak{y} \\ a_1 & a_2 \end{vmatrix}
$$

Ebenso grofs ist also $2\, OQ'R'$, was der Zeiger $\mathfrak{a}_6$ von k ist (Satz 48); d. h. auf der linken Seite von 39) stehen Zeiger von k und zugleich (wovon wir noch Gebrauch machen werden) die Komponenten des Moments des Kräftepaars $k, -k'$. Die Gröfse A stellt auch einen bestimmten körperlichen Inhalt mk dar (Gleichung 37), ändert sich also bei einer Zeigertransformation nicht. Sie heifst deshalb eine **Invariante** des Stabwalds; eine zweite Invariante ist $\mathfrak{k}$. Es ist geometrisch klar, dafs es nur zwei unabhängige Invarianten eines Stabwalds giebt. Vom algebraischen Standpunkt wird man am einfachsten

$$
A = a_1 a_4 + a_2 a_5 + a_3 a_6 \quad \text{und} \quad a_1^2 + a_2^2 + a_3^2
$$

vom geometrischen Standpunkt m und k oder mk und $\mathfrak{k} = \dfrac{m}{k}$ als solche wählen. Wenn also ein allgemeiner linearer Stabwald durch seine Gleichung gegeben ist, so hat man zur Bestimmung der zugehörigen Dyname (k, m) folgende Regel:

Satz 88: Man bringe seine Gleichung auf die Normalform

$$\Sigma a_{i+3} q_i - A = 0.$$

Dann ist:*)

35) $$k = \left| \sqrt{a_1^2 + a_2^2 + a_3^2} \right|$$

38) $$\mathfrak{k} = \frac{m}{k} = \frac{A}{a_1^2 + a_2^2 + a_3^2},$$

und die Zeiger $\mathfrak{a}_i$ von k sind:

40) $$\begin{aligned} \mathfrak{a}_i &= a_i \\ \mathfrak{a}_{i+3} &= a_{i+3} - \mathfrak{k}\, a_i \end{aligned} \quad (i = 1, 2, 3)$$

Der Stabwald und das zugehörige Gewinde sind links oder rechts gewunden, je nachdem A positiv oder negativ ist.

Der letzte Teil des Satzes folgt aus Satz 14 und Gleichung 38). Da das konstante Glied von den Zeigertransformationen nicht betroffen wird, gilt Satz 88, soweit er die Ermittlung von $\mathfrak{k}$ und $\mathfrak{a}_i$ betrifft, auch für ein Gewinde ($a_0 = 0$); von den $\mathfrak{a}_i$ kommen dann nur die Verhältnisse in Betracht.

e) Wenn der Stabwald speziell ist, so kann man dieselben Umformungen, die wir in c) mit der Gleichung 24) vorgenommen haben, (da jetzt keine Normalform existiert), an die Gleichung 19) anknüpfen, in der (da der Fall $\alpha = 0$ soeben erledigt wurde) entweder β oder γ Null zu setzen ist. Man hat dementsprechend in den Gleichungen unter c) entweder $m = 0$ oder $k = 0$ zu setzen und zugleich beziehungsweise entweder k wieder durch γ, oder m durch β zu ersetzen.

Satz 89: Wenn die Invariante A einer linearen Stabgleichung Null ist, liegt ein spezieller Stab-

* Man beachte, daſs $a_1, a_2, a_3, \mathfrak{k}, k$ von der ersten, a_4, a_5, a_6, m von der zweiten, A von der dritten Dimension sind. Der Zusammenhang zwischen den Zeigern einer Dyname und denen ihrer Achse, wie er durch die Gleichungen 38) und 40) ausgedrückt ist, dürfte zuerst von Franke (Über geom. Eigensch. von Kräfte- und Rot.-Syst. in Verb. mit Linienkompl., Wiener Ber., Bd. 84, II, 1881) angegeben sein.

wald vor; er ist von der ersten oder zweiten Art, je nachdem a_1, a_2, a_3 nicht alle Null sind oder Null sind.

Im ersten Fall sind seine geometrischen Bestimmungsstücke ebenfalls durch Gleichung 40) (wobei jetzt nur die Verhältnisse der a_i in Betracht kommen) und nach Satz 85 durch

$$41)\qquad M = -\frac{a_0}{|\sqrt{a_1^2 + a_2^2 + a_3^2}|}$$

gegeben. Im zweiten Fall (vergl. Satz 86) ist der Stabwald durch einen Vektor der Länge

$$42)\qquad \sigma = -\frac{a_0}{|\sqrt{a_4^2 + a_5^2 + a_6^2}|},$$

dessen Richtungscosinus proportional a_4, a_5, a_6 sind, geometrisch vollkommen charakterisiert.

---

§ 49. Zeiger einer Schraube und eines linearen Komplexes.

Ein linearer Stabwald sei durch

$$43)\qquad \Sigma a_{i+3} q_i - a_0 = 0$$

gegeben, wobei, wenn $A \neq 0$, die Normalform vorliegen, also $a_0 = A$ sein soll. Wir wurden im vorigen Paragraph zu einer mechanischen Deutung derselben gedrängt; aber die Resultate gelten ebenso für ein beliebiges Streckensystem, das den Gesetzen der geometrischen Addition der Stäbe unterworfen ist, also für die „Schrauben" (§ 36) und die ihnen äquivalenten Stabkreuze. Wir haben nur der Anschaulichkeit halber die mechanische Einkleidung vorgezogen, und um bequemer an § 15 anknüpfen zu können.

Wir können also 43) ebenso gut wie als Gleichung eines Stabwaldes auch als Gleichung der Schraube auffassen, die mit dem Stabwald verbunden ist und haben die Bestimmungsstücke dieser Schraube in Satz 88 finden gelernt. Die Schraube ist durch die sechs Gröfsen $a_1, \ldots a_6$ eindeutig bestimmt und umgekehrt (nur müssen wir den Stab und das Feld als Ausartungen der eigentlichen Schraube unter den allgemeinen

Begriff mitzählen). Wir nennen deshalb diese sechs Gröfsen die **Zeiger der Schraube** und wollen jetzt ihre geometrische Bedeutung ermitteln: Wir setzen zuerst $A \neq 0$ voraus, behalten die Symbole k, m der Bestandteile einer Dyname auch für die Schraube Σ bei und können Σ auf den Ursprung 0 des Zeigersystems reduzieren (§ 14), indem wir k nach k' parallel verschieben (Fig. 42) und das Kräftepaar $\mathfrak{P} \equiv (k, -k')$ hinzufügen, dessen Komponenten $\mathfrak{P}_1, \mathfrak{P}_2, \mathfrak{P}_3$ sein mögen. Dann können wir die Gleichungen 28), die den Zusammenhang zwischen drei Zeigern und geometrischen Bestimmungsstücken von Σ ausdrücken, auch so schreiben (vergl. § 48, d)):

$$44) \qquad a_{i+3} = mc_i + \mathfrak{P}_i \; (i = 1, 2, 3).$$

Es sind also a_4, a_5, a_6 die Komponenten des gesamten Feldes, das nach Reduktion von Σ auf den Ursprung des Zeigersystems auftritt; also:

Satz 90: **Von den sechs Zeigern der durch die Normalgleichung**

$$43) \qquad \Sigma a_{i+3} q_i - a_0 = 0 \; (A = a_0)$$

dargestellten Schraube bedeuten a_1, a_2, a_3 **die Zeiger des Stabes,** a_4, a_5, a_6 **die Zeiger des Feldes, die nach Reduktion der Schraube auf den Ursprung des Zeigersystems auftreten.**

Dasselbe gilt auch noch, wie man aus § 48, e) unmittelbar sieht, wenn die Schraube von vornherein in einen Stab oder ein Feld ausgeartet war; nur fällt dann die Bedingung fort, dafs 43) eine Normalgleichung sein soll.

Deuten wir die Schraube als Dyname, so sind also a_1, a_2, a_3 die Komponenten der Kraft; a_4, a_5, a_6 die des Momentes bei Reduktion auf den Ursprung. Deuten wir die Schraube als Windung, so sind a_1, a_2, a_3 die Komponenten der Drehungsgeschwindigkeit; a_4, a_5, a_6 die der Translationsgeschwindigkeit bei Reduktion auf den Ursprung. Denn a_6 bedeutet zunächst zwei entgegengesetzt gleiche Drehungsgeschwindigkeiten um parallele Achsen in der XY-Ebene; diese setzen sich aber (Anfang des § 18) zu einer Translation in der Z-Richtung zusammen. Wir nennen in diesen Fällen die a_i auch die „**Zeiger der Dyname**“ bezw. „**der Windung**“.

Zur Schraube und zum Stabwald gehört ein linearer Komplex

43, a) $$\Sigma a_{i+3} q_i = 0,$$

der durch die Verhältnisse der a_i eindeutig bestimmt ist (ebenso umgekehrt); wir nennen daher die a_i, von denen jetzt nur die Verhältnisse in Betracht kommen, die Zeiger des Komplexes. Wenn insbesondere $A = 0$, so sind die Zeiger des Strahlengebüsches zugleich die Stralenzeiger des Trägers.*). Dies veranlafst uns, nicht nur bei einer Geraden, sondern auch bei einem linearen Komplex und einer Schraube Strahlenzeiger und Achsenzeiger zu unterscheiden. Da nämlich die Gleichung

$$\Sigma a_{i+3} q_i = 0,$$

wenn sowohl die a als die q Strahlenzeiger (Achsenzeiger) einer Geraden bedeuten, bei festen a einen Spezialfall eines linearen Komplexes darstellt, so ist es folgerichtig, auch im Fall eines Gewindes oder einer Schraube

$$\Sigma a_{i+3} q_i = A$$

die Gröfsen a die Strahlenzeiger (Achsenzeiger) des Gewindes, bezw. der Schraube zu nennen. Sind also b_i die Achsenzeiger (Strahlenzeiger) desselben Gebildes, so ist auch hier

45) $$b_i = a_{i+3}.$$

Schreibt man dagegen die Gleichung der Schraube in der Form

$$\Sigma a_i q_i = A,$$

so ist der Koeffizient des i-ten Strahlenzeigers eines Stabes q der gleichnamige Achsenzeiger der Schraube und umgekehrt.

Dies ist entsprechend auf die andere Schreibweise einer Gewindegleichung zu übertragen: Sind also in

$$\Sigma a_{ik} \pi_{ik} = 0$$

die π die Strahlenzeiger eines Gewindestrahls, so wollen wir die a Achsenzeiger des Gewindes selbst nennen. Dasselbe ist bei der Schreibweise

$$\Sigma a_{ik} p_{lm} = 0$$

*) Das wäre nicht der Fall gewesen, wenn wir die Stabgleichung $\Sigma a_i q_i = 0$ geschrieben hätten.

der Fall, wenn die p Achsenzeiger sind. Wir haben also in § 46 Achsenzeiger des Gewindes verwendet; hier jedoch, wie immer bei einem rechtwinkligen System, Strahlenzeiger der Schraube (Dyname, Windung). Zu einem Komplex gehören ∞^1 metrische Schrauben (vergl. § 36).

Satz 91: Es giebt ∞^6 Schrauben.

§ 50. Anwendungen auf die räumlichen Kräftesysteme.

Wir berechnen zuerst das Moment einer Dyname $\mathfrak{D}$, die durch ihre Zeiger a_i gegeben ist, bezüglich einer Achse α. Wir können $\mathfrak{D}$ durch jedes äquivalente Kräftesystem, also auch durch dasjenige ersetzen, das durch die sechs Zeiger a_i dargestellt wird (Satz 90).

$$M = \Sigma M(a_i, \alpha).$$

Hier treten zweierlei Momente auf, nämlich der drei Stäbe a_1, a_2, a_3 und der drei Felder a_4, a_5, a_6. Denken wir uns auf α einen Einheitsstab $\mathfrak{a}$ mit den Zeigern $\mathfrak{a}_i$, so drücken sich die Momente zweiter Art unmittelbar durch die Zeiger aus:

$$M(a_6, \mathfrak{a}) = a_6\,\mathfrak{a}_3$$

weil $\mathfrak{a}_3$ als Höhe des auf Seite 97 (§ 36) konstruierten Cylinders betrachtet werden kann. Um auch die anderen drei Momente am raschesten auszudrücken, beachten wir, dafs wir zwei Stäbe mit Beibehaltung ihrer Träger vertauschen können ohne den Tetraederinhalt, der ihr Moment darstellt, zu ändern. Es ist also $M(a_3, \mathfrak{a})$ auch gleich dem Moment eines Stabes σ von der Länge a_3 auf α in Bezug auf einen Einheitsstab ε auf der Z-Achse. Nun können wir σ wieder in seine Zeiger $a_3\,\mathfrak{a}_i$ zerlegen; daher

$$M(a_3, \mathfrak{a}) = a_3\,\mathfrak{a}_6,$$

weil von den sechs Zeigern von σ nur das Feld $a_3\,\mathfrak{a}_6$ mit ε ein von Null verschiedenes Volumen bestimmt. Überhaupt sieht man aus dieser Überlegung, dafs man, wenn vom Momente zweier beliebigen Stäbe die Rede ist, jeden Stab durch ein beliebiges äquivalentes Stabsystem oder Schraubensystem ersetzen kann, ohne Rücksicht darauf, ob der Stab eine Kraft oder eine Achse bedeutet.

Satz 92: Wenn a_i die Zeiger einer Dyname $\mathfrak{D}$, $\mathfrak{a}_i$ die Zeiger eines Einheitsstabes $\mathfrak{a}$ auf der Achse α sind, so ist das Moment M von $\mathfrak{D}$ bezüglich α:

46) $$M = \sum_1^6 a_{i+3}\,\mathfrak{a}_i.$$

Reduziert sich $\mathfrak{D}$ insbesondere auf einen Stab (b_i), so ist $\Sigma\, b_{i+3}\,\mathfrak{a}_i$ der sechsfache Inhalt des durch (b_i) und $\mathfrak{a}$ bestimmten Tetraeders, also

47) $$6\,.\,V = \Sigma\, b_{i+3}\,a_i$$

das Moment zweier beliebigen Stäbe (b) und (a). Durch 46) gewinnt die Normalgleichung 43) eines Stabwalds eine neue Deutung: Unter dem Moment von $\mathfrak{D}$ bezüglich eines Stabes q_i haben wir das Moment bezüglich des Trägers des Stabes (§ 13) multipliziert mit der Länge des Stabes zu verstehen. Indem wir also Gleichung 46) mit der Länge des Stabes q_i multiplizieren, erhalten wir $\Sigma\, a_{i+3}\,q_i$ als Ausdruck des Momentes von $\mathfrak{D}$ bezüglich q_i.

Das Moment M' von $\mathfrak{D}$ bezüglich des Trägers von q_i ist:

$$\frac{\Sigma\, a_{i+3}\,q_i}{\left|\sqrt{q_1^2 + q_2^2 + q_3^2}\,\right|},$$

weil wir durch die Länge des Stabes dividieren müssen. Also:

Satz 93: $\Sigma\, a_{i+3}\,q_i$ ist das Moment der Dyname (a_i) bezüglich des Stabes (q_i). Alle Stäbe, bezüglich deren eine Dyname ein konstantes Moment hat, bilden einen linearen Stabwald und umgekehrt. Alle Achsen, bezüglich deren eine Dyname ein konstantes Moment M' hat, bilden einen quadratischen Strahlenkomplex $\mathfrak{C}_2$.

Seine Gleichung ist nämlich:*)

48) $$(\Sigma\, a_{i+3}\,q_i)^2 - M'^2\,(q_1^2 + q_2^2 + q_3^2) = 0.$$

Man kann übrigens den letzten Teil des Satzes 93 (und noch mehr) noch anders erschliefsen: Um nämlich die Achsen

*) Dieser Komplex findet sich schon bei Franke in der bei Satz 88 citierten Schrift und wurde von Segre (Sur les droites, qui ont des mom. donnés ..., J. f. Math., Bd. 97; 1884) genauer untersucht.

konstanten Moments zu finden, hat man aus dem Stabwald des Satzes 93 die Einheitsstäbe, also solche konstanter Länge herauszusuchen. Da aber die durch einen Punkt P gehenden nach Satz 83 durch eine Ebene begrenzt werden, bilden sie einen Rotationskegel.

Satz 94: Die Komplexkegel von $\mathfrak{C}_2$ sind Rotationskegel, deren Achsen auf den Nullebenen senkrecht stehen, die ihren Spitzen im zugehörigen Gewinde zugeordnet sind. Die Komplexkurven sind Kreise, die den Nullpunkt ihrer Ebene E zum Mittelpunkt haben.

Der letzte Teil des Satzes folgt daraus, daſs das Moment von $\mathfrak{D}$ bezüglich einer in E liegenden Achse dem Abstand der Achse vom Nullpunkt von E proportional ist (vergl. Übungsaufg. 15). Ersetzt man eine Dyname durch ein gleichwertiges Kraftkreuz und betrachtet einen Stab des Kreuzes als einen Stab q_i des Satzes 93, so erhält man aus Satz 84 nochmals einen Beweis des Satzes von Chasles in § 16.

§ 51. Die Berechnung der polaren Stäbe und Geraden.

Wir nennen jeden von zwei nach Satz 84 einander zugeordneten Stäben eines linearen Stabwalds $\mathfrak{S}$ den Polarstab des anderen. Wenn die Verhältnisse der Zeiger q_i eines Stabes von $\mathfrak{S}$ gegeben sind, wird man wünschen, die Zeiger q'_i des Polarstabes berechnen zu können. Dies muſs nach Satz 24 möglich sein. Sollen das Stabkreuz (q_i), (q'_i) und die Dyname (mit den Zeigern a_i) äquivalent sein, so müssen beide bezüglich eines beliebigen Stabes z_i des Raumes dasselbe Moment haben. Also muſs sein:

$$\Sigma a_{i+3} z_i = \Sigma (q_{i+3} + q'_{i+3}) z_i.$$

Wir können insbesondere (z_i) nacheinander mit Stäben in den Zeigerachsen und mit Feldern in den Zeigerebenen zusammenfallen lassen, woraus folgt:

$$q'_i = a_i - q_i, \tag{49}$$

Hiermit ist die Aufgabe gelöst, da man die absoluten Beträge der q_i aus der Gleichung von $\mathfrak{S}$:

$$\Sigma a_{i+3} q_i = A$$

oder

$$\omega(a, q) = A$$

berechnen kann. In der That kann man bestätigen, dafs erstens (q'_i) überhaupt ein Stab ist und dafs er zweitens $\mathfrak{S}$ angehört. Es ist nämlich (§ 39, c) erstens

$$\omega(q') = \omega(a - q) = \omega(a) - 2\omega(a, q) + \omega(q)$$
$$= 2A - 2A + 0 = 0,$$

zweitens

$$\omega(a, q') = \omega(a, a - q) = \omega(a, a) - \omega(a, q) = 2A - A = A.$$

Satz 95: Die gleichnamigen Zeiger zweier polaren Stäbe ergänzen sich zu den Zeigern der äquivalenten Dyname.

Dieser Satz ergiebt sich aus der geometrischen Bedeutung der Zeiger auch unmittelbar, wenn man die Stäbe ebenso wie die Dyname auf den Ursprung des Zeigersystems reduziert denkt.

Wir müssen die analoge Aufgabe noch für ein Gewinde lösen: Seine Gleichung laute:

50) $$\sum_1^6 a_{i+3} p_i = \sum_1^6 a_i p_{i+3} = 0.$$

Wir könnten die Zeiger q_i einer beliebigen Geraden des Raumes, zu der die Polare zu suchen ist, als Träger eines Stabes eines zugehörigen Stabwalds

$$\sum_1^6 a_{i+3} q_i = \text{konst.}$$

betrachten, dann Gleichung 49) anwenden und nachträglich von der Länge des Stabes (q'_i) absehen, indem wir nur die Verhältnisse der q'_i berücksichtigen. Man wird aber wünschen, die q'_i unmittelbar aus einer Formel zu berechnen, in der die Linienzeiger nur homogen auftreten; eine solche erhält man, indem man 49) mit

$$\Sigma a_{i+3} q_i = A = \omega(a, q)$$

multipliziert:

$$A q'_i = a_i \sum_1^6 a_{i+3} q_i - A q_i.$$

Indem man statt dieser q'_i irgendwelche ihnen proportionale Gröfsen ebenso bezeichnet und dementsprechend links statt A einen beliebigen Proportionalitätsfaktor ϱ schreibt, erhält man (Reye, Journ. f. Math. Bd. 95):

51) $$\varrho q'_i = a_i \omega(a, q) - A q_i.$$

Man kann in der That bestätigen, dafs jeder Komplexstrahl p_i (also $\Sigma a_i p_{i+3} = 0$), der die Gerade (q_i) schneidet (also $\Sigma p_{i+3} q_i = 0$), auch die Polare (q') schneidet ($\Sigma p_{i+3} q'_i = 0$). Denn aus 51) folgt:

$$\varrho \Sigma p_{i+3} q'_i = \omega(a, q)\, \Sigma a_i p_{i+3} - A\, \Sigma p_{i+3} q_i.$$

Wir dachten uns ursprünglich rechtwinklige Linienzeiger. Aber der Nachweis der letzten für die Polare charakteristischen Eigenschaft ist hiervon unabhängig; also gilt 51) auch für tetraedrische Linienzeiger.

---

§ 52. Das Moment zweier Schrauben und zweier Komplexe; die Arbeit einer Dyname bei einer Windung.

a) Wir haben uns bisher im Ausdruck $\Sigma a_{i+3} q_i$ die q_i stets als Zeiger eines Stabes, also der Relation $\omega(q) = 0$ unterworfen gedacht. Es hindert nichts, davon abzusehen und zu definieren: Unter dem Moment M zweier Schrauben $\mathfrak{A}$ und $\mathfrak{A}'$, deren Zeiger a_i und a'_i sind, versteht man:

52) $$M = \sum_{i=1}^{6} a_{i+3} a'_i = \sum_{1}^{6} a_i a'_{i+3}.$$

Diese Begriffserweiterung ist allerdings zunächst rein formal, wird aber sogleich einen wirklichen Inhalt gewinnen, wenn wir das Moment zweier Schrauben durch ihre geometrischen Bestimmungsstücke ausdrücken; sie wird überdies eine wichtige mechanische Anwendung erfahren (b).

Es seien k, k' die Stabanteile der beiden Schrauben und zugleich die Längen der Stäbe; α_i, α'_i die Zeiger der Stäbe, V der durch sie bestimmte Tetraederinhalt; m, m' die Feldanteile der Schrauben; $\mathfrak{k}, \mathfrak{k}'$ die Parameter der zugehörigen Gewinde; $d = NN'$ der kürzeste Abstand und ω der Winkel der positiven Richtungen ihrer Achsen. Es ist an und für sich gleichgültig, in welchem Drehungssinn man ω zählt; nur ist durch die Art der Zählung das Vorzeichen von d nach § 12, b) bestimmt. Wir können die Gleichungen 40) so schreiben:

$$a_i = \alpha_i \qquad a'_i = \alpha'_i \qquad (i = 1, 2, 3),$$
$$a_{i+3} = \alpha_{i+3} + \mathfrak{k}\alpha_i \qquad a'_{i+3} = \alpha'_{i+3} + \mathfrak{k}\alpha'_i$$

also nach 52):

$$53) \qquad M = \sum_1^6 \alpha_{i+3}\alpha'_i + (\mathfrak{k} + \mathfrak{k}') \sum_1^3 \alpha_i \alpha'_i.$$

Nun ist nach einer Grundformel der analytischen Geometrie:

$$\frac{\sum_1^3 \alpha_i \alpha'_i}{kk'} = \cos\omega,$$

also nach Gleichung 47) und Satz 16:

$$M = 6V + kk'(\mathfrak{k} + \mathfrak{k}')\cos\omega,$$

wobei V nach der Regel von § 12 mit einem Vorzeichen behaftet ist. Nach Abschnitt I, Gleichung 15) können wir schreiben:

$$54) \qquad M = kk'\,[(\mathfrak{k} + \mathfrak{k}')\cos\omega - d\,.\,\sin\omega].$$

Wir haben aus dem Moment zweier Stäbe in § 12, c) das Moment ihrer Träger abgeleitet, indem wir die Stäbe durch Einheitsstäbe ersetzten. Analog bekommen wir, wenn wir die Schrauben durch Einheitsschrauben (§ 36) ersetzen, einen Ausdruck, der noch immer für die zwei Komplexe charakteristisch ist, die zu den Schrauben $\mathfrak{A}$, $\mathfrak{A}'$ gehören. Wir nennen ihn daher das Moment $\mathfrak{M}$ zweier Komplexe:*)

$$55) \qquad \mathfrak{M} = (\mathfrak{k} + \mathfrak{k}')\cos\omega - d\,.\,\sin\omega.$$

Alle in diesem Paragraph abgeleiteten Formeln gelten nach § 49 auch noch, wenn sich eine oder beide Schrauben auf einen Stab reduzieren. Im letzteren Fall wird $\mathfrak{k} = \mathfrak{k}' = 0$,

---

*) Der Ausdruck auf der rechten Seite von 55) tritt zuerst bei Klein auf, Math. Ann. Bd. II, S. 368 (1870).

und man erhält Gleichung 15) des Abschnitts I zurück. Wenn $\mathfrak{A}$ sich auf ein Feld reduziert ($\mathfrak{k} = \infty$), so ist $a_1 = a_2 = a_3 = 0$, und man erhält unmittelbar aus 52):

$$M = \sum_1^3 a_{i+3} a'_i,$$

d. i. das Volumen, welches das Feld mit dem Stabanteil von $\mathfrak{A}'$ bestimmt (vergl. § 50). Wenn beide Schrauben sich auf Felder reduzieren, wird in Übereinstimmung mit dem Schluſs des § 36:

$$M = 0.$$

Wenn man die geometrischen Bestimmungsstücke k, m; k', m' der beiden Schrauben einführt und mit diesen Symbolen zugleich die Maſszahlen der betreffenden Gröſsen bezeichnet, so erhält man einen Ausdruck für das Moment, der für alle Spezialfälle unverändert gültig bleibt:

54 a) $$M = (km' + k'm) \cos \omega - kk'd \,.\, \sin \omega.$$

Reduziert sich nun $\mathfrak{A}$ auf ein Feld, so wird $k = 0$; jedoch bleibt die Normale des Feldes zur Bestimmung des Winkels ω maſsgebend.

Da nun das Moment zweier Schrauben durch Gröſsen ausgedrückt ist, die vom Zeigersystem unabhängig sind, so folgt, daſs es eine simultane Invariante der beiden linearen Formen

$$\Sigma a_{i+3} q_i - A, \qquad \Sigma a'_{i+3} q_i - A'$$

ist, die, gleich Null gesetzt, die Gleichungen der Schrauben in ihren Normalformen liefern. D. h.: Wenn durch eine Zeigertransformation die Formen in

$$\Sigma b_{i+3} p_i - B, \qquad \Sigma b'_{i+3} p_i - B'$$

übergehen, so muſs sein:

56) $$\sum_1^6 a_{i+3} a'_i = \sum_1^6 b_{i+3} b'_i.$$

Bezeichnen wir jetzt das Moment zweier Schrauben mit $(\mathfrak{A}, \mathfrak{A}')$, analog das Moment irgend zweier anderen geometrischen Gröſsen, ferner das Aggregat k und m, aus dem $\mathfrak{A}$ besteht, symbolisch durch $k + m$, so ist:

54 b) $$(k + m, k' + m) = (k, m') + (k', m) + (k, k') + (m, m').$$

Man erkennt nämlich rechts in den ersten drei Gliedern die drei Glieder der rechten Seite von 54 a), während $(m, m') = 0$ ist. Es gilt also das distributive Gesetz. Wir haben hiermit diese Beziehungen eigentlich in Grafsmannscher Symbolik aufgeschrieben,*) und Gleichung 54 b) hätte für Grafsmanns Methoden, die wir jedoch nicht voraussetzen durften, den Ausgangspunkt statt den Schlufs der Diskussion bilden können. Wir wollten nur an einem Beispiel darauf hinweisen, wie die Grafsmannsche Symbolik gewissen Problemen besonders adäquat ist.

b) Wir wollen nun die Arbeit berechnen, die eine Dyname mit den Zeigern a_i leistet, während ein Körper eine Windung mit den Zeigern b_i durch eine gewisse Zeit vollführt, müssen aber einige Erörterungen vorausschicken: Ein Kräftepaar vom Moment m in der Zeichenebene (Fig. 43) wirke auf einen starren Körper, der sich nur um eine Achse drehen kann, die in A auf der Ebene des Paares senkrecht steht. Die Kräfte des Paares können wir uns beide im selben Abstand, z. B. im Abstand eins in B und C, angreifend denken;

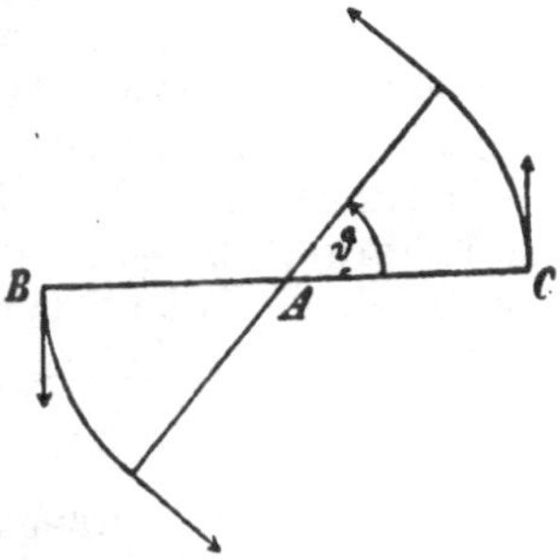

Fig. 43.

dann mufs jede die Gröfse $\frac{1}{2}$ m haben. Wir suchen die Arbeit, die das Kräftepaar bei Drehung des Körpers um den

*) Nur ist diese noch einfacher, indem Grafsmann schreiben würde:

$$(m + k)(m' + k') = mk' + m'k + kk' + mm'.$$

Wir durften dies nicht thun, um keine Vermengung mit der gewöhnlichen Symbolik, die in 54 a) angewendet ist, eintreten zu lassen. Man hat in neuerer Zeit mannigfache andere symbolische Schreibweisen verwendet, die teils aus der Hamiltonschen Quaternionenlehre, teils aus der Grafsmannschen Ausdehnungslehre hervorgewachsen sind. So kann man z. B. durch ein Symbol η andeuten, dafs das nebenstehende Symbol ein Feld bedeutet und demgemäfs die Dyname schreiben:

$$k + m\eta.$$

Bei symbolischer Multiplikation hat man dann $\eta^2 = 0$ zu setzen, und es wird verständlich, wieso man „komplexe Einheiten" einzuführen veranlafst sein kann, für die $\eta^2 = 0$ ist (vergl. Fortschr. d. Math. Bd. 26 über 1895, S. 804, Bericht über Kotjelnikoff).

Winkel ϑ leistet. Da das Kräftepaar in seiner Ebene frei beweglich ist, können wir es durch die Drehung mitgeführt denken. Dann beschreibt jeder Angriffspunkt einen Weg von der Länge ϑ, der bei Berechnung der Arbeit voll in Betracht kommt, weil seine Richtung stets mit der Kraftrichtung übereinstimmt. Die Arbeit des Paares ist also $m\vartheta$. Dreht sich dagegen der Körper um irgend eine Achse in der Zeichenebene, so leistet das Paar dabei keine Arbeit, weil die Bahnen der Angriffspunkte auf den Kräften senkrecht stehen.

Die b_i bedeuten Geschwindigkeitskomponenten; wir denken uns die Geschwindigkeit der Windung gleichförmig und erhalten durch Multiplikation mit der Zeitdauer t der Bewegung die entsprechenden Wegkomponenten einer Schraubung $\mathfrak{S}$. Wir können die $b_i t$ auch als „Zeiger der Schraubung" (zu unterscheiden von den Zeigern einer Schraube, § 49) bezeichnen. Zur Berechnung der Arbeit können wir ein Kräftesystem beliebig durch ein äquivalentes ersetzen und die algebraische Summe der Einzelarbeiten bilden; ebenso können wir die Windung beliebig zerlegen und auch beides zugleich thun: Indem wir sowohl Dyname als Windung auf den Ursprung reduzieren, erhalten wir die Arbeit $\mathfrak{A}$ der Dyname bei der Schraubung durch die Zeiger beider ausgedrückt. Bezeichnen wir mit $\mathfrak{A}(k, w)$ die Arbeit der Kraft k bei einer Bewegung w, die entweder in einer Translation oder in einer Drehung bestehen kann, so ist also

$$\mathfrak{A}(\mathfrak{D}, \mathfrak{S}) = \sum_{i=1}^{6} \sum_{k=1}^{6} \mathfrak{A}(a_i, b_k t).$$

Hier ist z. B.:

$$\mathfrak{A}(a_3, b_6 t) = a_3 b_6 t,$$

weil $b_6 t$ ein Weg längs der Z-Richtung ist, ferner

$$\mathfrak{A}(a_6, b_3 t) = a_6 b_3 t.$$

Denn $b_3 t$ ist ein Drehungswinkel um die Z-Achse und a_6 das Drehmoment um dieselbe. Von den 36 Gliedern der Summe sind nur 6 von Null verschieden:

57) $$\mathfrak{A}(\mathfrak{D}, \mathfrak{S}) = t \sum_{1}^{6} a_i b_{i+3}.$$

Denken wir uns die Windung gleichförmig in einem konstanten Kraftfeld, so gilt diese Gleichung für eine beliebige Zeitdauer t. Wir nennen

$$\frac{d\mathfrak{A}}{dt} = \mathfrak{A}'$$

die „Arbeitsgeschwindigkeit"*) der Dyname bei der Windung und erhalten:

57 a) $$\mathfrak{A}' = \sum_1^6 a_i b_{i+3}.$$

Diese Gleichung gilt nun zufolge der Existenz einer Momentanachse (§ 20) auch für eine beliebige Bewegung in jedem Augenblick, wenn die b die Zeiger der Momentanwindung sind und die a die Zeiger des wirkenden Kräftesystems im betrachteten Zeitpunkt.

Wenn α die Geschwindigkeit der Windung ist (nach § 18 der Intensität k der Dyname dual), so können wir nach den Gleichungen 52), 54) und 55) auch schreiben:

58) $$\mathfrak{A}' = k\alpha\,[(\mathfrak{k} + \mathfrak{k}')\cos\omega - d\,.\sin\omega] = k\alpha\mathfrak{M};$$

hier ist $\mathfrak{M}$ eine rein geometrische Gröfse.

Satz 96: Wenn von zwei Schrauben die eine Träger einer Dyname, die andere einer Windung ist, so ist die Arbeitsgeschwindigkeit der Dyname bei der Windung gleich dem Moment der entsprechenden Einheitsschrauben multipliziert mit der Intensität der Dyname und der Geschwindigkeit der Windung.**). Wenn das Moment Null ist, so befindet sich ein Körper, dessen Beweglichkeit auf die Windung beschränkt ist, unter dem Einflufs der Dyname im Gleichgewicht.

Der letzte Teil des Satzes, den wir später (§ 85) bedeutend verallgemeinern werden, folgt aus dem Prinzip der virtuellen Verschiebungen. Um auch alle Spezialfälle zu umfassen, notieren wir aus 54, a) noch:

58 a) $$\mathfrak{A}' = (k\tau + m\alpha)\cos\omega - k\alpha d\,.\sin\omega,$$

---

*) Sie hat die Dimension einer „Pferdekraft".

**) Zuerst von Klein (in etwas anderer Form) ausgesprochen, Math. Ann. IV (1871).

wobei τ die Translationsgeschwindigkeit der Windung ist. Hier ist nicht ausgeschlossen, daſs von den vorkommenden Gröſsen beliebige verschwinden.

---

§ 53. Das Strahlennetz.

Der Schnitt zweier linearen Komplexe $\mathfrak{A}$ und $\mathfrak{B}$ ist nach Satz 64) eine Kongruenz ersten Grades, d. h. sowohl erster Ordnung als erster Klasse. Wir nennen sie (mit Sturm) kürzer Strahlennetz oder, wo kein Miſsverständnis möglich, noch kürzer Netz. Wenn $\mathfrak{A}$ und $\mathfrak{B}$ durch irgend welche Bestimmungsstücke (§§ 10, 47) gegeben sind, so findet man den durch einen Punkt P gehenden Strahl des Netzes $\mathfrak{N}$, indem man die beiden Nullebenen von P in $\mathfrak{A}$ und $\mathfrak{B}$ konstruiert und zum Schnitt bringt; analog dual. Faſst man einen Strahl s von $\mathfrak{N}$ auf, so entspricht dem Ebenenbüschel mit der Achse s sowohl in $\mathfrak{A}$ als in $\mathfrak{B}$ eine projektive Punktreihe. Also hat man auf s zwei projektive Punktreihen; ihre etwaigen Doppelpunkte D sind solche Punkte auf s, denen in beiden Komplexen dieselbe Nullebene δ entspricht. Also gehört das ganze Büschel (D, δ) dem Netze an. Solche Punkte, durch die mehr als ein Strahl (also ein ganzes Büschel) des Netzes geht und solche Ebenen, in denen mehr als ein Strahl (also ein ganzes Büschel) des Netzes liegt, heiſsen singuläre Punkte, bezw. Ebenen des Netzes.

Es seien in irgend welchen homogenen Zeigern

59) $$\Sigma a_i p_i = 0, \qquad \Sigma b_i p_i = 0$$

die Gleichungen*) der beiden Komplexe $\mathfrak{A}$ und $\mathfrak{B}$, die das Netz $\mathfrak{N}$ definieren. Mit $\mathfrak{A}$ und $\mathfrak{B}$ bezeichnen wir auch die linearen Formen auf den linken Seiten von 59). Dann stellt

60) $$\lambda\mathfrak{A} + \mu\mathfrak{B} = 0$$

bei willkürlicher Wahl der Konstanten λ und μ einen linearen Komplex dar, der alle Geraden von $\mathfrak{N}$ enthält, weil deren Zeiger die beiden Glieder auf der linken Seite von 60) schon einzeln zu Null machen. Durch verschiedene Wahl von

*) Wenn die geometrische Bedeutung der Koeffizienten nicht in Betracht kommt, ist die Schreibweise $\Sigma a_{i+3} p_i$ der vorhergehenden Paragraphen nicht nötig.

$\lambda:\mu$ bekommt man aus 60) ∞^1 lineare Komplexe, die ein „Komplexbüschel" mit dem „Träger" $\mathfrak{N}$ bilden. Seien

61) $$\mathfrak{C}_1 = \lambda_1\mathfrak{A} + \mu_1\mathfrak{B},\quad \mathfrak{C}_2 = \lambda_2\mathfrak{A} + \mu_2\mathfrak{B}$$

zwei verschiedene Komplexe des Büschels

$$(\text{also } \lambda_1\mu_2 - \lambda_2\mu_1 \neq 0).$$

Dann sind die Gleichungen

62) $$\mathfrak{C}_1 = 0,\quad \mathfrak{C}_2 = 0$$

den Gleichungen 59) äquivalent, d. h.:

Satz 97: Ein Komplexbüschel (und sein Träger) ist durch je zwei seiner Komplexe ebenso bestimmt, wie durch die zwei ursprünglichen.

Satz 98: Eine beliebige Gerade des Raums gehört nur einem einzigen Komplex des Büschels an, aufser wenn sie dem Träger angehört.

Setzt man nämlich die Zeiger der Geraden in die Formen $\mathfrak{A}$ und $\mathfrak{B}$ ein, so ist durch 60) das Verhältnis $\lambda:\mu$ eindeutig bestimmt.

Wir fassen eine Gerade g auf, die dem Netze nicht angehören möge; wir dürfen dann nach Satz 97 und 98 voraussetzen, dafs g keinem der beiden definierenden Komplexe des Netzes angehört. In ihnen entspricht g je eine Polare g_1 und g_2. Alle Strahlen, die g schneiden und dem Netze angehören, sind nach Satz 6) und 8) zugleich diejenigen, welche g, g_1, g_2 treffen. Sie bilden also i. A. eine Regelschar $\mathfrak{R}$ und g, g_1, g_2 selbst gehören zu ihrer Leitschar $\mathfrak{L}$; g_1 und g_2 sind zu g immer windschief, können sich aber untereinander schneiden; dann treten an Stelle von $\mathfrak{R}$ zwei Strahlbüschel und der Schnittpunkt von g mit der Ebene (g_1, g_2) ist (einziger) singulärer Punkt auf g. Wir kehren zum Fall zurück, dafs g keinen singulären Punkt hat; dann ist $\mathfrak{R}$ durch drei seiner Strahlen bestimmt und jeder Strahl von $\mathfrak{L}$ hätte dasselbe wie g leisten, nämlich auch zu $\mathfrak{R}$ führen müssen. Bewegt man g auf $\mathfrak{L}$, so beschreiben g_1 und g_2, weil jedes Nullsystem eine Korrelation ist, auf $\mathfrak{L}$ zwei zu g, daher auch untereinander projektive Regelscharen, die zwei Doppelstrahlen d_1, d_2 haben können. Es sei g_0 die Lage von g, für die sich g_1 und g_2 in d_1 vereinigen. Dann sind g_0 und d_1 in beiden Komplexen zu einander polar; also müssen, wenn g nach d_1 kommt, g_1 und g_2 sich in g_0 vereinigen, d. h. g_0 und d_2 sind identisch. Es giebt also, falls zwei reelle, getrennte Doppelelemente vorhanden sind, doch nur ein Paar gemeinsamer Polaren. Ihre sämtlichen Treffgeraden gehören dem Netze an und erschöpfen dasselbe auch, wie sich gleich zeigen wird. Je nachdem d_1, d_2 getrennt sind, sich vereinigen oder fehlen, werden wir drei Hauptarten von Strahlennetzen unterscheiden, die wir sogleich analytisch untersuchen werden. Wir entnehmen dieser Überlegung vorläufig nur den Satz:

Satz 99: Die Strahlen eines Netzes $\mathfrak{N}$, die eine nicht zu $\mathfrak{N}$ gehörige Gerade schneiden, bilden eine Regelschar; gehören von einer Regelschar drei Strahlen $\mathfrak{N}$ an, so gehören ihm alle an.

Wir benützen den Satz 97, um womöglich die definierenden Komplexe des Büschels $\mathfrak{C}$ durch zwei singuläre zu ersetzen und so einen anschaulichen Überblick über die Strahlen eines Netzes zu gewinnen. Damit

$$63)\qquad \Sigma(\lambda a_i + \mu b_i)\, p_i = \Sigma c_i p_i = 0$$

ein Strahlengebüsch darstelle, mufs nach § 46 $\omega(c) = 0$ sein, also:

$$64)\qquad \omega(\lambda a + \mu b) = \lambda^2 . \omega(a) + 2\lambda\mu . \omega(a, b) + \mu^2 . \omega(b) = 0.$$

Wir haben nun zur Bestimmung von $\lambda : \mu$ eine quadratische Gleichung. Ihre Diskriminate ist:

$$65)\qquad \Omega(a, b) = [\omega(a, b)]^2 - \omega(a) . \omega(b).$$

Jetzt sind vier Fälle zu unterscheiden:

a) $\Omega > 0$. Dann erhält man aus 64) zwei reelle getrennte Werte für $\lambda : \mu$, die, in 63) eingesetzt, die Gleichungen der beiden in $\mathfrak{C}$ vorkommenden Strahlengebüsche geben. $\mathfrak{N}$ besteht aus allen Treffgeraden der Achsen dieser beiden Strahlengebüsche, also zweier windschiefen Geraden, welche die Brennlinien des Netzes heifsen; dafs sie wirklich windschief sind, ergiebt sich aus der Diskussion des Falles c).

Kreuzen sich insbesondere die Brennlinien **senkrecht**, so nennen wir das Netz **rechtwinklig**.

b) $\Omega = 0$, ohne dafs alle Coefficienten in 64) einzeln verschwinden. Dann hat diese Gleichung eine Doppelwurzel und $\mathfrak{C}$ enthält nur **ein** Strahlengebüsch Γ mit der Achse s, die jedem Gewinde von $\mathfrak{C}$ angehört. Denn hätte s in einem Gewinde $\mathfrak{G}$ des Büschels eine Polare s', so bestünde $\mathfrak{N}$ aus den gemeinsamen Strahlen von $\mathfrak{G}$ und Γ, d. h. aus den Treffgeraden von s, s' und wir hätten den Fall a) vor uns. Also besteht $\mathfrak{N}$ aus allen Strahlen von $\mathfrak{G}$, die einen Strahl s von $\mathfrak{G}$ selbst schneiden. Ein solches Netz heifst **speziell** und s seine **Brennlinie**. Nun ist s nach Satz 76 Träger einer Korrelation. Man bekommt daher sämtliche Strahlen von $\mathfrak{N}$, wenn man ein Strahlbüschel so bewegt, dafs sein Scheitel S den Strahl s durchläuft und gleichzeitig seine Ebene ε ein zur Reihe S projektives Büschel beschreibt.

Die Art der Bewegung kann durch die metrischen Eigenschaften einer solchen Korrelation vollkommen anschaulich gemacht werden: Dem unendlich fernen Punkte U von s entspreche eine Ebene ε_u, der zu ε_u senkrechten Ebene ε_c (der „Centralebene") ein Punkt C (der „Centralpunkt" der Korrelation). Zählt man die Abstände t auf s von C aus und die Winkel α um s von ε_c aus (positive Richtung auf s und positiver Drehungssinn um s sind von einander abhängig), so ist das Doppelverhältnis von C, U mit zwei anderen Punkten P_1, P_2 von s:

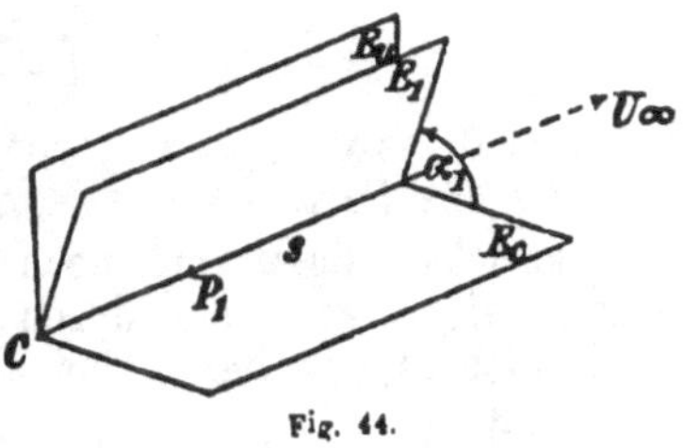

Fig. 44.

$$(C U P_1 P_2) = \frac{C P_1}{P_1 U} : \frac{C P_2}{P_2 U} = \frac{t_1}{t_2},$$

das der vier entsprechenden Ebenen:

$$(\varepsilon_c \varepsilon_u \varepsilon_1 \varepsilon_2) = \frac{\sin(\varepsilon_c \varepsilon_1)}{\sin(\varepsilon_1 \varepsilon_u)} : \frac{\sin(\varepsilon_c \varepsilon_2)}{\sin(\varepsilon_2 \varepsilon_u)} = \frac{tg\alpha_1}{tg\alpha_2}.$$

Setzt man insbesondere $t_1 = 1$, $tg\alpha_1 = K$, so kann man K willkürlich wählen, weil man den drei Punkten $t = 0, 1, \infty$

drei beliebige Ebenen zuordnen kann, um die Korrelation zu definieren. Die Bedingung dafür, dafs P_2 und ε_2 einander in dieser entsprechen, besteht dann in der Gleichheit der beiden Doppelverhältnisse, nämlich:

$$\frac{1}{t_2} = \frac{K}{tg\alpha_2}.$$

Lassen wir den Index fort, so sind also die entsprechenden Punkte und Ebenen durch die Gleichung

$$66)\qquad tg\alpha = Kt$$

verknüpft. K heifst der Parameter der Korrelation. Je nachdem er positiv oder negativ ist, dreht sich die Ebene, während der Punkt die Reihe im positiven Sinne durchläuft im positiven oder negativen Sinn. Im ersten Fall nennen wir das spezielle Strahlennetz rechts, im zweiten links gewunden. Bewegt sich der Punkt gleichförmig mit der Geschwindigkeit eins, so ist die zugehörige Drehungsgeschwindigkeit φ der Ebene durch $\frac{d\alpha}{dt}$ gegeben; also:

$$67)\qquad \varphi = \frac{K}{1 + K^2 t^2}.$$

Für $t = 0$ wird $\varphi = K$, womit eine zweite geometrische Deutung des Parameters gewonnen ist.

Berücksichtigen wir noch die Lage von $\mathfrak{N}$ in $\mathfrak{G}$, so mufs ε_u diejenige Ebene durch s sein, die zur Achse a von $\mathfrak{G}$ parallel ist, C der Fufspunkt des kürzesten Abstands von s und a.

c) $\omega(a) = \omega(a, b) = \omega(b) = 0$. Alle Komplexe des Büschels sind singulär; a_i und b_i sind die Zeiger zweier sich schneidender Geraden, die das Strahlenbüschel $\lambda a_i + \mu b_i$ bestimmen (§ 39, c)). Also besteht $\mathfrak{C}$ aus allen Strahlengebüschen, deren Träger ein ebenes Strahlbüschel (S, ε) bilden. Die gemeinsamen Strahlen aller Komplexe sind erstens alle Strahlen durch S, zweitens alle Strahlen in ε. $\mathfrak{N}$ zerfällt also in ein Strahlenbündel und ein Strahlenfeld, deren Träger incident sind. Ein solches Strahlennetz heifst singulär oder ausgeartet.

Wir haben nun in den Fällen a), b), c) einen vollständigen Überblick über die Verteilung der singulären

Punkte (und Ebenen) des Netzes. Bei a) und b) sind es alle Punkte der Brennlinien (Ebenen durch dieselben), bei c) alle Punkte von ε (Ebenen durch S). Wir sehen auch, dafs die Regelschar $\mathfrak{R}$ des Satzes 99 in den Fällen a) und b) dann und nur dann in zwei Strahlbüschel zerfällt, wenn g eine Brennlinie schneidet; gegenseitig können sich Strahlen des Netzes nur auf einer Brennlinie schneiden. Im Falle c) zerfällt $\mathfrak{R}$ immer.

Nehmen wir an, einen Strahlnetz habe einen singulären Punkt N; dann entsprechen dem Bündel N in der gemeinsamen Nullebene ν beider definierenden Komplexe zwei korrelative (reciproke) Felder, die also unter einander kollinear sind und mindestens eine reelle Doppellinie d haben. Giebt es eine Doppellinie d, die nicht durch N geht, so bildet sie mit der im Bündel entsprechenden Geraden d_1 ein gemeinsames Polarenpaar beider Komplexe und wir haben den Fall a) vor uns. Giebt es nur eine Doppellinie d durch N, so mufs d_1 in ν liegen, also mit d zusammenfallen, weil auch jetzt d, d_1 einander in beiden Nullsystemen entsprechen; wir kommen auf den Fall b). Sind endlich die beiden Felder identisch, so entsteht der Fall c). Unter allen Umständen führt also die Annahme auch nur eines einzigen singulären Punktes auf einen schon bekannten Fall, weshalb wir sicher sind, dafs es im noch zu besprechenden Fall $\Omega < 0$ keine singulären Punkte und Ebenen giebt.

Zunächst aber beweisen wir noch einige Sätze, die für jedes nicht singuläre Strahlennetz gelten:

Satz 100: Zwei Ebenen E_1, E_2, die durch einen Strahl s eines Strahlennetzes $\mathfrak{N}$ gehen (ohne eine Brennlinie zu enthalten), werden von $\mathfrak{N}$ in zwei kollinearen Feldern geschnitten.

Fassen wir nämlich eine allgemeine Gerade g in E_1 auf, so bilden die durch sie gehenden Strahlen von $\mathfrak{N}$ nach Satz 99 eine Regelschar $\mathfrak{R}$, der auch s angehört. $\mathfrak{R}$ wird also von E_2 in einer geraden Punktreihe geschnitten, die durch $\mathfrak{R}$ auf die Reihe g projektiv bezogen ist. Da jeder Strahl von $\mathfrak{N}$, also auch s die etwaigen Brennlinien b, b' schneidet, so kann auch g eine Brennlinie nur in einem Punkte von s schneiden. Es giebt daher in E_1 höchstens zwei Strahlbüschel von Lagen g, für welche $\mathfrak{R}$ zerfällt. Sei

γ eine solche Lage und P ihr Schnittpunkt mit s. Dann bilden alle Strahlen von $\mathfrak{N}$, die γ in einem von P verschiedenen Punkte schneiden, einen ebenen Strahlbüschel, dessen Scheitel im Schnittpunkt der Ebene (b, γ) mit b' liegt oder der Ebene (b, γ) auf b zugeordnet ist, je nachdem neben b noch eine andere Brennlinie b' vorhanden ist oder nicht. In beiden Fällen ist der Punktreihe γ eine perspektive Reihe in E_2 zugeordnet. Es ist also ausnahmslos jeder Geraden g in E_1 eine projektive Reihe in E_2 zugeordnet, was eben die charakteristische Eigenschaft der kollinearen Beziehung ist.

Satz 101: Durch vier seiner Strahlen, die nicht hyperbolische Lage haben, ist ein Strahlennetz eindeutig bestimmt; wenn vier Strahlen eines Netzes einem linearen Komplex angehören, so gehören ihm alle an.

Denn soll ein Komplex

68) $$\sum_{i=1}^{6} a_i p_i = 0$$

die vier Strahlen $s_{\lambda i}$ $(\lambda = 1, \ldots 4;\ i = 1, \ldots 6)$ enthalten, so legt dies den Koeffizienten die vier Bedingungen

69) $$\sum_{i=1}^{6} a_i s_{\lambda i} = 0 \quad (\lambda = 1, \ldots 4)$$

auf, aus denen sich, da die Matrix der s den Rang vier hat (Satz 58), vier Koeffizienten, etwa $a_3, \ldots a_6$ als Funktionen der beiden anderen a_1, a_2 berechnen lassen; a_1 und a_2 bleiben willkürlich, treten in den Lösungen homogen und linear auf und spielen daher die Rolle der Gröfsen λ und μ in den Gleichungen 60) oder 63). Es wird also durch vier Strahlen ein Komplexbüschel und somit auch ein Strahlennetz definiert. Man erkennt jetzt auch die geometrische Bedeutung der Bedingung des Satzes 78: Sollen fünf Strahlen einen linearen Komplex bestimmen, so dürfen sie nicht demselben Strahlennetz angehören. Wenn diese Bedingung erfüllt ist, bestimmen vier von den fünf Strahlen ein Strahlennetz und es folgt aus Satz 98 neuerdings, dafs fünf Strahlen einen linearen Komplex bestimmen. Auch folgt:

Satz 102: Wenn die Matrix der Zeiger von fünf Strahlen blofs den Rang vier hat, so gehören die

fünf Strahlen demselben Netze an und umgekehrt. Wenn die Determinante der Zeiger von sechs Strahlen den Rang fünf hat, so gehören die Strahlen demselben linearen Komplex an und umgekehrt.

Der letzte Teil des Satzes folgt daraus, dafs die Gleichungen

$$\sum_{i=1}^{6} a_i s_{\lambda i} = 0 \quad (\lambda = 1, \ldots 6)$$

dann und nur dann durch von Null verschiedene a_i erfüllt werden können, wenn die Determinante der $s_{\lambda i}$ Null ist.

Wir legen durch einen s_0 von vier definierenden Strahlen eines Netzes $\mathfrak{N}$ so zwei Ebenen E_1, E_2, dafs die drei anderen Strahlen aus jeder Ebene ein eigentliches Dreieck herausschneiden. In den Ebenen sind also drei Paare entsprechender Punkte und ein Paar entsprechender Geraden (nämlich die entsprechend gemeinsame s_0) also zwei entsprechende vollständige Vierseite bekannt, wodurch eine Kollineation definiert ist,*) die mit der durch $\mathfrak{N}$ definierten identisch sein mufs. Da die vier Strahlen willkürlich angenommen werden dürfen, so können die zwei Ebenen und die Kollineation zwischen ihnen als willkürlich betrachtet werden, bis auf den Umstand, dafs s_0 entsprechend gemeinsam ist. Also folgt als Umkehrung des Satzes 100:

Satz 103: **Zwei kollineare Felder, die ihre Schnittlinie entsprechend gemein haben, erzeugen ein Strahlennetz.**

Insbesondere können wir ein gegebenes Netz $\mathfrak{N}$ so erzeugt denken, das wir durch die einzige Gerade von $\mathfrak{N}$, die in der unendlich fernen Ebene liegt, zwei beliebige Ebenen legen, wobei die Felder des Satzes 100 zu affinen Feldern werden.

Satz 104: **Ein nicht singuläres Strahlennetz kann i. A. auf ∞^2 Arten durch zwei parallele affine Felder erzeugt werden.**

Nur wenn eine Brennlinie des Netzes unendlich fern liegt, hat man schon für die Stellung der affinen Felder ∞^1 Auswahlen und demgemäfs ∞^3 Erzeugungen durch affine Felder.

*) Vergl. Reye, Geom. d. Lage, Bd. II, 3. Aufl., Vortr. 1.

§ 54. Das Strahlennetz ohne Brennlinien.

Der Satz 104 wird uns dazu verhelfen, für den aus dem vorigen Paragraph noch übrig gebliebenen Fall $\Omega < 0$ zu einer ebenso anschaulichen Vorstellung des Strahlennetzes zu gelangen, wie im Falle reeller Brennlinien. Wir bezeichnen, wenn $P, Q, \ldots g, \ldots$ Punkte oder Gerade einer Ebene Σ bedeuten, mit $P_1, Q_1, \ldots g_1, \ldots$ die entsprechenden Elemente eines parallelen affinen Feldes Σ_1, mit $P', Q', \ldots g', \ldots$ die senkrechten Projektionen der Elemente $P_1, Q_1, \ldots g_1, \ldots$ auf Σ, so dafs Σ, Σ' in einander liegende affine Systeme sind. Nach Staudt, Beitr. z. Geom. d. Lage, Art. 301 (vergl. Reye, a. a. O., Bd. II, Vortrag 9) können die entsprechend gemeinsamen Elemente zweier incidenten kollinearen Felder bestehen (wenn wir den Fall der perspektiven Lage ausschliefsen, da er hier nicht in Betracht kommt):

I) Aus den Ecken und Seiten eines eigentlichen Dreiecks, die entweder α) alle reell sind oder β), von denen blofs eine Ecke und die gegenüberliegende Seite reell sind.

II) Aus zwei Punkten, ihrer Verbindungslinie und noch einer Geraden durch einen der Punkte.

III) Aus einem Punkt und einer Geraden durch ihn.

Aber wir wollen jetzt nur den Fall verfolgen, dafs das Strahlennetz keine reellen Brennlinien hat. Dann sind für Σ, Σ' alle anderen Möglichkeiten aufser I, β) ausgeschlossen. Denn die unendlich ferne Gerade ist entsprechend gemein; wäre auf ihr noch ein Punkt entsprechend gemein, so gäbe dies zu parallelen ähnlichen Reihen in Σ und Σ_1 Veranlassung, deren Perspektivitätscentrum ein singulärer Punkt (gegen § 53) wäre. Σ und Σ' haben also einen einzigen Punkt $M \equiv M'$ entsprechend gemein, der im Endlichen liegt. MM_1 heifst der Hauptstrahl a des Netzes und M ist Träger zweier projektiver Strahlbüschel in Σ und Σ', der „Centralstrahlenbüschel“. Je zwei entsprechende Strahlen g, g' derselben sind Träger zweier ähnlichen Punktreihen. Also erzeugen g, g_1 ein gleichseitiges Paraboloid $\mathfrak{P}$, von welchem a die eine Haupterzeugende ist. $\mathfrak{N}$ läfst sich so in ∞_1 gleichseitige Paraboloide zerlegen.

Zwei affine Felder Σ, Σ_1 sind durch drei Paare entsprechender Punkte oder, was dasselbe ist, durch zwei entsprechende Dreiecke bestimmt (vergl. die Bestimmung kollinearer Felder im vorigen Paragraph). Wir können immer M, M_1 als das eine Paar nehmen. Da überdies in den Centralbüscheln zwei entsprechende rechte Winkel vorkommen (vergl. etwa Hankel, Proj. Geom. Abschn. III, § 4), so können wir die entsprechenden Dreiecke MAB, $M_1A_1B_1$ beide (bei M und M_1) rechtwinklig annehmen und das eine MAB gleichschenklig.

Wir behandeln nun zuerst den Spezialfall, dafs auch $M_1A_1B_1$ gleichschenklig ist (Fig. 45); die Zeichenebene falle etwa mit Σ zusammen und alle Punkte mit dem Index eins denke man sich in einem konstanten Abstand über der Zeichenebene). Um zu einem beliebigen Punkte P den entsprechenden P_1 in Σ_1 zu konstruieren, ziehe man $PQ \parallel BM$, $PR \parallel AM$; der Punkt Q_1 mufs M_1A_1 im selben Verhältnis teilen, wie MA durch Q geteilt wird, u. s. w. Also sieht man, dafs Σ' aus Σ durch Drehung um den Winkel ω und eine Ähnlichkeitstransformation entsteht. Dem Büschel konzentrischer Kreise um M entspricht ein ebensolches Büschel um M_1, wobei je zwei entsprechende Kreise eine Rotationsregelschar erzeugen. Die kürzesten Abstände von a aller Netzstrahlen, die entsprechende Punkte der Reihen MA und M_1A_1 verbinden, liegen auf einer Geraden. Denn die kürzesten Abstände von a aller Strahlen einer Regelschar von $\mathfrak{P}$ liegen auf der andern Haupterzeugenden von $\mathfrak{P}$. Daher haben alle Rotationshyperboloide ihre Kehlkreise in derselben Ebene, der „Mittelebene“ $\mathfrak{M}$ von $\mathfrak{N}$.*)

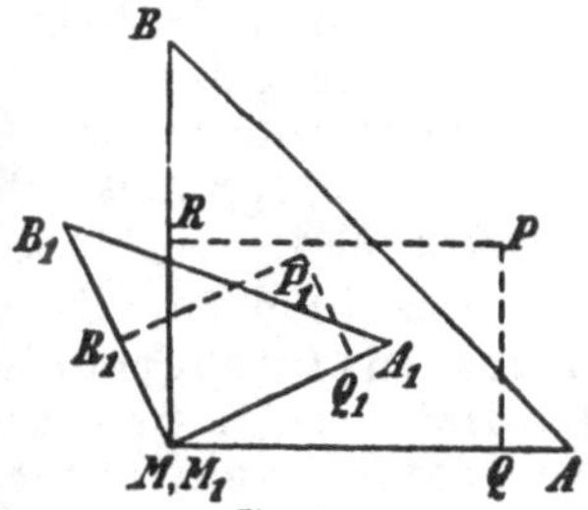

Fig. 45.

*) Bei einem Strahlennetz mit zwei Brennlinien nennen wir Hauptstrahl denjenigen, der beide Brennlinien senkrecht schneidet, Mittelebene diejenige, die zu beiden Brennlinien parallel ist und von ihnen gleiche Abstände hat. Bei einem speziellen Strahlennetz nennen wir Hauptstrahl den die Brennlinie im Centralpunkt senkrecht schneidenden. Die „Mittelebene“ geht hier durch die Brennlinie und ist senkrecht zum Hauptstrahl, also auch zur Centralebene. So wird es durch den Grenzübergang aus dem hyperbolischen Netz gefordert.

Satz 105: Unter den Strahlennetzen ohne Brennlinie giebt es Rotationsnetze, die durch Umdrehung einer Regelschar eines gleichseitigen hyperbolischen Paraboloides um ihren Hauptstrahl erzeugt werden und auch in ∞^1 Rotationsregelscharen mit gemeinsamer Kehlebene zerlegt werden können.

Unter den ∞^2 Erzeugungsarten des Satzes 104 sind bei den Rotationsnetzen ∞^1 dadurch ausgezeichnet, dafs die Felder beiderseits von $\mathfrak{M}$ gleich weit abstehen, also kongruent sind, ∞^1 dadurch, dafs Σ^1 gegen Σ um einen rechten Winkel verdreht ist, wobei $\mathfrak{M}$ und die unendlich ferne Ebene einander zugeordnet sind. Wenn Σ und Σ_1 beiderseits von $\mathfrak{M}$ um 45° verdreht werden, so vereinigt diese Erzeugungsweise die beiden ausgezeichneten Eigenschaften, also:

Satz 106: Ein Rotationsnetz kann auf ∞^1 Arten durch zwei kongruente und auf ∞^1 Arten durch zwei ähnliche um einen rechten Winkel gegeneinander verdrehte Punktfelder, auf eine einzige Art durch zwei kongruente um einen rechten Winkel verdrehte Felder erzeugt werden.

Erzeugen wir ein Rotationsnetz durch zwei kongruente Punktfelder, so können wir das eine Feld aus dem anderen durch eine gleichförmige Schraubenbewegung ableiten. Schon ein beliebig kleines Stück derselben definiert auf diese Weise ein Rotationsnetz. Gehen wir zur Grenze über, so erhalten wir den

Satz*) 107: Unterwirft man eine Ebene E einer Schraubung, deren Achse a zu E normal ist, so bilden die Tangenten der Bahnen aller Punkte von E ein Rotationsnetz mit a als Hauptstrahl.

Legt man durch den Hauptstrahl eines Rotationsnetzes $\mathfrak{R}$ eine Ebene E und ändert die Entfernungen aller Raumpunkte von E im selben Verhältnis, so entsteht aus $\mathfrak{R}$ wieder ein Strahlennetz $\mathfrak{N}$; denn durch diese (spezielle) affine Transformation $\mathfrak{T}$ gehen irgend zwei affine Felder, durch die man sich etwa $\mathfrak{R}$ erzeugt denken kann, wieder in affine

*) Ich verdanke ihn einer mündlichen Mitteilung Studys.

Felder über. Es fragt sich nur, ob man so schon alle Strahlennetze ohne Brennlinien erhalten kann. Die Konstantenzählung würde es vermuten lassen. Um uns genauer davon zu überzeugen, denken wir uns $\mathfrak{N}$ nach der zweiten Erzeugungsart des Satzes 106 durch die gleichschenkligen, rechtwinkligen Dreiecke MAB, $M_1A_1B_1$ (Fig. 46) gegeben und legen E durch MB senkrecht zur Zeichenebene Σ. Durch $\mathfrak{T}$ geht dann A in A'', B_1 in B_1'' über, so daſs

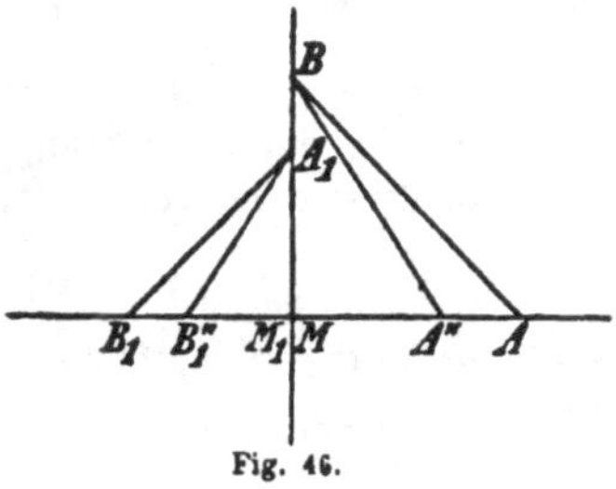

Fig. 46.

$$\frac{MA}{MA''} = \frac{M_1B_1}{M_1B_1''};$$

daher ist

$$\Delta \equiv MA''B \sim MB_1''A_1 \equiv \Delta_1$$

also so, daſs die in der Affinität entsprechenden Katheten in der Ähnlichkeit **nicht** entsprechend sind. Wir sind am Ziele, wenn wir zeigen können, daſs man jedes Strahlennetz ohne Brennlinien durch eine Affinität erzeugen kann, die durch zwei derartige Dreiecke Δ und Δ_1 definiert ist. Hier sind die Centralbüschel involutorisch, weil die entsprechenden rechten Winkel aufeinander fallen. Man muſs also vor allem zwei beliebige Systeme durch zwei solche mit involutorischen Centralbüscheln ersetzen können. Zwei beliebige incinander liegende affine Felder Σ, Σ_1', die den Ursprung M entsprechend gemein haben, sind definiert durch

70) $$x' = \alpha x + \beta y, \quad y' = \gamma x + \delta y.$$

Der Richtung $\tau = \frac{y}{x}$ entspricht eine Richtung $\tau' = \frac{y'}{x'}$ und man findet aus 70):

71) $$\tau' = \frac{\gamma + \delta\tau}{\alpha + \beta\tau}$$

oder

72) $$\beta\tau\tau' + \alpha\tau' - \delta\tau - \gamma = 0.$$

Sollen die Centralbüschel involutorisch sein, so darf sich diese Gleichung bei Vertauschung von τ und τ' nicht ändern. Also ist

$$\alpha = -\delta \tag{73}$$

die Bedingung dafür. Da Σ_1 aus Σ' durch Parallelverschiebung in der Z-Richtung um eine Strecke d hervorgeht, sind die Zeiger zweier zugeordneter Punkte von Σ und Σ_1:

$$x, y, 0; \quad x', y', d.$$

Also sind die Gleichungen der Verbindungslinie in den laufenden Zeigern ξ, η, ζ:

$$\frac{\xi - x}{x' - x} = \frac{\eta - y}{y' - y} = \frac{\zeta}{d}$$

oder

$$\frac{\xi - x}{(\alpha - 1)x + \beta y} = \frac{\eta - y}{\gamma x + (\delta - 1)y} = \frac{\zeta}{d}. \tag{74}$$

Für jede Wahl von x und y erhält man aus 74) die Gleichungen eines Strahles von $\mathfrak{N}$. Schneidet man $\mathfrak{N}$ durch die Ebene $\zeta = d'$ und setzt

$$d' : d = c,$$

so erhält man ein Feld Σ_0 und die Affinität zwischen Σ und Σ_0 ist dargestellt durch:

$$\begin{aligned} \xi &= (c\alpha - c + 1)x + c\beta y \\ \eta &= c\gamma x + (c\delta - c + 1)y. \end{aligned} \tag{75}$$

Die Bedingung 73) lautet hier

$$c\alpha - c + 1 = -c\delta + c - 1,$$

wird also erfüllt, wenn wir

$$c = \frac{-2}{\alpha + \delta - 2}$$

wählen. Zu jedem System Σ erhalten wir so ein System Σ_0, so daſs die zugehörigen Centralbüschel involutorisch sind; geht man von Σ_0 aus, so kommt auf Σ zurück.

Wir können nun voraussetzen, Σ und Σ' hätten schon diese Eigenschaft und verlegen die Achsen in die mit ihren nicht entsprechenden Schenkeln aufeinanderfallenden entsprechenden rechten Winkel. Dann mufs einem Punkte $(x, 0)$ der X-Achse ein Punkt $(0, y')$ der Y-Achse entsprechen u. s. w. Die Gleichungen 70) reduzieren sich also auf:

76) $$x' = \beta y, \qquad y' = \gamma x.$$

Man findet

$$\tau\tau' = \frac{\gamma}{\beta}$$

also in der That Involution der Centralbüschel; dabei haben τ und τ' entgegengesetzte Zeichen. Wir wählen einen Punkt $A \equiv (x_0, 0)$ auf der X-Achse und einen Punkt $B \equiv (0, y_0)$ auf der Y-Achse. Dann ist

$$A' \equiv (0, \gamma x_0), \qquad B' \equiv (\beta y_0, 0).$$

Soll nun

77) $$MAB \sim MB'A'$$

sein, wie es bei den Dreiecken $\varDelta$ und $\varDelta_1$ der Fall war, so mufs

$$\frac{x_0}{y_0} = -\frac{\beta y_0}{\gamma x_0},$$

also

$$\frac{y_0}{x_0} = \sqrt{-\frac{\gamma}{\beta}},$$

was immer reell zu erreichen ist. Man kann also das rechtwinklige Dreieck MAB immer so wählen, dafs es mit dem entsprechenden die Bedingung 77) erfüllt. Unter dieser Voraussetzung konnten aber die affinen Systeme aus zwei ähnlichen um einen rechten Winkel gegeneinander verdrehten Feldern durch die Transformation $\mathfrak{T}$ abgeleitet werden. Wir sind so zur anschaulichsten Erzeugungsweise eines Strahlennetzes ohne Brennlinien gelangt:

Satz 108: **Das allgemeine Strahlennetz ohne Brennlinien kann aus dem Rotationsnetz erhalten werden, indem man durch den Hauptstrahl des letzteren eine Ebene E legt und alle Abstände von E im selben Verhältnis ändert.**

Bei Anwendung von $\mathfrak{T}$ auf den letzten Teil des Satzes 106 folgt, dafs die sich deckenden aber um einen rechten Winkel gegeneinander verdrehten entsprechenden Kreise von Σ, Σ' in aufeinander liegende Ellipsen übergehen; also:

Satz 109: Nimmt man in Σ eine Schar ähnlicher und ähnlich gelegener Ellipsen an, ordnet jedem Punkte P von Σ den auf derselben Ellipse in einem bestimmten Drehungssinn nächstgelegenen Endpunkt P' des zur Richtung MP konjugierten Durchmessers zu und hebt dann dieses Feld Σ' senkrecht von Σ nach Σ_1 ab, so erzeugen Σ, Σ_1 ein allgemeines Strahlennetz ohne Brennlinien. Jedes solche Netz kann auf eine einzige Art so erzeugt werden.*)

Man erkennt ferner unmittelbar den ersten Teil des folgenden Satzes:

Satz 110: Alle Strahlen eines Netzes ohne Brennlinien sind gegen den Hauptstrahl gleich gewunden. Hiernach kann man das Netz selbst rechts oder links gewunden nennen.**) Auch ein beliebiger Strahl eines solchen Netzes ist gegen alle Netzstrahlen einer gewissen Umgebung, die durch eine Regelschar eines hyperbolischen Paraboloids umgrenzt wird, gleich gewunden, wie das Netz selbst.

Das letztere folgt daraus, dafs ein Strahl bei kontinuierlicher Bewegung seine Windung gegen einen anderen festen s nur ändern kann, indem er ihn einmal schneidet oder einmal senkrecht kreuzt. Das erstere ist wegen der Abwesenheit singulärer Punkte des Netzes ausgeschlossen; das letztere ist wegen der Kontinuität in einer gewissen Umgebung von s ausgeschlossen. Hierdurch zeigt sich auch der Weg, die Umgebung, für die der Satz gilt, abzugrenzen. Dies geschieht nämlich durch die Strahlen, welche s senkrecht kreuzen. Sie schneiden die unendlich ferne Ebene in einer

---

*) Es handelte sich darum, die Sätze dieses Paragraphen ohne Anwendung der imaginären Elemente zu beweisen, da umgekehrt die Theorie der letzteren im nächsten Abschnitt auf die Kenntnis der Strahlennetze gegründet werden soll.

**) Auch eine Regelschar nennen wir „rechts" oder „links gewunden", je nachdem jeder ihrer Strahlen gegen seine Nachbarstrahlen rechts oder links gewunden ist.

geraden Punktreihe, bilden daher nach Satz 99 eine Regelschar.

Wir haben nun von allen Arten Strahlennetzen eine anschauliche Vorstellung und fassen zusammen:

Satz 111: Die Strahlennetze sind entweder:

I) „Allgemein“, und zwar α) mit zwei Brennlinien („hyperbolisch“), β) ohne Brennlinien („elliptisch“) oder

II) „Speziell“, mit einer Brennlinie („parabolisch“) oder

III) „Singulär“ (Strahlenbündel samt Feld).

Die allgemeinen Strahlennetze hängen von 8, die speziellen von 7, die singulären von 5 Parametern ab.

Dabei ergiebt sich von I, α) und II) je eine Abart, wenn eine Brennlinie in unendliche Ferne rückt, bei III) zwei Abarten, je nachdem blofs der Punkt S (vergl. § 53, c) oder auch die Ebene ε in unendliche Ferne rückt, so dafs wir mit Berücksichtigung der unendlich fernen Elemente acht Arten haben, wovon drei singulär sind.

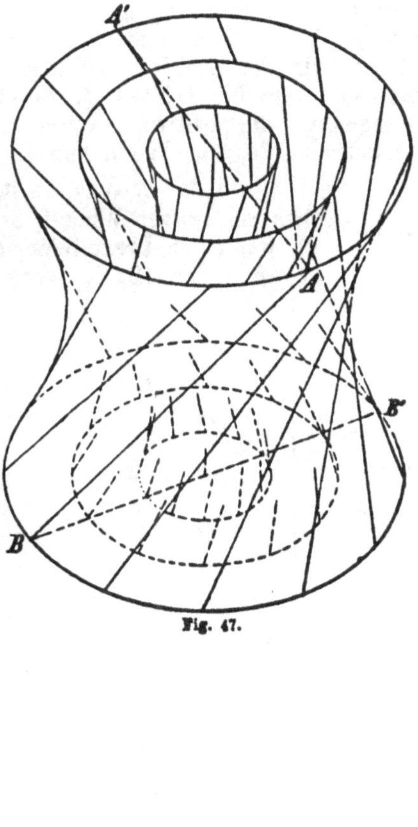

Fig. 47.

Von den Parametern kommen 6 auf die Lage im Raum. Es bleiben also bei den allgemeinen Strahlennetzen zwei für die Form und Gröfse, d. h. ein einziger für die Form übrig. In der That ist die Form bei I, α) durch den Winkel, unter dem sich die Brennlinien kreuzen, bei I, β) durch das Achsenverhältnis der Ellipsen des Satzes

108, das wir auch „Achsenverhältnis des Netzes" nennen, vollkommen bestimmt. Alle speziellen Netze mit gleichbezeichneten Parametern sind nach § 53, b) ähnlich.

In Fig. 47 ist ein elliptisches rechtsgewundenes Netz nach Satz 109 dargestellt (vergl. Anh. II).

---

§ 55. Einfachste analytische Darstellungen der Strahlennetze.

Für metrische Untersuchungen ist es vorteilhaft, das Strahlennetz in eine möglichst einfache Lage gegen ein rechtwinkliges Zeigersystem zu bringen. Wir verlegen die XY-Ebene in die Mittelebene, die Z-Achse in den Hauptstrahl des Netzes $\mathfrak{N}$ und unterscheiden nun:

a) Wenn $\mathfrak{N}$ zwei Brennlinien b, b' hat, welche die Z-Achse in den Punkten N, N' schneiden, so habe N nach willkürlicher Wahl der positiven Richtung in der Z-Achse den Z-Zeiger $-c$; dann hat N' den Z-Zeiger $+c$. Wir können die Bezeichnung immer so einrichten, dafs $c > 0$ ist. Sind β, β' die Projektionen von b, b' auf die Mittelebene, so wählen wir die positive Richtung in b willkürlich, in b' aber so, dafs der Winkel (β, β') ein hohler ist. Endlich verlegen wir die positive X-Achse in die Halbierungslinie des Winkelraums (β, β'). Wenn nun

$$\sphericalangle(X, \beta') = \alpha,$$

so ist α stets ein spitzer Winkel, und zwar kleiner als 45° (Fig. 48, a), wenn das Brennlinienpaar links gewunden ist; gröfser als 45° (Fig. 48, b), wenn b, b' rechts gewunden

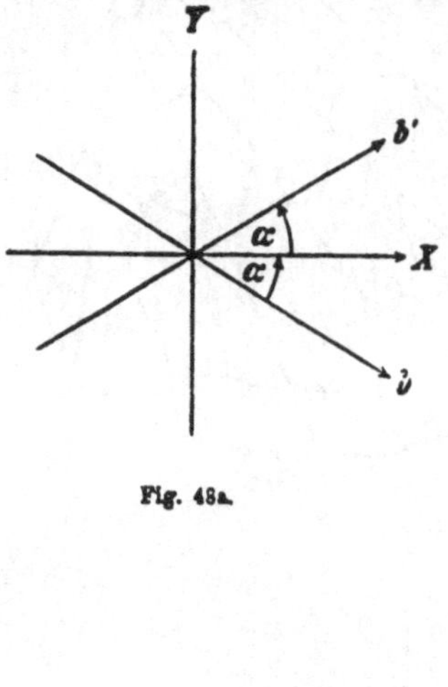

Fig. 48a.

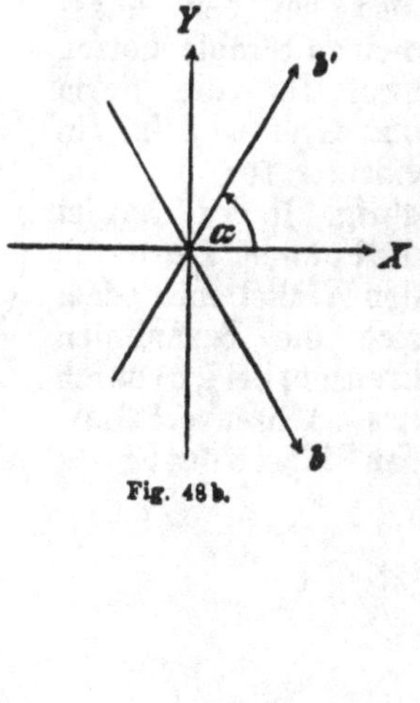

Fig. 48b.

sind. Denkt man sich die Mittelebene mit der (horizontalen) Zeichenebene zusammenfallend, so ist also in beiden Figuren b unter, b' über der Zeichenebene zu denken.

Haben die Schnittpunkte S, S' eines Netzstrahles s mit b, b' von N und N' bezw. die Abstände δ und δ', so sind die Zeiger von S und S':

$$x = \delta \cos\alpha, \qquad y = -\delta \sin\alpha, \qquad z = -c;$$
$$x' = \delta' \cos\alpha, \qquad y' = \delta' \sin\alpha, \qquad z' = c.$$

Hiernach kann man die Linienzeiger q_i von s nach § 33, Gleichungen 24) zusammenstellen:

78) $$\begin{aligned} q_1 &= (\delta' - \delta)\cos\alpha & q_4 &= (\delta' - \delta)\, c \sin\alpha \\ q_2 &= (\delta' + \delta)\sin\alpha & q_5 &= -(\delta' + \delta)\, c \cos\alpha \\ q_3 &= 2c & q_6 &= \delta\delta' \sin 2\alpha . \end{aligned}$$

Wir haben hiermit eine „Parameterdarstellung“ des Strahlennetzes I, α) gewonnen, d. h. die Linienzeiger der doppelt unendlichen Strahlenmannigfaltigkeit des Netzes sind durch zwei unabhängige Veränderliche δ, δ', die „Parameter“*) ausgedrückt. Die Relation

$$\Sigma q_i q_{i+3} = 0$$

ist vermöge 78) identisch erfüllt. Die q_i erfüllen die Gleichungen:

79) $$\frac{q_4}{q_1} = c \tan\alpha, \qquad \frac{q_5}{q_2} = -c \cot\alpha,$$

die von den Parametern frei sind; es sind die Gleichungen zweier linearen Komplexe, also des Netzes im Sinne von § 53.

Führt man

$$\delta' + \delta = u, \qquad \delta' - \delta = v$$

statt δ, δ' als Parameter ein, so erhält man:

78a) $$\begin{aligned} q_1 &= v \cos\alpha & q_4 &= v c \sin\alpha \\ q_2 &= u \sin\alpha & q_5 &= -u c \cos\alpha \\ q_3 &= 2c & q_6 &= \frac{1}{4}(u^2 - v^2)\sin 2\alpha \end{aligned}$$

*) Diese Parameter finden sich bei D'Emilio, Le superf. rig. di una congr. lin. Atti del Ist. Ven. Ser. VI. Bd. 3, b.

als Darstellung des Netzes. Insbesondere erhält man für ein rechtwinkliges Netz ($\alpha = 45^0$), indem man $\frac{u}{\sqrt{2}}$, $\frac{v}{\sqrt{2}}$ statt u, v als neue Parameter einführt:

$$78\text{b})\quad \begin{array}{ll} q_1 = v & q_4 = vc \\ q_2 = u & q_5 = -uc \\ q_3 = 2c & q_6 = \frac{1}{2}(u^2 - v^2) \end{array}$$

Man kann noch auf andere Art zu Gleichungen des Netzes gelangen, indem man zunächst die Zeiger b_i, b'_i, der Brennlinien aufschreibt: Es sind $(0, 0, c)$ und $(\cos\alpha, \sin\alpha, c)$ zwei Punkte von b', daher nach § 33:

$$\begin{array}{lll} b'_1 = \cos\alpha, & b'_2 = \sin\alpha, & b'_3 = 0, \\ b'_4 = -c\sin\alpha, & b'_5 = c\cos\alpha, & b'_6 = 0, \end{array}$$

Die Gleichung des Strahlengebüsches mit dem Träger b' ist:

$$\Sigma b'_i q_{i+3} = 0,$$

also:

$$80)\quad c(-q_1 \sin\alpha + q_2 \cos\alpha) + q_4 \cos\alpha + q_5 \sin\alpha = 0.$$

Um die Gleichung des Gebüsches b zu finden, hat man α und c gleichzeitig durch $-\alpha$ und $-c$ zu ersetzen:

$$81)\quad -c(q_1 \sin\alpha + q_2 \cos\alpha) + q_4 \cos\alpha - q_5 \sin\alpha = 0.$$

An Stelle der Gleichungen 80) und 81) erhält man durch Addition und Subtraktion die einfacheren:

$$q_4 \cos\alpha - q_1 c \sin\alpha = 0, \qquad q_5 \sin\alpha + q_2 c \cos\alpha = 0,$$

die mit 79) übereinstimmen.

b) Wenn die eine Brennlinie b' ins Unendliche rückt, versagt diese Darstellung; dann verlegen wir die andere b in die ZX-Ebene, wo sie die Z-Achse im Ursprung U unter dem Winkel ω schneiden möge (Fig. 49), während alle Strahlen des Netzes zur XY-Ebene parallel sein sollen. Wenn S ein Punkt von b und $US = \delta$ ist, so sind

$$x = \delta \sin\omega, \qquad y = 0, \qquad z = \delta \cos\omega$$

die Zeiger von S. Als Zeiger der Netzstrahlen s, s' durch S, die zur X- und Y-Achse parallel sind, findet man durch ein analoges Verfahren wie bei a):

$s \parallel X$	$s' \parallel Y$
1	0
0	1
0	0
0	$-\delta \cos \omega$
$\delta \cos \omega$	0
0	$\delta \sin \omega$

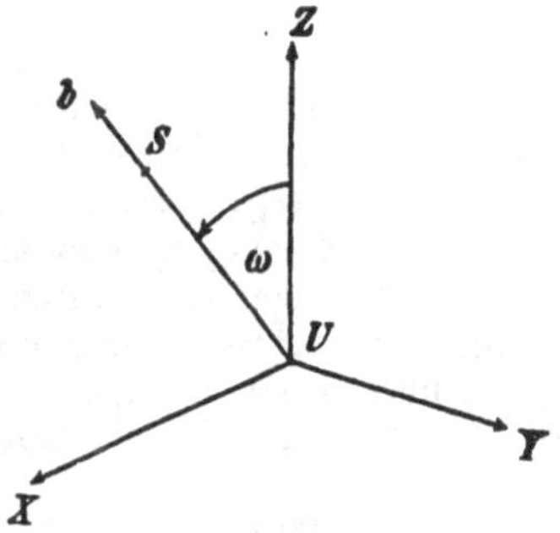

Fig. 49.

Also ist die Parameter-Darstellung des Netzes:

$$q_1 = \lambda, \qquad q_2 = \mu, \qquad q_3 = 0,$$
$$q_4 = -\mu\delta \cos \omega, \qquad q_5 = \lambda\delta \cos \omega, \qquad q_6 = \mu\delta \sin \omega,$$

wobei δ und $\lambda : \mu$ die Parameter sind. Als Schnitt zweier Komplexe wird das Netz dargestellt durch:

82) $$q_6 \cos \omega + q_4 \sin \omega = 0, \qquad q_3 = 0.$$

c) Wenn $\mathfrak{N}$ elliptisch ist, gehen wir vom Satz 109 aus: Wenn r die große Achse einer Ellipse dieses Satzes, m eine Konstante $(0 < m \leqq 1)$ ist, so sind die Zeiger von P:

$$x = r \cos u, \qquad y = mr \sin u, \qquad z = -c,$$

wobei u alle Werte von 0 bis 2π durchläuft. Die Zeiger von P' sind:

$$x' = -r \sin u, \qquad y' = mr \cos u, \qquad z' = c,$$

wobei c für rechts gewundene Netze positiv ist. Indem wir wieder nach § 33 die q_i bilden, erhalten wir als Parameterdarstellung des Netzes I, β):

83) $$\begin{aligned} q_1 &= -r(\cos u + \sin u) & q_4 &= cmr(\cos u + \sin u) \\ q_2 &= mr(\cos u - \sin u) & q_5 &= cr(\sin u - \cos u) \\ q_3 &= 2c & q_6 &= mr^2. \end{aligned}$$

Durch Elimination der Parameter r und u erhält man dasselbe Netz als Schnitt zweier Komplexe dargestellt:

$$84) \qquad q_4 + cmq_1 = 0, \qquad q_5 + \frac{c}{m} q_2 = 0.$$

Wenn der Schnittpunkt eines Strahles (u, r) mit der XY-Ebene (der Mittelebene) die Zeiger x_0, y_0 hat, so mufs, da die Punkte P, P' auf entgegengesetzten Seiten von der Mittelebene gleich weit entfernt sind, x_0 das arithmetische Mittel von x und x' sein u. s. w., wie man übrigens aus den Gleichungen 83) bestätigen kann, wenn man links für die q die Ausdrücke in den Punktzeigern einführt, dann $z = 0$ setzt und nach § 33 die übrigen fünf Zeiger berechnet. Also:

$$x_0 = \frac{1}{2} r (\cos u - \sin u), \qquad y_0 = \frac{1}{2} mr (\cos u + \sin u)$$

oder

$$r \cos u = \frac{y_0}{m} + x_0, \qquad r \sin u = \frac{y_0}{m} - x_0.$$

Führt man daher x_0, y_0 statt r, u als Parameter ein, so erhält man folgende Parameterdarstellung (mit Fortlassung eines Faktors 2):

$$83, a) \qquad \begin{aligned} q_1 &= -\frac{y_0}{m} & q_4 &= cy_0 \\ q_2 &= mx_0 & q_5 &= -cx_0 \\ q_3 &= c & q_6 &= mx_0^2 + \frac{1}{m} y_0^2. \end{aligned}$$

83) ist auch die Parameterdarstellung einer Regelschar, wenn man r als konstant betrachtet. Durch die verschiedenen Werte von r ist das Netz in ∞^1 Regelscharen zerlegt, deren Kehlellipsen, die wir auch Kehlellipsen des Netzes nennen, alle in der Mittelebene liegen und die Achsen der Lage nach gemein haben. Wir nennen die letzteren auch „Achsen des Netzes". Sie schneiden einander und den Hauptstrahl rechtwinklig im „Mittelpunkt" des Netzes; die beiden Ebenen des Satzes 109 seien „Potenzebenen" genannt.

Als Mittelpunkt eines hyperbolischen Netzes bezeichnen wir die Mitte der von den Brennlinien auf dem Hauptstrahl ausgeschnittenen Strecke, als Achsen die Halbierungslinien der Geraden β, β' unter a).

d) Bei einem speziellen Strahlennetz verlegen wir die Brennlinie in die X-Achse und die Mittelebene (§ 54, Anm.) in die XY-Ebene. Ist δ der Abstand des Scheitels S eines ebenen Strahlbüschels des Netzes vom Ursprung, dessen Ebene mit der XY-Ebene den Winkel ω bildet, so findet man ähnlich wie unter b) als Parameterdarstellung dieses Strahlbüschels:

$$q_1 = \lambda, \qquad q_2 = \mu \cos\omega, \qquad q_3 = \mu \sin\omega$$
$$q_4 = 0, \qquad q_5 = -\mu\delta \sin\omega, \qquad q_6 = \mu\delta\cos\omega.$$

Dabei sind nach Gleichung 66) δ und ω durch die Gleichung

$$\cot\omega = K\delta$$

verknüpft; nach § 54, Anm. ergänzen sich nämlich das α der Gleichung 66) und das ω zu $\frac{\pi}{2}$. Wenn δ wächst, wird sich hier die zugeordnete Ebene bei positivem K im negativen Sinne drehen. Danach kann man entweder

85) $$q_1 = \lambda, \qquad q_2 = \mu\cos\omega, \qquad q_3 = \mu\sin\omega$$
$$q_4 = 0, \qquad q_5 = -\frac{\mu}{K}\cos\omega, \qquad q_6 = \frac{\mu}{K}\,\frac{\cos^2\omega}{\sin\omega}$$

oder

86) $$q_1 = \lambda\sqrt{1 + K^2\delta^2}, \qquad q_2 = \mu K\delta, \qquad q_3 = \mu$$
$$q_4 = 0, \qquad q_5 = -\mu\delta, \qquad q_6 = \mu K\delta^2$$

als Darstellung des Netzes wählen; im ersten Fall sind ω und $\lambda : \mu$, im zweiten δ und $\lambda : \mu$ die Parameter. Auch

87) $$q_4 = 0, \qquad q_2 + Kq_5 = 0$$

sind Gleichungen des Netzes.

e) Wenn die Brennlinie des speziellen Strahlennetzes unendlich fern ist, verlegen wir sie in die Stellung der XY-Ebene. Die Punktreihe auf der Brennlinie, d. h. die Richtungen des Strahlbüschels $\tau = y : x$ und das Ebenenbüschel $z = \delta$ (daher auch ein beliebiger Schnitt desselben, z. B. die Punktreihe auf der Z-Achse) sind dann einander projektiv zugeordnet. Indem wir auch das Büschel $\tau = y : x$ aus der Z-Achse projizieren, haben wir auf dieser eine Korrelation, für die nach 66) bei einfachster Wahl des Zeigersystems die Beziehung

$$\tau = K\delta$$

gilt. Also sind

$$y = K\delta x + \nu \qquad z = \delta$$

die Gleichungen aller Strahlen des Netzes und

$$\begin{aligned} q_1 &= 1, & q_2 &= K\delta, & q_3 &= 0 \\ -q_4 &= K\delta^2, & q_5 &= \delta, & q_6 &= -\nu \end{aligned}$$

die Parameterdarstellung,

89) $$q_3 = 0, \qquad q_2 - Kq_5 = 0$$

die Schnittdarstellung desselben.

Im Büschel giebt es zwei ausgezeichnete Richtungen, nämlich die der unendlich fernen Ebene entsprechende und die darauf senkrechte, die „Hauptrichtung"; ihre entsprechende Ebene nennen wir die „Hauptebene" des Netzes. Hier fällt sie in die XY-Ebene, und die Hauptrichtung in die X-Richtung. Das Netz gestattet die ∞^2 Translationen, bei denen die Hauptebene in sich übergeführt wird.

f) Ist $\mathfrak{N}$ singulär, so verlegen wir den Punkt S (§ 53, c)) in den Ursprung, die Ebene ε in die XY-Ebene. Die Strahlen durch den Ursprung sind durch

$$q_4 = q_5 = q_6 = 0,$$

die in der XY-Ebene durch

$$q_3 = q_4 = q_5 = 0$$

gekennzeichnet. Also sind

90) $$q_4 = q_5 = 0$$

die Gleichungen des Netzes. In der That mufs umgekehrt, wenn die Gleichungen 90) erfüllt sind, wegen

$$q_1 q_4 + q_2 q_5 + q_3 q_6 = 0$$

entweder q_3 oder q_6 Null sein.

Rückt S auf der X-Achse ins Unendliche, so sind

$$q_2 = q_3 = q_4 = 0$$

die Gleichungen des Strahlenbündels,

$$q_3 = q_4 = q_5 = 0$$

nach wie vor die des Strahlenfeldes, also

91) $$q_3 = q_4 = 0$$

die des ganzen Netzes.

Ist endlich ε die unendlich ferne Ebene, und S durch die Richtung der X-Achse repräsentiert, so sind wie früher

$$q_2 = q_3 = q_4 = 0$$

die Gleichungen des Bündels, während an Stelle des Strahlenfeldes die Gesamtheit der Felder des Raums tritt (§ 36):

$$q_1 = q_2 = q_3 = 0.$$

Daher sind

92) $$q_2 = q_3 = 0$$

die Gleichungen des Netzes.

Alle Parameterdarstellungen dieses Paragraphen gelten auch, wenn die q tetraedrische Zeiger bedeuten (nur verschwinden die event. Beziehungen zu den unendlich fernen Elementen und die Parameter haben überhaupt keine so einfache geometrische Bedeutung mehr); denn die Elimination der Parameter führt zu denselben Gleichungen wie früher.

§ 56. Die Involution zweier linearen Komplexe.

Wenn die simultane Invariante (§ 52) zweier linearen Komplexe

$$\Sigma a_i p_{i+3} = 0, \qquad \Sigma b_i p_{i+3} = 0$$

verschwindet, also

93) $$\omega(a, b) = \Sigma a_i b_{i+3} = \Sigma a_{i+3} b_i = 0$$

ist, so sagen wir, die Komplexe seien in Involution.*) Wir setzen zuerst voraus, beide Komplexe seien Gewinde.

*) Der Begriff der Involution zweier Komplexe wurde von Klein (Gött. Nachr. 1869) eingeführt.

Um die geometrische Bedeutung ihrer involutorischen Lage zu erkennen, bilden wir einen Strahl s des zweiten Gewindes (b_i) durch die Reciprocität ab, die durch das erste Gewinde definiert ist, d. h. wir suchen die Polare s_i' von s_i in (a) nach Gleichung 51):

$$\varrho s_i' = a_i \omega(a, s) - A \,.\, s_i.$$

Es läfst sich zeigen, dafs auch s_i' dem Komplex (b) angehört; denn es ist:

$$\varrho \Sigma b_{i+3} s_i' = \omega(a, s) \Sigma b_{i+3} a_i - A \Sigma b_{i+3} s_i.$$

Nun verschwinden beide Summen rechts, also auch die Summe links. Umgekehrt verschwindet die Summe links nur dann, wenn auch die erste Summe rechts verschwindet. Ist einer oder beide Komplexe speziell, so ergiebt sich die Bedeutung der Gleichung 93) unmittelbar; also:

Satz 112: Wenn zwei Gewinde involutorisch sind, so wird jedes durch das Nullsystem des anderen in sich selbst übergeführt und umgekehrt. Sind ein Gewinde und ein Strahlengebüsch involutorisch, so gehört der Träger des letzteren dem Gewinde an. Die Träger zweier involutorischen Strahlengebüsche schneiden sich.

Man kann aus diesem Satz eine andere noch anschaulichere Eigenschaft der involutorischen Lage entnehmen: Auf einem gemeinsamen Strahle t der Komplexe (a) und (b) wähle man (Fig. 50) einen Punkt P; ihm entspricht eine Nullebene α in (a) und eine β in (b); α habe in (b) den Nullpunkt A auf t, β in (a) den Nullpunkt B auf t.

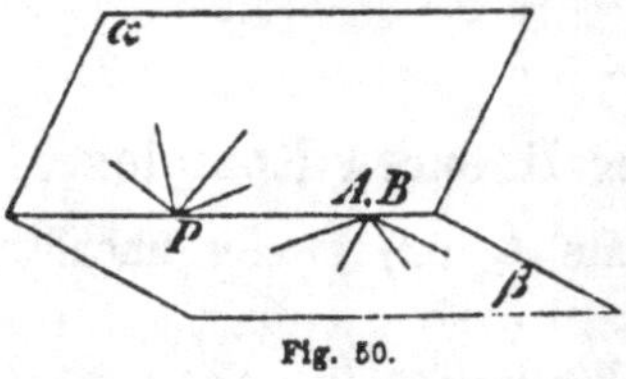

Fig. 50.

Nun sind A und B identisch, wenn die Komplexe in Involution sind. Denn dem Büschel (P, α) entspricht im Nullsystem (b), weil es den Scheitel P hat, ein Büschel in β und weil es in der Ebene α liegt, ein Büschel mit dem Scheitel A, also das Büschel (A, β). Andererseits mufs es nach Satz 112 wieder ein Büschel von (a) sein, also da es in β liegt, das Büschel (B, β). Daher sind A und B identisch. Wäre man vom Punkt $A \equiv B$, den wir jetzt Q nennen, ausgegangen, so wäre man durch dieses Verfahren zu P zurückgekommen. Jedes der vier Elemente P, Q, α, β bestimmt die drei übrigen. Dreht sich α um t, so sind die Reihen P und Q auf t auch bei zwei beliebigen Komplexen projektiv, hier aufserdem involutorisch. Durch Zusammensetzung der beiden Reciprocitäten, die durch zwei Gewinde definiert sind, entsteht eine Kollineation, die also hier involutorisch ist.

Satz 113: Durch zwei involutorische Gewinde sind die Punkte (Ebenen) des Raums involutorisch gepaart, indem die beiden Nullpunkte einer Ebene (die beiden Nullebenen eines Punktes), die sich um einen gemeinsamen Strahl t dreht (der sich auf t bewegt), involutorische Reihen (Büschel) beschreiben. Diese Involution ist eine Kollineation.

Wir wollen sie noch analytisch darstellen (Stolz, Math. Ann., Bd. IV, S. 440), indem wir die Zeiger von g_1 aus denen von g berechnen. Es ist dabei gleichgültig, ob wir zuerst die Polare g' von g in (a) und dann die Polare g_1 von g' in (b) suchen oder zuerst die Polare g'_1 von g in (b) und dann die Polare γ_1 von g'_1 in (a); denn γ_1 mufs mit g_1 zusammenfallen. Wir schlagen etwa den ersten Weg ein: Wenn s_i die Zeiger von g, s'_i von g', s''_i von g_1 sind, so ist nach Gleichung 51) (vergl. den Anfang dieses Paragraphen):

94) $$\varrho s'_i = a_i \,.\, \omega(a, s) - A \,.\, s_i$$

95) $$\varrho' s''_i = b_i \,.\, \omega(b, s') - B \,.\, s'_i,$$

wobei

$$B = \Sigma b_i b_{i+3}.$$

Setzen wir aus 94) die Werte in 95) ein, so wird

$$\varrho \,.\, \omega(b, s') = \Sigma b_{i+3} \,.\, \varrho s'_i = \omega(a, s) \,.\, \omega(b, a) - A \,.\, \omega(b, s).$$

Da wegen der Involution $\omega(b, a) = 0$, so bleibt

$$\varrho\varrho' s''_i = -A b_i \,.\, \omega(b, s) - B a_i \,.\, \omega(a, s) + A B s_i,$$

oder indem man $\varrho\varrho' = -\sigma$ setzt:

96) $$\sigma s''_i = A b_i \,.\, \omega(b, s) + B a_i \,.\, \omega(a, s) - A B \,.\, s_i.$$

Zwei Gewinde $\mathfrak{A}$ und $\mathfrak{B}$ mit den Zeigern a_i und b_i bestimmen ein Büschel. Zwei Komplexe $\mathfrak{C}$, $\mathfrak{C}'$ desselben mögen die Zeiger $\lambda a_i + \mu b_i$ und $\lambda' a_i + \mu' b_i$ haben. Sie stehen in Involution, wenn

$$97)\quad \omega(\lambda a_i + \mu b_i,\ \lambda' a_i + \mu' b_i) = \lambda\lambda' . \omega(a) + (\lambda\mu' + \lambda'\mu) . \omega(a, b) + \mu\mu' . \omega(b) = 0.$$

Wählt man $\lambda : \mu$ willkürlich, so ergiebt sich hieraus $\lambda' : \mu'$ eindeutig; d. h.:

Satz 114: Zu jedem Gewinde eines Büschels giebt es ein einziges desselben Büschels, das mit ihm involutorisch liegt.

Waren insbesondere schon $\mathfrak{A}$ und $\mathfrak{B}$ involutorisch, so reduziert sich Gleichung 97) auf

$$\lambda\lambda' . \omega(a) + \mu\mu' . \omega(b) = 0$$

oder

$$98)\quad \lambda\lambda' A + \mu\mu' B = 0.$$

Wenn der Träger $\mathfrak{N}$ des Büschels elliptisch ist, so sind nach Gleichung 65) A und B gleichbezeichnet (das Umgekehrte gilt nicht), und wir wollen nachsehen, wie die Windung von $\mathfrak{N}$ vom Vorzeichen der Invariante sämtlicher Komplexe des Büschels abhängt. Wir dürfen eine spezielle Lage gegen das Zeigersystem voraussetzen und können also aus Satz 88 und § 55, c) nach der dort angegebenen Bedeutung des Vorzeichens von c unmittelbar entnehmen:

Satz 115: Sämtliche Gewinde eines Büschels mit elliptischem Träger $\mathfrak{N}$ sind links oder rechts gewunden, je nachdem $\mathfrak{N}$ rechts oder links gewunden ist; im ersten Fall sind die Invarianten der Gewinde positiv.

---

§ 57. Die geschart involutorischen räumlichen Systeme.

Wenn $\mathfrak{N}$ ein Strahlennetz mit zwei Brennlinien b, b' ist, so geht durch jeden Punkt P des Raumes ein Strahl von $\mathfrak{N}$, auf dem wir dem Punkt P denjenigen P' zuordnen wollen, der von P durch die Schnittpunkte mit b, b' harmonisch getrennt ist. Die Punkte des Raums sind so einander involutorisch zugeordnet, wobei die Punkte von b, b' sich selbst entsprechen (duale Konstruktion?). Diese Zuordnung ist eine Kollineation, weil allen Punkten einer Geraden g die Punkte derjenigen Geraden g' projektiv zugeordnet sind, die auf der Regelschar (g, b, b') von g harmonisch getrennt ist. Die Strahlen von $\mathfrak{N}$ entsprechen sich in der Kollineation selbst. Man nennt eine nicht perspektive räumliche Kollineation,*) bei der ∞^2 selbstentsprechende Strahlen vorkommen, eine gescharte Kollineation, insbesondere, wenn sie involutorisch ist, eine gescharte Involution (Staudt, Beitr. zur Geom. d. Lage, Art. 101; 1856).

Es ist nun für den folgenden Abschnitt sehr wichtig zu beweisen, dafs durch jedes allgemeine Strahlennetz unabhängig von der Existenz der Brennlinien eine gescharte Involution eindeutig definiert ist. Das Netz bestimmt ein Komplexbüschel; es ist also nur noch nachzuweisen, dafs die Involution des Satzes 113 davon unabhängig ist, von welchem der ∞^1 involutorischen Komplexpaare des Büschels (Satz 114) man ausgeht. Bestimmt man eine Involution $\mathfrak{J}$ statt durch die Komplexe $\mathfrak{A}$ und $\mathfrak{B}$ durch die Komplexe $\mathfrak{C}$ und $\mathfrak{C}'$ (vergl. den Schlufs des vorhergehenden Paragraphen), so hat man, um $\mathfrak{J}$ analytisch darzustellen, in die Gleichung 96) einzusetzen:

$$\begin{array}{rll}
\lambda a_i+\mu b_i & \text{statt } a_i & \\
\lambda' a_i+\mu' b_i & \;\;\text{„}\;\; b_i & \\
\tfrac{1}{2}\omega(\lambda a_i+\mu b_i)=\lambda^2 A+\mu^2 B & \;\;\text{„}\;\; A & \\
\lambda'^2 A+\mu'^2 B & \;\;\text{„}\;\; B & \\
\lambda.\omega(a,s)+\mu.\omega(b,s) & \;\;\text{„}\;\; \omega(a,s), & \text{was kürzer } \omega_a \text{ heifse} \\
\lambda'.\omega(a,s)+\mu'.\omega(b,s) & \;\;\text{„}\;\; \omega(b,s), & \text{„} \quad \text{„} \quad \omega_b \quad \text{„}
\end{array}$$

Wir können von nun an $A = + B = + 1$ voraussetzen (und zwar für elliptische Netze sicher $A = B$, nach Satz 115; wir verfolgen von nun an nur diesen Fall, der andere ist ganz analog), weil wir die Komplexgleichungen mit einem

*) Die perspektive räumliche Involution erhält man, indem man einen Punkt S und eine Ebene E annimmt und auf jedem Strahl s durch S jedem Punkt den durch S und (s, E) harmonisch getrennten zuordnet.

beliebigen Faktor multiplizieren dürfen. Dann geht die Relation 98) in

99) $$\lambda\lambda' + \mu\mu' = 0$$

über und die Gerade S_i, die der s_i in $\mathfrak{J}$ entspricht, ist gegeben durch:

100) $$\begin{aligned}\sigma S_i = (\lambda^2 + \mu^2)(\lambda' a_i + \mu' b_i)(\lambda' \omega_a + \mu' \omega_b) + \\ (\lambda'^2 + \mu'^2)(\lambda a_i + \mu b_i)(\lambda\omega_a + \mu\omega_b) - (\lambda^2 + \mu^2)(\lambda'^2 + \mu'^2) s_i.\end{aligned}$$

Vermöge 99) ist

$$(\lambda^2 + \mu^2)(\lambda'^2 + \mu'^2) = (\lambda\mu' - \lambda'\mu)^2.$$

Ferner hat ω_b den Koeffizienten:

$$\begin{aligned} a_i(\lambda\mu' + \lambda'\mu)(\lambda\lambda' + \mu\mu') \\ + b_i[(\lambda\mu' - \lambda'\mu)^2 + 2\mu\mu'(\lambda\lambda' + \mu\mu')] = b_i(\lambda\mu' - \lambda'\mu)^2.\end{aligned}$$

Die rechten Seiten von 96) und 100) unterscheiden sich also nur durch den Faktor $(\lambda\mu' - \lambda'\mu)^2$, weshalb die S_i den s_i'' proportional sind.

Satz 116: Durch jedes allgemeine Strahlennetz ist eindeutig eine gescharte Involution definiert, nämlich diejenige, welche irgend zwei involutorische Komplexe des Büschels bestimmen, dessen Träger das Netz ist.

Wir wollen uns noch überzeugen, dafs im hyperbolischen Falle die Involution $\mathfrak{J}$ dieses Satzes mit der am Anfang dieses Paragraphen aufgestellten $\mathfrak{J}'$ identisch ist: Um in $\mathfrak{J}$ zu einem Punkte den entsprechenden zu finden, haben wir in dem einen Komplex seine Nullebene und dann deren Nullpunkt im andern zu suchen. Die Punkte der Brennlinien entsprechen sich also auch in $\mathfrak{J}$ selbst. Da nun eine gerade Punktinvolution durch ihre etwaigen Doppelpunkte vollkommen bestimmt ist, so müssen auf jedem Strahl des Netzes die involutorischen Reihen von $\mathfrak{J}$ und $\mathfrak{J}$ identisch sein.

Wir wollen die Involution für den Fall eines elliptischen Netzes noch als Punktverwandtschaft in der speziellen Lage gegen das Zeigersystem (§ 55, c)) analytisch darstellen: Wir erhalten die Reciprocität des ersten Nullsystems 84), wenn wir in den Gleichungen 15, a) des § 46

$$a_4 = 1, \qquad a_1 = cm,$$

alle übrigen a Null setzen. Wir berechnen ferner im zweiten Nullsystem zu einer Ebene den Nullpunkt x'_i, wenn wir in den Gleichungen 16, a) des § 46

$$a_2 = \frac{c}{m}, \qquad a_5 = 1,$$

alle übrigen a Null setzen. Diese beiden Verwandtschaften:

$$\text{101)} \qquad \begin{aligned} \sigma u_1 &= c m x_3 & \qquad \tau x'_1 &= u_3 \\ \sigma u_2 &= -c m x_1 & \tau x'_2 &= -\frac{c}{m} u_4 \\ \sigma u_3 &= x_4 & \tau x'_3 &= -u_1 \\ \sigma u_5 &= -x_3 & \tau x'_4 &= \frac{c}{m} u_2 \end{aligned}$$

haben wir zusammenzusetzen:

$$\text{102)} \qquad \begin{aligned} \sigma\tau x'_1 &= x_4 \\ \sigma\tau x'_2 &= \frac{c}{m} x_3 \\ \sigma\tau x'_3 &= -c m x_2 \\ \sigma\tau x'_4 &= -c^2 x_1 \end{aligned}$$

und schliefslich (nach der Regel von § 31) $x_2 : x_1$, $x_3 : x_1$, $x_4 : x_1$ durch x, y, z zu ersetzen:

$$\text{103)} \qquad \begin{aligned} x' &= \frac{c}{m} \frac{y}{z} \\ y' &= -c m \frac{x}{z} \\ z' &= -\frac{c^2}{z}. \end{aligned}$$

In der That hat die Auflösung nach x, y, z:

$$x = \frac{c}{m} \frac{y'}{z'}, \qquad y = -c m \frac{x'}{z'}, \qquad z = -\frac{c^2}{z'}$$

dieselbe Form, wie die ursprünglichen Gleichungen, wie es bei einer involutorischen Beziehung sein mufs. Da die beiden Komplexe 84), von denen wir ausgingen, auch wenn die q tetraedrische Zeiger bedeuten, involutorisch liegen, so wird die zugehörige Involution für allgemeine Zeiger durch 102) dargestellt. Das Grundtetraeder liegt dabei gegen das Netz so, dafs die Gegenkanten P_1P_4 $(x_2 = x_3 = 0)$ und P_2P_3 dem Netze angehören und die beiden Eckpunkte des Tetraeders auf jeder dieser beiden Kanten ein Paar der Involution sind; analog dual.

Fassen wir zwei Strahlen s, s' eines allgemeinen Netzes und die Involution auf s auf, so giebt jedes Paar P, P_1 derselben, mit s' als selbstentsprechendem Strahl verbunden, zwei Ebenen, die in der gescharten Involution einander entsprechen, also ein Paar der Involution um s' bilden; d. h.: Projiziert man die Punktinvolution auf irgend einem Strahl eines allgemeinen Netzes $\mathfrak{N}$ aus den anderen Strahlen von $\mathfrak{N}$ und schneidet die Ebeneninvolution um irgend einen Strahl von $\mathfrak{N}$ mit den anderen Strahlen von $\mathfrak{N}$, so erhält man dieselben Involutionen, die schon durch $\mathfrak{N}$ definiert sind. Anders ausgedrückt:

Satz 117: Jede zu einem Strahl eines Netzes gehörige Punktinvolution liegt zu jeder zu einem Strahl desselben gehörigen Ebeneninvolution perspektiv.

Insbesondere sind also auch die ebenen affinen parallelen Systeme, durch die $\mathfrak{N}$ erzeugt werden kann (Satz 104), involutorisch gepaart und schneiden auf jedem endlichen Strahl des Netzes die Involution auf diesem Strahl aus; ebenso sind in der Stellung der Mittelebene die Richtungen involutorisch gepaart (Involution der Centralbüschel nannten wir es in § 54) und bestimmen mit jedem endlichen Strahl die Ebeneninvolution um diesen Strahl. Der unendlich fernen Ebene entspricht die Mittelebene, auf der also die Centralpunkte sämtlicher geraden Punktinvolutionen liegen.

Wir nennen nach dem zugehörigen Netz auch eine gescharte Involution elliptisch oder hyperbolisch.

---

§ 58. Die speziellen Strahlennetze eines Gewindes und die Parameter ihrer Korrelationen.

Jeder Strahl s eines Gewindes $\mathfrak{G}$ mit der Achse a ist Brennlinie eines speziellen Strahlennetzes. Alle diese Netze sind (nach § 54, Schlufs) zweien von ihnen ähnlich und unterscheiden sich nur durch den Parameter K der Korrelation auf s, den wir als Funktion des kürzesten Abstands δ zwischen s und a und des Gewindeparameters $\mathfrak{k}$ berechnen wollen. Der Fufspunkt von δ auf s sei N. Dann ist nach § 53, b) nur die Winkelgeschwindigkeit φ_0 zu berechnen, mit der sich die Nullebene um s dreht, wenn ein Punkt auf s den Punkt N mit der Geschwindigkeit eins durchschreitet. Sei n die Normale der beweglichen Nullebene; dann hat (Fig. 51) der Winkel zwischen zwei beliebigen Lagen von n die Stellung einer durch die X-Achse gehenden Ebene. Die Winkel-Geschwindigkeit kann also durch die Änderung des Winkels $(X, n) = \omega$ gemessen werden. Wenn t der Abstand eines Punktes P auf s von N ist und $(Y, s) = \nu$, so sind die Zeiger von P:

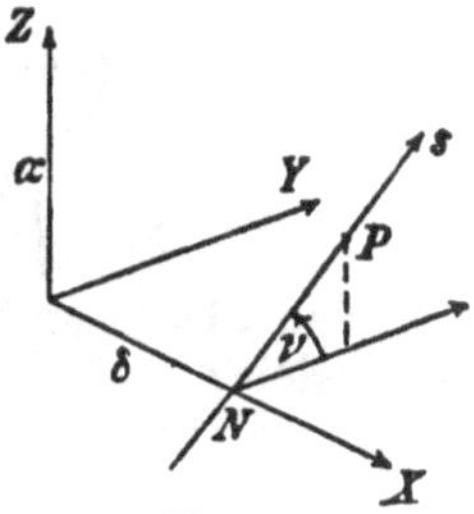

Fig. 51.

$$x = \delta, \qquad y = t \,.\, \cos \nu, \qquad z = t \,.\, \sin \nu.$$

Nun ist nach § 8, Gleichung 14):

$$tg \nu = -\frac{\delta}{\mathfrak{k}}.$$

Wenn also

$$\left| \sqrt{\mathfrak{k}^2 + \delta^2} \right| = w$$

gesetzt wird, ist

$$\sin \nu = \frac{\delta}{w}, \qquad \cos \nu = -\frac{\mathfrak{k}}{w}.$$

Wählt man nämlich jene Richtung von s als positive, die mit der Z-Achse einen spitzen Winkel einschliefst, so mufs das negative Zeichen beim cos stehen, wie Fig. 51 mit Berücksichtigung der geometrischen Bedeutung von $\mathfrak{k}$ zeigt (Fig. 51 entspricht einem rechtsgewundenen Gewinde, also einem negativen $\mathfrak{k}$; vergl. § 11). Setzt man die Zeiger von P, nämlich

$$\delta, \quad -\frac{\mathfrak{k}t}{w}, \quad \frac{\delta t}{w}$$

in die Gleichung der Nullebene (§ 7):

$$x\eta - y\xi + \mathfrak{k}(\zeta - z) = 0$$

eines beliebigen Punktes ein, so erhält man:

$$w\delta\eta + \mathfrak{k}t\xi + \mathfrak{k}(w\zeta - t\delta) = 0$$

als Gleichung aller Nullebenen von s. Wir entnehmen daraus:

$$\cos\omega = \frac{\mathfrak{k}t}{\sqrt{(\mathfrak{k}^2 + \delta^2)^2 + \mathfrak{k}^2 t^2}}$$

und müssen $\varphi_0 = \left[\frac{d\omega}{dt}\right]_{t=0}$ berechnen. Indem wir zunächst blofs den absoluten Betrag suchen und berücksichtigen, dafs für t gleich Null $\cos\omega = 0$ und $\sin\omega = \pm 1$ ist, erhalten wir durch Differentiation der Gleichung

$$\cos\omega \,.\, \sqrt{w^4 + \mathfrak{k}^2 t^2} = \mathfrak{k}t$$

unmittelbar:

$$w^2 \left[\frac{d\omega}{dt}\right]_{t=0} = \mathfrak{k},$$

also:

$$|\varphi_0| = \frac{\mathfrak{k}}{\mathfrak{k}^2 + \delta^2}.$$

Die Nullebene dreht sich bei wachsendem t im positiven Sinn, wenn das Gewinde rechts gewunden (nach Satz 14 durch die Normalebenen einer linksgewundenen Schraubung definiert) ist, also wenn (§ 11) $\mathfrak{k}$ negativ ist.*) Wir wünschen durch das Vorzeichen des Parameters K der Korrelation auf s auch den Drehungssinn der Nullebene auszudrücken, müssen also (vergl. § 53, b)) schreiben:

$$K = -\frac{\mathfrak{k}}{\mathfrak{k}^2 + \delta^2}. \tag{104}$$

Hiermit können wir nach Gleichung 67) auch die Winkelgeschwindigkeit φ der Nullebene in einem beliebigen Punkte P von s berechnen:

$$\varphi = \frac{-\mathfrak{k}w^2}{w^4 + \mathfrak{k}^2 t^2}.$$

---

*) Dies sieht man aus Fig. 51 unmittelbar, wenn man berücksichtigt, dafs die Normale von P auf α stets der Nullebene angehört. Nebenbei folgt: Die speziellen Strahlennetze eines Gewindes sind ebenso gewunden, wie das Gewinde selbst.

Andererseits ist der Abstand ϱ des Punktes P von a gegeben durch:

$$\varrho^2 = t^2 \cos^2 \nu + \delta^2 = \frac{t^2 \mathfrak{k}^2}{w^2} + \delta^2,$$

also:

$$\varrho^2 + \mathfrak{k}^2 = \frac{t^2 \mathfrak{k}^2 + w^4}{w^2},$$

und:

105) $$\varphi = \frac{-\mathfrak{k}}{\mathfrak{k}^2 + \varrho^2}.$$

Diese Gleichung enthält 104) als Spezialfall in sich und zeigt das später noch zu benützende Ergebnis:

Satz 118: Bewegt sich ein Punkt P auf einem Gewindestrahl mit der Geschwindigkeit eins, so ist die Winkelgeschwindigkeit seiner Nullebene nur von der Entfernung des Punktes von der Achse, aber nicht von der Richtung der Bewegung abhängig.

---

§ 59. Erzeugung eines Gewindes durch Schiebung, Drehung und Schraubung seiner Netze.

Eine Rotationsfläche kann nicht nur durch Drehung ihrer Meridiankurve, sondern auch einer beliebigen auf ihr liegenden Kurve erzeugt werden. Allerdings wird sie dadurch nicht immer vollständig erhalten. Dreht sich z. B. ein Kugelkreis um einen Durchmesser der Kugel, so wird i. A. nur eine Kugelzone erzeugt. Analog wird, da ein Gewinde $\mathfrak{G}$ nicht nur eine Drehung, sondern auch eine Schraubung um seine Achse a gestattet, jedes in $\mathfrak{G}$ enthaltene Netz $\mathfrak{N}$ durch Schraubung um a das Gewinde erzeugen. Aber man wird zu untersuchen haben, ob jeder Strahl von $\mathfrak{G}$ so erhalten werden kann. Da die Schraubung in eine Schiebung und eine Drehung zerlegt werden kann, genügt es, diese beiden Fälle zu betrachten.

a) Wir erzeugen $\mathfrak{G}$ durch Schiebung von $\mathfrak{N}$ längs der Richtung a und fragen, ob die Erzeugung vollständig ist.

Wir suchen alle Strahlen von 𝔑, die irgend einen Durchmesser d von 𝔊 schneiden; sie bilden nach Satz 99 eine Regelschar ℜ zweiter Ordnung und zwar hier ein hyperbolisches Paraboloid, weil sie auch die unendlich ferne Polare von d schneiden. Projizieren wir ℜ längs der Richtung d auf die Nullebene ν irgend eines Punktes P von d, so werden die Projektionen das Büschel (P, ν) vollständig ausfüllen; daher wird dieses Büschel auch vollständig durch die Schiebung erhalten, wenn diese von $-\infty$ bis $+\infty$ ausgedehnt wird.

Satz 119: Ein Gewinde wird durch Schiebung jedes in ihm enthaltenen Netzes vollständig erzeugt.

b) Wir erzeugen 𝔊 durch Drehung von 𝔑 um a. Die unendlich ferne Gerade von 𝔑 mufs auch in 𝔊 enthalten sein, d. h. die Mittelebene von 𝔑 mufs parallel zu a sein (für die hyperbolischen Netze folgt dies unmittelbar aus Satz 10). Wir betrachten, falls 𝔑 allgemein ist, nur den einfachsten Fall, dafs die Mittelebene a selbst enthält. Ist dann

α) das Netz 𝔑 hyperbolisch, so bilden die Brennlinien b, b' mit a gleiche Winkel. Wir betrachten eine Ebene $E \parallel a$ und fragen, ob in dieser alle Gewindestrahlen durch Drehung von 𝔑 erhalten werden können. Als Ausgangsstellung von 𝔑 betrachten wir dabei diejenige, in welcher b, b' parallel zu E sind. Bei Drehung um a beschreiben b, b' dasselbe Rotationshyperboloid, das von E in einer Hyperbel geschnitten wird, deren Asymptoten die Richtungen b, b' haben; und zwar beschreibt bei halber Drehung von der Ausgangsstellung aus der Schnittpunkt von b den einen, der von b' den anderen Ast der Hyperbel vollständig. Je zwei Punkte der Hyperbel auf verschiedenen Ästen sind durch dieselbe Lage von 𝔑 einander zugeordnet und wir wissen von vornherein, dafs sich die Verbindungslinie zugeordneter Punkte parallel zu sich selbst bewegt. Sie mufs also, da die Äste vollständig beschrieben werden, auch die Ebene E vollständig durchschreiten (der Leser fertige eine Skizze selbst und verfolge die zwei Möglichkeiten, dafs E von a durch b, b' getrennt sein kann oder nicht). Nur wenn E durch b oder b' geht, werden die Gewindestrahlen in E nicht erhalten. Da aber solche Ebenen E nur eine einfache, ihre Strahlen also nur eine zweifache Mannigfaltigkeit bilden, betrachten wir dies als keinen Abbruch der Vollständigkeit.

β) Wenn $\mathfrak{N}$ ein beliebiges spezielles Netz von $\mathfrak{G}$ ist, so zeigt eine ähnliche Überlegung wie bei α) die Vollständigkeit der Erzeugung: Sei b die Brennlinie von $\mathfrak{N}$ und α der spitze Winkel (a, b); legen wir wieder $E \parallel a$, so beschreibt der Schnittpunkt $S \equiv (b, E)$ bei halber Umdrehung von $\mathfrak{N}$ den einen Ast einer Hyperbel mit dem Asymptotenwinkel 2α vollständig, von der die Neben- oder Hauptachse parallel zu a ist, je nachdem E von der unendlich fernen Ebene durch a, b getrennt ist oder nicht. Im ersten Fall schliefsen die Gewindestrahlen s in E mit a einen spitzen Winkel ein, der nach absoluter Zählung (§ 12, erste Anm.) gröfser ist als α, im zweiten Fall einen kleineren. Während also S den einen Ast der Hyperbel vollständig durchläuft, überstreicht in beiden Fällen der durch S gehende Strahl s die Ebene E vollständig.

γ) Seien a, g, h drei einander in A rechtwinklig schneidende Strahlen und a die Achse eines Gewindes $\mathfrak{G}$, also g, h Strahlen desselben. Alle Strahlen von $\mathfrak{G}$, deren kürzester Abstand in h fällt, bilden eine Regelschar $\mathfrak{R}$ eines gleichseitigen hyperbolischen Paraboloides $\mathfrak{P}$, dessen Haupterzeugende g und h sind (Fig. 52). Trägt man auf g von A aus beiderseits dieselbe Strecke auf und zieht durch die so erhaltenen Punkte C, C' die zweiten Erzeugenden r, r' von $\mathfrak{P}$, so kann $\mathfrak{R}$ als Erzeugnis kongruenter Punktreihen auf r, r' aufgefafst werden. Dreht man also $\mathfrak{R}$ um g, so entsteht ein Rotationsnetz $\mathfrak{N}$ (Satz 105) mit g als Hauptstrahl. Es gehört $\mathfrak{G}$ ganz an; denn ein Strahl s von $\mathfrak{P}$ gelangt bei

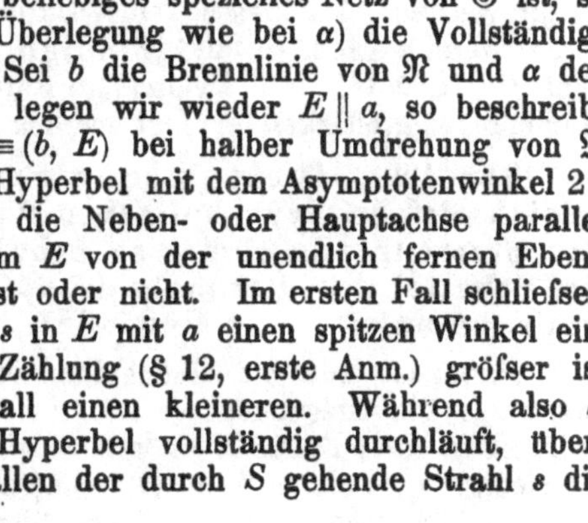

Fig. 52.

der Drehung zweimal in eine Lage, wo er a senkrecht schneidet und gehört hier sicher $\mathfrak{G}$ an. Nach Satz 11 gehört also jedes in $\mathfrak{N}$ enthaltene Rotationshyperboloid dem Gewinde an. $\mathfrak{G}$ kann daher durch Drehung eines Rotationsnetzes erzeugt werden. Da dieses selbst durch Drehung von $\mathfrak{R}$ erzeugt werden kann, so folgt (Zindler, Jahresber. d. D. Math. Ver. IV), dafs $\mathfrak{G}$ durch zweimalige Rotation einer einfachen Linienmannigfaltigkeit erzeugt werden kann, nämlich:

Satz 120: **Dreht man eine Regelschar eines gleichseitigen hyperbolischen Paraboloids um ihre Haupterzeugende g, das so erhaltene Netz um eine im Scheitel des Paraboloids auf g senkrechte Gerade, so entsteht ein Gewinde.**

Dabei ist jedesmal eine halbe Umdrehung auszuführen; dann ist die Erzeugung gerade vollständig. Denn fragen wir, ob in einer Ebene $E \parallel a$ alle Strahlen s erhalten werden: Derjenige s_0, welcher h (in B) schneidet, gehört $\mathfrak{N}$ schon in der ursprünglichen Lage an. Die übrigen gehen aus jenen Strahlen von $\mathfrak{N}$ hervor, die den Cylinder mit der Achse a und dem Halbmesser AB berühren, also in den Berührungsebenen β des Cylinders liegen. Wenn $\beta \perp g$ ist, liegt der Netzstrahl in β unendlich fern; dreht man β, so kommt er aus dem Unendlichen und zwar von derjenigen Seite, auf welcher er gegen g ebenso gewunden ist, wie s_0 (in der Fig. 52 links gewunden, also von unten, falls die Anfangslage von β die positive Halbgerade g schneidet). Er bewegt sich kontinuierlich bis in die Lage s_0, während β sich um einen rechten Winkel bis in die Lage E dreht. Dreht sich β um einen rechten Winkel weiter, so geht der in β liegende Netzstrahl (indem er mit a immer denselben Winkel bildet) von der Lage s_0 wieder ins Unendliche, aber nach der anderen Seite (hier nach oben), weil er gegen g immer gleich gewunden sein mufs; er überstreicht also die ganze Ebene β während einer halben Drehung.

Legt man eine Ebene $\varepsilon \perp a$ und ändert die Abstände aller Raumpunkte von ε im selben Verhältnis, so wird durch diese (spezielle) affine Transformation das Rotationsnetz in ein allgemeines elliptisches verwandelt, das Gewinde wieder in ein solches; die Drehung um a bleibt als solche erhalten. Also auch wenn man ein allgemeines elliptisches Netz dreht, ist die Erzeugung des Gewindes vollständig.

Dafs ein Gewinde stets entgegengesetzt gewunden ist, wie ein in ihm enthaltenes elliptisches Netz (Satz 115) ist im Falle des Satzes 120 unmittelbar anschaulich: Denn jeder Strahl s von $\mathfrak{P}$ ist gegen a entgegengesetzt gewunden, wie gegen g.

---

§ 60. Parameterdarstellungen des Gewindes.

Wenn durch

106) $$\sigma p_i = f_i(u, v, w) \qquad (i = 1 \ldots 6),$$

wobei die Beziehung

107) $$\Sigma p_i p_{i+3} = 0$$

identisch erfüllt sein soll, die Linienzeiger einer Geraden als Funktionen dreier unabhängiger Veränderlichen, der Parameter u, v, w gegeben sind, so wird dadurch ein Linienkomplex $\mathfrak{C}$ definiert. Ändert man einen Parameter allein, so bekommt man eine in $\mathfrak{C}$ enthaltene Regelfläche. Eine u-Fläche, d. i. eine solche, längs deren u allein sich ändert, wird also durch ein Wertepaar $v = v_0$, $w = w_0$ ausgesondert. $\mathfrak{C}$ kann daher in ∞^2 u-Flächen, in ∞^2 v-Flächen oder in ∞^2 w-Flächen zerlegt werden. Analog wird durch $w = w_0$ eine u, v-Kongruenz ausgesondert, und mit der Parameterdarstellung selbst ist in dreifacher Weise eine Zerlegung von $\mathfrak{C}$ in ∞^1 Kongruenzen gegeben. Jede Kongruenz ist wieder in doppelter Weise in ∞^1 Flächen zerlegt.

Für ein Gewinde können wir solche Darstellungen aus den Ergebnissen des vorigen Paragraphen unmittelbar ableiten, da wir die Parameterdarstellungen der Netze schon kennen gelernt haben. Wir beschränken uns auf die Verwendung allgemeiner Netze zur Erzeugung des Gewindes $\mathfrak{G}$.

a) Für eine Schiebung $\mathfrak{z}$ längs der Z-Achse reduzieren sich die Gleichungen 61) in § 41 auf:

108) $$\begin{aligned} p_i &= \varkappa_i \qquad (i = 1, 2, 3, 6) \\ p_4 &= -\mathfrak{z}\varkappa_2 + \varkappa_4 \\ p_5 &= \mathfrak{z}\varkappa_1 + \varkappa_5. \end{aligned}$$

Hier sind die alten Stabzeiger p durch die neuen $\varkappa$ ausgedrückt; $\mathfrak{z}$ bedeutet die Schiebung des Zeigersystems gegen das Gebilde. Wir wollen umgekehrt die neuen Zeiger durch die alten ausdrücken und zugleich statt $\mathfrak{z}$ die Schiebung des Gebildes gegen ein festes Zeigersystem einführen, müssen also in 108) $-\mathfrak{z}$ statt $\mathfrak{z}$ einsetzen und dann nach den $\varkappa$ auflösen. Dadurch gelangen wir aber zu Gleichungen genau derselben Form, weshalb wir die Gleichungen 108) beibehalten und jetzt die p als die neuen Zeiger auffassen und $\mathfrak{z}$ als die Schiebung des Gebildes gegen das Zeigersystem. Man hätte dies auch durch bloſse Überlegung finden können.*)

In der Darstellung 78, a) fällt der Hauptstrahl des Netzes in die Z-Achse, die wir aber schlieſslich als Achse des Gewindes erhalten wollen. Wir vertauschen also in 78, a) die Achsen cyklisch, wodurch wir erhalten:

$$\begin{array}{lll} & \varkappa_1 = 2c & \varkappa_4 = \frac{1}{4}(u^2 - v^2)\sin 2\alpha \\ 109) & \varkappa_2 = v\cos\alpha & \varkappa_5 = vc\sin\alpha \\ & \varkappa_3 = u\sin\alpha & \varkappa_6 = -uc\cos\alpha. \end{array}$$

Jetzt fällt der Hauptstrahl dieses hyperbolischen Netzes in die X-Achse; wir erhalten $\mathfrak{G}$ durch Schiebung längs der Z-Achse, können daher die Gleichungen 108) unmittelbar anwenden:

$$\begin{array}{lll} & p_1 = 2c & p_4 = -\mathfrak{z}v\cos\alpha + \frac{1}{4}(u^2 - v^2)\sin 2\alpha \\ 110) & p_2 = v\cos\alpha & p_5 = 2c\mathfrak{z} + vc\sin\alpha \\ & p_3 = u\sin\alpha & p_6 = -uc\cos\alpha. \end{array}$$

Hier sind u, v, $\mathfrak{z}$ die Parameter. Es besteht, wie es sein muſs, die Beziehung 107) und die p_i erfüllen die lineare, von den Parametern freie Gleichung:

$$111) \qquad \frac{p_6}{p_3} = -c\cot\alpha,$$

die also die Gleichung des Gewindes ist.

---

*) Eine analoge Bemerkung gilt für eine beliebige Zeigertransformation, namentlich für die Deutung der Gleichungen 115).

Legen wir ein elliptisches Netz zu Grunde, so erhalten wir auf demselben Wege aus den Gleichungen 83, a) zunächst (indem wir auch die Parameter x_0, y_0 ihrer geometrischen Bedeutung wegen cyklisch vertauschen und den Index 0 fortlassen):

$$112)\quad \begin{aligned} \varkappa_1 &= c & \varkappa_4 &= m y^2 + \frac{1}{m} z^2 \\ \varkappa_2 &= -\frac{z}{m} & \varkappa_5 &= c z \\ \varkappa_3 &= m y & \varkappa_6 &= -c y, \end{aligned}$$

dann aus 108):

$$113)\quad \begin{aligned} p_1 &= c & p_4 &= m y^2 + \frac{z}{m}(\mathfrak{z} + z) \\ p_2 &= -\frac{z}{m} & p_5 &= c(\mathfrak{z} + z) \\ p_3 &= m y & p_6 &= -c y \end{aligned}$$

oder:

$$114)\quad \frac{p_6}{p_3} = -\frac{c}{m}.$$

Die einfachsten Darstellungen erhält man, wenn man bei 110) ein rechtwinkliges Netz ($\alpha = 45^0$), bei 113) ein Rotationsnetz ($m = 1$) zu Grunde legt; im ersten Fall führen wir noch $\frac{u}{\sqrt{2}}, \frac{v}{\sqrt{2}}$ als neue Parameter ein, im zweiten Fall $\mathfrak{z} + z = \mathfrak{w}$ statt $\mathfrak{z}$:

$$110,\text{a})\quad \begin{cases} p_1 = 2c & p_4 = -\mathfrak{z} v + \frac{1}{2}(u^2 - v^2) \\ p_2 = v & p_5 = 2c\mathfrak{z} + c v \\ p_3 = u & p_6 = -c u; \end{cases}$$

$$113,\text{a})\quad \begin{cases} p_1 = c & p_4 = y^2 + z w \\ p_2 = -z & p_5 = c w \\ p_3 = y & p_6 = -c y. \end{cases}$$

b) Für eine Drehung um die z-Achse um den Winkel ω reduzieren sich (mit Änderung der Bezeichnung) die Gleichungen 59) und 60) in § 41 auf:

$$115)\quad \begin{aligned} p_1 &= \varkappa_1 \cos\omega - \varkappa_2 \sin\omega & \qquad p_4 &= \varkappa_4 \cos\omega - \varkappa_5 \sin\omega \\ p_2 &= \varkappa_1 \sin\omega + \varkappa_2 \cos\omega & p_5 &= \varkappa_4 \sin\omega + \varkappa_5 \cos\omega \\ p_3 &= \varkappa_3 & p_6 &= \varkappa_6 \end{aligned}$$

Indem wir für die $\varkappa$ dieselben Werte einsetzen, die wir in den Gleichungen 109) oder 112) vorbereitet haben, erhalten wir zwei neue Parameterdarstellungen 116) des Gewindes, deren ausdrückliche Anschreibung wir uns ersparen.

Alle diese Darstellungen gelten auch, wenn man die p als allgemeine **tetraedrische** Zeiger betrachtet; denn die Elimination der Parameter liefert immer eine lineare Gleichung.

Es ist selbstverständlich, dafs mit jeder Parameterdarstellung eine **Abbildung** der Gewindestrahlen auf den **Punkt-** oder **Ebenenraum** gegeben ist, indem man die Parameter als irgendwelche Punkt- oder Ebenenzeiger deutet. Betrachtet man sie z. B. als rechtwinklige Punktzeiger, so werden durch 116) die Gewindestrahlen auf alle Punkte einer von zwei parallelen Ebenen im Abstand π begrenzten Schichte des Raums vollständig und gegenseitig eindeutig abgebildet, durch 110) und 113) aber auf **den ganzen Punktraum**. Man kann **unbegrenzt viele** solche Abbildungen erhalten, indem man statt der Parameter Funktionen derselben in die hier gegebenen Darstellungen einsetzt.

Die erste Abbildung des Gewindes auf den Punktraum wurde von **Noether** (Göttinger Nachr. 1869) gegeben.

Übungsaufgaben:

33) Wie kann man, wenn ein Gewinde durch zwei projektive Strahlbüschel gegeben ist (Sylvestersche Erzeugungsweise), am schnellsten seine Achse konstruieren?

34) Welche spezielle Formen nimmt die Gleichung eines Gewindes an, wenn α) die Nullebene einer Ecke des Grund-

tetraeders in eine Fläche des letzteren fällt; wenn dies β) zweimal, γ) dreimal eintritt?

35) Zu den Kollineationen gehört auch die (spezielle) affine Transformation T, die darin besteht, daſs die Abstände aller Punkte von einer festen Ebene E im selben Verhältnis q geändert werden. Legt man E durch die Achse eines Gewindes G, so muſs also durch T das Gewinde wieder in ein solches übergehen (Satz 82). Andererseits scheint es, als ob dabei seine axiale Symmetrie verloren ginge, ähnlich wie aus einem Rotationsellipsoid durch T ein allgemeines wird. Wie löst sich diese Paradoxie?

36) Es ist (ähnlich wie es beim Gewinde in § 11 geschah) für den Komplex $\mathfrak{C}_2$ des Satzes 94 die Anordnung der Komplexstrahlen mit Hilfe einer Schar koaxialer Kreiszylinder zu untersuchen.

37) Die Gleichung 56) ist für rechtwinklige Linienzeiger durch Rechnung zu bestätigen. (§ 52.)

38) Welche Sätze treten bei hyperbolischen Netzen an Stelle der Sätze 106), 108), 109)?

39) Es ist zu bestätigen, daſs man, wenn man in Gleichung 96) rechts die Zeiger s_i'' einsetzt, zu den Zeigern s_i zurückkommt.

40) Die Involution des allgemeinen Strahlennetzes ist aus den Gleichungen 79) oder 84) als Ebenenverwandtschaft darzustellen.

41) Die Involution des hyperbolischen Netzes ist aus den Gleichungen 79) als Punktverwandtschaft darzustellen.

42) Seien x, x' und y, y' Paare entsprechender Punkte zweier projektiver Reihen g, g'. Man betrachte xy' und $x'y$ als Brennlinien eines Strahlennetzes. Die ∞^2 so definierten Netze sind im selben Gewinde enthalten (Franel, Vierteljahrsschr. d. naturf. Ges. Zürich, Bd. 40, 1895).

43) Wenn h ein Strahl eines Gewindes G ist, der die Achse a senkrecht schneidet, so bilden die Strahlen von G, deren kürzester Abstand von a in h fällt, eine Regelschar $\mathfrak{R}$ eines hyperbolischen Paraboloids. Von dieser ist eine Parameterdarstellung zu suchen und daraus eine Darstellung

des Gewindes abzuleiten, indem man $\mathfrak{R}$ zunächst um a dreht und dann längs a verschiebt.

44) Wie kann die Vollständigkeit der Erzeugungen, von denen § 59 die Rede war, aus den Parameterdarstellungen des Gewindes entnommen werden?

45) Es sind die u-Flächen, v-Flächen, u, v-Kongruenzen, u. s. w. bei den Darstellungen 110), 113) anzugeben.

46) Die Polaren einer festen Geraden g bezüglich aller Komplexe eines Büschels bilden eine Regelschar.

V. Abschnitt.

Imaginäre Elemente.

§ 61. Die Transversalen eines Strahlenquadrupels und das zugehörige Strahlennetz.

Wir sind schon einmal bei Berechnung von Linienzeigern auf eine quadratische Gleichung gestofsen, nämlich bei Bestimmung der Strahlengebüsche eines Komplexbüschels (§ 53). Es ist vom analytischen Standpunkt dieselbe Aufgabe: Die schneidenden Transversalen von vier gegebenen Geraden zu finden. Seien

$$s_{i\lambda} \quad (i = 1, \ldots 4; \ \lambda = 1, \ldots 6)$$

die Zeiger der gegebenen Strahlen s_i und p_λ die einer gesuchten gemeinsamen schneidenden; dann müssen die Gleichungen:

$$1) \qquad \sum_{\lambda=1}^{6} s_{i\lambda} p_{\lambda+3} = 0 \quad (i = 1, \ldots 4)$$

$$2) \qquad \omega(p) = \sum_{1}^{6} p_\lambda p_{\lambda+3} = 0$$

erfüllt sein. Wir setzen voraus, dafs die s_i nicht hyperbolische Lage haben; dann ist die Matrix $s_{i\lambda}$ vom Range 4, und wir können vier von den p, etwa $p_3, \ldots p_6$ als lineare homogene Funktionen der beiden übrigen berechnen:

$$3) \qquad p_\lambda = c_\lambda p_1 + c'_\lambda p_2 \quad (\lambda = 3, \ldots 6).$$

Wir können auch schreiben: $\lambda = 1, \ldots 6$, wenn wir festsetzen:

$$c_1 = 1, \quad c'_1 = 0$$
$$c_2 = 0, \quad c'_2 = 1.$$

Die Werte 3) setzen wir in 2) ein und erhalten:

$$\omega(p) = \Sigma (c_\lambda p_1 + c'_\lambda p_2)(c_{\lambda+3} p_1 + c'_{\lambda+3} p_2) = 0$$

oder:

4) $$\omega(c) \,.\, p_1^2 + 2\omega(c, c') \,.\, p_1 p_2 + \omega(c') \,.\, p_2^2 = 0.$$

Hierdurch ist das Verhältnis $p_1 : p_2$ und somit aller übrigen Zeiger bestimmt. Andererseits kann man die Transversalen geometrisch konstruieren, indem man das Hyperboloid $\mathfrak{H}$, auf dem die Regelschar $\mathfrak{R} \equiv (s_1, s_2, s_3)$ liegt, mit s_4 zum Schnitt bringt. Ist S ein gemeinsamer Punkt von $\mathfrak{H}$ und s_4, so ist der durch S gehende Leitstrahl der Schar $\mathfrak{R}$ eine gemeinsame Schneidende aller vier Strahlen. Die Realität der Lösung mufs davon unabhängig sein, welches Tripel man aus den vier Strahlen zur Bestimmung von $\mathfrak{H}$ ausgewählt hat; also:

Satz 121: Die vier Hyperboloide, welche vier Strahlen zu dreien bestimmen, werden vom vierten Strahl alle zugleich entweder geschnitten oder berührt oder nicht geschnitten.

Die Realität der Wurzeln von 4) hängt ab vom Vorzeichen der Gröfse:

5) $$\Omega = [\omega(c, c')]^2 - \omega(c) \,.\, \omega(c').$$

Wir wissen, dafs wenn die Matrix

$$s_{i\lambda} \quad (i = 1, \ldots 5; \; \lambda = 1, \ldots 6)$$

der Zeiger von fünf Strahlen sich auf den Rang 4 erniedrigt, die fünf Strahlen demselben Netz angehören (Satz 102). Unter dieser Voraussetzung läfst sich eine Zeile der Matrix durch konstante Multiplikatoren aus den übrigen Zeilen zusammensetzen, z. B.:

6) $$s_{5\lambda} = \sum_{i=1}^{4} \varkappa_i s_{i\lambda} \quad (\lambda = 1, \ldots 6)$$

(vergl. die Schlufsweise § 39, c). Umgekehrt wird bei Bestehen der Gleichungen 6) sich stets der Rang der Matrix $s_{i\lambda}$ erniedrigen. Wenn also $s_{5\lambda}$ überhaupt Zeiger eines Strahles bedeuten, so gehört er dem Netz an, das durch $s_1 \ldots s_4$ bestimmt ist. Ersetzt man daher die vier ursprünglichen Strahlen s_i durch irgend welche vier andere unabhängige desselben Netzes und sucht dann die gemeinsamen Transversalen, so kommt dies darauf hinaus, die Gleichungen 1) viermal mit je vier Zahlen zu multiplizieren und zu addieren, d. h. durch ein System äquivalenter Gleichungen zu ersetzen. Es müssen also auch die Lösungen der Gleichungen dieselben bleiben. D. h.:

Satz 122: **Die Gleichung, die zur Bestimmung der Zeiger der gemeinsamen Transversalen von vier Strahlen dient, die innerhalb eines Netzes gewählt wurden, ist von dieser Wahl unabhängig.**

Für ein hyperbolisches Netz ist dies geometrisch selbstverständlich; aber wir haben es allgemein bewiesen. Also sind jetzt durch Satz 122 jedem allgemeinen Strahlennetz zwei Sextupel von Zahlen zugeordnet, welche die Beziehung 2) erfüllen und für ein hyperbolisches Netz reell sind, für ein elliptisches konjugiert komplex, für ein spezielles zusammenfallen. Wir wollen das letzte Ergebnis umkehren, nämlich zeigen, wie jedem konjugiert-komplexen Sextupelpaar, das die Bedingung 2) erfüllt, ein elliptisches Strahlennetz zugeordnet ist (Klein, Dissert. Art. 5, Math. Ann., Bd. 23). Sei

$$7) \qquad \begin{aligned} p_\varkappa &= a_\varkappa + i b_\varkappa \\ p'_\varkappa &= a_\varkappa - i b_\varkappa \end{aligned} \qquad (\varkappa = 1, \ldots 6)$$

das Sextupelpaar. Wir suchen alle reellen Geraden, deren Zeiger $q_\varkappa$ zusammen mit den $p_\varkappa$ die Inzidenzbedingung $\omega(p, q) = 0$ erfüllen; sie zerfällt in die zwei Gleichungen:

$$8) \qquad \Sigma a_\varkappa q_{\varkappa+3} = 0, \quad \Sigma b_\varkappa q_{\varkappa+3} = 0,$$

die als Gleichungen zweier linearen Komplexe, also eines Strahlennetzes betrachtet werden können. Wenn sie erfüllt sind, ist auch $\omega(p', q) = 0$ erfüllt. Daher ist dieses Strahlennetz ebensowohl durch die $p'_\varkappa$ als durch die $p_\varkappa$ bestimmt. Wir setzen voraus:

$$\omega(p) = \omega(a) + 2i \,.\, \omega(a, b) + i^2 \,.\, \omega(b) = 0$$

also:

9) $$\omega(a) = \omega(b)$$

10) $$\omega(a, b) = 0.$$

Letztere Bedingung besagt, daſs die beiden Komplexe involutorisch liegen. Ferner setzen wir zunächst voraus:

11) $$\omega(a) \neq 0.$$

Nach § 53, Gleichung 65) ist hier Ω stets negativ, daher:

Satz 123: **Jedem Sextupel komplexer Zahlen, das die Bedingungen 2) und 11) erfüllt, ist eindeutig ein elliptisches Strahlennetz und hierdurch eine gescharte elliptische Involution zugeordnet, und zwar dieselbe, wie dem Sextupel der konjugierten komplexen Zahlen.**

Wenn umgekehrt ein elliptisches Strahlennetz durch zwei Gewinde gegeben ist, und man will die zugeordneten Sextupel finden, so suche man zunächst nach § 56 zu dem einen Gewinde das involutorisch zugeordnete desselben Büschels, wodurch Gleichung 10) erfüllt wird. Da die Invarianten der beiden Gewinde gleichbezeichnet sind (Satz 115), ist es immer möglich, die Gleichung 9) dadurch zu erfüllen, daſs man die Gleichung des einen Gewindes mit einem passenden Faktor multipliziert. Dann kann man unmittelbar nach 7) die Sextupel zusammensetzen. Man braucht also die quadratische Gleichung 4) nicht wirklich aufzustellen.*)

Der Satz 123 eröffnet die Aussicht, auch komplexen Linienzeigern eine geometrische Bedeutung beilegen zu können. Da aber die Theorie der imaginären Geraden sich nur im Zusammenhang mit der Theorie der imaginären Punkte und Ebenen entwickeln läſst, so müssen wir etwas weiter zurückgreifen.

*) Der Grund dieser für den ersten Augenblick überraschenden Thatsache ist geometrisch durchsichtig: Man kann eben die Involution linear bestimmen, nicht aber ihre etwaigen Doppelelemente. Übrigens erfordert die Bestimmung des erwähnten Faktors die Auflösung einer **reinen** quadratischen Gleichung.

§ 62. Geometrische Interpretation der imaginären Elemente.

Ein System von vier (drei) komplexen Zahlen nennen wir einen „imaginären Punkt" oder eine „imaginäre Ebene", je nachdem es sich bei Anwendung tetraedrischer (gewöhnlicher) Zeiger als Zeigersystem eines zu suchenden Punktes oder einer Ebene bei Lösung einer Aufgabe ergeben hat. Analog nennen wir ein System von sechs komplexen Zahlen „eine imaginäre Gerade", wenn sie derselben Bedingung 2) genügen, die auch die Zeiger einer wirklichen Geraden erfüllen. Im Falle tetraedischer Zeiger soll es nur auf die Verhältnisse der Zahlen ankommen. Als gemeinsame Bezeichnung der imaginären Punkte, Ebenen, Geraden gebrauchen wir „imaginäre Elemente".*) Wir nennen ein imaginäres Element D' zu einem anderen gleichartigen D „konjugiert", wenn die Zahlen des Systems, aus denen es besteht, der Reihe nach zu denen von D konjugiert sind.

Diese Definition ist also zunächst rein analytisch**), aber es ist unsere nächste Aufgabe, den imaginären Elementen wirkliche geometrische Gebilde eindeutig zuzuordnen. Schon die einfachste Grundaufgabe, bei der imaginäre Punkte auftreten, giebt einen Fingerzeig für den einzuschlagenden Weg: Berechnet man die Zeiger des Schnittpunktes einer Geraden g mit einem Kegelschnitt (in derselben Ebene), so werden sie reell oder komplex, je nachdem g den Kegelschnitt schneidet oder nicht. Andererseits weiſs man, daſs durch einen Kegelschnitt K auf jeder Geraden g seiner Ebene eine Punktinvolution definiert ist (S. S. VII, Art. 93), die hyperbolisch, elliptisch oder ausgeartet ist, je nachdem g den Kegelschnitt schneidet, nicht schneidet oder berührt; im ersten Fall sind die Doppelpunkte der Involution zugleich die Schnittpunkte mit K. Einer hyperbolischen geraden Involution sind also (auch abgesehen von der Be-

*) Eigentlich sollte man sagen „komplexe Elemente", weil in der Algebra die imaginären Zahlen nur ein Spezialfall der komplexen sind. Jedoch hat sich der Name „imaginäre Elemente" schon zu sehr eingebürgert, als daſs man davon abgehen könnte.

**) Müſste man bei ihr endgültig stehen bleiben, so wäre sie wertlos; sie ist nur ein vorläufiges Auskunftsmittel, um von der ganzen Angelegenheit bequem reden zu können.

ziehung zu K) zwei reelle Punkte und zwei Paare ebener Zeiger zugeordnet; es fragt sich, ob analog einer elliptischen Involution bestimmte (komplexe) Zahlensysteme zugeordnet werden können.

Wenn

$$A \equiv (a_\nu), \qquad A' \equiv (a'_\nu) \qquad (\nu = 1, \ldots 4)$$

zwei Punkte einer Geraden g sind, so sind die Punktreihen

$$P \equiv (\lambda a_\nu + \lambda' a'_\nu), \qquad Q \equiv (\mu a_\nu + \mu' a'_\nu)$$

projektiv, wenn zwischen den Parameterverhältnissen $\lambda' : \lambda$, $\mu' : \mu$ eine bilineare Beziehung besteht:

$$c \lambda' \mu' + m \lambda \mu' + m' \lambda' \mu + c' \lambda \mu = 0.$$

Soll die Projektivität eine Involution sein, so muſs die Gleichung in Bezug auf die beiden Parameterverhältnisse symmetrisch sein, d. h.: $m = m'$. Sollen insbesondere A, A' ein Paar zugeordneter Punkte der Involution sein, so muſs die Gleichung

12) $$c \lambda' \mu' + m (\lambda \mu' + \lambda' \mu) + c' \lambda \mu$$

sowohl durch

$$\lambda' = 0, \qquad \mu = 0,$$

als durch

$$\lambda = 0, \qquad \mu' = 0$$

erfüllt sein. Beides führt, wie es sein muſs, auf dieselbe Bedingung:

$$m = 0.$$

Setzen wir:

$$\frac{c'}{c} = k,$$

so folgt:

$$\frac{\lambda'}{\lambda} \cdot \frac{\mu'}{\mu} = -k.$$

Man kann also in der Form

13) $$P \equiv (\lambda a_\nu + \lambda' a'_\nu), \qquad P' \equiv (\lambda' a_\nu - k \lambda a'_\nu)$$

verschiedene Involutionen auf g darstellen, wenn man k nacheinander alle reellen Werte erteilt, und zwar erhält man für

$k=0$ die parabolische, für $k>0$ eine elliptische, für $k<0$ eine hyperbolische Involution, weil für die Doppelelemente

$$\left(\frac{\lambda'}{\lambda}\right)^2 = -k$$

sein mufs. Man kann den absoluten Betrag von k bei einer eigentlichen Involution immer auf eins bringen; wir verfolgen dies nur für $k>0$: Es sei

$$|\sqrt{k}| = w,$$

so kann man die Involution 13), wenn man die Zeiger von P mit w multipliziert, auch schreiben:

$$P \equiv (\lambda w a_\nu + \lambda' w a'_\nu), \qquad P' \equiv (\lambda' a_\nu - \lambda w \,.\, w a'_\nu).$$

Setzt man jetzt

$$\lambda w = \lambda_0, \qquad w a'_\nu = a''_\nu,$$

so ist die Involution 13) dargestellt durch

$$P \equiv (\lambda_0 a_\nu + \lambda' a''_\nu), \qquad P' \equiv (\lambda' a_\nu - \lambda_0 a''_\nu),$$

und der Punkt A'' ist mit A' identisch. Um jetzt alle elliptischen Involutionen zu erhalten, in denen A, A' ein Paar ist, mufs man die Zeiger des einen Punktes A festhalten, die des anderen A' ändern. Indem wir wieder zur ursprünglichen Schreibweise zurückkehren, können wir sagen:

Satz 124: Jede gerade elliptische Involution, in der das Paar A, A' vorkommt, kann in der Form

14) $P \equiv (\lambda a_\nu + \lambda' a'_\nu), \qquad P' \equiv (\lambda' a_\nu - \lambda a'_\nu) \qquad (\nu = 1, \ldots 4)$

dargestellt werden, wenn man die absoluten Beträge der Zeiger a passend wählt.*)

Sollte P mit P' zusammenfallen, so müfste

$$\frac{\lambda'}{\lambda} = -\frac{\lambda}{\lambda'},$$

d. h.

$$\lambda' : \lambda = \pm i$$

sein. Es giebt also nur imaginäre Doppelelemente:

15) $D \equiv (a_\nu + i a'_\nu), \quad D' \equiv (a_\nu - i a'_\nu), \qquad (\nu = 1, \ldots 4)$

---

*) Jede hyperbolische Involution in der Form

$$P \equiv (\lambda a_\nu + \lambda' a'_\nu), \qquad P' \equiv (\lambda' a_\nu + \lambda a'_\nu).$$

und es ist zunächst zu zeigen, daſs sie davon unabhängig sind, welches Paar A, A' man der Darstellung 14) zu Grunde gelegt hat: Es werde statt A, A' das Paar P, P' zu Grunde gelegt; dann erhält man als Doppelelemente:

$$D_1 = (\lambda a_\nu + \lambda' a'_\nu) + i(\lambda' a_\nu - \lambda a'_\nu) = (\lambda + i\lambda') a_\nu + (\lambda' - i\lambda) a'_\nu$$
$$D'_1 = (\lambda - i\lambda') a_\nu + (\lambda' + i\lambda) a'_\nu$$

D_1 geht aus D' durch Multiplikation mit $\lambda + i\lambda'$ hervor; analog sind D und D'_1, identisch. Umgekehrt kann man, wenn ein imaginäres Element $D \equiv (a_\nu + i a'_\nu)$ gegeben ist, die zugehörige Involution 14) unmittelbar hinschreiben, bei der sich D als das eine Doppelelement ergeben würde; man überzeugt sich leicht durch Rechnung, daſs diese Involution nur von den Verhältnissen der vier Zahlen (D) abhängt, was übrigens auch daraus hervorgeht, daſs vom Faktor $\lambda + i\lambda'$ der vorigen Rechnung nur die Amplitude, nicht der absolute Betrag in Betracht kommt.

Satz 125: Jedem imaginären Punkt D ist eindeutig eine gerade elliptische Involution zugeordnet; umgekehrt gehört zu dieser Involution neben D noch der konjugierte Punkt D'.

Dieses Ergebnis läſst sich sofort auf den Fall übertragen, wo an Stelle der geraden Punktinvolution ein involutorisches Ebenenbüschel oder Strahlenbüschel tritt: Wir brauchen nur unter den a_ν und a'_ν im ersten Fall die Zeiger zweier Ebenen zu verstehn, im zweiten Fall (vergl. § 39, c), während ν gleichzeitig von 1 bis 6 geht, die Zeiger zweier incidenten Geraden. Im letzten Fall wird nämlich durch

$$14,\text{a}) \quad p_\nu = \lambda a_\nu + \lambda' a'_\nu, \quad p'_\nu = \lambda' a_\nu - \lambda a'_\nu \qquad (\nu = 1, \ldots 6)$$

eine Strahleninvolution dargestellt, und es ist

$$\omega(a) = \omega(a') = 0; \quad \omega(a, a') = 0,$$

also gerade der Fall, den wir im vorigen Paragraphen unberücksichtigt lieſsen. Zusammenfassend können wir sagen:

Satz 126: Den Paaren konjugierter imaginärer Elemente sind gegenseitig eindeutig elliptische Involutionen zugeordnet, und zwar involutorische Punktreihen, Ebenenbüschel, Strahlenbüschel und gescharte Involutionen.

Je nachdem dem Sextupel

$$a_\nu + i\,a'_\nu \qquad (\nu = 1, \ldots 6)$$

ein involutorisches Strahlenbüschel oder eine gescharte Involution zugeordnet ist, nennt man es gewöhnlich eine imaginäre Gerade „erster" oder „zweiter" Art. Im ersten Fall ist

$$\omega(a) = \omega(a') = 0$$

im zweiten:

$$\omega(a) = \omega(a') \neq 0$$

(in beiden $\omega(a, a') = 0$); wir sagen daher lieber: „Spezielle" und „allgemeine" imaginäre Gerade.

Wir nennen die p die Strahlen- oder Achsenzeiger der imaginären Geraden, je nachdem die a und b in 7) die Strahlen- oder Achsenzeiger von Gewinden (im Spezialfall: von Geraden) sind. Wenn p_ν die Strahlen- und q_ν die Achsenzeiger einer imaginären Geraden sind, so gilt wegen § 49, Gleichung 45) auch hier:

$$p_{\nu+3} = q_\nu$$

Wir verstehen ferner unter dem „Träger" eines imaginären Punktes den Träger der zugehörigen Involution; analog sagen wir „Achse" einer imaginären Ebene.

---

§ 63. Die Trennung zweier konjugiert-imaginären Elemente.

Wenn in einer geraden elliptischen Punktinvolution der eine Punkt die Gerade in einem bestimmten Sinn durchläuft, so bewegt sich der andere Punkt im selben Sinn. Man kann also davon sprechen, dafs die Involution selbst in einem bestimmten Sinne durchlaufen werde. Analog können auch die elliptischen Strahlen- und Ebenen-Involutionen in zweierlei Sinn durchlaufen werden. Endlich können bei einer gescharten elliptischen Involution zunächst alle darin vorkommenden involutorischen Punktreihen und Ebenenbüschel in zweierlei Sinn durchlaufen werden. Fixiert man aber auf einer der Punktreihen g einen bestimmten Sinn, so ist durch Satz 117 in allen Ebenenbüscheln ein bestimmter Drehungssinn fixiert; diese schneiden auf jedem Strahl s des Netzes dieselbe Involution und zwar mit demselben Durchlaufungssinn aus. Denn auf g ist er derselbe; bewegt man s von g aus kontinuierlich im Netze, so kann sich der Sinn des Schnittes auf s für ein Ebenenbüschel im Vergleich zu einem anderen nicht plötzlich ändern. Man kann also demgemäfs der gescharten Involution selbst zweierlei Durchlaufungssinn beilegen. Ein solcher ist z. B. fixiert (vergl. den Schlufs des § 57), wenn wir entweder den Sinn der Involution der ebenen affinen Systeme oder den Sinn auf dem unendlich fernen Strahl des Netzes fixieren; und zwar ergiebt die Anschauung, dafs zunächst beim Hauptstrahl und daher bei jedem Strahl eines rechtsgewundenen Netzes einem bestimmten Durchlaufungssinn des Strahls derjenige Drehungssinn um ihn zugeordnet ist, der für den fixierten Sinn des Strahls positiv erscheint. Bei den links gewundenen Netzen ist es umgekehrt.

Alle Involutionen des Satzes 126 können also in zweierlei Sinn durchlaufen werden, und es fragt sich, ob dieser Umstand dazu benützt werden kann, die beiden konjugierten imaginären Elemente eines Paares dadurch zu trennen, dafs man dem einen Element einen bestimmten Sinn der zugehörigen Involution, dem anderen Element dieselbe Involution mit entgegengesetztem Sinn zuordnet.

Wir behandeln zunächst die imaginären Punkte, Ebenen und speziellen imaginären Geraden gemeinsam: Wenn

$$A \equiv (a_\nu),\ A' \equiv (a'_\nu) \quad (\nu = 1, \dots 4 \text{ oder } 1, \dots 6)$$

ein Paar der zugehörigen Involution ist, so ist

$$B \equiv (a_\nu + a'_\nu),\ B' \equiv (a_\nu - a'_\nu)$$

dasjenige Paar der Involution, das durch A, A' harmonisch getrennt ist.*)

---

*) Es giebt ein einziges solches Paar; denn es mufs hierzu

$$-\frac{\lambda}{\lambda'} : \frac{\lambda'}{\lambda} = -1$$

d. h. $\lambda' = \pm \lambda$ sein.

Der Sinn

$$A\,B\,A'$$

ist also dem Sinn

$$A\,B'A'$$

entgegengesetzt,*) aber dem Sinn

$$B\,A'B' \text{ oder } A'B'A$$

gleichstimmig.

Regel: Wir ordnen dem Element

$$D \equiv (a_\nu + i\,a'_\nu)$$

den Sinn

$$(a_\nu),\ (a_\nu + a'_\nu),\ (a'_\nu)$$

dem Element

$$D' \equiv (a_\nu - i\,a'_\nu)$$

den Sinn

$$(a_\nu),\ (a_\nu - a'_\nu),\ (a'_\nu)$$

zu.

Soll diese Festsetzung brauchbar sein, so ist noch zu zeigen, dafs die Zuordnung davon unabhängig ist, welches Paar man etwa statt A, A' zu Grunde legt oder, was nach dem vorigen Paragraphen auf dasselbe hinauskommt, dafs sie durch Multiplikation aller Zahlen des imaginären Elementes mit demselben (komplexen) Faktor nicht geändert wird. Vorher aber bemerken wir, dafs statt $B \equiv (a_\nu + a'_\nu)$ ein beliebiger Punkt $C \equiv (\lambda\,a_\nu + \lambda'\,a'_\nu)$ verwendet werden kann, wenn $\lambda' : \lambda$ positiv ist. Legt man nun statt A, A' das Paar P, P' zu Grunde, wobei

$$p_\nu = \lambda\,a_\nu + \lambda'\,a'_\nu, \qquad p'_\nu = \lambda'\,a_\nu - \lambda\,a'_\nu,$$

also:

$$16)\qquad a_\nu = \frac{\lambda\,p_\nu + \lambda'\,p'_\nu}{\lambda^2 + \lambda'^2}, \qquad a'_\nu = \frac{\lambda'\,p_\nu - \lambda\,p'_\nu}{\lambda^2 + \lambda'^2},$$

so ist (vgl. den vorigen Paragraphen) D mit $D'_1 \equiv (p_\nu - i p'_\nu)$ identisch. Andererseits ist D'_1 nach unserer Regel der Sinn p_ν, $p_\nu - p'_\nu$, p'_ν zugeordnet. Es sei zunächst $\lambda' : \lambda$ positiv. Dann ist dieser Sinn nach der eben gemachten Bemerkung und nach

*) Wir betrachten die Gerade als im Unendlichen geschlossen; dann ist auch für den Fall der Punktreihen erst durch die Aufeinanderfolge dreier Elemente ein Sinn fixiert.

Gleichung 16) mit dem Sinn $PA'P'$ identisch. Dieser aber ist derselbe, wie der Sinn APA', den wir statt ABA' setzen können. Ist jedoch $\lambda' : \lambda$ negativ, so ist der Sinn p_ν, $p_\nu - p'_\nu$, p'_ν mit dem Sinn PAP' oder $AP'A'$ gleichstimmig. Andererseits kann man dann $AP'A'$ statt ABA' setzen. Also ist in beiden Fällen die Zuordnung von der verschiedenen Form, in der die imaginären Elemente und die zugehörigen Involutionen gegeben sein können, unabhängig.

Um das analoge für die allgemeinen imaginären Geraden zu leisten, müssen wir einen Satz über Komplexbüschel einschalten:

Satz 127: Vier Komplexe eines Büschels bestimmen auf jeder Ebene dasselbe Doppelverhältnis δ durch die vier (in einer Geraden liegenden) Nullpunkte, ebenso in jedem Punkte durch die vier (koaxialen) Nullebenen des Punktes.

Seien a_{ik}, b_{ik} die Achsenzeiger zweier Komplexe A, B; dann lassen sich die Zeiger der zwei anderen C, C' in der Form

$$a_{ik} + \lambda\, b_{ik}, \qquad a_{ik} + \mu\, b_{ik}$$

darstellen. Es genügt, von den zwei dualen Behauptungen die eine zu beweisen: Dem Punkt x_k wird (§ 46, Gleichung 14)) durch A die Ebene

$$\sigma u_i = \sum_{k=1}^{4} a_{ik} x_k \qquad (i = 1, \ldots 4; \quad a_{ii} = 0),$$

durch B die Ebene

$$\sigma v_i = \sum_{k=1}^{4} a_{ik} x_k$$

durch C die Ebene

$$\sigma w_i = \sum_{k=1}^{4} (a_{ik} + \lambda\, b_{ik})\, x_k = \sigma\, (u_i + \lambda\, v_i)$$

u. s. w. zugeordnet. Also ist das Doppelverhältnis δ der vier Ebenen, die dem Punkte x der Reihe nach durch A, B, C, C' zugeordnet werden:

$$\delta = \frac{\mu}{\lambda},$$

daher von x_k unabhängig. Man kann also vom Doppelverhältnis der vier Komplexe sprechen, von der projektiven Zuordnung der Komplexe zweier Büschel oder auch desselben Büschels, und im letzteren Fall von der Involution ineinander liegender Komplexbüschel. Die Komplexe eines Büschels sind dadurch, dafs sie paarweise in Involution stehen, auch im neuen Sinne selbst involutorisch gepaart (§ 56, Gleichung 98 oder Beweis zu Satz 113).*) Insbesondere sind:

$$a_x, \; b_x, \; a_x + b_x, \; a_x - b_x$$

vier „harmonische Komplexe" desjenigen Büschels, dessen Träger der allgemeinen imaginären Geraden

$$p_x = a_x + i b_x$$

und ihrer Konjugierten zugeordnet ist. Wir können nun die vorigen Überlegungen auf diesen Fall übertragen und unsere Regel dahin ergänzen:

Der allgemeinen imaginären Geraden $a_x + ib_x$ ordnen wir das zugehörige Strahlennetz mit demjenigen Sinne zu, der auf einem Strahl s des Netzes und einer durch ihn gehenden festen Ebene durch die Nullpunkte der Gewinde

$$a_x, \; a_x + b_x, \; b_x$$

bestimmt wird, der Geraden $a_x - ib_x$ dasselbe Netz mit entgegengesetztem Sinn.

Es ist die Frage, ob wir in dieser Regel die Nullebenen eines festen Punktes auf s statt der Nullpunkte einer festen Ebene hätten verwenden können, ohne die Art der Zuordnung zu ändern:

Bei Bestimmung der gescharten Involution dachten wir uns bisher immer ein festes involutorisches Gewindepaar und liefsen z. B. eine Ebene sich um einen Strahl s des

---

*) Man kann auch sagen, die Komplexe eines Büschels werden durch die Nullpunkte einer festen Ebene auf eine gerade Punktreihe projektiv abgebildet. Ist der Träger des Büschels hyperbolisch, so werden zwei involutorische Komplexe des Büschels in jeder Ebene zwei Nullpunkte haben, die durch die Schnittpunkte mit den Brennlinien harmonisch getrennt sind (und dual); denn die Doppelpunkte einer Involution trennen jedes Paar harmonisch.

Netzes drehen, wobei in jeder Lage die Nullpunkte des Gewindepaares ein Paar der Involution auf s herausschnitten. Diese Zusammengehörigkeit zwischen einem Durchlaufungssinn auf s und einem Drehungssinn um s nennen wir Z.

Statt dessen können wir jetzt die Ebene fest lassen und die Paare der Involution als die Nullpunkte aller involutorischen Gewindepaare des Büschels erhalten; denn die gescharte Involution war davon unabhängig, welches Gewindepaar man heranzog (§ 57). Wenn wir nun ein Gewinde kontinuierlich das Büschel durchlaufen lassen, so wird sowohl der Nullpunkt einer festen Ebene durch s diesen Strahl durchlaufen als auch die Nullebene eines festen Punktes auf s um diesen Strahl sich drehen. Also wird auch hierdurch eine Zusammengehörigkeit Z' eines Durchlaufungssinnes auf s und eines Drehungssinnes um s festgelegt, und es ist die Frage, ob Z' mit derjenigen Zusammengehörigkeit Z'' identisch ist, die durch Satz 117 definiert und für den Sinn der gescharten Involution selbst mafsgebend ist. Um dies zu entscheiden, vergleichen wir sowohl Z' als Z'' mit Z.

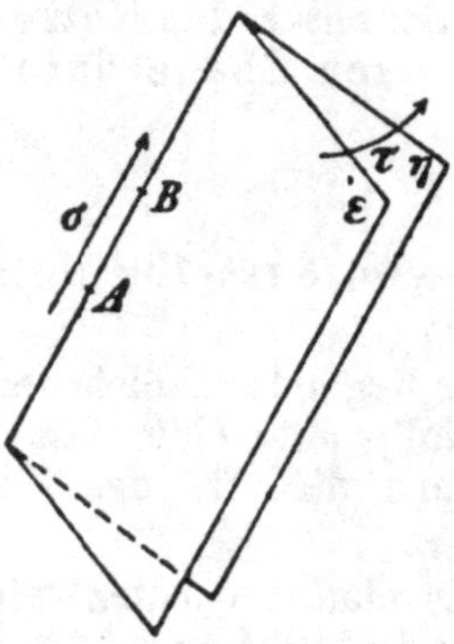

Fig. 53.

Sei ε die Nullebene von A im Gewinde $\mathfrak{G}$ (Fig. 53). Ändern wir $\mathfrak{G}$ kontinuierlich in $\mathfrak{G}'$, so drehe sich ε, wenn A fest gedacht wird, in die Nachbarlage η, dagegen verschiebe sich A, wenn ε fest gedacht wird, in die Lage B. Es sind also der Fortschreitungssinn σ und der Drehungssinn τ durch Z' einander zugeordnet. Bei festem $\mathfrak{G}'$ entspricht also der Drehung der Ebene von ε nach η ein Fortschreiten des Nullpunktes von B nach A; daher sind die Zuordnungen Z und Z' entgegengesetzt.

Beim Vergleich von Z und Z'' setzen wir, um die Vorstellungen zu fixieren, ein rechtsgewundenes Strahlennetz voraus. Dann ist jedes Gewinde des Büschels links gewunden (Satz 115). Also dreht sich die Nullebene um einen Gewindestrahl im negativen Sinn, wenn die Fortschreitungsrichtung des Punktes als positiv angenommen wird (§ 58,

Anm.). Umgekehrt ist es aber bei Z'' für ein rechtsgewundenes Netz (vgl. den Anfang dieses Paragraphen). Also sind auch Z'' und Z entgegengesetzt, und Z', Z'' sind identisch. Es ist also in der That gleichgültig, ob wir in obiger Regel von den Nullpunkten einer festen Ebene oder den Nullebenen eines festen Punktes reden.

Hiermit ist die gegenseitig eindeutige Zuordnung der imaginären Elemente und der mit Sinn begabten elliptischen Involutionen abgeschlossen.*)

§ 64. Incidenz imaginärer Elemente mit reellen.

Die Incidenz zwischen zwei Elementen, von denen eines oder beide imaginär sind, wird durch dieselben Gleichungen definiert, welche bei reellen Elementen erfüllt sind. Also heifsen ein Punkt x und eine Ebene u, von denen eins oder beide imaginär sind, dann incident, wenn

$$17)\qquad \sum_1^4 u_m x_m = 0\,,$$

ein Punkt x und eine Gerade p_{km} dann, wenn**)

$$18)\qquad \sum_{m=1}^4 p_{km}\, x_m = 0 \qquad (k = 1, \ldots 4)$$

(analog dual), zwei Gerade p_λ, q_λ dann, wenn

$$19)\qquad \sum_1^6 p_\lambda + {}_3 q_\lambda = 0$$

*) Wir haben darauf Wert gelegt, diese Zuordnung für sich zu vollenden, und dann erst auf die Beziehungen der imaginären Elemente zu anderen (auf die Incidenzbeziehungen) einzugehen. In der That war die Benutzung der Incidenzbeziehung $\omega\,(p, q) = 0$ in § 61 nicht wesentlich und diente nur als heuristisches Mittel. Wir hätten ebenso gut sofort sagen können: Wir ordnen der Geraden

$$p_\varkappa = a_\varkappa + i b_\varkappa$$

die geschaarte Involution der involutorischen Komplexe $a_\varkappa$ und $b_\varkappa$ zu, ohne vorher davon zu reden, dafs die Ordnungsstrahlen dieser Involution zugleich diejenigen sind, welche die Incidenzbeziehung mit p erfüllen.

**) Die Symbole p mit einem und mit zwei Indices sollen auch bei imaginären Geraden nach demselben Schema 25) des § 33 zusammenhängen, das für reelle Gerade gilt. Die p sind als Achsenzeiger zu betrachten, weil das System 18) zu den Gleichungen 38) des § 38 dual ist.

ist. Es handelt sich jetzt darum, die geometrische Bedeutung des Erfülltseins dieser Gleichungen für komplexe Zeiger zu ermitteln. Wir setzen zuerst voraus, das eine der beiden Elemente sei reell.

Ist u eine reelle Ebene,

$$x_m = y_m + i z_m$$

ein imaginärer Punkt, so zerfällt 17) in zwei Bedingungen, die ausdrücken, daſs sowohl der Punkt y als der Punkt z in u liegen. Also liegt der Träger der geraden Punktinvolution, welche x repräsentiert, in u; analog dual.

Ist p eine reelle Gerade, x wie oben ein imaginärer Punkt, so zerfällt 18) in zwei Systeme, die ausdrücken, daſs sowohl y als z auf p liegen, daſs also p der Träger der zu x gehörigen Involution ist. Ist umgekehrt x ein reeller Punkt,

$$p_{km} = a_{km} + i b_{km}$$

eine imaginäre Gerade, so zerfällt 18) in die beiden Systeme

20) $\sum\limits_m a_{km} x_m = 0, \qquad \sum b_{km} x_m = 0 \qquad (k = 1, \ldots 4).$

Ist nun die imaginäre Gerade allgemein, so sind die Determinanten $|a_{km}|$ und $|b_{km}|$ (§ 62) (zugleich die Invarianten der Gewinde a und b) von Null verschieden (§ 46). Die Gleichungen 20) können dann nur dadurch erfüllt werden, daſs alle x gleich Null sind, d. h. es giebt keinen reellen Punkt, der mit einer allgemeinen imaginären Geraden incident wäre. Ist jedoch die imaginäre Gerade speziell, so sind beide Determinanten Null, und die Gleichungen 20) sind, abgesehen von der Schreibweise, genau dieselben, welche in § 39, b zur Auffindung des Schnittpunktes zweier incidenter Geraden a, b dienten. Der Scheitel der zu p gehörigen Strahleninvolution ist der einzige reelle Punkt, der auf p liegt; analog dual.

Die Incidenz einer reellen Geraden mit einer allgemeinen imaginären wurde schon in § 61 besprochen. Für eine spezielle imaginäre p und eine reelle q zerfällt 19) in zwei Bedingungen, welche ausdrücken, daſs q von zwei Strahlen der zu p gehörigen Involution geschnitten wird, daher entweder mit dem Scheitel oder mit der Ebene des zu p gehörigen Büschels incidiert. Wir fassen (auch die dualen bisher noch nicht ausgesprochenen Ergebnisse) zusammen:

Satz 128: **Ein reeller Punkt liegt in einer imaginären Ebene, wenn er auf der Achse der zugehörigen Involution liegt; ein imaginärer Punkt auf einer reellen Ebene, wenn der Träger seiner zugehörigen Involution in der Ebene liegt. Eine reelle Gerade ist mit einem imaginären Punkt oder einer imaginären Ebene incident, wenn sie mit dem Träger der zugehörigen Involution identisch ist; eine spezielle imaginäre Gerade mit einem reellen Punkt, wenn dieser der Scheitel, mit einer reellen Ebene, wenn diese die Ebene des repräsentierenden Büschels ist, mit einer reellen Geraden, wenn diese entweder mit dem Scheitel oder mit der Ebene des Büschels incidiert, mit einer allgemeinen imaginären, wenn sie dem zugehörigen Strahlennetz angehört. Ein reeller Punkt oder eine reelle Ebene kann mit einer allgemeinen imaginären Geraden nicht incident sein.***)

---

§ 65. Incidenz imaginärer Elemente untereinander.

a)**) Für die Incidenz des imaginären Punktes

$$x_m = y_m + i z_m \qquad (m = 1, \ldots 4)$$

und der imaginären Ebene

$$u_m = v_m + i w_m \qquad (m = 1, \ldots 4)$$

---

*) Es ist zu erwähnen, dafs, wenn eine reelle Gerade p und ein imaginärer Punkt x **nicht** incident sind, neben der allgemeinen Lage noch eine spezielle stattfinden kann, wenn nämlich p vom Träger der zu x gehörigen Involution geschnitten wird; analog dual. Wenn ferner eine spezielle imaginäre Gerade q eine reelle p schneidet, so können die zwei i. T. erwähnten Fälle zugleich auftreten; dann ist p ein Strahl der zu q gehörigen Involution.

**) Nach einer (ungedruckten) Vorlesung v. Dantscher's (Univ. Graz, Sommersem. 1890).

zerfällt 17) in die beiden Bedingungen:

21) $$\Sigma y_m v_m - \Sigma z_m w_m = 0$$

22) $$\Sigma y_m w_m + \Sigma z_m v_m = 0.$$

Aber wir können voraussetzen:

23) $$\Sigma y_m v_m = 0.$$

Denn wir können als Ausgangspaar y, z der Involution:

$$\xi_m = \lambda y_m + \lambda' z_m, \qquad \xi'_m = \lambda' y_m - \lambda z_m,$$

welche x zugehört, ein beliebiges Paar der Involution wählen, also dasjenige, in dem der Schnittpunkt y ihres Trägers mit der Ebene v vorkommt. Dann folgt:

24) $$\Sigma z_m w_m = 0,$$

d. h. auch der andere Punkt dieses Paares fällt in die der Ebene v zugeordnete Ebene w der Ebeneninvolution:

$$\eta_m = \mu v_m + \mu' w_m, \qquad \eta' = \mu' v_m - \mu w_m$$

die u zugehört. Wir wählen nun einen solchen Punkt ξ der einen und eine solche Ebene η der anderen Involution, welche incident sind, also vermöge 23) und 24):

25) $$\lambda \mu' \Sigma y_m w_m + \lambda' \mu \Sigma z_m v_m = 0.$$

Es kann nun sein, daſs die beiden letzten Summen einzeln verschwinden; dann liegt sowohl y als z sowohl in v als in w, d. h. die Träger der Punkt- und der Ebeneninvolution fallen zusammen. Anderenfalls reduziert sich 25) vermöge 22) auf

$$\lambda \mu' - \lambda' \mu = 0$$

d. h.: ξ und η sind incident, wenn $\frac{\mu'}{\mu} = \frac{\lambda'}{\lambda}$; dann ist aber auch $-\frac{\mu}{\mu'} = -\frac{\lambda}{\lambda'}$, d. h. auch ξ' und η' sind incident, und die Involutionen liegen perspektiv.

Ferner haben wir dem Elemente x den Sinn

$$y_m, \quad y_m + z_m, \quad z_m$$

zugeordnet, dem Elemente u den Sinn

$$v_m, \quad v_m + w_m, \quad w_m.$$

Da die untereinander stehenden Elemente incident sind, so wird, wenn die Punktinvolution im vorgeschriebenen Sinn durchlaufen wird, die vermöge der perspektiven Beziehung mitgeführte Ebene sich auch im vorgeschriebenen Sinn drehen. Wir sagen in solchen Fällen, die Involutionen seien „einschliefslich des Sinnes" perspektiv.

Satz 129: Ein imaginärer Punkt und eine imaginäre Ebene sind incident, wenn die zugehörigen Involutionen einschliefslich des Sinnes perspektiv sind (Hauptfall) oder, wenn die Träger der Involutionen identisch sind (Spezialfall).

Aus diesem Satz (oder rein algebraisch) folgt unmittelbar, dafs, wenn der Punkt $y_m + iz_m$ und die Ebene $v_m + iw_m$ incident sind, dasselbe für $y_m - iz_m$ und $v_m - iw_m$ gilt, nicht aber etwa für $y_m + iz_m$ und $v_m - iw_m$.

Wir können 17), ebenso wie bei reellen Elementen, als Gleichung eines imaginären Punktes oder einer Ebene betrachten, je nachdem die x oder die u konstant sind.

b) Wenn die spezielle imaginäre Gerade

$$p_{km} = a_{km} + ib_{km}$$

mit dem imaginären Punkt

$$x_m = y_m + iz_m$$

incident ist, so zerfallen die Bedingungen 18) in die zwei Systeme

$$26)\quad \sum_{m=1}^{4} a_{km} y_m - \sum_{m=1}^{4} b_{km} z_m = 0$$

$$(k = 1, \ldots 4).$$

$$27)\quad \sum_{m=1}^{4} a_{km} z_m + \sum_{m=1}^{4} b_{km} y_m = 0$$

Dafs die beiden Systeme einander nicht widersprechen, wissen wir von vornherein, weil das System 18), aus dem sie erhalten wurden, vermöge des Verschwindens der Determinante $| p_{km} |$ Lösungen x hat. Wir können aus demselben Grund, wie unter a), voraussetzen, dafs

$$\Sigma a_{km} y_m = 0;$$

dann folgt, dafs auch

$$\Sigma b_{km} z_m = 0,$$

d. h. der Träger der Punktinvolution liegt in der Ebene des Strahlbüschels. Er kann aber nicht mit einem Strahl des Büschels zusammenfallen, sonst könnten wir y als den Scheitel des Büschels wählen, und es würde folgen, dafs alle vier Summen in 26) und 27) einzeln verschwinden, d. h. auch z müfste in den Scheitel fallen. Also können wir aus der Darstellung der Involutionen:

$$\pi_{km} = \lambda a_{km} + \lambda' b_{km}, \qquad \pi'_{km} = \lambda' a_{km} - \lambda b_{km}$$

und

$$\xi = \mu y_m + \mu' z_m, \qquad \xi' = \mu' y_m - \mu z_m$$

genau wie unter a) schliefsen, dafs sie einschliefslich des Sinnes perspektiv liegen.

Satz 130: Eine spezielle imaginäre Gerade ist mit einem imaginären Punkt oder einer imaginären Ebene incident, wenn die beiden zugehörigen Involutionen einschliefslich des Sinnes perspektiv sind.

Eine spezielle imaginäre Gerade p war mit einer reellen q incident, wenn diese (§ 64) entweder mit dem Scheitel oder mit der Ebene der zu p gehörigen Involution J incident war. Wir sind nun in der Lage, im ersten Fall die gemeinsame Ebene E, im zweiten den gemeinsamen Punkt P anzugeben: E ist durch die Involution dargestellt, welche J aus q projiziert, P durch die Involution, in der q von J geschnitten wird.

c) Den Fall der Incidenz zweier speziellen imaginären Geraden p, q können wir nun erledigen, ohne auf die Diskussion der Gleichung 19) unmittelbar zurückzugehen. Denn wenn diese Gleichung erfüllt ist, so hatten die Geraden einen gemeinsamen Punkt und es wurde (§ 39, b)) darauf aufmerksam gemacht, dafs diese analytische Thatsache unabhängig von der Realität der Elemente ist. Es giebt also einen Punkt x, der sowohl mit p als mit q incident ist, ebenso eine Ebene u, die mit beiden incident ist; und nachdem wir diesen Umstand schon geometrisch gedeutet haben, mufs das weitere ohne Rechnung folgen:

Sei zuerst x reell; dann mufs x nach Satz 128 mit den Scheiteln beider Involutionen zusammenfallen, aber ihre Ebenen E, E' können verschieden sein. Um u zu finden, bezeichnen wir die Schnittlinie E, E' mit s (Fig. 54). Ihr entspricht in der Involution p ein Strahl s', in q ein Strahl σ'. Dann denken wir uns die Involution p durch das Paar s, s' und das dazu harmonische t, t' gegeben; q durch s, σ' und das dazu harmonische Paar τ, τ'. Nun liegen die Strahlenwürfe s, σ', τ, τ' und s, s', t, t' perspektiv, und zwar, wenn man auf den Sinn keine Rücksicht nimmt, auf doppelte Weise, weil sowohl

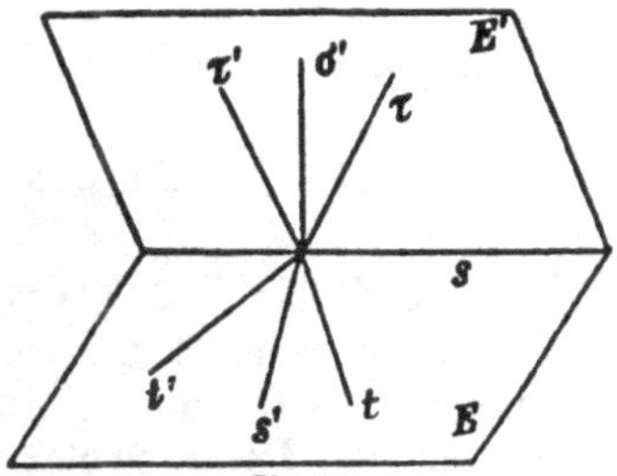

Fig. 54.

$$(s, \sigma', \tau, \tau') = (s, s', t, t'),$$

als auch

$$(s, \sigma', \tau', \tau) = (s, s', t, t').$$

Ist aber s, t, s' der Sinn, der zu p gehört und s, τ, σ' der Sinn, der zu q gehört, so giebt es nur eine Ebeneninvolution, die sowohl zu p als zu q einschliefslich des Sinnes perspektiv liegt. Man findet ihre Achse, indem man z. B. die Ebenen s', σ' und t, τ zum Schnitt bringt.

Dual kann u reell sein und x imaginär; der Träger von x ist dann die einzige Gerade in der Ebene u, auf der die beiden Strahlbüschel p, q Involutionen ausschneiden, die einschliefslich des Sinnes perspektiv sind. Natürlich kann sowohl x als u reell sein; dann haben die beiden Involutionen gemeinsamen Scheitel und liegen in derselben Ebene.

Endlich können x und u beide imaginär sein (allgemeiner Fall); dann schneiden p und q auf der Schnittlinie ihrer Ebenen dieselbe Punktinvolution aus und bestimmen zugleich um die Verbindungslinie ihrer Scheitel als Achse dieselbe Ebeneninvolution. Wir ersparen uns die nochmalige Formulierung aller dieser Möglichkeiten und heben blofs hervor:

Satz 131: **Die Incidenz zweier speziellen imaginären Geraden umfafst vier Fälle.**

d) Wenn die allgemeine imaginäre Gerade

$$p_{km} = a_{km} + i b_{km}$$

mit dem imaginären Punkt

$$x_m = y_m + i z_m$$

incident ist, so zerfällt das System 18) ebenfalls in die beiden Systeme

$$26)\quad \sum_m a_{km} y_m - \sum_m b_{km} z_m = 0$$

$$27)\quad \sum_m a_{km} z_m + \sum_m b_{km} y_m = 0 \qquad (k = 1, \ldots 4).$$

Die Determinanten $| a_{km} |$ und $| b_{km} |$ sind jetzt von Null verschieden (§ 62 und § 46) und numerisch gleich (§ 61, Gleichung 9). Diese Systeme widersprechen einander nicht, aus demselben Grunde wie unter b). Da aber durch das eine System zu gegebenen Werten y die zugehörigen z schon bestimmt sind, so müssen die beiden Systeme äquivalent sein.

Wir schreiben zuerst die Darstellung der gescharten Involution als Punktmannigfaltigkeit auf. Sie ist durch die beiden Systeme

$$28)\ \sigma u_k = \sum_{m=1}^{4} a_{km} y_m, \qquad 29)\ \sigma' u_k = \sum_{m=1}^{4} b_{km} y'_m \qquad (k = 1, \ldots 4)$$

definiert (vergl. § 46); denn 28) drückt den Zusammenhang der Zeiger eines Punktes mit denen seiner Nullebene u im Gewinde a, 29) im Gewinde b aus, und durch Zusammensetzung dieser beiden Verwandtschaften entsteht ja die gescharte Involution. Um also in ihr zu einem Punkt y unmittelbar die Zeiger y' des entsprechenden Punktes berechnen zu können, müſsten wir 29) nach den y' auflösen und dann auf den rechten Seiten für die u die Werte aus 28) einsetzen. Wir schreiben aber den Zusammenhang zwischen den y und den y' lieber in der Form:*)

---

*) Wenn es sich bloſs um Berechnung eines einzelnen Wertesystems y' zu einem gegebenen System y handelte, könnte man den Proportionalitätsfaktor $\tau = \sigma : \sigma'$ eins setzen. Wenn es sich jedoch, wie hier, darum handelt, zu entscheiden, ob ein aus 30) berechnetes Wertesystem y' mit einem anderweitig gegebenen äquivalent ist, so ist dies nicht gestattet. Dagegen ist es bei den Gleichungen 26) und 27) (auch schon bei 21) und 22)) nicht nötig und auch nicht erlaubt, dem einen Gliede einen Proportionalitätsfaktor hinzuzufügen. Denn wenn die absoluten Beträge der y fixiert sind, so sind auch die der z fixiert (Satz 124), wenn die Involution die einfachste Darstellung erfahren soll; ebenso sind, wenn die absoluten Beträge der a fixiert sind, die der b durch § 61, Gleichung 9) bestimmt.

$$30)\qquad \sum_{m=1}^{4} a_{km} y_m = \tau \sum_{m=1}^{4} b_{km} y'_m \qquad (k = 1, \ldots 4).$$

Der Vergleich der Systeme 26) und 30) zeigt, dafs dem Punkte y in der geraden Involution J, welche x zugehört, und in der gescharten Involution J', welche p zugehört, derselbe Punkt entspricht. Da wir statt y, z ein beliebiges anderes Paar der Darstellung von J zu Grunde legen können (§ 62), so folgt, dafs dies für jeden Punkt von J gilt, dafs also J mit derjenigen Involution identisch ist, die auf seinem Träger g durch J' definiert ist; wir nennen sie (J', g). Wir wollen uns aber doch auch, ähnlich wie in den früheren Fällen, durch Rechnung davon überzeugen, um über die Zuordnung der Sinne ins Klare zu kommen: x sei durch die Involution

$$\xi_m = \lambda y_m + \lambda' z_m, \qquad \xi'_m = \lambda' y_m - \lambda z_m$$

dargestellt. Wir suchen den zu ξ_m in J' entsprechenden Punkt y'_m, indem wir ξ_m statt y_m in 30) einsetzen und erhalten vermöge 26) und 27):

$$\lambda \Sigma b_{km} z_m - \lambda' \Sigma b_{km} y_m = \tau \Sigma b_{km} y'_m$$

Diese Gleichung wird identisch erfüllt, wenn man ξ'_m für y'_m und $\tau = -1$ setzt. Nun giebt es nur ein Lösungssystem y'; also sind die entsprechenden Punkte von ξ in J und J' identisch.

Zu x gehört der Sinn

$$y_m, \qquad y_m + z_m, \qquad z_m$$

auf g; zu p der Sinn, den die Gewinde

$$a_{km}, \qquad a_{km} + b_{km}, \qquad b_{km}$$

mittels der Nullpunkte einer festen durch g gehenden Ebene bestimmen. Es fragt sich, ob der Sinn in beiden Fällen derselbe ist? Wählen wir als feste Ebene die Nullebene von y in a (berechnen also die u aus 28), so ist im zweiten Gewinde $a + b$ ihr Nullpunkt y' durch

$$31)\qquad \tau u_k = \sum_{m=1}^{4} (a_{km} + b_{km}) y'_m \qquad (k = 1, \ldots 4)$$

bestimmt, im dritten b durch

32) $$\sigma' u_k = \sum_{m=1}^{4} b_{km} z_m$$

und diese Werte z sind in der That wegen der Identität der Involutionen J und (J', g) mit denjenigen identisch, die in der Darstellung

$$x_m = y_m + i z_m$$

auftreten. Nun läfst sich zeigen, dafs der Punkt y'_m geradezu mit $y_m + z_m$ identisch ist. Berechnen wir nämlich die Nullebene u'_k des letzteren Punktes im zweiten Gewinde, so haben wir in 31) $y'_m = y_m + z_m$ einzusetzen. Von den vier Summen tilgen sich zwei vermöge 27) und wir erhalten

33) $$\tau u'_k = \Sigma a_{km} y_m + \Sigma b_{km} z_m$$

also:

$$\tau u'_k = (\sigma + \sigma') u_k$$

d. h. u' ist mit u identisch. Also sind die Involutionen J und (J', g) einschliefslich des Sinnes identisch.

Satz 132: Wenn die allgemeine imaginäre Gerade (die zugehörige gescharte Involution sei J') mit einem imaginären Punkt (einer imaginären Ebene) incidiert, für den g der Träger der zugehörigen Punktinvolution J ist (für die g die Achse der zugehörigen Ebeneninvolution J ist), so ist die Involution, welche J' auf g (um g) bestimmt, mit J einschliefslich des Sinnes identisch.

Wir wollen auch in diesem Falle sagen, J liegt mit J' einschliefslich des Sinnes perspektiv, wenn auch hier J eigentlich ein Teil von J' ist. Eine allgemeine imaginäre Gerade enthält also ∞^2 imaginäre Punkte nämlich auf jedem Strahl des zugehörigen Netzes einen; analog gehen durch sie ∞^2 imaginäre Ebenen.

e) Den Fall der Incidenz einer allgemeinen imaginären Geraden p mit einer speziellen imaginären q können wir nun aus demselben Grunde, wie unter c), durch blofse Überlegungen erledigen: Der gemeinsame Punkt x von p und q und die gemeinsame Ebene u können nach Satz 128 nicht reell sein; x mufs nach Satz 130 auf demjenigen Strahl s des zu p gehörigen Netzes N liegen, der in der Ebene der Strahleninvolution q liegt; und die Involution, welche q auf s ausschneidet, mufs mit der zu p gehörigen gescharten Involution J, einschliefslich des Sinnes perspektiv sein. Wenn dies der Fall ist, so mufs von selbst auch folgendes eintreten (und umgekehrt): Durch den Scheitel von q geht ein Strahl t von N, und die Ebeneninvolution, welche q aus t projiziert, mufs zu J' ebenfalls einschliefslich des Sinnes perspektiv sein. Wir sagen in diesem Fall, die Strahleninvolution q liege zur gescharten Involution J' einschliefslich des Sinnes perspektiv.

Satz 133: W e n n e i n e a l l g e m e i n e i m a g i n ä r e G e r a d e m i t e i n e r s p e z i e l l e n i n z i d i e r t, s o l i e g e n d i e e n t s p r e c h e n d e g e s c h a r t e u n d d i e S t r a h l e n i n v o l u t i o n e i n s c h l i e f s l i c h d e s S i n n e s p e r s p e k t i v.

f) Eine allgemeine imaginäre Gerade

$$p_k = a_k + i\,a'_k$$

hat mit einer anderen allgemeinen

$$q_k = b_k + i\,b'_k,$$

wenn die Incidenzbeziehung erfüllt ist, sowohl einen imaginären Punkt x (mit dem Träger g) als eine imaginäre Ebene u (mit der Achse h) gemein, und diese selbst müssen unter einander incident sein. Es fragt sich, ob diese letztere Incidenz nach dem Hauptfall oder dem Spezialfall (Satz 129) stattfindet. Vor allem müssen g und h gemeinsame Strahlen der beiden zu p und q gehörigen Netze N und N' sein. Wir kommen also auf die Frage, wieviel Strahlen zwei (elliptische) Netze gemein haben können. Denken wir uns jedes als Schnitt zweier Gewinde, so kommt dies darauf hinaus, die gemeinsamen Strahlen von vier Gewinden zu bestimmen. Wir werden die Beziehungen mehrerer Gewinde zu einander im nächsten Abschnitt genauer untersuchen und bemerken hier blofs, dafs die vier Gewindegleichungen

$$34) \qquad \sum_{\mu=1}^{6} a_{\lambda,\mu+3}\,\pi_\mu = 0 \qquad (\lambda = 1, \ldots 4)$$

zusammen mit der Gleichung

$$\omega(\pi) = 0$$

i. A. zwei Lösungssysteme haben (ganz ähnlich wie in § 61), die natürlich auch zusammenfallen können, aber in unserem Fall gewiſs reell sind.*) Wir nehmen zuerst an, g und h seien verschieden und g der Träger des gemeinsamen imaginären Punktes x. Wäre dann g auch die Achse der gemeinsamen Ebene u, so würde die Involution u auf dem zweiten gemeinsamen Strahl h der Netze einen zweiten gemeinsamen imaginären Punkt y herausschneiden (Satz 117). Dann wären aber die gescharten Involutionen identisch, weil eine imaginäre Gerade durch zwei ihrer Punkte gerade so bestimmt ist, wie eine reelle.**) Wenn also g der Träger von x ist, so ist h die Achse von u.

*) Die Gleichungen 34) könnten von einander abhängig sein und unendlich viele Lösungen haben; dies wird aber durch die folgenden Betrachtungen ebenfalls ausgeschlossen.

**) Wenn nämlich das System 18) durch zwei (komplexe) Wertesysteme x_k und y_k erfüllt wird, so sind dadurch die Verhältnisse der p vollkommen bestimmt. Z. B. findet man aus den ersten Gleichungen jedes Systems:

$$p_{12} : p_{13} : p_{14} = x_3 y_4 - x_4 y_3 : \ldots$$

Kurz, wenn $x_l y_m - x_m y_l = (l, m)$ bezeichnet wird, so werden die beiden Systeme durch

$$p_{ik} = (l, m),$$

wobei die Indicesreihe $i, k; l, m$ nach bekannten Gesetzen (§ 46) zu bilden ist, identisch erfüllt. Die p erfüllen aber auch die Relation $\omega(p) = 0$, wie aus ihrem Bau (vergl. die Ableitung dieser Relation in § 32) oder daraus hervorgeht, daſs der Faktor $\omega(p)$ in der Determinante der p auftritt (§ 32), und wenn diese nicht verschwände, könnte das System nicht durch Werte x oder y erfüllt werden. Also ist in der That durch zwei imaginäre Punkte (Ebenen) eine Gerade eindeutig bestimmt. Wir wissen schon anderweitig, daſs diese allgemein oder speziell imaginär oder reell ist, je nachdem die Träger der Punkte (die Achsen der Ebenen) sich nicht schneiden, sich schneiden oder zusammenfallen.

Die p waren in 18) Achsenzeiger. Nennen wir also die Strahlenzeiger π_{ik}, so haben wir nach § 62, Schluſs zu setzen:

$$\pi_{ik} = x_i y_k - x_k y_i$$

Die Zeiger einer imaginären Geraden haben hiermit formal dieselbe Darstellung durch die Zeiger zweier ihrer Punkte (zweier Ebenen) erhalten, wie sie bei reellen Geraden zum Ausgangspunkt der Definition der Linienzeiger genommen wurde. Es folgt sofort, daſs auch für imaginäre Elemente durch

35) $$\sigma z_k = \lambda x_k + \mu y_k \qquad (k = 1, \ldots 4)$$

Satz 134: Wenn zwei allgemeine imaginäre Gerade incident sind, so findet die Incidenz zwischen ihrem gemeinsamen Punkt und ihrer gemeinsamen Ebene nach dem Hauptfall oder nach dem Spezialfall des Satzes 129 statt, je nachdem die beiden zugehörigen Strahlennetze zwei oder einen Strahl gemein haben.

g) Wir haben nun in allen möglichen Fällen die Incidenzbeziehung zwischen imaginären Elementen geometrisch gedeutet, und es ist unmittelbar sowohl analytisch als geometrisch evident:

Satz 135: Wenn zwei imaginäre Elemente incident sind, so sind auch die konjugierten incident.

Denn wenn zwei Involutionen einschliefslich des Sinnes perspektiv sind, und man verkehrt in jeder den Sinn, so sind sie wieder einschliefslich des Sinnes perspektiv.

h) Betrachtet man nur Elemente, die in einer festen reellen Ebene E liegen, so fallen die imaginären Ebenen und allgemeinen imaginären Geraden fort (Satz 128), und es folgt auch für die imaginären Punkte und Geraden von E aus dem zweiten Fall von § 65, c) und aus diesem Paragraph, f) (Mitte der Anm.), dafs je zwei Elemente der einen Art eins der anderen bestimmen. Es ist also nicht nötig, eine „Theorie der imaginären Elemente in der Ebene“ vorher besonders zu entwickeln. Analytisch macht sich diese Beschränkung der Theorie auf die Ebene so, dafs man sich E als eine Ebene des Grundtetraeders denkt, also für alle Punkte einen Zeiger, für alle Geraden drei Zeiger von

---

die Gesamtheit der Punkte der Verbindungslinie x_k, y_k dargestellt wird, denn in der Matrix

$$x_k,\ y_k,\ z_k$$

verschwinden alle dreireihigen Determinanten, was die Relationen 18) ergiebt, welche ausdrücken, dafs z mit der Verbindungslinie x, y incidiert. Die Wahl von λ und μ schliefst jetzt eine vierfache Willkür in sich; aber ein und derselbe imaginäre Punkt kann wegen Multiplikation mit einem komplexen Faktor auf ∞^2 Arten geschrieben werden, so dafs wir doch nur, wie es sein mufs, ∞^2 Punkte der Geraden bekommen. Wenn die x und die y reell sind, aber λ und μ komplex, so erhalten wir die imaginären Punkte einer reellen Geraden; in der That giebt es auf einer solchen ∞^2 elliptische Involutionen.

vornherein Null setzt. Also haben sowohl imaginäre Punkte als Geraden in der Ebene drei homogene Zeiger. In der That folgt aus den Incidenzbeziehungen

$$\sum_k \pi_{ik} u_k = 0 \qquad (i = 1, \ldots 4)$$

des § 38 auch für imaginäre Elemente, daſs, wenn z. B. bloſs u_1 von Null verschieden ist, die drei Gröſsen $\pi_{21}, \pi_{31}, \pi_{41}$ verschwinden. Ebenso könnte man von einer Theorie der imaginären Elemente im Strahlenbündel reden, wo nur imaginäre Ebenen und spezielle imaginäre Geraden vorkommen.

§ 66. Verbinden und Schneiden imaginärer Elemente.

Die linearen Konstruktionen, die für reelle Elemente eindeutig sind, sind es auch für imaginäre. Denn sie kommen analytisch auf gewisse Determinanteneigenschaften oder -rechnungen hinaus, die unabhängig davon gelten, ob die Zahlen reell oder komplex sind. So haben wir uns in § 65, f), Anm. schon davon überzeugt, daſs die Aufgabe, zwei Punkte durch eine Gerade zu verbinden, auch im imaginären Gebiet lösbar und eindeutig ist. Ferner ist z. B. stets durch drei Punkte eine unabhängige Ebene bestimmt, weil sich aus drei Gleichungen

$$\sum_{k=1}^{4} x_{ik} u_k = 0 \qquad (i = 1, \ldots 3)$$

die Verhältnisse der u berechnen lassen. Daraus folgt, daſs auch durch eine Gerade und einen Punkt eine Ebene bestimmt ist, u. s. w. Es handelt sich also nur noch um die konstruktive Durchführung der Lösungen. Dabei werden wir manchmal voraussetzen, daſs eine Involution durch zwei solche Paare gegeben ist, die sich harmonisch trennen; wir nennen sie ein „harmonisches Quadrupel" der Involution. Nach § 63, erste Anm. ist ein harmonisches Quadrupel einer elliptischen Involution durch eines seiner Elemente vollkommen bestimmt.

Ist eine elliptische Involution durch zwei beliebige Paare A, A'; B, B' gegeben (Fig. 55), so kann man ein harmonisches Quadrupel derselben so finden: Man projiziere A, A'; B, B' aus irgend einem Punkte S eines Kegelschnittes K auf diesen nach α, α'; β, β', bestimme das Centrum U der krummen Involution und zeichne durch U zwei konjugierte Sehnen; z. B. verbinde man den Pol P von α, α' mit U

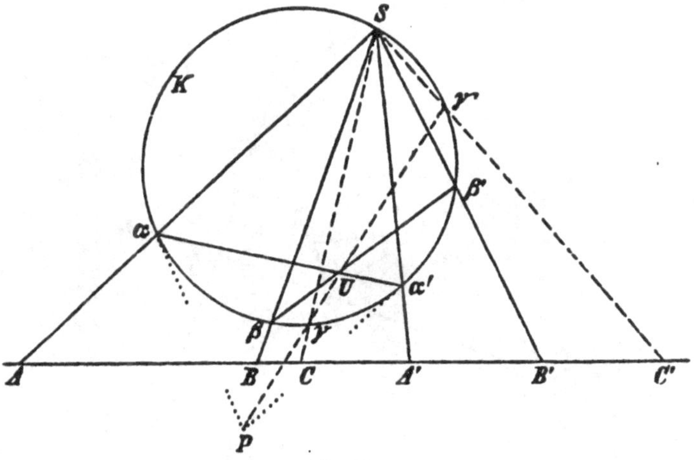

Fig. 55.

und projiziere die Schnittpunkte γ, γ' mit K aus S nach C, C'. Dann ist A, A'; C, C' ein harmonisches Quadrupel der Involution (vergl. hierzu S. S. VII. Art. 79, 92; es ist nämlich $(P, U, \gamma, \gamma') = -1$; projiziert man diese Punkte aus α auf K, so folgt, daſs auch α, α'; γ, γ' harmonisch liegen).

a) Zwei imaginäre Punkte einer reellen Ebene zu verbinden.

Wir denken uns die beiden Punkte zunächst durch die beiden harmonischen Quadrupel S, S'; T, T' und S, S_1'; T_1, T_1' gegeben, in denen der Schnittpunkt S ihrer Träger g und g_1 vorkommt (Fig. 56). Diese Quadrupel liegen auf zweifache Art perspektiv (vergl. § 65, c)). Wenn also der Punkt x durch die Involution auf g mit dem Sinn STS' repräsentiert ist, der Punkt y durch die Involution auf g_1

mit dem Sinn $S T_1 S_1'$, und wenn die konjugierten Punkte x', y' heifsen, so sind die Verbindungslinien

$x\,y$	durch	die	Strahleninvolution	um	C	mit dem Sinn	σ
$x'y'$	„	„	„	„	„	„ „ „	$-\sigma$
$x\,y'$	„	„	„	„	C'	„ „ „	τ
$x'y$	„	„	„	„	„	„ „ „	$-\tau$

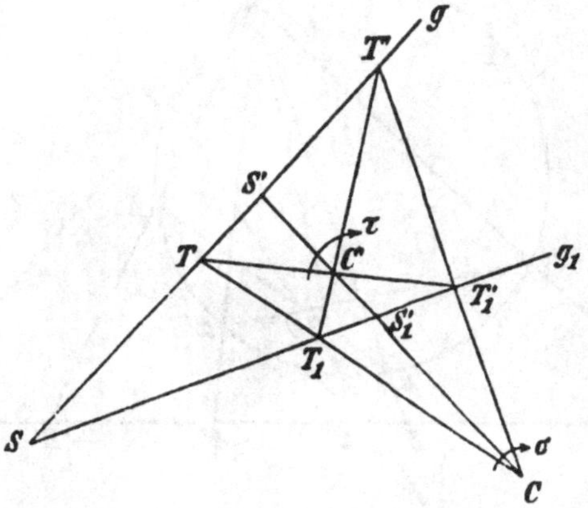

Fig. 56.

repräsentiert. Auch ohne Rücksichtsnahme auf eine Figur ist das richtige Centrum und der richtige Sinn in irgend einem z. B. im dritten Fall durch die beiden Sinne

$$S\,T\,S'$$
$$S\,T_1'\,S_1'$$

dadurch bestimmt, dafs man die untereinanderstehenden Elemente der beiden letzten Paare verbindet. Der Schnittpunkt der so entstehenden Geraden bestimmt mit einer der beiden Reihen den Sinn.

Wenn die Involutionen auf g, g_1 durch je ein beliebiges harmonisches Quadrupel gegeben sind, so kann man zur Zurückführung dieses Falles auf den eben behandelten in ähnlicher Weise wie in Fig. 55 einen Kegelschnitt benützen, oder man kann die Aufgabe auch linear lösen, was wir nach Grünwald (Zeitschr. f. Math. u. Phys., Bd. 45, 1900) im dualen Fall durchführen:

b) Zwei imaginäre Geraden einer reellen Ebene zum Schnitt zu bringen.

Die Geraden g und g_1 seien durch die beiden elliptischen Involutionen a, a'; b, b' und a_1, a'_1; b_1, b'_1 gegeben, die wir auch nach ihren Scheiteln S, S_1 benennen (Fig. 57). Dann handelt es sich blofs darum, diejenige Gerade der Ebene zu finden, auf der durch S und S_1 dieselbe Involution ausgeschnitten wird. Wir setzen blofs voraus, dafs $(a, a', b, b') = (a_1, a'_1, b_1, b'_1)$. Dann sind die Involutionen projektiv aufeinander bezogen und die Schnittpunkte α, α', β, β' entsprechender Strahlen liegen mit S und S_1 auf demselben Kegelschnitt K, auf dem durch α, α'; β, β' eine krumme

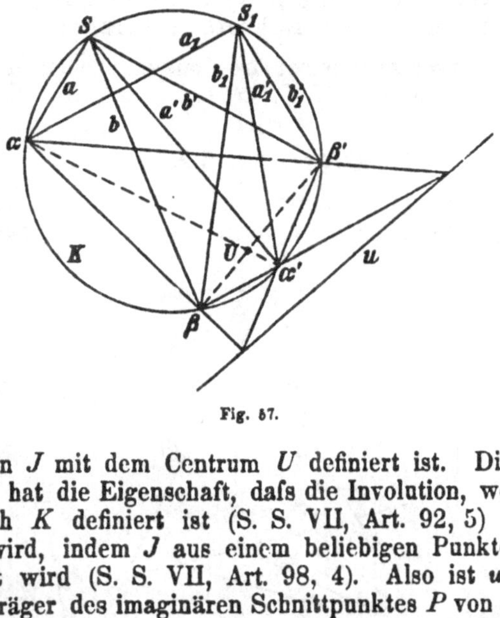

Fig. 57.

Involution J mit dem Centrum U definiert ist. Die Polare u von U hat die Eigenschaft, dafs die Involution, welche auf ihr durch K definiert ist (S. S. VII, Art. 92, 5) auch erhalten wird, indem J aus einem beliebigen Punkte von K projiziert wird (S. S. VII, Art. 98, 4). Also ist u der gesuchte Träger des imaginären Schnittpunktes P von g und g_1. Eine Darstellung von P selbst erhält man, wenn man eine der Involutionen S oder S_1 mit u zum Schnitt bringt; u wird aus den Schnittpunkten der Gegenseiten des Vierecks α, β, α', β' linear gefunden.

Waren insbesondere die beiden Strahlenquadrupel harmonisch, so sind auch α, α'; β, β' auf K vier harmonische

Punkte. Projiziert man sie aus einem derselben (z. B. aus α) auf u, so erhält man eine harmonische Darstellung von P. Dabei ist als Verbindungslinie $\alpha\alpha$ die Tangente an K, in α, also derjenige Strahl zu betrachten, der von $\alpha\alpha'$ durch $\alpha\beta$ und $\alpha\beta'$ harmonisch getrennt ist. Sein Schnittpunkt mit u ist identisch mit dem Punkt $(u, \beta\beta')$. Man sieht, daſs in diesem Fall der imaginäre Punkt durch das einfache Viereck $\alpha\beta\alpha'\beta'$ (dem ein Umfahrungssinn beizulegen ist) allein schon bestimmt ist. Dieses kann also auch als eine „Darstellung" des imaginären Punktes gelten. Aber die Vierecke sind den imaginären Punkten nicht mehr gegenseitig eindeutig zugeordnet, wie die elliptischen Involutionen.

c) Eine allgemeine imaginäre Gerade γ mit einer reellen Ebene E zum Schnitt zu bringen.

γ sei durch zwei imaginäre Punkte gegeben, d. h. durch die Involutionen A, A'; B, B' auf g und A_1, A_1'; B_1, B_1' auf g_1 (Fig. 58); es sei wieder

$$(AA'BB') = (A_1A_1'B_1B_1') = \mathfrak{D}.$$

Man projiziere die Involution auf g aus g_1 durch die Ebenen α, α'; β, β' und umgekehrt die Involution auf g_1 aus g durch

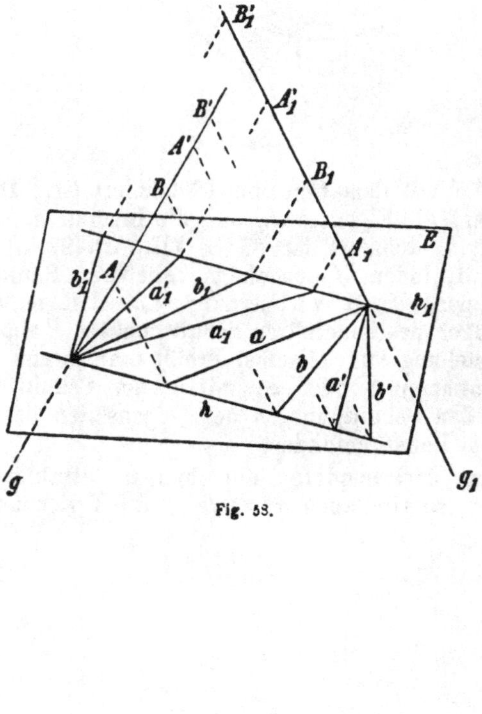

Fig. 58.

die Ebenen α_1, α_1'; β_1, β_1' auf E. Dadurch entstehen die speziellen imaginären Geraden $(a, a'; b, b')$ und $(a_1, a_1'; b_1, b_1')$, deren gemeinsamen Punkt man nach b) konstruieren kann. Man sieht, wie man so beliebig viele weitere Punkte einer durch zwei Punkte gegebenen allgemeinen imaginären Geraden konstruieren kann.

War insbesondere $\mathfrak{D} = -1$, so schneiden die vier festen Geraden $\alpha\alpha_1$, $\alpha'\alpha_1'$; $\beta\beta_1$, $\beta'\beta_1'$ (die auf derselben Regelschar harmonisch liegen und dort eine Involution bestimmen) für eine beliebige Lage von E auf E vier Punkte aus, durch die der imaginäre Schnittpunkt (γE) im Sinne von b) definiert ist.

d) Durch eine allgemeine imaginäre Gerade γ und einen reellen Punkt Q eine Ebene zu legen.

γ sei wie unter c) gegeben. Projizieren wir die Involutionen A, A'; B, B' und C, C'; D, D' aus Q, so erhalten wir zwei spezielle imaginäre Geraden, die beide in der gesuchten Ebene liegen. Wir kommen also auf die in § 65, c) gelöste Aufgabe zurück.

e) Durch drei imaginäre Punkte A, B, C allgemeiner Lage eine Ebene zu legen.

Man kann sich, um diese Aufgabe auf schon gelöste Teilaufgaben zurückzuführen, eine Skizze mit reellen Elementen machen (Fig. 59). Da die gegenseitigen Bestimmungsweisen der Punkte, Ebenen und Geraden durch einander von der Realität der Elemente unabhängig sind, wird diese Skizze auch für imaginäre Elemente eine schematische Bedeutung haben. Wir legen durch einen der Punkte A eine beliebige reelle Ebene E, die wir mit der allgemeinen imaginären Geraden BC in P nach c) zum Schnitt bringen. Die Verbindungslinie AP (eine spezielle imaginäre Gerade), die nach a) konstruiert wird, liegt in der gesuchten Ebene ε. Der Scheitel ihrer Involution ist also ein reeller Punkt von ε, und wir sind auf den Fall d) zurückgekommen.

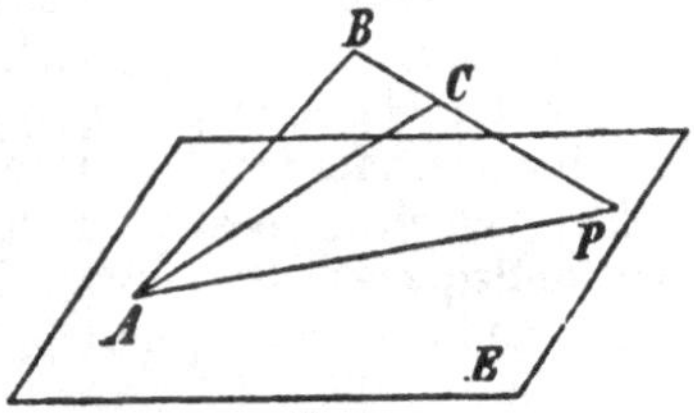

Fig. 59.

f) Eine allgemeine imaginäre Gerade γ mit einer imaginären Ebene zum Schnitt zu bringen. Wir denken uns γ durch zwei imaginäre Ebenen bestimmt und kommen so auf eine Aufgabe, die zur eben gelösten dual ist.

g) Zu entscheiden, ob zwei allgemeine imaginäre Geraden γ und γ' sich schneiden.

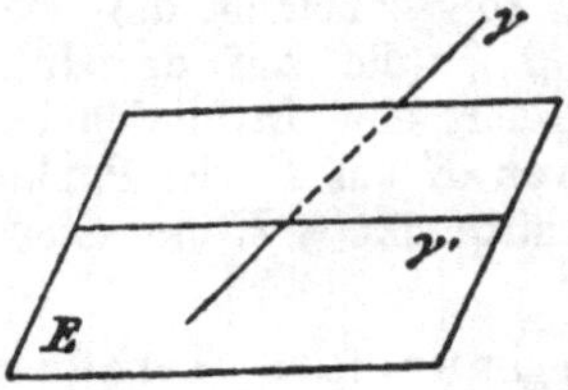

Fig. 60.

Indem wir von einer reellen Skizze (Fig. 60) wie unter e) Gebrauch machen, legen wir durch γ' eine beliebige Ebene E (d. h. wir fassen irgend eine Ebeneninvolution auf, die zur gescharten perspektiv liegt) und bringen sie nach f) mit γ zum Schnitt. Wenn der Schnittpunkt auch γ' angehört, so schneiden sich γ, γ' in diesem Punkte.

h) Um Aufgaben über imaginäre Gerade konstruktiv lösen zu können, ist es noch nötig, die Bestimmungsweise des zugehörigen Netzes $\mathfrak{N}$ durch zwei imaginäre Punkte auf die durch vier Strahlen zurückzuführen (die Lösung der umgekehrten Aufgabe ist in § 66, c) enthalten), d. h. wenn vier Strahlen g_1, g_2, g_3, g_4, von $\mathfrak{N}$ gegeben sind, die zugehörige gescharte Involution durch zwei imaginäre Punkte zu bestimmen. Durch g_1, g_2, g_3, ist eine Regelschar $\mathfrak{R}$ bestimmt und durch diese auf g_4 eine Involution J. Projiziert man J aus g_1, so werden dadurch auch die Strahlen der Leitschar $\mathfrak{L}$ von $\mathfrak{R}$ involutorisch gepaart. $\mathfrak{L}$ schneidet so auf irgend zweien der Geraden g_1, g_2, g_3 zwei imaginäre Punkte aus, die eine Gerade γ vollkommen bestimmen; diese ist die gesuchte. Denn $\mathfrak{L}$ bestimmt auch eine gescharte Involution (wir antizipieren Satz 137), in der den drei Ebenen, die einen Punkt P von g_4 mit g_1, g_2, g_3 verbinden, drei solche entsprechen, die sich in dem bezüglich $\mathfrak{R}$ konjugierten Punkte P' schneiden. Also gehört auch g_4 dem Netze von γ an. Die Bestimmung der Involution J ist eine elementare Aufgabe und kann gelöst werden, indem man durch g_4 eine Ebene legt, diese mit dem Hyperboloid zum Schnitt bringt, u. s. w.

Wir bemerken zur späteren Verwendung gleich hier, daſs auch die Polare g'_4 von g_4 zu $\mathfrak{N}$ gehört. Denn legen wir durch g_4 zwei Ebenen, so erhalten wir zwei kollineare

Felder (Satz 103), in denen die ganzen Schnittkurven mit $\mathfrak{R}$ einander entsprechen, daher auch die Pole von g_4 bezüglich ihrer.

i) Die Lösungen der anderen elementaren Schnitt- und Verbindungsaufgaben sind teils zu den vorhergehenden dual, teils nach dem bisherigen selbstverständlich. Wo z. B. ein reelles Element mit einem imaginären zu verbinden oder zu schneiden ist, kommt dies auf Projizieren oder Schneiden der betreffenden Involution hinaus, wenn es sich jedoch um eine allgemeine imaginäre Gerade handelt, auf die Aufsuchung desjenigen Netzstrahles, der mit dem reellen Element inzident ist (oder zusammenfällt).

---

§ 67. Involutorische Regelscharen und ihre Beziehungen zu den gescharten Involutionen.

Die Strahlen einer Regelschar $\mathfrak{R}$ kann man involutorisch paaren, indem man auf irgend einem ihrer Leitstrahlen eine Involution annimmt. Man nennt dann $\mathfrak{R}$ eine involutorische Regelschar. Eine solche heifst in einer gescharten Involution J enthalten, wenn ihre Strahlen ebenso einander zugeordnet sind, wie durch J. Z. B. ist durch drei Strahlen l, l', l'' des zu J gehörigen Netzes N als Leitstrahlen eine in J enthaltene elliptisch-involutorische Regelschar $\mathfrak{R}$ definiert. Denn jedem Strahl p, der l, l', l'' schneidet, entspricht in J ein Strahl p', der dieselben Geraden schneidet, also zu $\mathfrak{R}$ gehört. Durch die Involution auf einer der Geraden l, l', l'' ist in $\mathfrak{R}$ eine Involution definiert, welche die Strahlen von $\mathfrak{R}$ ebenso paart, wie J.

Wir denken uns J durch zwei imaginäre Punkte bestimmt, nämlich durch die elliptischen Involutionen x, ξ, x', ξ' auf g (Fig. 61) und y, η, y', η' auf h, wobei die Reihenfolge der Symbole zugleich den Sinn bestimmt. Es sei das Doppelverhältnis

$$(x, x', \xi, \xi') = \delta.$$

Wir setzen voraus, auf h sei als y, y' ein beliebiges Paar der Involution gewählt, jedoch als η, η' dasjenige Paar, für welches auch

36) $$(y, y', \eta, \eta') = \delta.$$

Dann können die Punktreihen g, h so projektiv auf einander bezogen werden, daſs die Quadrupel x, x', ξ, ξ' und y, y', η, η' einander entsprechen. Nun erzeugen g und h eine in J enthaltene involutorische Regelschar, in der

$$p \equiv (x, y), \qquad p' \equiv (x', y')$$

und

$$\pi \equiv (\xi, \eta), \qquad \pi' \equiv (\xi', \eta')$$

zwei Paare entsprechender Strahlen sind.*)

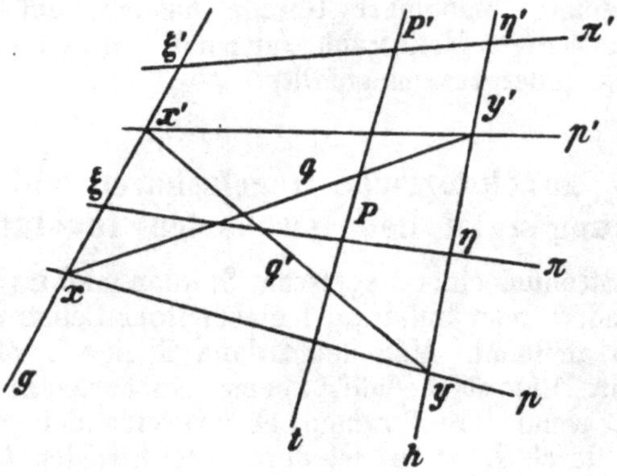

Fig. 61.

Wir können setzen:

$$37) \quad \begin{aligned} \xi_i &= \lambda x_i + \mu x'_i, & \xi'_i &= \mu x_i - \lambda x'_i \\ \eta_k &= \lambda' y_k + \mu' y'_k, & \eta'_k &= \mu' y_k - \lambda' y'_k. \end{aligned}$$

Aber wegen 36) muſs

$$\frac{\mu'}{\lambda'} : -\frac{\lambda'}{\mu'} = \frac{\mu}{\lambda} : -\frac{\lambda}{\mu}$$

sein, also können wir annehmen:

$$\lambda' : \mu' = \lambda : \mu$$

$$\eta_k = \lambda y_k + \mu y'_k, \qquad \eta'_k = \mu y_k - \lambda y'_k.$$

---

*) Da bei gegebenen Involutionen auf g und h und festem x, x', ξ, ξ' das Paar y, y' (d. h. einer seiner Punkte) willkürlich gewählt werden durfte, so geben die zwei Involutionen zu ∞^1 involutorischen Regelscharen Anlaſs. Da man aber auch der Darstellung der Involution auf h ein beliebiges Paar y, y' zu Grunde legen kann, so gelten die nachfolgenden Rechnungen für alle diese Regelscharen.

Es ist:

$$\pi_{ik} = \xi_i \eta_k - \xi_k \eta_i,$$

also

38)
$$\pi_{ik} = \lambda^2 p_{ik} + \lambda\mu (q_{ik} + q'_{ik}) + \mu^2 p'_{ik},$$
$$\pi'_{ik} = \mu^2 p_{ik} - \lambda\mu (q_{ik} + q'_{ik}) + \lambda^2 p'_{ik},$$

wenn q, q die Diagonalen des windschiefen Vierecks x, y, y', x' sind. Betrachten wir hierin $\lambda : \mu$ als veränderlich, so haben wir eine Darstellung der elliptisch-involutorischen Regelschar.

Wir berechnen ihre Doppelstrahlen d, d', indem wir setzen:

$$\pi_{ik} = \sigma \pi'_{ik},$$

also:

$$(\lambda^2 - \sigma\mu^2) p_{ik} + \lambda\mu (1 + \sigma)(q_{ik} + q'_{ik}) + (\mu^2 - \sigma\lambda^2) p'_{ik} = 0.$$

Diese sechs Gleichungen können nur zugleich erfüllt werden, wenn:

$$\sigma = -1, \qquad \mu = \pm i\lambda.$$

Wir finden also:

39)
$$d_{ik} = p_{ik} - p'_{ik} + i (q_{ik} + q'_{ik})$$
$$d'_{ik} = p_{ik} - p'_{ik} - i (q_{ik} + q'_{ik}).$$

Andererseits wissen wir (§ 64, f) Anm.), dafs die Zeiger einer imaginären Geraden, aus denen irgend zweier

$$\mathfrak{x}_i = x_i + i x'_i, \qquad \mathfrak{y}_k = y_k + i y'_k$$

ihrer Punkte sich ebenso wie bei einer reellen Geraden zusammensetzen lassen. Also hat die zu J gehörige Gerade γ die Zeiger:

40) $$\gamma_{ik} = \mathfrak{x}_i \mathfrak{y}_k - \mathfrak{x}_k y_i = p_{ik} - p'_{ik} + i (q_{ik} + q'_{ik}).$$

Wenn wir also noch die beiden Doppelstrahlen von $\mathfrak{R}$, analog wie bei den früheren Gebilden, dadurch trennen, dafs wir dem Strahl d den Sinn p, π, p', π' dem Strahl d' den Sinn p, π', p', π der Involution zuordnen, so stimmt der Doppelstrahl d genau überein mit derjenigen imaginären Geraden, die der gescharten Involution J zugeordnet ist. Da als g, h zwei beliebige Strahlen von N genommen werden konnten, so gilt dies für jede in J enthaltene involutor sche Regelschar. Jede solche mufs nämlich alle ihre Leitstrahlen in

Punktinvolutionen schneiden. Die Träger der in J enthaltenen Punktinvolutionen sind aber durch die Strahlen von N erschöpft. Daher liefert unsere Konstruktion alle überhaupt in J enthaltenen involutorischen Regelscharen.

Für eine hyperbolisch-involutorische Regelschar tritt nach Anmerkung zu Satz 124 in den Gleichungen 37), daher auch in 38) bloſs ein Pluszeichen an Stelle des Minuszeichens. Ihre Doppelstrahlen werden durch

39, a) $d_{ik} = p_{ik} + p'_{ik} + q_{ik} + q'_{ik}, \quad d'_{ik} = p_{ik} + p'_{ik} - (q_{ik} + q'_{ik})$

dargestellt. Geht man von der Darstellung der Punktinvolutionen auf g und h durch ihre Doppelpunkte s, s'; t, t' aus, nämlich

$$\xi_i = \lambda s_i + \mu s'_i \qquad \xi'_i = \lambda s_i - \mu s'_i$$
$$\eta_k = \lambda t_k + \mu t'_k \qquad \eta'_k = \lambda t_k - \mu t'_k,$$

so erhält man als Darstellung der involutorischen Regelschar (mit Weglassung der Indices):

41) $$\begin{aligned}\pi &= \lambda^2 d + \lambda\mu (r + r') + \mu^2 d',\\ \pi' &= \lambda^2 d - \lambda\mu (r + r') + \mu^2 d',\end{aligned}$$

wobei r, r' die Verbindungslinien s, t' und $s' t$ bedeuten.

Satz 136: Die Doppelstrahlen jeder in einer gescharten Involution J enthaltenen involutorischen Regelschar $\mathfrak{R}$ sind identisch mit den beiden imaginären Geraden, die zu J gehören, wenn man J in beiderlei Sinn durchläuft. Alle Leitstrahlen von $\mathfrak{R}$ sind Strahlen des zu J gehörigen Netzes.

Den letzteren Umstand bestätigen wir noch analytisch Seit t eine Gerade, die p, p', π schneidet, also:

$$\Sigma p_{ik} t_{lm} = 0, \qquad \Sigma p'_{ik} t_{lm} = 0,$$
$$\Sigma (q_{ik} + q'_{ik}) t_{lm} = 0.$$

Dann ist auch:

$$\Sigma \gamma_{ik} t_{lm} = 0;$$

t erfüllt also die Incidenzbedingung mit γ, gehört daher (§ 61) zu den Strahlen von N.

Da durch eine elliptisch-involutorische Regelschar $\mathfrak{R}$ (samt bestimmtem Sinn) eine imaginäre Gerade vollkommen bestimmt ist, so mufs durch 𝔑 auch eine gescharte Involution bestimmt sein, wenn man die Voraussetzung hinzunimmt, dafs alle ihre Leitstrahlen Ordnungsstrahlen der Involution sind. In der That entsprechen den fünf unabhängigen Punkten x, x', y, y', P (Fig. 61) die fünf ebensolchen x', x, y', y, P', wodurch eine Kollineation bestimmt ist (Killing, Analyt. Geom. II. S. 231).

Satz 137: Eine gescharte Involution ist durch jede in ihr enthaltene involutorische Regelschar vollkommen bestimmt.

Aber die imaginäre Gerade wurde durch eine involutorische Regelschar nicht definiert, weil die Leitstrahlen einer solchen blofs ∞^1 von den ∞^2 Punkten einer imaginären Geraden enthalten, überhaupt die Zuordnung zwischen den allgemeinen imaginären Geraden und den elliptisch-involutorischen Regelscharen keine gegenseitig eindeutige ist; vielmehr gehören zu jeder allgemeinen imaginären Geraden ∞^8 involutorische Regelscharen.

Wir machen noch darauf aufmerksam, dafs die beiden imaginären Geraden γ, γ', die zu einer gescharten Involution J gehören, auch als Ort der Doppelpunkte dieser Involution aufzufassen sind. Denn jeder Punkt von γ oder γ' ist Doppelpunkt einer geraden in J enthaltenen elliptischen Involution. Wir haben also in Verbindung mit § 62 ganz allgemein den

Satz: 138: Die imaginären Elemente sind stets auch die Doppelelemente der ihnen zugeordneten Involutionen.

---

§ 68. Imaginäre Elemente im rechtwinkligen Zeigersystem.

Wir können nach § 31 die rechtwinkligen Zeiger als Spezialfall der tetraedrischen auffassen. Dadurch, dafs $x_1 = u_1 = 1$ wird, haben wir in einem rechtwinkligen System auch für imaginäre Punkte und Ebenen nunmehr je drei Zeiger, für imaginäre Gerade jedoch sechs, die, wenn sie Strahlenzeiger sind, mit den Punktzeigern nach den Gleichungen 24) des § 33 zusammenhängen (vgl. § 65, f

Anm.). Alle Untersuchungen über die geometrische Bedeutung der Incidenzbedingungen, über die Identität der imaginären Elemente mit den Doppelelementen der elliptischen Involutionen u. s. w., kurz alle wesentlichen Resultate der vorhergehenden Paragraphen werden durch diese Spezialisierung nicht gestört. Es kommt hier nur noch die Aufgabe hinzu, die Lage der imaginären Elemente gegen das Zeigersystem zu untersuchen, wobei auch die metrischen Eigenschaften der Involutionen und ihre ausgezeichneten Elemente zur Geltung kommen.

a) Wir lösen unsere Aufgabe für den imaginären Punkt dadurch, dafs wir eine Darstellung der geraden elliptischen Punktinvolution $\mathfrak{J}$ in rechtwinkligen Zeigern geben und dann deren Doppelelemente aufsuchen. $\mathfrak{J}$ ist vollkommen bekannt, wenn wir ihren Centralpunkt C, die durch C gehende Gerade g, auf der sie liegt, und ihre Potenz $-m^2$ kennen.*)

Sind a, b, c die Zeiger von C; α, β, γ die Richtungskosinus von g; x, y, z; x', y', z' die Zeiger zweier zugeordneten Punkte der Involution, so ist für die Projektion der Involution auf die X-Achse:

$$(x-a)(x'-a) = -m^2\alpha^2.$$

Also erhalten wir für $x = x' = \xi$:

$$\xi = a \pm m\alpha i, \ldots$$

Daher sind

$$a \pm m\alpha i, \quad b \pm m\beta i, \quad c \pm m\gamma i$$

die Zeiger der Doppelelemente der Involution $\mathfrak{J}$ und machen nach Satz 138 zugleich die zu $\mathfrak{J}$ gehörigen imaginären Punkte aus. Setzen wir

$$m\alpha = a', \quad m\beta = b', \quad m\gamma = c',$$

so ist

$$a'^2 + b'^2 + c'^2 = m^2.$$

---

*) Sind δ, δ' die Abstände zweier zugeordneten Punkte einer elliptischen Involution vom Centralpunkt, so ist (S. S. VII. Art. 138):

$$\delta\delta' = -m^2.$$

Für $|\delta| = |\delta'| = m$ erhält man die beiden einander zugeordneten „Potenzpunkte"; die Potenzpunkte aller geraden in einer gescharten Involution J enthaltenen Punktinvolutionen liegen (wie aus Satz 109 hervorgeht) auf den Potenzebenen von J; daher der letztere Name.

Zur Trennung der beiden Punkte durch den Sinn von $\mathfrak{J}$ bemerken wir, dafs C und der unendlich ferne Punkt U von g einander zugeordnet sind. Wenn also $a+a'$, $b+b'$, $c+c'$, einem Punkt Q als Zeiger angehören, so bestimmt die Reihenfolge CQU den Sinn von C über die endliche Strecke nach Q.

Satz 139: Dem imaginären Punkte $a+a'i$, $b+b'i$, $c+c'i$ ist die Involution mit dem Centralpunkt $C\equiv(a, b, c)$, der Potenz $-(a'^2+b'^2+c'^2)$ und dem Sinn von C nach $(a+a', b+b', c+c')$ zugeordnet; die Richtungskosinus ihres Trägers sind proportional a', b', c'.

b) Liegt ein elliptisches Netz $\mathfrak{N}$ gegen das Zeigersystem so, wie in § 55, c), d. h. fallen seine Achsen mit der X- und der Y-Achse zusammen, so finden wir die Doppelpunkte der zugehörigen gescharten Involution aus den Gleichungen (vgl. § 57, Gleichungen 103)):

42) $$x=\frac{c}{m}\cdot\frac{y}{z}, \qquad y=-cm\cdot\frac{x}{z}, \qquad z=-\frac{c^2}{z}.$$

Von diesen kann die letzte aus den beiden ersten abgeleitet werden; man findet also

43) $$\frac{y}{x}=\pm mi, \qquad z=\pm ci.$$

Dabei gehören die beiden oberen und die beiden unteren Zeichen zusammen, während entweder x oder y willkürlich bleibt. Durch diese zwei Lösungen werden die zu $\mathfrak{N}$ gehörigen imaginären Geraden γ, γ' dargestellt. Wir berechnen die Zeiger von γ nach § 33, Gleichungen 24) aus denen der beiden Punkte

$$x=0, \qquad y=0, \qquad z=ci$$
$$x'=1, \qquad y'=mi, \qquad z'=ci$$

und finden:

44) $$q_1=1, \qquad q_2=mi, \qquad q_3=0,$$
$$q_4=cm, \qquad q_5=-ci, \qquad q_6=0.$$

Die Zeiger von γ' sind diesen konjugiert. Wir nennen stets γ diejenige Gerade, für die der Koeffizient von i in q_2

positiv ist, d. h. wir dürfen $m > 0$ voraussetzen, wie es auch in § 55, c) geschah; danach bestimmt sich aus q_4 das Vorzeichen von c und die Windung des Netzes (§ 55, c)).

Satz 140: Liegt eine allgemeine imaginäre Gerade so, daſs die beiden Achsen des zugehörigen Strahlennetzes mit der X- und der Y-Achse des Zeigersystems zusammenfallen, so ist für diese Lage charakteristisch, daſs die Zeiger q_3, q_6 Null, die Zeigerverhältnisse $q_4 : q_1$, $q_5 : q_2$ reell sind, $q_2 : q_1$ rein imaginär. Bringt man q_1 auf eins, so ist der absolute Betrag von q_2 das Achsenverhältnis des Netzes, der von q_5 der halbe Abstand der Potenzebenen.

Wir wenden nun die Formeln für die Zeigertransformation (§ 41) an.*) Löst man die dortigen Gleichungen 59) nach den neuen Zeigern p auf, so erhält man zunächst für eine bloſse Drehung um den Ursprung:

$$
45)\qquad \begin{aligned}
p_1 &= a_1 q_1 + b_1 q_2 + c_1 q_3\\
p_2 &= a_2 q_1 + b_2 q_2 + c_2 q_3\\
p_3 &= a_3 q_1 + b_3 q_2 + c_3 q_3
\end{aligned}
$$

Setzt man hierin für die q die Ausdrücke aus 44), so wird:

$$
46)\qquad p_\lambda = p'_\lambda + ip''_\lambda = a_\lambda + b_\lambda mi \qquad (\lambda = 1, 2, 3).
$$

Die neuen Zeiger p_4, p_5, p_6 erhält man, indem man in 45) die Indices der q um drei erhöht (vgl. § 41, Gleichungen 60)):

$$
47)\qquad p_{\lambda+3} = p'_{\lambda+3} + ip''_{\lambda+3} = c\,(a_\lambda m + b_\lambda i).
$$

Aus den Eigenschaften der Koeffizienten einer orthogonalen Substitution folgt:

$$
\left.\begin{aligned}
&48)\ \begin{cases} \Sigma p'^2_\lambda - \Sigma p''^2_\lambda = 1 - m^2, & \Sigma p'_\lambda p''_\lambda = 0\\ \Sigma p'^2_{\lambda+3} - \Sigma p''^2_{\lambda+3} = c^2(m^2-1), & \Sigma p'_{\lambda+3} p''_{\lambda+3} = 0 \end{cases}\\
&49)\ \Sigma p'_\lambda p'_{\lambda+3} = cm, \qquad \Sigma p''_\lambda p''_{\lambda+3} = cm\\
&50)\ \Sigma p'_\lambda p''_{\lambda+3} = 0, \qquad \Sigma p''_\lambda p'_{\lambda+3} = 0
\end{aligned}\right\}\ \lambda = 1, 2, 3.
$$

---

*) Sie gelten auch für imaginäre Elemente; denn sie gelten für die zugehörigen reellen Involutionen, deren Doppelelemente die imaginären Elemente sind (Satz 138).

Von den Relationen 49) und 50) ist nur je eine wesentlich; die andere folgt dann aus $\Sigma p_\lambda p_{\lambda+3} = 0$ von selbst. Diese Bedingungen sind für die jetzige Lage des Netzes noch keineswegs charakteristisch, denn man kann alle p mit einem gemeinsamen Faktor $\alpha + \beta i$ multiplizieren. Dadurch gehen sie in Gröfsen $P_\lambda = P'_\lambda + iP''_\lambda$ über und zwar ist

$$P'_\lambda = \alpha p'_\lambda - \beta p''_\lambda, \qquad P''_\lambda = \alpha p''_\lambda + \beta p'_\lambda.$$

Bezeichnet man zur Abkürzung:

$$\Sigma P'_\lambda P''_\lambda = \sigma_\lambda \qquad \Sigma P'_{\lambda+3} P''_{\lambda+3} = \sigma_{\lambda+3}$$
$$\Sigma P'^2_\lambda = \sigma'_\lambda, \qquad \Sigma P''^2_\lambda = \sigma''_\lambda, \qquad \Sigma P'^2_{\lambda+3} = \sigma'_{\lambda+3},$$
$$\Sigma P''^2_{\lambda+3} = \sigma''_{\lambda+3}, \qquad \Sigma P'_\lambda P'_{\lambda+3} = \tau', \qquad \Sigma P''_\lambda P''_{\lambda+3} = \tau'',$$
$$\Sigma P'_\lambda P''_{\lambda+3} = \tau_{12}, \qquad \Sigma P''_\lambda P'_{\lambda+3} = \tau_{21},$$

so findet man mit Benutzung der Gleichungen 48) bis 50):

$$48\text{a})\begin{cases} \sigma'_\lambda - \sigma''_\lambda = (\alpha^2 - \beta^2)(1 - m^2), & \sigma_\lambda = \alpha\beta(1 - m^2), \\ \sigma'_{\lambda+3} - \sigma''_{\lambda+3} = (\alpha^2 - \beta^2)c^2(m^2 - 1), & \sigma_{\lambda+3} = \alpha\beta c^2(m^2 - 1); \end{cases}$$

$$49\text{a}) \qquad \tau' = (\alpha^2 + \beta^2)\, cm = \tau'';$$

$$50\text{a}) \qquad \tau_{12} = 0 = \tau_{21}.$$

Es ist für ein Netz eine dreifache Bedingung, dafs sein Mittelpunkt mit dem Ursprung zusammenfällt. Es müssen also drei Relationen zwischen den P', P'' allein bestehen, welche diese Lage ausdrücken (wobei die aus

$$\Sigma P_\lambda P_{\lambda+3} = 0 \qquad (\lambda = 1, \ldots 6)$$

folgenden nicht mitzählen). Eine davon ist 50a), eine andere:

$$51) \qquad \frac{\sigma'_{\lambda+3} - \sigma''_{\lambda+3}}{\sigma'_\lambda - \sigma''_\lambda} = \frac{\sigma_{\lambda+3}}{\sigma_\lambda}.$$

Ferner ist

$$c^2 = -\frac{\sigma_{\lambda+3}}{\sigma_\lambda}.$$

Wir verfolgen nicht die Ableitung der dritten Relation und die Berechnung von m (vergl. den Schlufs von b)), sondern wollen die Kennzeichen für ein Rotationsnetz ableiten: Für ein solches ist $m = 1$, also

$$\sigma'_\lambda = \sigma''_\lambda, \qquad \sigma_\lambda = 0$$
$$\sigma'_{\lambda+3} = \sigma''_{\lambda+3}, \qquad \sigma_{\lambda+3} = 0.$$

Umgekehrt können von diesen Relationen die der ersten Zeile oder auch die der letzten, ohne daſs α und β einzeln verschwinden, nur erfüllt sein, wenn $m = 1$. Die ersten beiden lassen sich zusammenziehen in

52) $$\sum_1^3 P_\lambda^2 = 0,$$

die letzten beiden in

$$\sum_1^3 P_{\lambda+3}^2 = 0,$$

und zwar gilt 52) für eine **beliebige** Lage des Netzes, weil bei einer Parallelverschiebung die ersten drei Zeiger sich nicht ändern (§ 41). Also:

Satz 141: **Sind q_λ ($\lambda = 1, \ldots 6$) die Zeiger einer allgemeinen imaginären Geraden, so ist die notwendige und hinreichende Bedingung dafür, daſs das zugehörige Strahlennetz ein Rotationsnetz ist:**

$$\sum_1^3 q_\lambda^2 = 0.$$

Für eine Parallelverschiebung ($\mathfrak{x}, \mathfrak{y}, \mathfrak{z}$) des Zeigersystems (Gleichungen 61) des § 41) von der ursprünglichen speziellsten Lage aus lautet der Zusammenhang zwischen den neuen Zeigern $\varkappa$ und den alten q:

$$\begin{aligned} \varkappa_\lambda &= q_\lambda \qquad (\lambda = 1, 2, 3) \\ \varkappa_4 &= q_4 + \mathfrak{z} q_2 - \mathfrak{y} q_3 \\ \varkappa_5 &= q_5 + \mathfrak{x} q_3 - \mathfrak{z} q_1 \\ \varkappa_6 &= q_6 + \mathfrak{y} q_1 - \mathfrak{x} q_2. \end{aligned}$$

Setzt man hierin für die q die Ausdrücke aus 44), so erhält man:

53) $$\begin{aligned} \varkappa_1 &= 1 & \varkappa_4 &= cm + \mathfrak{z} mi = \varkappa'_4 + i\varkappa''_4 \\ \varkappa_2 &= mi & \varkappa_5 &= -\mathfrak{z} + ci \quad = \varkappa'_5 + i\varkappa''_5 \\ \varkappa_3 &= 0 & \varkappa_6 &= \mathfrak{y} - \mathfrak{x} mi \quad = \varkappa'_6 + i\varkappa''_6. \end{aligned}$$

Satz 142: **Wenn die Achsen eines elliptischen Netzes parallel zur X- und Y-Achse des Zeigersystems sind, so ist für diese Lage charakteristisch, daſs von den Zeigern der zugehörigen imaginären Geraden $\varkappa_3$ Null ist, und daſs $\varkappa_2 : \varkappa_1$ rein imaginär** ist. Wenn blofs der Hauptstrahl des Netzes parallel zur Z-Achse ist, so ist immer noch $\varkappa_3 = 0$.*)

Der letzte Teil des Satzes folgt aus den Formeln für die Drehung des Systems um die Z-Achse. Erfüllen gegebene $\varkappa$ diese beiden Bedingungen, so bringe man $\varkappa_1$ auf eins; dann kann man die Gröfsen m, c, $\mathfrak{x}$, $\mathfrak{y}$, $\mathfrak{z}$ aus den Gleichungen 53) entnehmen.

Ist eine allgemeine imaginäre Gerade $q'_\lambda + i q''_\lambda$ gegeben, und ihre Lage gegen das Zeigersystem beliebig, so bestimme man a_3, b_3, c_3 aus:

$$a_3 q'_1 + b_3 q'_2 + c_3 q'_3 = 0$$
$$a_3 q''_1 + b_3 q''_2 + c_3 q''_3 = 0$$
$$a_3^2 + b_3^2 + c_3^2 = 1$$

(wodurch die Richtung des Hauptstrahls gefunden ist), ferner die übrigen a, b, c aus:

$$a_1 q''_1 + b_1 q''_2 + c_1 q''_3 = 0$$
$$a_2 q'_1 + b_2 q'_2 + c_2 q'_3 = 0$$

und den Bedingungen für eine orthogonale Substitution. Dann ist die Zeigertransformation bekannt, durch welche die Lage des Satzes 142 erreicht wird; nach ihrer Durchführung kann man die beiden für die Form und Gröfse des Netzes (§ 54, Schlufs) mafsgebenden Konstanten m und c berechnen.

c) Für eine spezielle imaginäre Gerade $q'_\lambda + i q''_\lambda$ kann man die Zeiger des Scheitels und der Ebene der zugehörigen Strahleninvolution nach § 39, b) berechnen, nachdem man die Incidenzbedingungen in bekannter Weise (§ 31) für rechtwinklige Zeiger spezialisiert hat. Übrigens kann man auch die Strahleninvolution selbst unmittelbar hinschreiben:

$$p_\lambda = \mu q'_\lambda + \mu' q''_\lambda, \qquad p'_\lambda = \mu' q'_\lambda - \mu q''_\lambda \qquad (\lambda = 1, \ldots 6);$$

ihre analytische Darstellung unterscheidet sich bei rechtwinkligen und tetraedrischen homogenen Linienzeigern gar nicht.

*) Die letztere Bedingung zählt für zwei.

Etwas anders ist es für den Fall der imaginären Ebene $u'_\lambda + i u''_\lambda$: es sind

$$54)\qquad 1 + \sum_1^3 u'_\lambda x_\lambda = 0, \qquad \sum_1^3 u''_\lambda x_\lambda = 0$$

die Gleichungen der Involutionsachse α, dagegen

$$54\text{a})\quad v_\lambda = u'_\lambda + \mu u''_\lambda, \qquad v'_\lambda = u'_\lambda - \frac{1}{\mu} u''_\lambda \quad (\lambda = 1, 2, 3)$$

die der Involution selbst. Denn eine beliebige Ebene v des Büschels 54) wird durch die linken Gleichungen 54 a) dargestellt, wenn auch die u'' selbst nicht Zeiger einer Ebene des Büschels sind;*) vielmehr werden die Zeiger einer Ebene, die man um α so dreht, daſs sie durch den Ursprung geht, so unendlich, daſs sich ihre Verhältnisse denen der festen Zahlen u'' nähern. Wir bezeichnen daher diese Ebene mit u''; die rechte Gleichung 54) ist ihre Gleichung. Ist ferner

$$w_\lambda = u'_\lambda + \nu u''_\lambda,$$

so ist:

$$(u' u'' v w) = \frac{\nu}{\mu}.$$

Für die entsprechenden Ebenen v', w' muſs

$$(u' u'' v w) = (u'' u' v' w')$$

sein, weil u', u'' selbst ein Paar der Involution sind, also:

$$\frac{\nu}{\mu} = \frac{\mu'}{\nu'}.$$

---

*) Will man die Zeiger v einer allgemeinen Ebene des Büschels durch die Zeiger u', u zweier festen Ebenen des Büschels ausdrücken, so ist bekanntlich

$$v_\lambda = \frac{u'_\lambda + \mu u_\lambda}{1 + \mu}.$$

Man würde von hier aus auf demselben Wege wie i. T.

$$v_\lambda = \frac{u'_\lambda + \mu u_\lambda}{1 + \mu}, \qquad v'_\lambda = \frac{\mu u'_\lambda - k^2 u_\lambda}{\mu - k^2}$$

als Darstellung einer Involution erhalten; jedoch ist die Darstellung 54a) nicht nur an sich einfacher, sondern läſst sich auch unmittelbar in Zusammenhang mit den Zeigern der gegebenen imaginären Ebene bringen.

Denkt man sich das eine Paar w, w' fest, das andere v, v' beweglich, so findet man

$$\mu \mu' = \text{konst.}$$

als Zusammenhang zwischen den Parametern der zusammengehörigen Ebenen eines Paares. Und zwar ist für elliptische Involutionen die Konstante negativ und hier so zu wählen, dafs als Doppelelemente der Involution gerade die gegebenen imaginären Ebenen herauskommen, also

$$\mu \mu' = -1.$$

Wir fragen noch, wann die Strahlen- oder Ebeneninvolution rechtwinklig ist. Im ersten Fall mufs

$$\sum_1^3 p_\lambda p'_\lambda = 0,$$

im zweiten

$$\sum_1^3 v_\lambda v'_\lambda = 0$$

für jeden Wert $\mu' : \mu$ oder μ sein. Dies giebt:

Satz 143: Sollen die einer speziellen imaginären Geraden $q'_\lambda + i q''_\lambda$ oder einer imaginären Ebene $u'_\lambda + i u''_\lambda$ zugehörigen Involutionen rechtwinklig sein, so mufs sein:

$$\sum_1^3 q'_\lambda q''_\lambda = 0, \qquad \sum_1^3 q'^2_\lambda = \sum_1^3 q''^2_\lambda,$$

beziehungsweise:

$$\sum_1^3 u'_\lambda u''_\lambda = 0 \qquad \sum_1^3 u'^2_\lambda = \sum_1^3 u''^2_\lambda,$$

was in je eine Gleichung: $\sum_1^3 q_\lambda^2 = 0$ oder $\sum_1^3 u_\lambda^2 = 0$ zusammengefafst werden kann.

---

§ 69. Grundtetraeder mit teilweise imaginären Elementen.

Nach § 29, c) kann jede lineare Transformation

$$55) \qquad \varrho x_\lambda = \sum_{\mu=1}^4 a_{\lambda\mu} x'_\mu \qquad \sigma u_\lambda = \sum_{\mu=1}^4 A_{\lambda\mu} u'_\mu$$

$$(\lambda = 1, \ldots 4).$$

$$56) \qquad \varrho' x'_\lambda = \sum_{\mu=1}^4 A_{\mu\lambda} x_\mu \qquad \sigma' u'_\lambda = \sum_{\mu=1}^4 a_{\mu\lambda} u_\mu,$$

deren Determinante | $a_{\lambda\mu}$ | nicht verschwindet, als eine Zeigertransformation aufgefafst werden. Jedes dieser vier Gleichungssysteme bestimmt die drei anderen. Wir haben uns bisher die Substitutionskoeffizienten a reell gedacht. Aber auch wenn sie komplex sind, ist jedem (reellen oder komplexen) Wertequadrupel x oder u gegenseitig eindeutig ein Quadrupel x' oder u' zugeordnet, so dafs die Werte x' oder u' zur Bestimmung eines (reellen oder imaginären) Punktes oder einer Ebene ebenso brauchbar sind, wie die x oder u. Wegen des bekannten Zusammenhanges der Linienzeiger mit den Punkt- oder Ebenenzeigern gilt dasselbe für die Linienzeiger.

Ferner erhielten wir, wenn wir in 56) die rechten Seiten Null setzten, die Gleichungen der Ecken und Flächen des neuen Tetraeders im alten System, mit anderen Worten $A_{\mu\lambda}$ ($\mu = 1, \ldots 4$) sind die Zeiger der λ-ten Ebene und $a_{\mu\lambda}$ ($\mu = 1, \ldots 4$) die des λ-ten Eckpunktes des neuen Tetraeders. Auch für komplexe Substitutionen d e f i n i e r e n wir diese Zahlen als Zeiger der Ecken und Flächen des neuen Tetraeders. In der That sind wir berechtigt zu sagen, sie bilden ein Tetraeder, weil dieselben Incidenzrelationen gegenseitig stattfinden, wie bei einem reellen Tetraeder, wie aus elementaren Determinanteneigenschaften erhellt.

Wir betrachten von nun an nur solche imaginäre Grundtetraeder, bei denen neben jedem imaginären Element auch das konjugierte unter den Elementen des Tetraeders vorkommt. Dann können nur zwei Fälle eintreten:

a) Zwei Ecken, etwa P_1, P_4 sind reell, die beiden anderen P_2, P_3 konjugiert komplex, also ihre Verbindungslinie k reell. Dann sind auch von den vier Ebenen nur die beiden (k, P_1) und (k, P_4), reell. Ein Paar Gegenkanten ist reell, die beiden anderen Paare imaginär, und zwar schneiden sich je zwei konjugierte Kanten als spezielle imaginäre Gerade in einem reellen Eckpunkt.

b) Alle vier Ecken sind imaginär und etwa wieder P_2, P_3 konjugiert, ebenso P_1, P_4. Dann sind auch alle vier Ebenen imaginär. Ein solches Tetraeder ist durch zwei gerade Involutionen auf windschiefen Trägern g, g' bestimmt. Ein Paar Gegenkanten g, g' ist reell; jedes von den beiden anderen Paaren besteht aus zwei allgemeinen konjugiert imaginären Geraden.

a) Wir erhalten ein Tetraeder erster Art, wenn wir von den Kolonnen der a zwei reell annehmen, die beiden anderen konjugiert komplex. Da es uns nur darauf ankommt, solche Grundtetraeder an sich und nicht in allgemeinster Lage gegen das ursprüngliche reelle zu erhalten, so belassen wir zur Erzielung einer möglichst einfachen Transformation die Eckpunkte Q_1, Q_4 des alten Tetraeders auch als Ecken P_1, P_4 des neuen und wählen auf $Q_2\, Q_3$ eine Involution, in der

$$Q_2 = (0, 1, 0, 0), \qquad Q_3 = (0, 0, 1, 0)$$

selbst ein Paar sind. Es sind

$$(0, 1, i, 0), \qquad (0, 1, -i, 0)$$

die Doppelpunkte einer solchen Involution und daher (§ 29 c)

$$\begin{matrix} 1 & 0 & 0 & 0 \\ 0 & 1 & 1 & 0 \\ 0 & i & -i & 0 \\ 0 & 0 & 0 & 1 \end{matrix}$$

das Substitutionsschema. Seine Adjunkten dürfen wir für unseren Zweck mit i multiplizieren und erhalten so die gesuchte Transformation:

$$57) \quad \begin{aligned} \varrho x_1 &= x_1' \\ \varrho x_2 &= x_2' + x_3' \\ \varrho x_3 &= i(x_2' - x_3') \\ \varrho x_4 &= x_4' \end{aligned} \qquad 58) \quad \begin{aligned} \sigma u_1 &= u_1' \\ \sigma u_2 &= u_2' + u_3' \\ \sigma u_3 &= i(-u_2' + u_3') \\ \sigma u_4 &= u_4' \end{aligned}$$

Die Transformation für die Linienzeiger und zwar für die Strahlenzeiger stellen wir nach den Gleichungen 56) des § 40 zusammen:

$$59) \quad \begin{aligned} \tau \pi_{12} &= \pi_{12}' + \pi_{13}' \qquad & \tau \pi_{34} &= -i(\pi_{42}' + \pi_{34}') \\ \tau \pi_{13} &= i(\pi_{12}' - \pi_{13}') \qquad & \tau \pi_{42} &= \pi_{42}' - \pi_{34}' \\ \tau \pi_{14} &= \pi_{14}' \qquad & \tau \pi_{23} &= -2i\pi_{23}' \end{aligned}$$

b) Um ein solches Tetraeder möglichst einfach zu erhalten, nehmen wir auf den Kanten Q_1, Q_4 und Q_2, Q_3 des alten reellen Tetraeders je eine elliptische Involution an, in der die beiden Ecken als Paar zusammengehören. Dann gehen auch die imaginären Ecken P_1, P_4 aus den Zeigern der reellen Q_1, Q_4 ebenso hervor, wie schon früher P_2, P_3

aus denen von Q_2, Q_3. Wir können also nach a) die gesuchte Transformation für die Punkt- und Ebenenzeiger unmittelbar hinschreiben und für die Linienzeiger aus dem Schema

$$\begin{matrix} 1 & 0 & 0 & 1 \\ 0 & 1 & 1 & 0 \\ 0 & i & -i & 0 \\ i & 0 & 0 & -i \end{matrix}$$

analog wie früher zusammensetzen:

$$\text{60)}\quad \begin{aligned} \varrho x_1 &= x'_1 + x'_4 \\ \varrho x_2 &= x'_2 + x'_3 \\ \varrho x_3 &= i(x'_2 - x'_3) \\ \varrho x_4 &= i(x'_1 - x_4). \end{aligned} \qquad \text{61)}\quad \begin{aligned} \sigma u_1 &= u'_1 + u'_4 \\ \sigma u_2 &= u'_2 + u_3 \\ \sigma u_3 &= i(-u_2 + u'_3) \\ \sigma u_4 &= i(-u'_1 + u'_4). \end{aligned}$$

$$\text{62)}\quad \begin{aligned} \tau\pi_{12} &= \pi'_{12} + \pi'_{13} + \pi'_{42} - \pi'_{34}, & \tau\pi_{34} &= \pi'_{12} - \pi'_{13} - \pi'_{42} - \pi'_{34} \\ \tau\pi_{13} &= i(\pi'_{12} - \pi'_{13} + \pi'_{42} + \pi'_{34}), & \tau\pi_{42} &= i(\pi'_{12} + \pi'_{13} - \pi'_{42} + \pi'_{34}) \\ \tau\pi_{14} &= -2i\pi'_{14} & \tau\pi_{23} &= -2i\pi'_{23}. \end{aligned}$$

c) Wir wollen noch das Zeigersystem betrachten, das man aus einem rechtwinkligen erhält, indem man statt der rechtwinkligen Zeiger x, y, z vermöge der Gleichungen

$$\text{63)}\qquad \xi = x + iy, \qquad \eta = x - iy, \qquad \zeta = z$$

oder

$$\text{64)}\qquad x = \frac{1}{2}(\xi + \eta), \qquad y = \frac{i}{2}(-\xi + \eta), \qquad z = \zeta$$

neue einführt. Mit Berücksichtigung des § 31 können wir das neue System als Spezialfall von a) betrachten. Es sind nämlich die XY-Ebene und die in unendliche Ferne gerückte Tetraederebene reell geblieben, dementsprechend von den Ecken des Tetraeders der Ursprung und der unendlich ferne Punkt der Z-Achse. $\xi = 0$ und $\eta = 0$ sind die Doppelelemente der rechtwinkligen Strahleninvolution

$$\lambda x + \mu y = 0, \qquad \mu x - \lambda y = 0.$$

Die Transformation kommt also darauf hinaus, statt der X- und Y-Achse die Doppelstrahlen dieser rechtwinkligen

Involution einzuführen. Wir wollen nachsehen, welche Transformation der Strahlenzeiger die Gleichungen 63) zur Folge haben. Denken wir sie uns ein zweites Mal mit gestrichelten Symbolen aufgeschrieben, so finden wir daraus mit Rücksicht auf die Gleichungen 24) des § 33, wenn wir mit p die neuen, mit q die alten Strahlenzeiger bezeichnen.*)

65)
$$\begin{aligned} p_1 &= q_1 + iq_2 & p_4 &= -(q_5 + iq_4) \\ p_2 &= q_1 - iq_2 & p_5 &= q_5 - iq_4 \\ p_3 &= q_3 & p_6 &= -2iq_6. \end{aligned}$$

§ 70. Imaginäre Gerade reeller Liniengebilde.

a) Wir sagen, eine imaginäre Gerade g sei in einem reellen Liniengebilde $\mathfrak{L}$ enthalten, wenn ihre Zeiger $p_\lambda = p'_\lambda + ip''_\lambda$ die Gleichungen von $\mathfrak{L}$ erfüllen. Ist $\mathfrak{L}$ ein Gewinde,**) so zerfällt die Gleichung

66)
$$\sum_1^6 a_{\lambda+3}\, p_\lambda = 0$$

in die beiden:

67)
$$\Sigma a_{\lambda+3}\, p'_\lambda = 0, \qquad \Sigma a_{\lambda+3}\, p''_\lambda = 0.$$

Ist nun g speziell, so bedeuten die Gleichungen 67), dafs Scheitel und Ebene des zu g gehörigen involutorischen Strahlenbüschels als Nullpunkt und Nullebene im Gewinde einander zugeordnet sind. Ist g allgemein, so bedeuten diese Gleichungen, dafs das gegebene Gewinde a mit den beiden Gewinden p' und p'' involutorisch liegt, durch welche das zu g gehörige Netz bestimmt wird.

---

*) Man könnte glauben, die Gleichungen 65) müfsten sich auch aus den nach den π' aufgelösten Gleichungen 59) dadurch ergeben, dafs man die Symbole mit zwei Indices nach dem Schema 25) des § 33 durch Symbole mit einem Index ersetzt. In der That erhält man nach diesem Verfahren dieselben Gleichungen, wie durch die Transformation

$$\xi = \frac{1}{2}(x - iy), \qquad \eta = \frac{1}{2}(x + iy), \qquad \zeta = z,$$

die sich von 63) nur unwesentlich unterscheidet.

**) Die analoge Frage für ein reelles Strahlengebüsch beantwortet sich nach Satz 128 von selbst.

b) Die Definition des Enthaltenseins einer imaginären Geraden in einem beliebigen Liniengebilde ist ganz analog. Soll daher g in einem Strahlennetz $\mathfrak{N}$, das durch die Komplexe a und b definiert ist, enthalten sein, so müssen aufser 67) noch erfüllt sein:

$$\Sigma b_{\lambda+3} p'_\lambda = 0, \qquad \Sigma b_{\lambda+3} p''_\lambda = 0.$$

D. h., wenn g allgemein ist: Jeder der Komplexe a, b liegt sowohl zu p' als p'' involutorisch. Wenn g speziell ist, so ist der Scheitel der Strahleninvolution ein singulärer Punkt und ihre Ebene eine singuläre Ebene von $\mathfrak{N}$. Diese Bedingung ist von der Art der Bestimmung eines Strahlennetzes durch zwei Komplexe unabhängig; denn aus § 53 geht unmittelbar hervor:

Satz 144: Liegt ein Komplex c zu zwei anderen a, b involutorisch, so liegt er auch zu jedem Komplex des Büschels a, b involutorisch.

Man kann hiernach sagen, c liege zum Büschel a, b involutorisch.

c) Die Strahlen p einer Regelschar $\mathfrak{R}$ haben wir bisher (§ 39, e)) durch

$$p_k = \lambda q_k + \mu q'_k + \nu q''_k$$

mit der Bedingung

$$\omega(p) = 0$$

analytisch dargestellt, wobei q, q', q'' drei feste Strahlen von $\mathfrak{R}$ waren. Erteilen wir den Parametern λ, μ, ν auch komplexe Werte, so bekommen wir imaginäre Strahlen der reellen Regelschar. Sie sind auch dadurch vollständig charakterisiert, dafs sie irgend drei Strahlen s, s', s'' der Leitschar $\mathfrak{L}$ schneiden, weil die betreffende analytische Bedingung unabhängig von der Realität der Parameter erfüllt ist. Wir finden also die imaginären Geraden von $\mathfrak{R}$, wenn wir alle imaginären Geraden p suchen, die mit den reellen Geraden s, s', s'' je einen Punkt haben. Die notwendige und hinreichende Bedingung hierfür ist, dafs s, s', s'' dem zu p gehörigen Netz $\mathfrak{N}$ angehören. Wir bekommen also alle imaginären Geraden von $\mathfrak{R}$, wenn wir durch s, s', s'' und einen beliebigen vierten Strahl t ein Netz und hiermit eine gescharte Involution J

bestimmen. Da t innerhalb desselben Netzes auf ∞^2 Arten gewählt werden kann, so giebt es ∞^2 imaginäre Gerade einer reellen Regelschar. J bestimmt nach § 67 auf der Leitschar von $\mathfrak{L}$, d. h. auf $\mathfrak{R}$ selbst eine involutorische Regelschar, zu deren Doppelstrahlen p gehört. Also:

Satz 145: Man erhält alle imaginären Geraden einer reellen Regelschar $\mathfrak{R}$ als Doppelstrahlen aller elliptischen Involutionen, in denen die Strahlen von $\mathfrak{R}$ angeordnet sein können; $\mathfrak{R}$ enthält daher ∞^2 (allgemeine) imaginäre Gerade.

---

§ 71. Logische und geschichtliche Bemerkungen über das „Imaginäre“ in der Geometrie.

Wir überblicken nochmals den Gedankengang, den wir in der Theorie der imaginären Elemente bisher einschlugen: In der analytischen Geometrie ergeben sich als Zeiger eines gesuchten Elementes (Punkt, Ebene, Gerade) häufig komplexe Werte. Es liefs sich jedem solchen System komplexer Zeiger ein bestimmtes reelles geometrisches Gebilde gegenseitig eindeutig zuordnen (§ 61—63). Auch den analytisch definierten Incidenzbeziehungen zwischen den komplexen Elementen entsprachen bestimmte geometrische Thatsachen (§ 64, 65). Die gegenseitige Bestimmbarkeit der Elemente durch einander ist analytisch durch Gleichungen ausdrückbar, die unabhängig von der Realität der Elemente gelten. Die Schnitt- und Verbindungsgesetze haben also, nachdem die Incidenzbeziehungen geometrisch gedeutet sind, auch im imaginären Gebiet erstens einen bestimmten Sinn und behalten zweitens ihre Gültigkeit. Die Aufgaben, zu denen diese Gesetze Anlafs geben, wurden in § 66 konstruktiv gelöst, nachdem ihre eindeutige Lösbarkeit schon bei Beginn dieses Paragraphen feststand. Hiermit waren die Konstruktionen der „Geometrie der Lage“, die blofs auf den Gesetzen des Verbindens und Schneidens beruhen, auch für das imaginäre Gebiet von der analytischen Geometrie und hiermit vom Zeigersystem unabhängig gemacht.

Man kann also eine Konstruktion der Geometrie der Lage, bei der man zunächst reelle Elemente im Auge hatte, in ein Schema bringen (vergl. das folgende Beispiel) und dieses anwenden, unbekümmert darum, ob im Verlauf der Konstruktion imaginäre Elemente auftreten. Man ist sicher, dafs jeder Schritt des Schemas in wirkliche Konstruktionen umgesetzt werden könnte und das Endergebnis richtig bleibt. Dieses letztere kann z. B. der Natur der Sache nach reell sein und trotzdem ein Schema nützlich bleiben, in dem imaginäre Elemente auftreten. Aber dieser „Durchgang durchs Imaginäre“ wäre nicht gestattet, wenn man nicht jedem einzelnen Schritt eine bestimmte geometrische Bedeutung beilegen könnte. Dafs man sich ihrer nicht immer explizite zu erinnern braucht, wenn es blofs aufs Ergebnis ankommt, ist eben ein Vorteil der Theorie der imaginären Elemente, welche mit den komplizierten Gebilden der Involutionen ebenso zu operieren gestattet, als wenn es reelle Elemente wären. Andererseits weifs man, dafs in der analytischen Geometrie der Lage jeder Schritt der Rechnung ohne Rücksicht auf die Realität der auftretenden Zahlen eine Bedeutung hat; es ist zwischen den analytischen Operationen und den geometrischen Konstruktionen im bezeichneten Umfang ein vollkommener Parallelismus hergestellt, der es erlaubt, die Resultate aus dem einen Gebiet sofort in das andere zu übertragen.

Man hat der Theorie der imaginären Elemente gegenüber dreierlei Standpunkt eingenommen:

a) Man hat Resultate, die nur für reelle Elemente evident gemacht wurden, nach dem „Prinzip der Kontinuität“ auf den Fall übertragen, wo nicht alle als Beweismittel verwendeten Elemente reell sind, ohne überhaupt eigentlich eine Theorie der imaginären Elemente zu entwickeln. Z. B. lautet ein Satz der Geometrie: Wenn drei Kreise einer Ebene zu zweien drei gemeinsame Sehnen haben, so schneiden sich diese (die drei „Chordalen“) im selben Punkt. Dieser Satz läfst sich im Falle der Fig. 62 leicht einsehen, auch ohne von der Eigenschaft der gemeinsamen Sehne als Potenzlinie Gebrauch zu machen: Beschreibt man über den drei gegebenen Kreisen als gröfsten Kreisen drei Kugeln, so gehen die drei Schnittkreise, welche die drei Kugeln zu zweien gemein haben, durch die beiden Punkte P, P', die allen drei Kugeln gemein sind. Die drei Kreisebenen gehen also durch die Verbindungslinie PP' und ihre drei Spuren auf der Zeichenebene durch den Spurpunkt von PP'. Man hat nun daraus geschlossen, dafs die drei Kreisen etwa gemeinsamen Sehnen auch dann sich in einem Punkte schneiden, wenn die drei Kugeln keine reellen Punkte gemein haben (z. B. Fig. 63). Dies ist nicht korrekt. Man darf also bei einer solchen Methode nicht endgültig stehen bleiben, wenn sie auch als heuristisches Hilfsmittel sehr fruchtbar ist. Ebenso ist es zu beurteilen, wenn die Sätze der Algebra über gemeinsame Wurzeln von Gleichungen u. dergl. als blofse Redeweisen auf die Geometrie übertragen werden, ohne sich um deren eigentlichen Sinn zu kümmern.

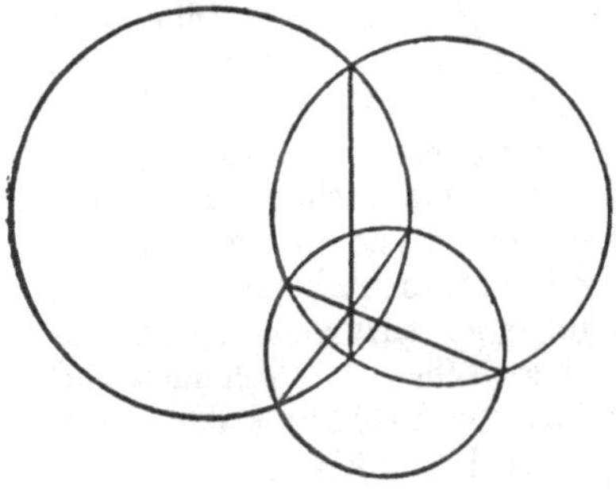

Fig. 62.

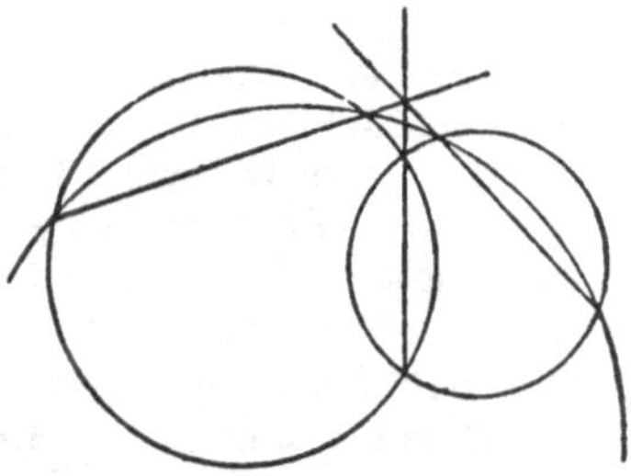

Fig. 63.

b) Man hat es überhaupt abgelehnt, imaginäre Zahlen in der Geometrie zu verwenden und hier von imaginären Elementen zu reden. Dieser Standpunkt ist logisch korrekt, aber unzweckmäfsig. Denn man ist dann gezwungen, von vornherein alle Fallunterscheidungen, welche die Realitätsfragen mit sich bringen, in der Untersuchung mitzuführen, während man im Besitz einer Theorie der imaginären Elemente erst im Ergebnis die Fälle zu trennen hat. Dieselben Vorteile, die das Imaginäre in der Algebra bietet, sind auch in der Geometrie erreichbar,*) sobald und in dem Umfang, als eben den imaginären Zahlen, die als Lösung einer ursprünglich reell vorgestellten Aufgabe herauskommen, wirkliche geometrische Gebilde zugewiesen werden können. Der Vortheil eines Schemas, wie im folgenden Beispiel,

*) Dies hat schon Staudt im Vorwort der „Beitr. zur Geom. d. Lage“ (1856) betont.

würde ganz verloren gehen, wollte man die Theorie der imaginären Elemente ablehnen.

c) Man hat eine wirkliche Theorie der imaginären Elemente entwickelt (wie hier, wenigstens in beschränktem Umfang, geschah), wodurch algebraische Operationen mit komplexen Zahlen geometrisch verwertbar werden. Es ist zwar richtig, dafs alle Resultate, die man so erhält, auch formuliert werden könnten, ohne aus dem reellen Gebiet herauszutreten, dafs also die Theorie der imaginären Elemente der Geometrie an wirklichem Inhalt nichts hinzufügen kann, sondern blofs eine abgekürzte Redeweise ist. Aber gerade in letzterem Umstand besteht ihr grofser Wert, der also wesentlich in der „Ökonomie des Denkens" (vergl. Mach, Mechanik, Kap. IV, 4) liegt. Die Wörter „Imaginärer Punkt, Gerade", u. s. w. sind durchaus nicht überflüssig; sie erinnern uns unmittelbar daran, dafs für die entsprechenden Gebilde dieselben Gesetze wie für reelle gelten und erleichtern uns, dasselbe Gedankenschema oder Buchstabenschema, ja sogar schematische Zeichnungen (§ 66, e, g) anzuwenden, die zu richtigen Resultaten führen, weil zwischen den Schemen und den wirklichen Gebilden das logische Verhältnis der „vollkommenen Analogie" besteht. Es ist daher in der That eine „mechanische Handhabung des Begriffs der imaginären Punkte" (sie wird S. S. VII., S. 288 geleugnet) und überhaupt der imaginären Elemente möglich.

Eine logische Unklarheit kann der Benutzung des Imaginären nicht zum Vorwurf gemacht werden,*) solange man es nur in den Grenzen anwendet, in denen die Theorie begründet wurde, also bei uns, solange es sich um die Geometrie der Lage handelt. Dagegen könnten wir nach den bisherigen Entwickelungen mit einem „imaginären Winkel" oder mit „senkrechter Lage imaginärer Geraden" keinen Sinn verbinden. Es würde zu weit von unserem Gegenstande der Liniengeometrie abführen, die Theorie der imaginären Elemente noch wesentlich weiter auszudehnen.

*) Dafs man bei den imaginären Elementen in der geometrischen Theorie bei den elliptischen Involutionen stehen bleiben mufs, während man bei den hyperbolischen Involutionen zu den Doppelelementen fortschreitet, ist eine kleine Inkongruenz, die nicht beseitigt werden kann, aber weder stört, noch Fehler mit sich bringt.

Auch ist in diesem Gebiet noch nicht alles wünschenswerte geleistet worden, wenn auch mehr vorliegt, als wir in unsere Darstellung aufnehmen konnten. Z. B. findet sich in Clebsch-Lindemanns Vorl. üb. Geom. Bd. II (S. 115, ff) eine Theorie des Doppelverhältnisses imaginärer Elemente. Überhaupt wurde die Theorie der projektiven Verwandtschaften der Grundgebilde schon von Staudt selbst auch auf imaginäre Elemente ausgedehnt. Übrigens werden wir noch Gelegenheit haben, die bisherige Theorie in einigen Punkten zu ergänzen. Zur Erläuterung des Gesagten betrachten wir noch ein

Beispiel: Es sei ein Nullsystem durch fünf reelle Strahlen $n_1, \ldots n_5$ des zugehörigen Gewindes gegeben; zu einem reellen Punkt P die Nullebene ν zu konstruieren. Eine ähnliche Aufgabe ist uns schon begegnet, und wir stellen die Konstruktionen, die sich aus § 22 und § 10, d) ergeben, in einem Schema zusammen, in welchem Punkte durch grofse lateinische, Gerade durch kleine lateinische, Ebenen durch griechische Buchstaben bezeichnet sein mögen. Das Zeichen $\equiv$ soll „incident mit" bedeuten; wenn auf einer oder beiden Seiten desselben mehrere Symbole von Elementen stehen, so soll jedes Element auf der einen Seite mit jedem auf der anderen incident sein. Man bestimme also der Reihe nach:

$$g, g' \equiv n_1, n_2, n_3, n_4 \qquad (\S\ 66, \text{h})$$
$$\varepsilon \equiv P, n_5 \qquad (\text{reell})$$
$$S \equiv g, \varepsilon; \quad S' \equiv g', \varepsilon \qquad (\S\ 66, \text{c})$$
$$h \equiv S, S' \qquad (\text{mufs reell sein})$$
$$N \equiv h, n_5 \qquad \text{„ „ „}$$
$$t \equiv P, g, g' \qquad \text{„ „ „}$$
$$\nu \equiv t, N \qquad \text{„ „ „}$$

Bezüglich der vorletzten Zeile des Schemas ist zu bemerken, dafs t für imaginäre Elemente i. A. ebenso bestimmt wird, wie für reelle, d. h. diese Zeile liefse sich ersetzen durch:

$$\alpha \equiv P, g \quad (\text{dual zu } \S\ 66, \text{c})$$
$$\alpha' \equiv P, g' \quad \text{„ „ „}$$
$$t \equiv \alpha, \alpha' \quad (\text{dual zu } \S\ 66, \text{a}).$$

Aber hier haben wir das nicht nötig, weil g, g' (reell oder) konjugiert imaginär sind. Die Aufgabe $t \equiv P, g, g'$ kommt also auf § 66, d) hinaus; die Achse der Ebeneninvolution ist die Lösung. Wenn man also aus der analytischen Geometrie weifs, dafs ein Gewinde durch fünf Strahlen bestimmt ist, so giebt dieses Schema, auch wenn eine lineare Konstruktion (§ 47, d) nicht bekannt wäre, unter allen Umständen die Lösung der Aufgabe, ohne dafs wir es mehr nötig hätten, wie in § 22, die Realität der Lösung durch einen Kunstgriff zu erzwingen.

Der Schöpfer der Theorie der imaginären Elemente ist Staudt (Beitr. zur Geom. d. Lage; hier kommen das erste Heft 1856 und das zweite 1857 in Betracht). Er ist rein synthetisch verfahren; seine Hauptleistungen sind die Deutung der allgemeinen imaginären Geraden durch eine gescharte Involution und die Trennung der konjugiert imaginären Elemente durch den Durchlaufungssinn. Die synthetische Theorie wurde von Lüroth (Das Imaginäre in der Geometrie und das Rechnen mit Würfen, Math. Ann. VIII, XI), Sturm (Über die v. Staudtschen Würfe, Math. Ann. IX) und für die Ebene von Kötter (Grundz. einer rein geom. Theorie der alg. eb. Kurven, Abh. d. Berl. Ak. 1887) weitergebildet, der Zusammenhang mit der analytischen Geometrie von Stolz (Die geom. Bedeutung der kompl. Elemente in der anal. Geom., Math. Ann. IV), August (Unters. über d. Imaginäre in d. Geom., Progr. d. Friedr.-Realsch. 1872), Schröder (Über v. Staudts Rechnung mit Würfen. u. verw. Prozesse, Math. Ann., X), Segre (Le rappr. reali delle forme compl. etc., Math. Ann. Bd. 40) hergestellt. Die hier gegebene Darstellung ist in manchen Punkten selbständig.*) Eine ausführliche geschichtliche Studie über diesen Gegenstand hat Ramorino im Giorn. di Mat. Bd. 35 u. 36 (1898) gegeben.

Die analytisch-geometrische Theorie der imaginären Elemente ist der rein synthetischen überlegen; denn letztere

---

*) Z. B. wurde die Bestimmung des Sinnes einer allgemeinen imaginären Geraden analog wie bei den übrigen imaginären Gebilden durchgeführt, wodurch die involutorischen Regelscharen zu diesem Zwecke entbehrlich wurden. Dieselben wurden nur anhangsweise in § 67 behandelt, nachdem mit § 66 das Hauptziel des Abschnittes erreicht war.

wurde von Staudt eigentlich nur für die Gebilde zweiter Ordnung zum Abschlufs gebracht und mufste erst mühsam auf höhere Gebiete ausgedehnt werden. Nach der analytischen Theorie gewinnt man jedoch mit einem Schlag einen allgemeineren Standpunkt: Z. B. genügen einer algebraischen Gleichung n-ten Grades mit reellen Koeffizienten zwischen drei Veränderlichen (in rechtwinkligen Zeigern) auch komplexe Wertetripel. Die Gesamtheit der so definierten imaginären Punkte zählen wir der Fläche n-ter Ordnung zu; ja diese kann ausschliefslich imaginäre Punkte enthalten. Sie hat, wenn die Berührungspunkte entsprechend mehrfach gezählt werden, nach dem Fundamentalsatz der Algebra mit jeder Geraden g genau n Punkte gemein, wobei die etwaigen imaginären, wenn g reell ist, paarweise konjugiert auftreten.*) D. h.:

Satz 146: Die Zahlen r der reellen Schnittpunkte und s der elliptischen Involutionen, die durch eine algebraische Fläche n-ter Ordnung auf einer allgemeinen reellen Geraden bestimmt werden, stehen in der Beziehung:

$$r + 2s = n.$$

Zu beweisen ist an diesem Satze nichts mehr; man kann nur noch verlangen, dafs die Bestimmung der Involutionen auch geometrisch durchgeführt werde (für $n = 2$ geschieht dies im nächsten Paragraphen). Analog hat jetzt der Satz über die Zahl der Schnittpunkte dreier algebraischen Flächen eine bestimmte geometrische Bedeutung u. s. w.

---

*) Wenn eine mehrfache komplexe Wurzel w vorhanden ist, so sagen wir, die Gerade g stehe mit der Fläche F in imaginärer Berührung (aufser wenn auch alle partiellen Ableitungen der Flächengleichung durch w erfüllt werden). Es hat keine Schwierigkeit, diesen Umstand geometrisch zu deuten: Es müssen, wenn die Gerade aus einer Nachbarlage g' nach g hineinrückt, mehrere durch F definierte Involutionen auf g' existieren, die sich für die Lage g vereinigen, indem sowohl ihre Centralpunkte zusammenrücken, als auch ihre Potenzen gleich werden (kann erst für $n \geq 4$ eintreten). Es wäre wünschenswert, den Fall der imaginären Berührung vom Fall imaginärer singulärer Punkte durch geometrische Kennzeichen zu trennen.

§ 72. Die liniengeometrische Darstellung einer Fläche zweiter Ordnung; ihre imaginären Elemente.

a)*) Es seien die $a_{\lambda\mu}$ reelle Gröfsen, von denen wir voraussetzen:

68) $$a_{\mu\lambda} = a_{\lambda\mu}.$$

Dann bezeichne man

$$\sum_{\lambda=1}^{4}\sum_{\mu=1}^{4} a_{\lambda\mu} x_\lambda x_\mu = F(x), \qquad \frac{1}{2}\frac{dF}{dx_\lambda} = \sum_{\mu=1}^{4} a_{\lambda\mu} x_\mu = F_\lambda(x),$$

so besteht die Identität:

69) $$F(x) = \sum_{\lambda=1}^{4} x_\lambda F_\lambda(x),$$

und

70) $$F(x) = 0$$

stellt eine Fläche zweiter Ordnung F_2 dar. Wir wollen ihre imaginären Punkte der Anschaulichkeit halber zuerst unter der Voraussetzung suchen, dafs sie auch reelle Punkte besitzt, wobei wir die Polarentheorie für Flächen zweiter Ordnung als bekannt annehmen. Soll

71) $$\varrho x_\lambda = \xi_\lambda + i\eta_\lambda \qquad (\lambda = 1, \ldots 4)$$

70) erfüllen, so mufs

$$\sum_{\lambda=1}^{4}\sum_{\mu=1}^{4} a_{\lambda\mu}(\xi_\lambda + i\eta_\lambda)(\xi_\mu + i\eta_\mu) = 0$$

sein, was in die beiden Bedingungen zerfällt:

72) $$F(\xi) = F(\eta),$$

73) $$\Sigma \eta_\lambda F_\lambda(\xi) = 0.$$

Die zweite Bedingung besagt, dafs die Punkte ξ und η bezüglich F_2 konjugiert sein müssen, d. h. dafs jeder von ihnen auf der Polarebene des anderen liegen mufs (S. S. XXV, § 2). Denn bei festen Werten η stellt 73) die Gleichung der Polarebene des Punktes η dar; ihre Zeiger sind also

74) $$\sigma u_\lambda = \sum_\mu a_{\lambda\mu} x_\mu,$$

wenn wir x statt η schreiben und λ, μ vertauschen.

---

*) Vergl. hierzu Stolz, a. a. O. Art. 8.

Durch F_2 wird der Raum in zwei Gebiete geteilt, und wir wissen schon aus Satz 146, dafs ξ und η im selben Gebiete liegen (bei den positiv gekrümmten Flächen im Äufseren), weil sonst ihre Verbindungslinie g reell schneiden müfste. Also haben $F(\xi)$ und $F(\eta)$ jedenfalls gleiches Vorzeichen, und 72) läfst sich dadurch erfüllen, dafs man die Zeiger des einen Punktes mit einer passenden Konstanten multipliziert, worauf eben erst mit 71) nach § 62 eine bestimmte Involution

75) $$\varrho x_\lambda = \nu \xi_\lambda + \nu' \eta_\lambda, \qquad \varrho x'_\lambda = \nu' \xi_\lambda - \nu \eta_\lambda$$

verknüpft ist. Wir wollen zeigen, dafs diese Involution mit derjenigen identisch ist, welche durch F_2 auf g definiert ist, indem man die bezüglich F_2 konjugierten Punkte einander zuordnet. Setzt man x'_λ statt η_λ und x_μ statt ξ_μ aus 75) in die linke Seite von 73) ein, so erhält man

$$\sum_\lambda (\nu' \xi_\lambda - \nu \eta_\lambda) \sum_\mu a_{\lambda\mu} (\nu \xi_\mu + \nu' \eta_\mu)$$

oder

$$\nu\nu' [F(\xi) - F(\eta)] - \nu^2 \Sigma \eta_\lambda F_\lambda(\xi) + \nu'^2 \Sigma \xi_\lambda F_\lambda(\eta),$$

und dies verschwindet in der That vermöge 72) und 73) identisch (die beiden Summen unterscheiden sich nur durch die Anordnung der Glieder). Man nennt die reciproke Verwandtschaft, die durch eine Fläche zweiter Ordnung definiert ist, indem jedem Punkt seine Polarebene zugeordnet wird, ein (räumliches) Polarsystem. Dann läfst sich das eben bewiesene und die duale Übertragung*) so aussprechen:

Satz 147: Die etwaigen imaginären Schnittpunkte einer Geraden g (oder Berührungsebenen durch g) mit einer Fläche zweiter Ordnung F_2 sind durch die Involution repräsentiert, die das Polarsystem von F_2 auf g herausschneidet (um g als Achse bestimmt).

Dieser Satz behält auch für den Fall Sinn und Gültigkeit, wenn die Form F_2 definit ist, also F_2 keine reellen

*) Unter einer Berührungsebene der F_2 verstehen wir jede Ebene, deren Zeiger die Gleichung der F_2 in Ebenenzeigern erfüllen; auch ohne diese Gleichung aufzustellen, können wir die Übertragung vornehmen.

Punkte enthält. Denn auch dann ist mit F_2 ein bestimmtes Polarsystem verbunden, durch das die imaginäre Fläche in ähnlicher Weise repräsentiert ist, wie ein imaginäres Element durch eine Involution: Gehen wir nämlich von den Gleichungen 74) aus; sie ordnen jedem Punkt x des Raums eine Ebene u zu und durch Auflösung nach den x

76) $$\varrho x_\lambda = \sum_{\mu=1}^{4} A_{\mu\lambda} u_\mu$$

auch jeder Ebene u einen Punkt x; wegen 68) könnten wir statt 76) auch schreiben

77) $$\varrho x_\lambda = \Sigma A_{\lambda\mu} u_\mu .$$

Wenn ferner dem Punkt y die Ebene v entspricht, also

78) $$\sigma v_\lambda = \Sigma a_{\lambda\mu} y_\mu ,$$

so wollen wir voraussetzen, v und x seien incident, also

79) $$\Sigma v_\lambda x_\lambda = 0$$

und zeigen, dafs dann auch die entsprechenden Elemente y und u incident sind. Aus 78) und 79) folgt:

$$\Sigma a_{\lambda\mu} y_\mu x_\lambda = 0,$$

was wir wegen 68) schreiben können:

$$\Sigma a_{\lambda\mu} x_\mu y_\lambda = 0,$$

oder

$$\Sigma u_\lambda y_\lambda = 0.$$

Wenn sich also x in der festen Ebene v bewegt, so dreht sich u um den festen Punkt y; bewegt sich x zugleich in einer anderen festen Ebene w, so mufs sich u noch um einen anderen festen Punkt z, d. h. um eine Gerade drehen, was man übrigens unmittelbar aus der Linearität der Verwandtschaft entnehmen kann. Es sind hierdurch auch die Geraden des Raumes einander zugeordnet. Einer Ebene v ist also immer derselbe Punkt zugeordnet, gleichgültig, ob man diese Zuordnung unmittelbar nach den Gleichungen 77) vornimmt, oder ob man zuerst drei Punkte in ihr wählt und deren zugeordnete Ebenen zum Schnitt bringt. Wegen dieser Eigenschaft heifst die durch die Gleichungen 74) definierte reciproke Verwandtschaft (Korrelation) **involutorisch**, im Gegensatz zur allgemeinen Korrelation, die durch dieselben Gleichungen definiert ist, wenn man die Bedingungen 68) fallen läfst.

Diejenigen Punkte des Raumes, die in den zugeordneten Ebenen liegen (die „Ordnungspunkte"), bestimmt man aus der Gleichung

$$\Sigma u_\lambda x_\lambda = 0,$$

die wegen 74) und 69) mit

$$F(x) = 0$$

übereinstimmt. Eine involutorische Korrelation heifst auch ein **Polarsystem**, und der Ort der Ordnungspunkte dieses Polarsystems ist eine Fläche zweiter Ordnung; beide hängen nur von den $a_{\lambda\mu}$ ab, und man kann bei gegebenem Polarsystem die Gleichung der Fläche oder umgekehrt unmittelbar hinschreiben. Aber das Polarsystem und die Rechnungen, die zum Satze 147 führten, sind von der Realität der Ordnungsfläche vollkommen unabhängig.

Wir wollen uns noch eine anschauliche Vorstellung eines Polarsystems ohne reelle Ordnungsfläche verschaffen*) und setzen ein rechtwinkliges Zeigersystem voraus. Dann kann jede definite Form in drei Veränderlichen durch Zeigertransformation (abgesehen von einem Faktor) auf die Form

$$\frac{x^2}{a^2} + \frac{y^2}{b^2} + \frac{z^2}{c^2} + 1$$

gebracht werden, also die Gleichung der imaginären Fläche auf die Form:

80) $$\frac{x^2}{a^2} + \frac{y^2}{b^2} + \frac{z^2}{c^2} + 1 = 0.$$

Das zugehörige Polarfeld ist durch

81) $$u = \frac{x}{a^2}, \qquad v = \frac{y}{b^2}, \qquad w = \frac{z}{c^2}$$

*) Wir berücksichtigen nur den Fall, dafs die Determinante $|a_{\lambda\mu}|$ nicht verschwindet; andernfalls ist der „imaginäre Kegel" durch ein Polarsystem im Strahlenbündel repräsentiert, das man erhält, wenn man ein ebenes Polarfeld ohne reelle Ordnungskurve aus einem Punkte projiziert.

definiert. Wir betrachten daneben das Ellipsoid

$$82)\qquad \frac{x^2}{a^2}+\frac{y^2}{b^2}+\frac{z^2}{c^2}-1=0$$

und das zugehörige Polarfeld:

$$83)\qquad u'=-\frac{x}{a^2},\qquad v'=-\frac{y}{b^2},\qquad w'=-\frac{z}{c^2}.$$

Man sieht, dafs die Ebenen u, v, w und u', v', w', die in beiden Fällen demselben Punkt entsprechen, parallel zueinander in gleichem Abstand beiderseits des Ursprungs liegen; also:

Satz 148: Das räumliche Polarsystem ohne reelle Ordnungsfläche geht aus dem Polarsystem eines Ellipsoids hervor, indem man die Punkte des Raumes ungeändert läfst, die Ebenen bezüglich des Mittelpunktes des Ellipsoids centralsymmetrisch transformiert (oder umgekehrt).

Ist insbesondere $a=b=c=r$, so nennen wir die Fläche

$$x^2+y^2+z^2=-r^2$$

eine „imaginäre Kugel". Ihr Polarsystem ist dadurch vollkommen charakterisiert, dafs jeder Punkt und seine zugeordnete Ebene so liegen, dafs ihre Abstände δ, δ' vom Ursprung auf derselben Geraden liegen und $\delta . \delta' = -r^2$ ist.*)

Schneidet man ein (räumliches) Polarsystem durch eine Ebene E, so erhält man ein Polarfeld, dessen Ordnungskurve reell oder imaginär ist, je nachdem E die Ordnungsfläche des Polarsystems reell schneidet oder nicht. Da es (abgesehen vom Paare imaginärer spezieller Geraden) nur eine Art imaginärer Kurven zweiter Ordnung giebt, wie aus der analytischen Darstellung hervorgeht, so erhält man dieselben Polarfelder, die als Schnitt einer imaginären Fläche zweiter Ordnung mit einer Ebene hervorgehen, auch aus den

---

*) Analog nennen wir die Kurve

$$x^2+y^2=-r^2$$

einen „imaginären Kreis"; sein Polarfeld ist ebenso charakterisiert, nur hat man „zugeordnete Gerade" statt „Ebene" zu sagen. Eine Kugel wird von einer Ebene stets in einem (reellen oder imaginären) Kreis geschnitten.

reellen Flächen positiver Krümmung durch die nicht reell schneidenden Ebenen.

b) Wir wollen zunächst die Gesamtheit der Tangenten einer Fläche zweiten Grades durch eine Gleichung in Linienzeigern darstellen. Zu diesem Zweck stellen wir die Verwandtschaft des Polarsystems in Linienzeigern dar, indem wir ansetzen:

$$\sigma u_i = \sum_\lambda a_{i\lambda} x_\lambda \qquad \sigma' v_k = \sum_\mu a_{k\mu} y_\mu .$$

Diese Gleichungen sind nur 74) in anderer Schreibweise. Es entspricht der Verbindungsgeraden $g \equiv (x, y)$ die Schnittlinie $g' \equiv (u, v)$. Setzen wir

$$\pi_{\lambda\mu} = x_\lambda y_\mu - x_\mu y_\lambda, \qquad p_{ik} = u_i v_k - u_k v_i,$$

so können wir durch genau dieselbe Rechnung wie am Anfang des § 40 die Achsenzeiger von g' durch die Strahlenzeiger von g ausdrücken:

84) $$\tau p_{ik} = \sum_{\lambda,\mu} (a_{i\lambda} a_{k\mu} - a_{k\lambda} a_{i\mu}) \pi_{\lambda\mu}$$

oder wenn wir wie in § 40 von den Symbolen mit zwei Indices zu denen mit einem Index übergehen,

85) $$\tau p_n = \sum_{\nu=1}^{6} \mathfrak{p}_{n\nu} \pi_\nu \qquad (n = 1, \ldots 6)$$

Die Tangenten der Fläche sind dadurch gekennzeichnet, dafs sie ihre Polaren schneiden. Die Incidenzbedingung müssen wir jetzt so schreiben:

86) $$\sum_1^6 p_\mu \pi_\mu = 0.$$

Aus 85) und 86) erhalten wir als Bedingung für die Geraden π, die ihre Polaren schneiden:

87) $$\sum_{\mu=1}^{6} \sum_{\nu=1}^{6} \mathfrak{p}_{\mu\nu} \pi_\mu \pi_\nu = 0$$

oder ausführlicher geschrieben:

88) $$\sum_{i,k} \sum_{\lambda,\mu} (a_{i\lambda} a_{k\mu} - a_{k\lambda} a_{i\mu}) \pi_{ik} \pi_{\lambda\mu} = 0.$$

Wegen der Symmetrie der Matrix a_{ik} ist bei 87)

89) $$\mathfrak{p}_{\nu\mu} = \mathfrak{p}_{\mu\nu}.$$

Dies ist die liniengeometrische Darstellung*) der Fläche zweiter Ordnung F_2:

70) $$\Sigma a_{ik} x_i x_k = 0.$$

Wir definieren nun auch für imaginäre Zeiger als Tangenten der Fläche F_2 alle Geraden, deren Zeiger die Gleichung 87) erfüllen. Um dieselben geometrisch zu charkterisieren, können wir auf die Entstehung dieser Gleichung zurückgehen, anstatt uns unmittelbar an sie selbst zu halten: Für imaginäre Gerade zerfällt 85) in zwei Gleichungen, welche besagen, dafs die repräsentierenden Involutionen polarer Geraden auch zu einander polar sind;**)

*) Wenn ein Polartetraeder der Fläche als Grundtetraeder gewählt wird, so setzen wir $a_{ii} = a_i$; alle übrigen a verschwinden (Killing, Lehrb. d. anal. Geom. II, § 14). Die Gleichungen 74), 84), 88) nehmen dann die einfache Gestalt an:

74a) $$\sigma u_i = a_i x_i.$$

84a) $$\tau p_{ik} = a_i a_k \pi_{ik}.$$

88a) $$\Sigma a_i a_k \pi_{ik}^2 = 0.$$

**) Ist nämlich π eine allgemeine imaginäre Gerade $\pi'_\nu + i\pi''_\nu$, so geht sie in $p'_n + ip''_n$ über, wobei

90) $$\tau p'_n = \Sigma \mathfrak{p}_{n\nu} \pi'_\nu.$$

Die π'_ν sind Zeiger eines Gewindes $\mathfrak{G}$ mit der Gleichung

91) $$\Sigma \pi'_n \varkappa_{n+3} = 0.$$

Es ist zu zeigen, dafs die p' Zeiger desjenigen Gewindes sind, das $\mathfrak{G}$ im Polarsystem entspricht. Die inverse Transformation zu 85) hat, da die Polaren sich gegenseitig entsprechen, dieselbe Form wie 85) selbst (vergl. die ähnliche Sachlage in § 57). Wir brauchen also 85) nicht nach den π aufzulösen, sondern haben nur π und p zu vertauschen, aber gleichzeitig dafür zu sorgen, dafs wieder links Achsen-, rechts Strahlenzeiger stehen. Wollen wir aber doch dieselben Zeiger beibehalten, so müssen wir schreiben:

92) $$\pi_{n+3} = \sum_\nu \mathfrak{p}_{n\nu} p_{\nu+3}.$$

Setzen wir hierin $\varkappa$ statt π, q statt p und dann die Ausdrücke in 91) ein, so erhalten wir die Beziehung

93) $$\Sigma \pi'_n \Sigma \mathfrak{p}_{n\nu} q_{\nu+3} = 0,$$

hiermit wissen wir, wie wir zu einer imaginären Geraden die Polare zu suchen haben, Da 86) auch für imaginäre Gerade gilt, so können wir sagen, dafs allgemein die Tangenten der Fläche F_2 dadurch gekennzeichnet sind, dafs sie ihre Polaren schneiden. Der Schnittpunkt mufs von selbst immer F_2 angehören. Denn dies gilt zunächst für reelle Gerade. Berechnet man für solche seine Zeiger nach § 39, b) als Funktionen der π und setzt in 70) ein, so mufs diese Gleichung eine Identität zwischen den π werden, die also auch gilt, wenn an Stelle der reellen Zahlen komplexe gesetzt werden. Ähnliches gilt für die Verbindungsebene E und für den letzten Teil des folgenden Satzes.

Satz 149: Die Geraden g, deren Zeiger der liniengeometrischen Gleichung einer Fläche zweiter Ordnung F_2 genügen, sind diejenigen, welche ihre Polaren g' schneiden. Der Schnittpunkt S liegt auf F_2; die Verbindungsebene E berührt F_2. S und E entsprechen einander im Polarsystem; in S vereinigen sich auch die beiden Schnittpunkte von g oder g' mit F_2.

Mit Hilfe dieses Satzes können wir nun die imaginären Tangenten einer F_2 durch blofse Überlegung finden:

I) Sei S, also auch E reell. Wählen wir als S einen reellen Punkt der F_2, als E die Berührungsebene in S, so sind die Bedingungen des Satzes 149 erfüllt, wenn wir im Strahlbüschel (S, E) eine beliebige (elliptische) Strahleninvolution annehmen. Jede solche spezielle imaginäre Gerade g berührt also F_2. Unter diesen Geraden sind jedoch,

---

welcher die Gesamtheit der Strahlen q genügt, die den Strahlen $\varkappa$ des Gewindes $\mathfrak{G}$ entsprechen. Schreiben wir 93) in der Form

$$\Sigma a_\nu q_{\nu+3} = 0,$$

so ist

$$a_\nu = \sum_n \pi'_n \mathfrak{p}_{n\nu},$$

oder wegen 89)

$$a_\nu = \sum_{n=1}^{6} \mathfrak{p}_{\nu n} \pi'_n.$$

Die rechten Seiten dieses Systems unterscheiden sich aber von 90) nur durch Vertauschung von n und ν; also sind die a den p' proportional, womit der Beweis erbracht ist.

wenn F_2 positiv gekrümmt ist, zwei γ, γ' ausgezeichnet, nämlich deren Involution dieselbe ist, die das Polarsystem von F_2 im Büschel (S, E) definiert. Schneiden wir γ oder γ' mit einer beliebigen Ebene, so gehört der Schnittpunkt nach Satz 147 auch F_2 an. Also liegen die Geraden γ, γ' ganz auf F_2.

II) Sei S, daher auch E imaginär. Dann können:

α) g, g' speziell sein. Sie müssen dann wie im letzten Fall von § 65, c) liegen. Wir können als S einen beliebigen imaginären Punkt der F_2 wählen (repräsentiert durch M, N, M', N' in Fig. 64) und können die Ebene α von g durch den Träger s von S willkürlich annehmen; dann ist alles andere bestimmt. Da nämlich S und E einander entsprechen, mufs die Polare s' von s die Achse von E sein; s', α schneiden sich in einem Punkt B, dessen Polarebene β durch s geht. Der Punkt $A \equiv (s', \beta)$ entspricht α. Dann sind die beiden Geraden g, g' durch die Involutionen (B, S) und (A, S) dargestellt. Wenn F_2 reell ist, mufs mindestens eine der Ebenen α, β sie reell schneiden. Aber die Überlegung gilt auch für eine imaginäre F_2. Wenn F_2 positiv gekrümmt ist, giebt es unter den Lagen von α zwei ausgezeichnete, nämlich die reellen Berührungsebenen an F. Für diese fällt g mit g' zusammen, und wir kommen wie unter I) auf zwei Gerade durch S, die ganz auf F_2 liegen.

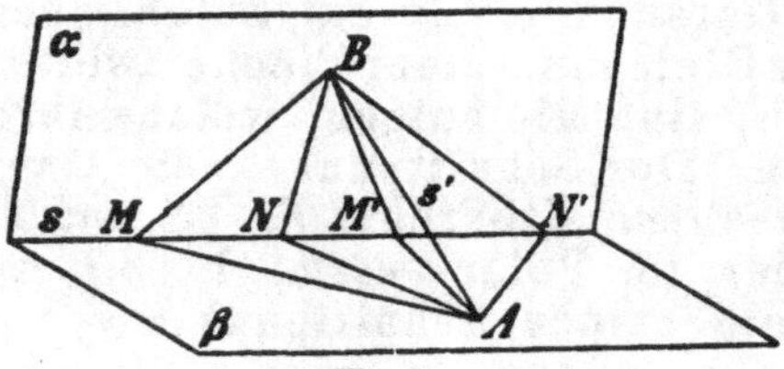

Fig. 64.

Da eine imaginäre Gerade, die mit einer Ebene incidiert, speziell ist, und die Kurven zweiter Ordnung als ebene Schnitte der Flächen zweiter Ordnung erhalten werden können, so sind durch das Bisherige auch die imaginären Tangenten einer Kurve zweiter Ordnung erledigt.

β) g, g' können allgemein sein. Dann kann der erste oder der zweite Fall des Satzes 134 stattfinden, d. h. die zugehörigen Strahlennetze $\mathfrak{N}$, $\mathfrak{N}'$ können entweder zwei Strahlen a, b oder nur einen a gemein haben.

Im ersten Fall sei a der Träger von S, dann ist b die Achse von E. Nach dem letzten Teil des Satzes 149 müssen *a* und *b* einander im Polarsystem entsprechen. Wenn wir also einen imaginären Punkt *S* einer gegebenen F_2 wählen und auf der Polaren *b* seines Trägers *a* einen beliebigen imaginären Punkt $T \equiv (A, B, A', B')$ annehmen, so bestimmen die auf *b* zu den Elementen *A*, *B*, *A'*, *B'* der Involution *T* konjugierten Elemente eine Involution *T'*. Die Polare der Verbindungslinie $g \equiv (S, T)$ ist durch die beiden Ebeneninvolutionen (*b*, *S*), (*a*, *T'*) bestimmt oder auch durch ihre gegenseitigen Achsenschnitte *S*, *T'*. Also erfüllen *g*, *g'* in der That die Bedingungen des Satzes 149. Wählen wir als *T* insbesondere einen auf *b* gelegenen imaginären Punkt von F_2 (bei positiv gekrümmten Flächen ist dies nicht möglich), so wird *g'* mit *g* identisch, und *g* mufs ganz auf F_2 liegen. Dies gilt nämlich nicht nur für reelle Geraden, sondern aus ähnlichen Gründen, wie vor Satz 149 angeführt wurden, allgemein.

Im zweiten Fall des Satzes 134 ist *a* sowohl Träger von *S* als Achse von *E*, mufs also im Polarsystem sich selbst entsprechen und liegt auf F_2; dieser Fall kann nur bei den Regelflächen eintreten. Wir untersuchen, wann die Verbindungslinie *g* von *S* mit einem anderen imaginären Punkt *T* des Raumes eine Tangente von F_2 ist. Der Träger von *T* sei *t*, seine Polare *t'*; *g'* ist durch *E* und die Ebeneninvolution (*t'*, *T*) bestimmt. Die letztere mufs auf *a* auch die Involution *S* herausschneiden, wenn *g*, *g'* sich schneiden sollen, da *a* nach Voraussetzung der einzige gemeinsame Strahl der Netze *g*, *g'* ist. Wenn also *S* angenommen ist, so darf man nur noch den Träger *t* von *T* beliebig annehmen, dann wird *T* selbst durch die Ebene (*t'*, *S*) auf *t* herausgeschnitten.*)

Wir richten unser Augenmerk auf die allgemeinen imaginären Geraden γ, die ganz auf einer Regelfläche F_2 liegen. Wählen wir einen imaginären Punkt *S* auf einem Strahl *a* einer Regelschar $\mathfrak{R}$ von F_2, so ist hierdurch eine solche Gerade schon bestimmt. Denn *S* bestimmt in der Leitschar $\mathfrak{L}$ von $\mathfrak{R}$ eine Involution, also nach Satz 137 eine imaginäre Gerade γ. Durch *S* gehen zwei Erzeugende von

*) Es entspricht dies vollkommen den Verhältnissen im Reellen: Durch Annahme von *S* ist *E* mitbestimmt; d. h. man kennt ein Büschel (*S*, *E*), dem *g* angehört. Durch die Bedingung, eine zweite Gerade *t* zu schneiden, ist eine Gerade des Büschels bestimmt.

F_2, nämlich γ und der reelle Träger a von S. Wenn wir auf einem bestimmten Strahl a alle möglichen imaginären Punkte S annehmen, so erhalten wir so ∞^2 Gerade γ; dies sind schon sämtliche allgemeinen imaginären Geraden, die auf F_2 liegen. Denn bestimmen wir eine auf F_2 liegende Gerade γ in allgemeinster Weise dadurch, dafs wir einen beliebigen imaginären Punkt S' von F_2 annehmen (dessen Träger also nicht auf F_2 liegt), so haben wir nach Diskussion des ersten Falles von β) auf der Polaren t' von t noch die Auswahl des Sinnes zu treffen. Dann bestimmt t sowohl mit der einen als mit der anderen Regelschar von F_2 je ein Strahlennetz $\mathfrak{N}$, $\mathfrak{N}'$, denen nach § 66, h) auch t' angehört. Die beiden zu $\mathfrak{N}$ und $\mathfrak{N}'$ gehörigen Geraden liegen ganz auf F_2, weil sie nicht nur S' enthalten, sondern auch ∞^1 imaginäre Punkte, deren Träger auf F_2 liegen.

Wir haben hiermit den folgenden Satz nicht nur bewiesen, sondern auch seinen Inhalt vollkommen anschaulich gemacht:

Satz 150: Auch durch jeden imaginären Punkt P einer Fläche zweiter Ordnung F_2 gehen zwei Erzeugende; dieselben sind, wenn F_2 imaginär ist, allgemein imaginär; wenn F_2 reell ist, speziell oder allgemein imaginär, je nachdem F_2 positive oder negative Krümmung hat. Nur wenn der Träger von P im letzten Fall auf F_2 liegt, ist die eine allgemein imaginär, die andere reell.

Auch die Sonderung der imaginären Erzeugenden in zwei Scharen ist leicht: Bei den positiv gekrümmten Flächen kann man für die zugehörigen Strahleninvolutionen, wenn man sie vom Äufseren der Fläche betrachtet, überall einen bestimmten Drehungssinn, z. B. den positiven festsetzen, um die eine Schar auszusondern. Bei einer Regelfläche F_2 erhalten wir nach der eben durchgeführten Betrachtung jede imaginäre Erzeugende γ durch eine auf F_2 liegende involutorische Regelschar $\mathfrak{R}$; γ ist der Schar $\mathfrak{R}$ zuzuzählen. Damit stimmt überein, dafs durch einen imaginären Punkt, dessen Träger auf F_2 liegt, die reelle Erzeugende nach dieser Bestimmungsweise der anderen Schar angehört. Bei den positiv gekrümmten Flächen gehören zwei konjugiert imaginäre Erzeugende verschiedenen Scharen an, bei den Regelflächen derselben Schar.

Endlich sei für eine imaginäre F_2 der Centralpunkt der Involution eines ihrer imaginären Punkte J mit der Polaren t' des Trägers t von J durch eine Ebene ε verbunden. Wählt man auf t den einen imaginären Punkt von F_2, so ist durch seinen Sinn auch in ε ein positiver Drehungssinn fixiert, somit auf t' der eine imaginäre Punkt von F_2 ausgezeichnet. Verbinden wir jeden imaginären Punkt von F_2 auf diese Art mit einem bestimmten zweiten, so erhalten wir die Erzeugenden der einen Schar. Zwei konjugiert imaginäre Erzeugende gehören hier derselben Schar an.

Für alle F_2 gilt, dafs von den beiden Erzeugenden durch einen Punkt stets die eine der einen, die andere der anderen Schar angehört.

Satz 151: Mit Berücksichtigung der imaginären Elemente hat eine Fläche zweiter Ordnung ∞^4 Punkte, die sich auf zweierlei Art zu je ∞^2 in ∞^2 gerade Linien anordnen lassen.

Die Entscheidung, ob eine gegebene allgemeine imaginäre Gerade eine F_2 berührt, geschieht nach § 66, g), nachdem man ihre Polare konstruiert hat.

Es ist selbstverständlich, wie sich ein Teil der vorstehenden Untersuchungen für die Ebene und die imaginären Kurven zweiter Ordnung spezialisiert, wie z. B. das Polarfeld einer solchen aus dem einer Ellipse erhalten werden kann.

---

§ 73. Die unendlich fernen imaginären Kugelelemente.

Wir betrachten noch die unendlich fernen imaginären Elemente einer Fläche zweiter Ordnung, insbesondere einer Kugel. Durch eine F_2 ist wie in jeder Ebene, so auch in der unendlich fernen U ein Polarfeld definiert, d. h. es ist jeder Richtung im Raume eine Stellung zugeordnet (der Richtung eines Durchmessers die Stellung der konjugierten Durchmesserebene); von den Paraboloiden, für welche U Berührungsebene ist, sehen wir hier ab. Ist F_2 eine Kugel K, so ist jede Richtung auf der zugehörigen Stellung senkrecht.

Das Polarfeld ist also in diesem Fall von der Lage der Kugel unabhängig und bleibt bei allen ∞^7 Bewegungen und Ähnlichkeitstransformationen von K ungeändert. Man sagt deshalb, alle Kugeln schneiden U (und einander) im selben imaginären Kugelkreis; er heifst mitunter schlechtweg „der imaginäre Kugelkreis“, obgleich es natürlich im Endlichen noch andere imaginäre Kugelkreise giebt (in jeder Ebene ∞^3).

Schneidet man das Polarsystem einer Kugel durch eine Ebene E, so liegen auf jeder Geraden von E, also auch auf der unendlich fernen u zwei Punkte J, J' des Schnittkreises (vergl. die letzte Anmerkung zu § 72, a)). Die Involution, durch welche J, J' repräsentiert werden, wird durch jede rechtwinklige Strahleninvolution in E auf u herausgeschnitten und ist davon unabhängig, welche (reelle oder imaginäre) Kugel man mit E geschnitten hat. Man sagt deshalb, alle (reellen oder imaginären) Kreise einer Ebene E gehen durch dieselben zwei unendlich fernen Punkte J, J' von E, „die imaginären Kreispunkte“ von E. Sie sind zugleich die Schnittpunkte von E mit dem imaginären Kugelkreis.

Da der Mittelpunkt M eines Kreises k in E der Pol von u ist, so repräsentiert die rechtwinklige Strahleninvolution des Büschels (M, E) nach § 72, b, II, α) zwei Tangenten von k; sie haben nur J, J' mit k gemein. Man nennt sie die beiden Tangenten in den (unendlich fernen) imaginären Kreispunkten. Sie sind auch Tangenten jeder Kugel durch k.

Die Gesamtheit aller speziellen imaginären Geraden, die den imaginären Kugelkreis $\mathfrak{K}$ schneiden, ist durch alle rechtwinkligen Strahleninvolutionen überhaupt repräsentiert; es sind ∞^5. Je ∞^3 haben dieselbe Stellung und gehen durch denselben Punkt von $\mathfrak{K}$. Sie erfüllen nach Satz 143 die Gleichung:

$$\sum_1^3 q_\lambda^2 = 0.$$

Da die Polare eines Durchmessers d einer Kugel unendlich fern liegt, so repräsentiert eine rechtwinklige Ebeneninvolution mit der Achse d eine solche Berührungsebene der Kugel, deren Berührungspunkt unendlich fern, also auf $\mathfrak{K}$ liegt. Eine solche Ebene berührt selbst $\mathfrak{K}$; denn hätte sie mit $\mathfrak{K}$ einen zweiten Punkt gemein, so hätte sie auch mit jeder

Kugel einen solchen gemein. Die Ebenen, die den imaginären Kugelkreis berühren, sind also durch alle rechtwinkligen Ebeneninvolutionen überhaupt repräsentiert. Von hier aus können wir unmittelbar zu einer analytischen Darstellung von $\mathfrak{K}$ gelangen: Das Kennzeichen für eine rechtwinklige Ebeneninvolution lautet nämlich in den rechtwinkligen Zeigern u, v, w nach Satz 143:

94) $$u^2 + v^2 + w^2 = 0.$$

Dies ist also auch die Gleichung von $\mathfrak{K}$ in Ebenenzeigern.

Um eine allgemeine imaginäre Tangente t einer Kugel zu erhalten, können wir nach § 72, b, II, β) den imaginären Berührungspunkt A derselben beliebig wählen und ihn mit einem beliebigen imaginären Punkt der Polare a' des Trägers a von A verbinden. Wählen wir insbesondere A unendlich fern, so ist a' ein Durchmesser der Kugel, also auf der Stellung von A und zugleich der Mittelebene des zu t gehörigen Netzes senkrecht. Daraus folgt, dafs a' der Hauptstrahl des Netzes und dieses ein Rotationsnetz ist.

Aber auch ohne Beziehung auf eine Kugel sehen wir unmittelbar, dafs nur eine imaginäre Gerade eines Rotationsnetzes die Eigenschaft hat, den imaginären Kugelkreis zu treffen; denn das heifst nichts anderes, als dafs ihr Schnittpunkt mit der unendlich fernen Ebene durch den Schnitt einer rechtwinkligen Strahleninvolution repräsentiert ist. Die Rotationsnetze sind aber (Satz 141) durch die Gleichung

$$\sum_1^3 q_\lambda^2 = 0$$

gekennzeichnet. Da auch die speziellen imaginären Treffgeraden von $\mathfrak{K}$ diese Gleichung erfüllen, können wir sagen (Lindemann, Math. Ann. Bd. 7):

Satz 152: Die Gleichung des imaginären Kugelkreises in (rechtwinkligen) Linienzeigern*) lautet:

95) $$q_1^2 + q_2^2 + q_3^2 = 0,$$

*) Eine Kurve kann in Linienzeigern durch die Gesamtheit ihrer Treffgeraden dargestellt werden, die einen Komplex bilden. Mit Berücksichtigung der imaginären Elemente enthält ein Komplex ∞^6 Linien. In der That giebt es ∞^6 Rotationsnetze.

in Ebenenzeigern:

$$u^2 + v^2 + w^2 = 0.$$

In Punktzeigern wird eine Kurve durch zwei Gleichungen dargestellt. Da $\mathfrak{K}$ in der unendlich fernen Ebene liegt, und deren Punkte in rechtwinkligen Punktzeigern keine eigentliche Darstellung besitzen, so kann auch $\mathfrak{K}$ in solchen keine eigentliche Darstellung erfahren. Jedoch kann $\mathfrak{K}$ auch in Punktzeigern vollkommen charakterisiert werden als Schnitt der unendlich fernen Ebene mit einer Kegelfläche, die $\mathfrak{K}$ aus irgend einem Punkt im Endlichen, z. B. dem Ursprung, projiziert. Da die Erzeugenden der Kegelfläche $\mathfrak{K}$ treffen, müssen ihre Zeiger 95) erfüllen. Wir können also diese Gleichung sofort in Punktzeiger umsetzen; wenn wir nach § 33

$$q_1 = x' - x, \qquad q_2 = y' - y, \qquad q_3 = z' - z$$

setzen und nun für x, y, z die festen Zeiger des Scheitels der Kegelfläche nehmen und x', y', z' als laufende Zeiger betrachten, oder umgekehrt. Also ist

96) $$x^2 + y^2 + z^2 = 0$$

die Gleichung desjenigen Kegels, der $\mathfrak{K}$ aus dem Ursprung projiziert.

Da eine imaginäre Gerade $\mathfrak{S}$ eines Rotationsnetzes $\mathfrak{K}$ schneidet und der Schnittpunkt auch jeder Kugel K angehört, so wird $\mathfrak{S}$, wenn sie K überhaupt berührt, in einem unendlich fernen Punkt berühren; d. h. allen imaginären Geraden, die K im Endlichen berühren, entsprechen keine Rotationsnetze. Dies braucht nicht zu überraschen; denn schon bei den speziellen imaginären Geraden sieht man, dafs jede Involution eines Büschels reeller Tangenten eine Tangente der Kugel darstellt, dafs die zugehörige Involution also keineswegs immer ein Rotationsgebilde ist.

Wir stellen noch nach Gleichung 88 a) die Gleichung der Kugel

97) $$x^2 + y^2 + z^2 = r^2$$

in Linienzeigern auf. Wir denken uns 97) durch eine vierte Veränderliche t homogen gemacht und müssen dann den Veränderlichen

$$t, x, y, z$$

der Reihe nach

$$x_1, x_2, x_3, x_4$$

entsprechen lassen (§ 31), um mit den gewählten Bezeichnungen in Übereinstimmung zu bleiben. Dies giebt:

$$q_4^2 + q_5^2 + q_6^2 - r^2 (q_1^2 + q_2^2 + q_3^2) = 0. \tag{98}$$

Für eine Kugeltangente $\mathfrak{S}$, die $\mathfrak{K}$ trifft, ist

$$q_1^2 + q_2^2 + q_3^2 = 0,$$

also auch

$$q_4^2 + q_5^2 + q_6^2 = 0.$$

In der That wissen wir schon, dafs der Hauptstrahl des Netzes einer solchen Tangente durch den Ursprung geht, und dafs für diese Lage nach § 68, b) die Rotationsnetze auch die letzte Gleichung erfüllen.

Übungsaufgaben:

47) Das analytische Kennzeichen für die in § 64, Schlufs (Anm.) erwähnte spezielle Lage eines imaginären Punktes gegen eine nicht incidente reelle Gerade ist zu suchen.

48) Die gescharte Involution ist als Punktverwandtschaft auf Grund des § 65, f), Anm., Gleichung 35) darzustellen.

49) Die zu den Konstruktionen des § 66 dualen sind auszuführen.

50) Man überzeuge sich, dafs die Doppelstrahlen einer elliptisch-involutorischen Regelschar davon unabhängig sind, welches Paar man statt p, p' (§ 67) der Darstellung zu Grunde legt.

51) Das rechtwinklige Paar der Involution einer imaginären Ebene oder speziellen imaginären Geraden ist aus den gegebenen Zeigern zu berechnen.

52) Die Gleichung einer Kugel mit dem Mittelpunkt (a, b, c) und dem Halbmesser r ist in Linienzeigern aufzustellen.

53) Eine allgemeine imaginäre Gerade $\mathfrak{S}$ ist in der speziellsten Lage gegen das Zeigersystem gegeben, nämlich (§ 68, b)):

$$q_1 = 1, \qquad q_2 = m\,i, \qquad q_3 = 0,$$
$$q_4 = n\,m \qquad q_5 = n\,i, \qquad q_6 = 0.$$

Es ist der geometrische Ort der Mittelpunkte aller Kugeln zu suchen, welche $\mathfrak{S}$ berühren.

54) Die Liniengleichungen α) des Rotationsparaboloides $x^2 + y^2 = 2z$ und β) des gleichseitigen hyperbolischen Paraboloides $xy = z$ sind aufzustellen.

55) In welcher Beziehung stehen die Rotationsflächen zweiter Ordnung zum imaginären Kugelkreis?

56) Es sind diejenigen imaginären Erzeugenden einer Regelfläche F_2 zu finden, denen Rotationsnetze entsprechen.

VI. Abschnitt.

Die Mannigfaltigkeit der linearen Komplexe mit Anwendungen auf die Mechanik und die Bewegungslehre.

§ 74. Die Achsenmannigfaltigkeit der Komplexe eines Büschels.

Wir haben schon mehrere Sätze über Komplexbüschel kennen gelernt (Satz 97, 98, 114, 115, 127), weil sie zur Untersuchung der Strahlennetze dienlich waren. Wir fragen jetzt nach dem Ort sämtlicher Achsen eines Komplexbüschels und den zugehörigen Steigungen. Es ist gleichgültig, ob wir unsere Überlegungen an die abstrakteren Begriffe des Gewindes und der Schraube oder an die konkreteren der Dyname und der Windung anknüpfen, da die Gesetze der Zusammensetzung und der Zerlegung dieselben sind. Wir werden zur Förderung der Anschaulichkeit je nach Bedarf bald das eine, bald das andere thun und meist von zwei Sätzen, die in der Bewegungslehre und der Mechanik vermöge des Dualismus (§ 18) sich entsprechen, nur den einen aussprechen.

Wir betrachten zwei Dynamen $\mathfrak{A}$ und $\mathfrak{B}$ mit den Zeigern a_n und b_n; die Verhältnisse derselben Zahlen sind auch Zeiger der zugehörigen Komplexe A und B. Die Dynamen $\mathfrak{C}$ von der Form

1) $$c_n = \lambda a_n + \mu b_n \qquad (n = 1, \ldots 6)$$

bilden eine zweifach unendliche Mannigfaltigkeit, zu der jedoch bloſs ∞^1 lineare Komplexe gehören. Denn wenn

$$c'_n = \lambda' a_n + \mu' b_n,$$

und wenn

$$\lambda' : \mu' = \lambda : \mu,$$

so erhält man die Dyname $\mathfrak{C}'$ aus $\mathfrak{C}$ durch Multiplikation mit einem numerischen Faktor. Durch 1) werden also auch die Zeiger des Komplexes C dargestellt, der zu allen ∞^1 Dynamen gehört, für welche $\mu : \lambda = \varkappa$ denselben Wert hat. Bei Änderung von $\varkappa$ durchläuft C ein Komplexbüschel. Wir setzen nun zur vorläufigen Orientierung zuerst voraus, daſs

I) Die Stabanteile der Dynamen $\mathfrak{A}$ und $\mathfrak{B}$ von Null verschieden sind. Dann bestimmen ihre Richtungen*) eine gemeinsame Stellung σ, in welcher die Winkel ϑ liegen, welche die Komplexachsen mit einer Richtung von σ bilden. Denn der Stabanteil der resultierenden Dyname zweier gegebenen wird seiner Richtung nach gefunden, indem man die Stabanteile der gegebenen zusammensetzt, als ob sie Vektoren wären (§ 14). Die Werte $\varkappa$ und tang ϑ sind also einander gegenseitig eindeutig zugeordnet, und wir können tang ϑ statt $\varkappa$ als Parameter**) des Büschels verwenden.

II) Wenn der Stabanteil von $\mathfrak{B}$ Null ist, so läſst sich $\mathfrak{B}$ in zwei Momente zerlegen, von denen eines eine bloſse Verschiebung der Dyname bewirkt (§ 14). Die Achsenmannigfaltigkeit besteht also hier aus einem Parallelstrahlenbüschel, und wir können eine lineare Gröſse als Parameter verwenden.

III) Wenn die Stabanteile beider Dynamen Null sind, so haben wir zwei Momente vor uns, und alle aus diesen zusammensetzbaren Kräftesysteme sind wieder nur Momente. Als Achsenmannigfaltigkeit ist das unendlich ferne Strahlbüschel aufzufassen, dessen Scheitel durch die gemeinsame Richtung der beiden Felder gegeben ist. Der Träger des Büschels

---

*) Wenn sie parallel sind, gilt ähnliches, wie unter II).

**) Wir werden von nun an, um Verwechslungen mit dem „Parameter" einer Parameterdarstellung vorzubeugen, die in § 1 und 15 definierte Gröſse $\mathfrak{k}$ stets „Steigung" der Schraube, Windung oder Dyname nennen.

ist ein singuläres Strahlennetz, bei dem ε (in der Bezeichnung des § 54, Schlufs) unendlich fern liegt.

Überhaupt sind in allen Fällen, wo das Netz singulär ist, auch alle Komplexe des Büschels singulär (daher fällt die Frage nach der Steigung weg), und die Achsenmannigfaltigkeit ist ein ebenes Strahlbüschel. Diese Fälle können wir bei Seite lassen, da auch die Zusammensetzung der gegebenen Kräftesysteme nach elementaren Regeln erfolgt. Es bleiben also zur eigentlichen Untersuchung nur die Fälle:

a) Der Träger des Komplexbüschels ist ein hyperbolisches Strahlennetz und beide Brennlinien liegen im Endlichen;

b) die eine liegt im Unendlichen.

c) Der Träger ist ein elliptisches Strahlennetz.

d) Der Träger ist ein spezielles Netz, dessen Brennlinie im Endlichen liegt;

e) dessen Brennlinie im Unendlichen liegt.

Wir behandeln die Fälle a), c), d) gemeinsam und legen das Zeigersystem gegen das Strahlennetz möglichst einfach, nämlich so, wie in § 55, a) c), d). Dann können wir die Gleichungen 79), 84), 87) des § 55 in der gemeinsamen Form

$$\text{2)} \qquad \begin{aligned} q_4 + \mathfrak{k}\, q_1 &= 0 \qquad \text{(Komplex } A\text{)} \\ q_5 + \mathfrak{k}' q_2 &= 0 \qquad \text{(Komplex } B\text{)} \end{aligned}$$

schreiben, wobei in den Fällen a), c), d) der Reihe nach gilt:

$$\begin{aligned} &\text{a)} \quad \mathfrak{k} = -c \operatorname{tang} \alpha, &&\mathfrak{k}' = c \cot \alpha, \\ &\text{c)} \quad \mathfrak{k} = cm, &&\mathfrak{k}' = c : m, \\ &\text{d)} \quad \mathfrak{k} = 0, &&\mathfrak{k}' = K. \end{aligned}$$

Dabei sind $\mathfrak{k}, \mathfrak{k}'$ nach § 48, Gleichung 38) wirklich die Steigungen der betreffenden Gewinde. Das charakteristische der Fälle ist, dafs $\mathfrak{k}$ und $\mathfrak{k}'$ bei a) entgegengesetzt bezeichnet, bei c) gleichbezeichnet sind. Wenn die Steigungen zweier Gewinde gegeben sind, deren Achsen sich rechtwinklig schneiden, so kann man aus den Gleichungen a) oder b) die für die Form und Gröfse des zugehörigen Netzes charakteristischen Konstanten c und α, bezw. c und m berechnen:

$$\begin{aligned} &\text{a}')\quad c^2 = -\mathfrak{k}\mathfrak{k}', &&\operatorname{tang}^2 \alpha = -\mathfrak{k} : \mathfrak{k}' \\ &\text{c}')\quad c^2 = \mathfrak{k}\mathfrak{k}', &&m^2 = \mathfrak{k} : \mathfrak{k}' \end{aligned}$$

Nachdem m und tang α stets positiv sind, hat c das Vorzeichen von $\mathfrak{k}'$.

Ein linearer Komplex ist durch seine Achse und seine Steigung $\mathfrak{k}$ bestimmt; tragen wir die Gröfse $\mathfrak{k}$ auf der Achse mit Berücksichtigung ihres Vorzeichens auf, wobei der Drehungssinn der zugehörigen Schraubung die positive Richtung der Achse bestimmt, so ist der Komplex durch einen Stab, seinen „Steigungsstab", dargestellt.*) Die Stäbe eines Komplexbüschels bilden so eine Stabfläche (§ 43), die wir suchen wollen.

Vergleichen wir die Gleichungen 2) mit der Gleichung 7) des § 46, so sehen wir, dafs die Achse von A mit der X-Achse, die von B mit der Y-Achse zusammenfällt. Wir werden manchmal sagen, ein Komplex oder eine Schraube „liege in einer Ebene", wenn der repräsentierende Stab in der Ebene liegt. Dann liegt in der Möglichkeit, jedes Komplexbüschel in den Fällen a), c), d) des § 55 in der Form 2) darzustellen, der

Satz 153: Jedes Komplexbüschel, dessen Träger ein nicht singuläres Strahlennetz mit einer Mittelebene ist, kann durch die zwei in der Mittelebene liegenden Komplexe, die „Hauptkomplexe" des Büschels, definiert werden; deren Achsen stehen auf einander senkrecht und fallen bei den allgemeinen Netzen mit den Achsen des Netzes zusammen. Im Falle eines hyperbolischen Netzes sind die Hauptkomplexe entgegengesetzt gewunden, im Falle eines elliptischen Netzes gleichgewunden; im Falle eines speziellen Netzes ist der eine Hauptkomplex singulär.

Beim Komplexbüschel 2) ist

$$a_1 = 1, \quad a_4 = \mathfrak{k}, \quad \text{die übrigen } a_n \text{ Null.}$$
$$b_2 = 1, \quad b_5 = \mathfrak{k}', \quad \text{,, } \quad \text{,, } \quad b_n \quad \text{,,}$$

*) Ein Steigungsstab unterscheidet sich dadurch von einem Kraftstab, dafs letzterer auch ohne Rücksicht auf eine positive Richtung seines Trägers eine Bedeutung hat. Dagegen hat ein Steigungsstab schon an sich ein bestimmtes Vorzeichen (dasjenige von $\mathfrak{k}$); ändert man also im Träger die positive Richtung, so mufs man den Steigungsstab desselben Gewindes in entgegengesetztem Sinne auftragen.

Also wird nach 1):

$$c_1 = \lambda, \qquad c_2 = \mu, \qquad c_3 = 0,$$
$$c_4 = \lambda \mathfrak{k}, \qquad c_5 = \mu \mathfrak{k}', \qquad c_6 = 0.$$

Wir nennen den Winkel, den eine Komplexachse mit der X-Richtung bildet, ϑ und wissen aus I), daſs tang ϑ als unabhängige Veränderliche geeignet ist, setzen also

$$\lambda = \cos\vartheta, \qquad \mu = \sin\vartheta$$

und erhalten aus § 48, Gleichungen 38) und 40) als Steigung $\mathfrak{k}_c$ von C und als Zeiger $\mathfrak{a}_i$ seiner Achse:

3) $$\mathfrak{k}_c = \mathfrak{k}\cos^2\vartheta + \mathfrak{k}'\sin^2\vartheta.$$

4) $$\mathfrak{a}_1 = \cos\vartheta, \qquad \mathfrak{a}_2 = \sin\vartheta, \qquad \mathfrak{a}_3 = 0,$$
$$\mathfrak{a}_4 = -(\mathfrak{k}'-\mathfrak{k})\sin^2\vartheta\cos\vartheta, \ \mathfrak{a}_5 = (\mathfrak{k}'-\mathfrak{k})\sin\vartheta\cos^2\vartheta, \ \mathfrak{a}_6 = 0.$$

Der Stab $\mathfrak{a}$ schneidet die Z-Achse und ist parallel zur XY-Ebene; um seinen Abstand z von derselben zu finden, führen wir für die $\mathfrak{a}$ nach § 33, Gleichungen 24) die Ausdrücke in den Punktzeigern ein, wobei wir sofort $x = y = 0$ setzen. Wir erhalten zweimal übereinstimmend:

$$z = (\mathfrak{k}' - \mathfrak{k})\sin\vartheta\cos\vartheta.$$

Also geben die Gleichungen

5) $$\begin{aligned} x &= r\cos\vartheta \\ y &= r\sin\vartheta \\ z &= (\mathfrak{k}' - \mathfrak{k})\sin\vartheta\cos\vartheta \end{aligned}$$

für jeden Wert ϑ eine Erzeugende der gesuchten Achsenfläche des Komplexbüschels 2). Eliminiert man r und ϑ aus 5), so erhält man die Gleichung einer Regelfläche dritter Ordnung, die „Cylindroid“ heiſst:*)

6) $$(x^2 + y^2)\,z = (\mathfrak{k}' - \mathfrak{k})\,xy.$$

*) Sie hat noch andere Namen, unter denen „Plückersches Konoid“ noch einigermaßen im Gebrauch ist. Sie wurde von Hamilton (1830) entdeckt, genauer von Plücker (Neue Geom. des Raums 1866) untersucht, nach anderen Methoden am ausführlichsten von Ball in seinem Werke „A Treatise on the Theory of Screws“ (Cambridge, 1900), das seine früheren Forschungen auf dem Gebiete der Kinematik und Mechanik (seit 1870) zusammenfaßt. Dem letzten Werke folgen wir zum Teil in § 76.

Je nachdem wir diese Fläche als Linienfläche oder als Stabfläche betrachten, werden wir diese beiden Auffassungen, wo es nötig ist, als „Liniencylindroid" oder „Stabcylindroid" unterscheiden; das letztere ist durch die Gleichungen 5) und 3) zusammen definiert.

Wenn $\mathfrak{k}' = \mathfrak{k}$, folgt aus der Gleichung c'):

$$m = 1.$$

D. h.: Ist ein Rotationsnetz Träger des Büschels, so bilden die Gewindeachsen ein ebenes Strahlbüschel in der Mittelebene des Netzes; die Steigung ist jetzt nach 3) konstant. Wir sehen, dafs die Rotationsnetze, von denen § 59, b, γ) die Rede war, die einzigen sind, die einem gegebenen Gewinde angehören.

b) In diesem Fall mufs die endliche Brennlinie ein Durchmesser aller Gewinde des Büschels sein. Wir können also voraussehen, dafs ihre Achsen i. A. ein Parallelstrahlenbüschel bilden. Um jedoch die Steigungen auch dem Vorzeichen nach richtig zu erhalten, ist es auch hier am besten, von der analytischen Darstellung des Strahlennetzes in § 55, b) Gleichungen 82) auszugehen: Wenn wir hier die Parameter λ und μ der Gleichung 1) zunächst beibehalten, so giebt uns dasselbe Verfahren wie früher:

7) $$\mathfrak{k}_c = \frac{\mu}{\lambda} \cos\omega.$$

8) $$\begin{aligned} &\mathfrak{a}_1 = \lambda \sin\omega, && \mathfrak{a}_2 = 0, && \mathfrak{a}_3 = \lambda\cos\omega, \\ &\mathfrak{a}_4 = -\mu \sin\omega \cos\omega, && \mathfrak{a}_5 = 0, && \mathfrak{a}_6 = \mu \sin^2\omega. \end{aligned}$$

Die zwei mittleren Gleichungen zeigen, dafs alle Komplexachsen die Y-Achse senkrecht schneiden. Wir dürfen also beim Übergang zu den Punktzeigern sofort $x = z = 0$ setzen und erhalten den Abstand y eines Stabes von der endlichen Brennlinie:

$$y = -\frac{\mu}{\lambda} \sin\omega,$$

und hieraus:

9) $$\mathfrak{k}_c = -y \cot\omega.$$

Jedoch ist für $\omega = 0$ unmittelbar klar, dafs die Stabfläche aus allen Stäben auf der Brennlinie besteht, weil das Netz dann aus allen Strahlenbüscheln besteht, deren Scheitel auf der Brennlinie liegen und deren Ebenen zu ihr senkrecht sind. Wir nennen ein solches Netz mit Study ein Normalennetz („Ein neuer Zweig der Geometrie", Jahresb. d. D. Math. Ver. Bd. 11).

e) Hier erhält man aus den Gleichungen 89) des § 55 nach demselben Verfahren:

10) $$\mathfrak{k}_c = -\frac{1}{K}.$$

11) $\mathfrak{a}_3 = -\mu K, \qquad \mathfrak{a}_6 = \lambda,$ die übrigen $\mathfrak{a}$ Null.

Alle Gewinde des Büschels haben also dieselbe Steigung und ihre Achsen bilden ein Parallelstrahlenbüschel in der XY-Ebene, dem die X-Achse angehört. Wenn man ein Gewinde in einer Richtung verschiebt, die seine Achse senkrecht schneidet, so kann man in der That unmittelbar sich anschaulich machen, dafs dabei alle Strahlen gemeinsam bleiben, die zur Verbindungsebene der Achse und der Richtung parallel sind.

Wir haben nun alle möglichen Fälle diskutiert und fassen zusammen:

Satz 154: Die Achsenfläche eines Komplexbüschels besteht:

α) Wenn der Träger ein Rotationsnetz ist, aus einem ebenen Büschel von Stäben konstanter Länge, dessen Scheitel mit dem Mittelpunkt des Netzes und dessen Ebene mit der Mittelebene zusammenfällt.

β) Wenn der Träger ein hyperbolisches Netz mit einer unendlich fernen Brennlinie ist, deren Stellung auf der endlichen Brennlinie b nicht senkrecht steht, aus einem ebenen Büschel von Stäben, die alle zu b parallel sind, und deren Länge proportional ihrem Abstand von b ist.

γ) Wenn der Träger ein spezielles Netz mit unendlich ferner Brennlinie ist, aus einem ebenen Büschel gleicher und paralleler Stäbe, die in der

Hauptebene des Netzes senkrecht zur Hauptrichtung liegen.

δ) Wenn der Träger singulär ist,*) aus einem ebenen Strahlbüschel, dessen Scheitel und Ebene mit Scheitel und Ebene des singulären Netzes zusammenfallen.

ε) Wenn der Träger ein Normalennetz ist, aus den Stäben auf seiner Brennlinie.

ζ) In allen übrigen (drei) Fällen aus einem Cylindroid.

Wir nennen die Mittelebene des Strahlennetzes, von dem wir ausgingen, auch Mittelebene des Cylindroids (sie fällt bei der Darstellung b) mit der XY-Ebene zusammen), die Achsen der Hauptkomplexe auch „Haupterzeugende" des Cylindroids.

---

§ 75. Das Cylindroid.

a) Wenn wir $\mathfrak{k}' - \mathfrak{k} = 2h$ setzen, war das Stabcylindroid definiert durch die Gleichungen

$$x = r \cos \vartheta$$

5) $$y = r \sin \vartheta$$

$$z = h \sin 2\vartheta$$

3') $$\mathfrak{k}_\vartheta = \mathfrak{k} \cos^2 \vartheta + \mathfrak{k}' \sin^2 \vartheta,$$

das Liniencylindroid durch 5) allein oder durch

6') $$(x^2 + y^2) z = 2 h x y.$$

Wir diskutieren zuerst das letztere: In 6') kommt ein einziger Parameter h vor, der ungeändert bleibt, wenn man $\mathfrak{k}$ und $\mathfrak{k}'$ gleichzeitig um gleichviel ändert; also:

Satz 155: Alle Liniencylindroide sind einander ähnlich, und zu jedem gehören ∞^1 Komplexbüschel.

---

*) Hier kann man die Achsenfläche nicht als Stabfläche auffassen, weil alle Stäbe entweder die Länge Null oder Unendlich haben.

Aus 5) entnimmt man, dafs alle Erzeugenden des Cylindroids die Z-Achse senkrecht schneiden. Für $\vartheta = \frac{\pi}{4}$ und $\frac{3\pi}{4}$ ergeben sich die „äufsersten" Erzeugenden:

$$z = \pm h; \frac{y}{x} = \pm 1$$

In jeder Parallelebene zwischen den „äufsersten" Ebenen $z = +h$ und $z = -h$ liegen zwei Erzeugende des Cylindroids; denn die Gleichung $\sin 2\vartheta = z : h$ hat zwei Lösungen ϑ. Aufserhalb dieser Ebenen liegen keine reellen Erzeugenden der Fläche. Die Z-Achse ist eine Doppellinie derselben und gehört ihr dem ganzen Verlauf nach an. Um die Fläche vollständig zu erhalten, genügt es, ϑ von Null bis π wachsen zu lassen. Wir schneiden sie, um von ihr eine anschauliche Vorstellung zu erhalten, mit einem Cylinder

$$x^2 + y^2 = r^2.$$

Die Schnittkurve auf diesem wird durch die letzte Gleichung 5) dargestellt. Wickeln wir den Cylinder in eine Ebene ab, so erhalten wir zwei vollständige Wellen einer Sinuslinie im weiteren Sinne des Wortes. Lassen wir r bei einem und demselben Cylindroid wachsen, so bleibt die Höhe dieser Wellen ungeändert, ihre Länge wächst proportional r.

Man kann sich also mit den einfachsten Mitteln selbst ein Modell des Cylindroids so herstellen: Man zeichne auf starkem, eben noch biegsamen Karton im rechtwinkligen Zeigersystem (ϑ, z) zwei Wellen der Kurve

13) $$z = h \sin 2\vartheta$$

für einen bestimmten Wert h; und zwar empfiehlt es sich, um eine hinreichend grofse Umgebung der Doppellinie zu erhalten, $h = \frac{3}{4}$ ferner den sechsfachen Mafsstab der Figur 65

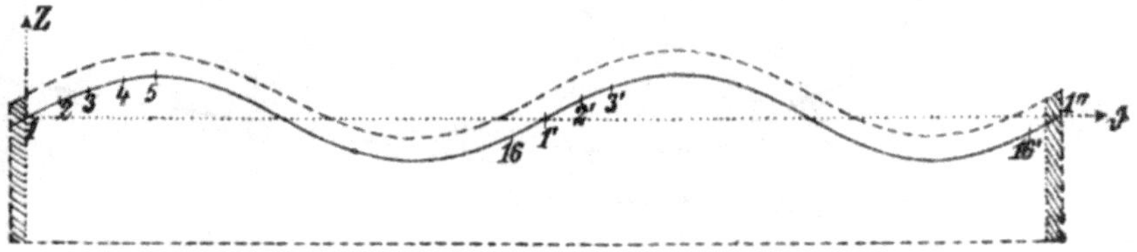

Fig. 65.

zu nehmen. Je kleiner man nämlich h nimmt, desto gröſser wird die Umgebung der Doppellinie, die man erhält, desto kleiner aber auch der Maſsstab des Modells. Dann teile man jeden Quadranten etwa noch in vier gleiche Teile, durchsteche die bezeichneten Punkte 1, 2, 3, ... 16; 1', 2', ..., 16'; 1'' mit einer Nadel, beschneide den Karton nach der gestrichelten Linie, biege ihn zu einem Kreiscylinder um, so daſs die schraffierten Ränder sich decken, und nähe diese zusammen. Um die Kreisform der Cylinderbasis zu sichern, versteift man das Modell sogleich, indem man einen nach Innen kreisförmig begrenzten Rahmen aus Karton um den Cylinder legt (Fig. 66) und an diesen annäht. Hierauf zieht man einen Faden der Reihe nach durch 1, 1', 2', 2, 3, 3', 4' u. s. w. Es empfiehlt sich, die Fadenlänge so zu wählen, daſs sich die 16 Erzeugenden auf drei bis vier Fäden verteilen. In Fig. 66 ist das Modell mit einer kleinen Abänderung gezeichnet (vergl. Anh. II).

Schneidet man das Cylindroid durch eine Ebene E, die eine Erzeugende enthält, so muſs der Rest des Schnittes eine

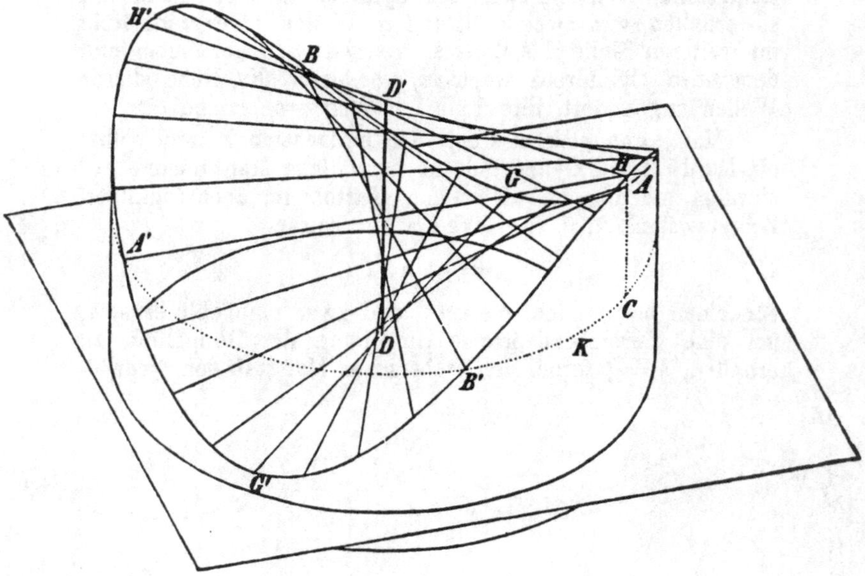

Fig. 66.

Kurve zweiter Ordnung sein, und zwar eine Ellipse, weil er ganz im Streifen von E zwischen den äufsersten Ebenen enthalten ist.

Wir untersuchen jetzt den Schnitt eines Kreiscylinders C, der die Doppellinie d als Erzeugende enthält, mit dem Cylindroid $\mathfrak{C}$. Da d zweifach zu zählen ist, mufs die Schnittkurve in d und noch einen ebenen Kegelschnitt zerfallen, was wir unmittelbar bestätigen wollen: Sind ϑ_0, ϱ die Polarzeiger des Schnittpunktes der Cylinderachse mit der Mittelebene, so ist (Fig. 67)

$$r = 2\varrho\cos(\vartheta - \vartheta_0)$$

die Polargleichung der Cylinderbasis. Daher sind

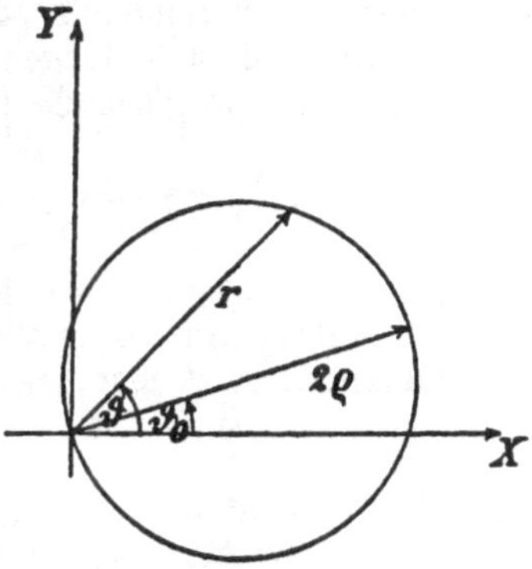

Fig. 67.

$$\text{14)} \qquad \begin{aligned} x &= 2\varrho\cos(\vartheta - \vartheta_0)\cos\vartheta \\ y &= 2\varrho\cos(\vartheta - \vartheta_0)\sin\vartheta \\ z &= h\sin 2\vartheta \end{aligned}$$

die Gleichungen der Schnittkurve von C und $\mathfrak{C}$. Bildet man

$$\begin{aligned} x\sin\vartheta_0 + y\cos\vartheta_0 &= 2\varrho\cos(\vartheta - \vartheta_0)\sin(\vartheta + \vartheta_0) \\ &= \varrho(\sin 2\vartheta + \sin 2\vartheta_0), \end{aligned}$$

so sieht man, dafs man durch Elimination von ϑ aus den Gleichungen 14) eine **lineare** Gleichung erhält, die eine Ebene E darstellt:

$$\text{15)} \qquad x\sin\vartheta_0 + y\cos\vartheta_0 = \varrho\left(\frac{z}{h} + \sin 2\vartheta_0\right).$$

Der Schnitt von C und $\mathfrak{C}$ ist also auch Schnitt von C und E, d. h. eine Ellipse. Wir wollen noch die Erzeugende ϑ_1 von $\mathfrak{C}$ suchen, die in E liegt. Hierzu hat man

$$x = r\cos\vartheta_1, \qquad y = r\sin\vartheta_1$$

in 15) einzuführen und für ϑ_1 die Bedingung aufzustellen, dafs der so aus 15) berechnete Wert z mit $h \sin 2\vartheta_1$ übereinstimme; aber man sieht sogleich, dafs

$$16)\qquad \vartheta_1 = -\vartheta_0$$

die Lösung ist. Dreht man also C um die Doppellinie, so durchläuft die Erzeugende, die E mit $\mathfrak{C}$ gemein hat, das ganze Cylindroid im entgegengesetzten Sinn. Ferner ist der Winkel γ, den die Normale von E mit der Z-Achse bildet:

$$17)\qquad \cos\gamma = \frac{\varrho}{\sqrt{\varrho^2 + h^2}}.$$

Wenn ϱ von Null bis Unendlich wächst, so durchläuft der absolute Betrag von $\cos\gamma$ alle Werte, die er überhaupt annehmen kann; setzt man ferner

$$\vartheta_0' = \vartheta_0 + \pi$$

statt ϑ_0, so sieht man aus 15), dafs die neue Ebene E' das Spiegelbild von E bezüglich der XY-Ebene ist. Also sieht man aus 16) und 17), dafs alle möglichen Lagen von E die ∞^2 Ebenen erschöpfen, die durch die Erzeugenden von $\mathfrak{C}$ gehen.

Satz 156: Jede Ebene durch eine Erzeugende des Cylindroids schneidet dasselbe in einer Ellipse, deren Projektion auf die Mittelebene ein Kreis ist.

Satz 157: Wählt man auf einem Kreiscylinder eine Ellipse und eine Erzeugende d beliebig, so ist der geometrische Ort aller Geraden, welche die Ellipse und d, und zwar letztere senkrecht schneiden, ein Cylindroid.

Auch dieser Satz führt zu einer einfachen Konstruktion des Cylindroids, die in Fig. 68 durchgeführt ist; und zwar ist die Erzeugende gewählt, die durch den Endpunkt der kleinen Achse BB' der Ellipse geht. In der That erhält man auch durch diese spezielle Annahme noch jedes Cylindroid, weil man in 16) $\vartheta_0 = \vartheta_1 = 0$ setzen kann; dasselbe folgt übrigens aus Satz 155. Man könnte auch einen bestimmten Neigungswinkel der Ellipsenebene gegen die Basis $\varkappa$ (man kann letztere durch BB' gehen lassen) bevorzugen. Jede Sehne $M'N'$ der Basis, die zu BB' parallel ist, gehört zu zwei gleich hohen Ellipsenpunkten M, N. Macht man also $BD = M'M$, so sind DM und DN zwei Erzeugende des Cylindroids.

γ ist von ϑ_0 unabhängig; dreht man also C um die Doppellinie, so bleibt die Neigung der Ellipsenebene gegen die Basis ungeändert, daher auch die Ellipse sich selbst kongruent. Das Cylindroid mufs also durch eine gewisse Bewegung dieser Ellipse oder, was auf dasselbe hinauskommt, des Cylinders, auf dem sie liegt, erzeugt werden können. Die Bewegung mufs derartig sein, dafs jeder Punkt der Ellipse, daher auch seine Projektion auf die Basis, d. h. jeder Punkt dieser Basis eine gerade Linie beschreibt. Die Bewegung, welche diese Eigenschaft hat, besteht bekanntlich darin, dafs der Kreis K auf der Innenseite eines anderen von doppeltem Durchmesser rollt.*) Also:

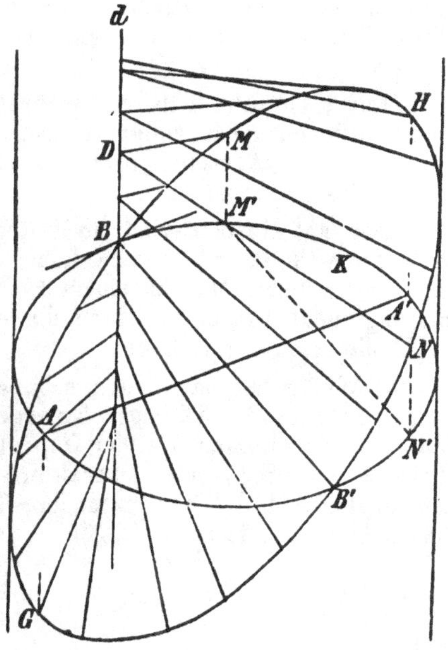

Fig. 68.

*) Haben sich die Kreise ursprünglich in A berührt (Fig. 69), und ist der Berührungspunkt durch die Rollung bis B fortgerückt, so sei A nach A' gelangt. Es mufs

$$\text{arc}\, AB = \text{arc}\, A'B$$

sein, deshalb

$$\omega = \measuredangle A'B = 2 \measuredangle AB.$$

Da aber auch $\omega = 2\alpha$, so folgt:

$$\alpha = \measuredangle AB,$$

d. h. der Punkt A' befindet sich für jede Lage des Innenkreises auf der Verbindungslinie MA.

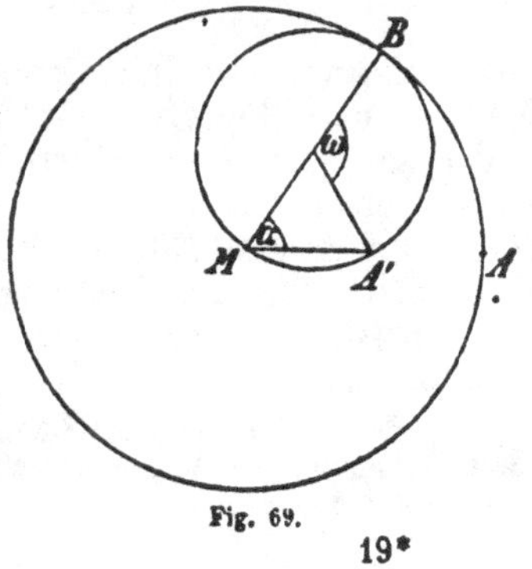

Fig. 69.

Satz 158: Rollt ein Kreiscylinder C auf der Innenseite eines anderen mit doppeltem Durchmesser, so beschreibt jeder Punkt einer auf C festliegenden Ellipse eine Erzeugende eines und desselben Cylindroids.*)

Man kann aus den vorhergehenden Rechnungen und Konstruktionen noch andere Sätze entnehmen, z. B.: Die Differenz der Achsenquadrate jeder Schnittellipse eines Cylindroids ist konstant $= h^2$.

Jede auf einem Cylindroid $\mathfrak{C}$ liegende Ellipse schneidet die Erzeugende ihrer Ebene zweimal; einmal auf der Doppellinie, ein zweites Mal in einem Punkte S, für den E Berührungsebene von $\mathfrak{C}$ ist; denn durch S gehen zwei Linien in E, die ganz auf $\mathfrak{C}$ liegen.

b) Wir gehen zur Untersuchung des Stabcylindroids über. Tragen wir auf jeder Erzeugenden den zugehörigen Stab vom Schnittpunkt mit der Doppellinie ab, so bilden die Endpunkte der Stäbe die „charakteristische Kurve" auf dem Liniencylindroid $\mathfrak{C}$, die durch ihre Projektion C eindeutig bestimmt ist. Setzen wir in 3')

$$\cos^2\vartheta = \frac{1}{2}(1 + \cos 2\vartheta), \qquad \sin^2\vartheta = \frac{1}{2}(1 - \cos 2\vartheta)$$

und

$$\frac{1}{2}(\mathfrak{k} + \mathfrak{k}') = s,$$

so hat C die Polargleichung:

$$\mathfrak{k}_\vartheta = s - h\cos 2\vartheta. \tag{18}$$

Hiernach kann man leicht beliebig viele Punkte von C finden. Man zeichne (Fig. 70) mit dem Ursprung als Mittelpunkt und s als Halbmesser einen Kreis K und mit h als Durchmesser einen Kreis K', der die Y-Achse im Ursprung berührt, und dessen Mittelpunkt auf der negativen oder positiven Seite der X-Achse liegt, je nachdem h positiv oder negativ ist. Um zu einem Wert ϑ den Punkt von C zu

*) Es ist eine nützliche Übung, sich mit Hilfe des Fadenmodells diese Bewegung und ihre ausgezeichneten Phasen anschaulich zu vergegenwärtigen.

finden, bringe man den Strahl 2ϑ mit K' in A zum Schnitt und mache (mit Berücksichtigung der Vorzeichen) $SB = OA$, analog $S'B' = OA'$. Für ein bestimmtes Cylindroid ist h konstant; also:

Satz 159: **Alle charakteristischen Kurven eines Liniencylindroids erhält man aus einer derselben, indem man jeden ihrer Punkte um dieselbe Strecke auf der Erzeugenden verschiebt, auf der er liegt, wobei der Sinn der Verschiebung auf einer Erzeugenden willkürlich gewählt werden kann, auf den übrigen durch die Kontinuität bestimmt ist.**

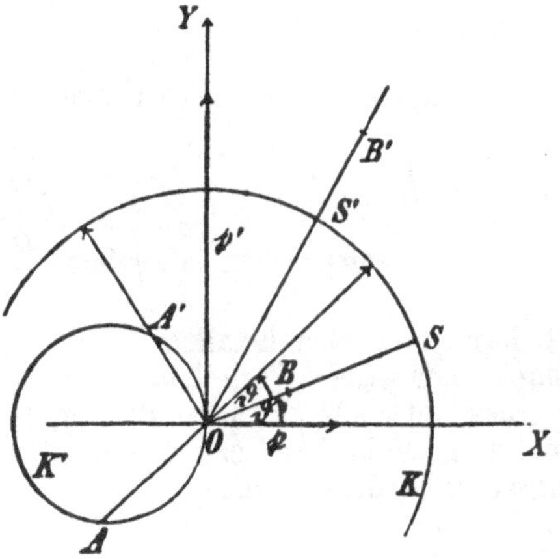

Fig. 70.

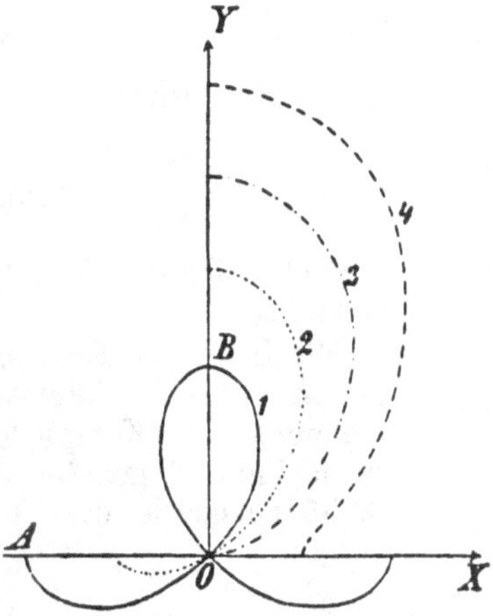

Fig. 71.

Wir betrachten also zunächst den einfachsten Fall $s = 0$; die Gleichung

19) $$\mathfrak{k}_\vartheta = -h \cos 2\vartheta$$

stellt in diesem Fall, da ϑ nur von 0 bis π zu erstrecken ist, die Hälfte eines „vierblättrigen Kleeblatts" (Fig. 71) dar, wobei zu beachten ist, dafs $\mathfrak{k}_\vartheta$ für ein positives h im Bereich $0 < \vartheta < 45^0$ negativ ist, daher das ganze Stück AOB der Kurve 1 zum ersten Quadranten von ϑ gehört. Hat sich der Fahrstrahl um π gedreht, so hat sich dabei seine positive Richtung geändert; es ist also auch der Wert $\mathfrak{k}_0$ in entgegengesetzter Richtung aufzutragen (vergl. die Anm. auf S. 282). Daher kommt es, dafs die charakteristische Kurve nicht geschlossen ist, obgleich ihre Endpunkte demselben Gewinde zugeordnet sind.

Auch die allgemeine Kurve ist gegen die Y-Achse symmetrisch; wir brauchen sie also nur in einem Quadranten zu verfolgen: Tragen wir in der jeweiligen Richtung ϑ die konstante Strecke s auf, so erhalten wir für ein positives s aus 1 den Typus 2, 3 oder 4 (Fig. 71), je nachdem s kleiner, gleich oder gröfser als h ist.*) Wir bezeichnen die Kurve C je nach dem Typus, dem sie angehört, auch als $C_1 \ldots C_4$. Die Gleichung von C_3 lautet:

$$\mathfrak{k}_\vartheta = 2h \sin^2 \vartheta. \tag{20}$$

Die Tangentenrichtungen des etwaigen Doppelpunktes sind durch

$$\operatorname{tang}^2 \vartheta = -\frac{\mathfrak{k}}{\mathfrak{k}'} \tag{21}$$

bestimmt. Diesen Werten von ϑ entsprechen singuläre Komplexe.

Mit Hilfe der Kurven C kann man sich in allen Fällen eine anschauliche Vorstellung von der Verteilung der Steigungen der Komplexe eines Büschels machen, dessen Liniencylindroid gegeben ist. Der Wahl des Zeigersystems in § 55 entspricht die Voraussetzung, dafs immer

$$\mathfrak{k}' > \mathfrak{k}$$

ist, wie auch die Vorzeichen dieser Gröfsen beschaffen sein mögen. Dann ist h positiv, und die Erzeugenden von $\mathfrak{C}$ liegen im ersten Quadranten über, im zweiten unter der XY-Ebene.

Beginnen wir mit dem Falle C_1, wo

$$\mathfrak{k}' = -\mathfrak{k} = h$$

ist; die äufsersten Erzeugenden a, a_1 von $\mathfrak{C}$ sind hier zugleich die Brennlinien b, b_1 des zugehörigen Netzes, das also

*) Die Bemerkung Plückers (Neue Geom. des Raums, Art. 93), man habe alle Punkte entweder der Doppellinie um ein konstantes Stück zu nähern oder von ihr zu entfernen, ist also nicht allgemein richtig.

rechtwinklig ist. Und zwar liegt b im Abstand h über der XY-Ebene u. s. w. Die Vorzeichen in den Oktanten der Fig. 72 zeigen die Windung der Komplexe des Büschels an, so dafs den positiven Zeichen links gewundene Gewinde entsprechen (§ 11, Schlufs).

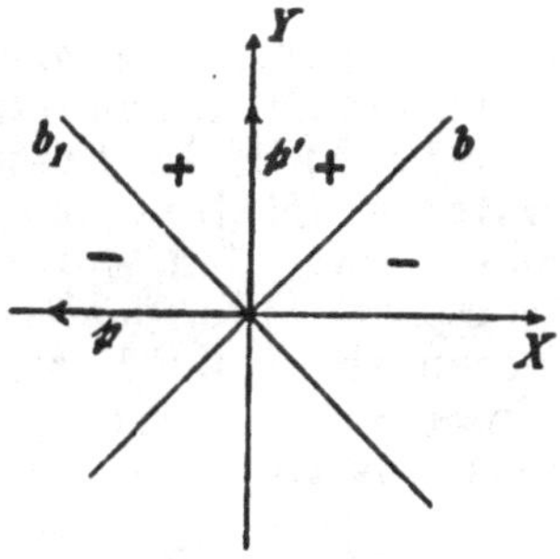

Fig. 72.

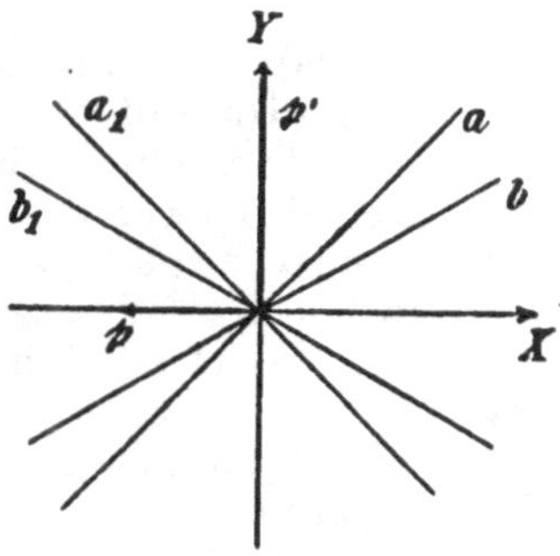

Fig. 73.

Gehen wir zu anderen Komplexbüscheln desselben Cylindroids über, indem wir $\mathfrak{f}$ und $\mathfrak{f}'$ um gleich viel wachsen lassen (Fig. 73), so nähern sich b und b_1 um gleich viel der XY-Ebene, bis sie für $\mathfrak{f} = 0$ in ihr zusammenfallen, wodurch sie zur Brennlinie eines speziellen Netzes werden. Wird auch $\mathfrak{f}$ positiv, so wird das Netz elliptisch; aber man kann seine Konstanten c, m aus den Gleichungen c') des § 74 berechnen und hiermit seine Lage gegen $\mathfrak{C}$ bestimmen. Setzt man dort $\mathfrak{f}' = \mathfrak{f} + h$, so erhält man

$$22) \qquad c = \sqrt{\mathfrak{f}(\mathfrak{f} + h)}, \qquad m = \sqrt{\frac{\mathfrak{f}}{\mathfrak{f} + h}};$$

beide Wurzeln sind positiv zu nehmen. Das Netz ist links gewunden und nähert sich mit wachsendem $\mathfrak{f}$ immer mehr einem Rotationsnetz. Die grofsen Achsen der Kehlellipsen des Netzes fallen in die X-Achse. Alle Gewinde des Büschels sind rechts gewunden.

Nun ist leicht zu verfolgen, was geschieht, wenn $\mathfrak{f}$ und $\mathfrak{f}'$ von den Anfangswerten beide um gleichviel abnehmen. Wenn schliefslich beide negativ geworden sind, so ist in 22) für die erste Wurzel das negative Zeichen zu nehmen; es wird $m > 1$, d. h. die grofsen Achsen der Kehlellipsen des Netzes fallen in die Y-Achse, also immer in diejenige Achse, die zum Hauptkomplex mit absolut kleinerer Steigung gehört. Für alle Netze desselben Cylindroids gilt:

$$23) \qquad c = h \cdot \frac{m}{1 - m^2}.$$

Satz 160: Zu jedem Liniencylindroid gehören zwei spezielle und ein rechtwinkliges Strahlennetz, ferner ∞^1 hyperbolische und ∞^1 elliptische Netze. Das Brennlinienpaar der ersteren ist links oder rechts gewunden, je nachdem von den beiden Steigungen $\mathfrak{k}$, $\mathfrak{k}'$ der Hauptkomplexe die positive oder die negative den gröfseren absoluten Betrag hat. Die letzteren sind links oder rechts gewunden, je nachdem $\mathfrak{k}$, $\mathfrak{k}'$ beide positiv oder beide negativ sind.

c) Wenn ein Strahl s eines Netzes $\mathfrak{N}$ von einem Strahl a des zugehörigen Cylindroids $\mathfrak{C}$ geschnitten wird, so gehört s auch demjenigen Komplex C des zugehörigen Büschels an, dessen Achse nach a fällt. Ist also C ein Gewinde, so schneiden sich a und s senkrecht. Da $\mathfrak{C}$ eine Fläche dritter Ordnung ist, so ist mindestens ein Schnittpunkt mit s reell. Daraus folgt:

Satz 161: Jeder Strahl eines Netzes $\mathfrak{N}$ (aufser dem Hauptstrahl) schneidet eine und nur eine Erzeugende des zugehörigen Cylindroids senkrecht. Die beiden anderen Schnittpunkte sind reell oder nicht, je nachdem $\mathfrak{N}$ hyperbolisch oder elliptisch ist; im ersteren Falle liegen sie auf den Brennlinien.

s kann nämlich nicht auf mehr als einer Erzeugenden von $\mathfrak{C}$ senkrecht stehen ohne mit der Doppellinie zusammenzufallen, mufs aber andererseits die etwaigen Brennlinien von $\mathfrak{N}$, die auch auf $\mathfrak{C}$ liegen, schneiden. Aus dem ersten Teil des Satzes 161 und aus der gegenseitigen Lage von $\mathfrak{C}$ und $\mathfrak{N}$, die wir unter b) studiert haben, folgt unmittelbar:

Satz 162: Der Ort der kürzesten Abstände aller Strahlen eines Netzes vom Hauptstrahl ist das zugehörige Cylindroid des Netzes.

Es liegen also je ∞^1 dieser kürzesten Abstände auf derselben Geraden; die zugehörigen Strahlen s bilden nach Satz 99 eine Regelschar und zwar eines gleichseitigen hyperbolischen Paraboloids.

---

§ 76. Die Zusammensetzung zweier Dynamen oder Windungen.

Die beiden Gleichungen

19) $$\mathfrak{k}_\vartheta = s - h \cos 2\vartheta, \qquad z = h \sin 2\vartheta$$

stellen die charakteristische Kurve des Stabcylindroids dar. Alle seine Stäbe wollen wir um die Z-Achse in dieselbe Ebene drehen; dann bilden ihre Endpunkte eine ebene Kurve, deren Gleichung wir durch Elimination von ϑ aus den Gleichungen 19) erhalten,

20) $$(\mathfrak{k}_\vartheta - s)^2 + z^2 = h^2,$$

also einen Kreis K mit dem Halbmesser h. Wir zeichnen K in der XZ-Ebene; seine Schnittpunkte mit der X-Achse haben die X-Zeiger (Fig. 74):

$$s - h = \mathfrak{k} = OA,$$
$$s + h = \mathfrak{k}' = OB,$$

durch die er vollkommen bestimmt ist. Der Winkel 2ϑ der Gleichungen 19) findet

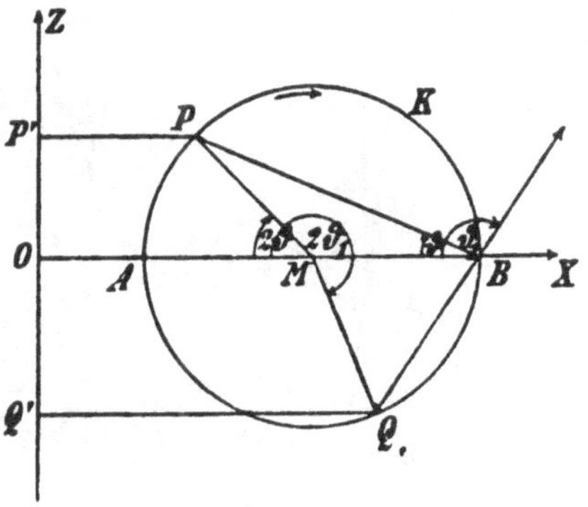

Fig. 74.

sich in der Figur als $\sphericalangle AMP$ wieder; sein Drehungssinn ist positiv, da die Y-Achse hinter die Zeichenebene gerichtet ist. Um die wirkliche Lage des Stabs $P'P$ im Raum zu finden, haben wir ihn um den Winkel ϑ um die Z-Achse herauszudrehen, d. i. um einen Peripheriewinkel ABP über dem Bogen AP. Daraus folgt der Satz von Lewis:

Satz 163: Bewegt sich ein Punkt auf einem Kreise K mit gleichförmiger Winkelgeschwindigkeit, während K selbst sich mit halber Winkelgeschwindigkeit um eine in seiner Ebene liegende Achse Z dreht, so bilden die Abstände des Punktes von Z die Stäbe eines Cylindroids. Das zugehörige Netz ist hyperbolisch, speziell oder elliptisch, je nachdem der Kreis K die Achse schneidet, berührt oder nicht schneidet.

Dabei erhält man das Stabcylindroid vollständig, wenn der Punkt auf K einen vollen Umlauf ausführt, also ϑ den Bereich $0 \ldots \pi$ durchläuft. Ist ein Stabcylindroid durch die „Hauptstäbe" $\mathfrak{t}, \mathfrak{t}'$ gegeben, so ist nun unmittelbar ersichtlich, wie man für jeden Wert ϑ den zugehörigen Stab finden kann: Man zeichne K, dann $\measuredangle ABP = \vartheta$, bringe den zweiten Schenkel in P mit K zum Schnitt und drehe $P'P$ um ϑ aus der Zeichenebene heraus.

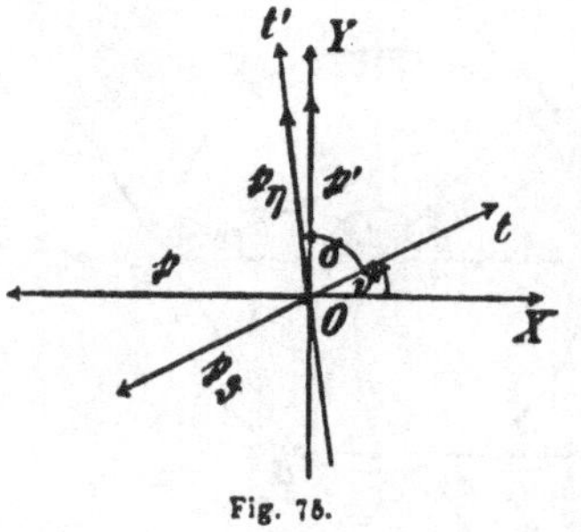

Fig. 75.

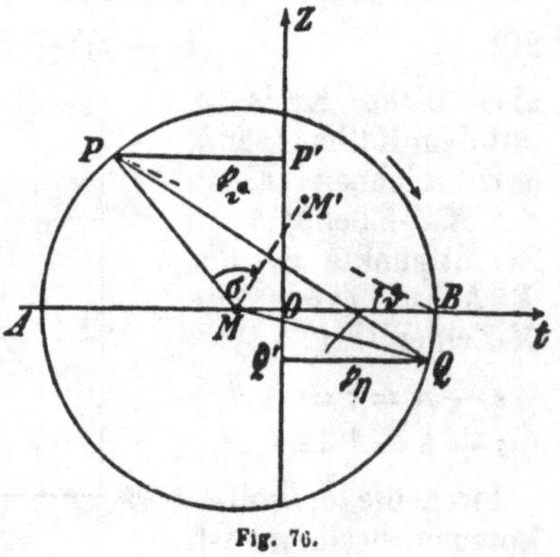

Fig. 76.

Man kann aber auch aus zwei beliebigen Stäben $\mathfrak{t}_\vartheta$, $\mathfrak{t}_\eta$ des Cylindroids*) den Kreis K und hiermit die Hauptstäbe $\mathfrak{t}, \mathfrak{t}'$ finden: Sei Z die Linie des kürzesten Abstands $P'Q'$ zwischen t und t'; wir wählen auf ihr jene Richtung als positive, von der aus der Winkel $(t, t') = \sigma$ hohl erscheint (Fig. 75). Die Ebene Z, t wählen wir als Zeichenebene für K (Fig. 76) und drehen in sie t' samt $\mathfrak{t}_\eta$ um Z zurück. Dann

---

*) Dabei mufs auf den Trägern t, t' jedes Stabes eine positive Richtung gegeben sein, weil man sonst die Vorzeichen der Stäbe nicht beurteilen kann (vergl. 3. Anm. zu § 74).

mufs der Kreis K die Eigenschaft haben, dafs er durch die Endpunkte P, Q der beiden Stäbe geht, und σ sein Peripheriewinkel über dem Bogen PQ ist. Es giebt zwei solche Kreise mit den Mittelpunkten M, M'; aber nur bei einem derselben (bei K) wird der Bogen $PQ = 2\sigma$ in jenem Sinn durchlaufen, den die positiven Halbachsen Z und t in dieser Reihenfolge bestimmen. Deshalb ist nur K der gesuchte Kreis. Man kennt nun den Winkel $ABP = \vartheta = (X, t)$, kann also die X-Achse in Fig. 75 verzeichnen, ebenso die Hauptstäbe $\mathfrak{k}, \mathfrak{k}'$, deren Längen und Vorzeichen man aus Fig. 76 ($\mathfrak{k} = OA$, $\mathfrak{k}' = OB$) entnimmt. Auch die Lage des Punktes O auf dem kürzesten Abstand ist durch Fig. 76 bestimmt, so dafs die Aufgabe, ein Stabcylindroid aus zweien seiner Stäbe zu finden, konstruktiv vollkommen gelöst ist;*) eine rechnerische Lösung findet man in Schell, Theorie der Bewegung und der Kräfte, Bd. II, S. 220 (2. Aufl.).

Hiermit ist auch die Aufgabe gelöst, zwei gegebene Dynamen mit Hilfe des Cylindroids zusammenzusetzen (andere konstruktive Lösungen hat Study in der „Geometrie der Dynamen“ gegeben (I, 1901), wo die hierher gehörigen Theorieen auf neuer Grundlage entwickelt sind). Denn nach Beginn des § 74 mufs der Steigungsstab der resultierenden Dyname dem Cylindroid der beiden gegebenen angehören, und die Richtungen und Gröfsen der Kräfte der gegebenen Dynamen bestimmen Richtung ϑ und Gröfse der resultierenden Kraft. Es giebt aber in einem Cylindroid einen einzigen Stab gegebener Richtung ϑ, den wir soeben konstruieren lernten; er giebt uns Lage und Steigung der resultierenden Dyname. Die Ausführung als Fortsetzung der Figuren 75 und 76 bleibe dem Leser überlassen. Dabei ist zu beachten: Wenn eine Dyname $\mathfrak{D}$ durch ihren Kraftanteil k und und ihr Moment m (in Form eines Stabes und eines rechteckigen Feldes) gegeben ist, so ist ihr Steigungsstab $\mathfrak{k}_\vartheta = m : k$; seine Konstruktion kommt also darauf hinaus, ein Rechteck in ein anderes zu verwandeln, von dem eine Seite k gegeben ist. Sind jedoch die Steigungsstäbe $\mathfrak{k}_\vartheta$, $\mathfrak{k}_\eta$

*) Die Figuren 75 und 76 sind für den Fall entworfen, dafs $\mathfrak{k}_\vartheta$ negativ, $\mathfrak{k}_\eta$ positiv ist; der Leser überzeuge sich, dafs die Lösung von der Reihenfolge der beiden Stäbe unabhängig ist.

der Dynamen 𝔇, 𝔇′ bekannt, so kann man, um sie vollständig zu geben, die Kräfte k, k' auf den Trägern t, t' von $\mathfrak{k}_\vartheta$ und $\mathfrak{k}_\eta$ noch nach Gröſse und Sinn willkürlich annehmen.

---

§ 77. Die Mannigfaltigkeit der linearen Komplexe.

Die linearen Komplexe bilden eine fünffach unendliche Mannigfaltigkeit (§ 2), in der ein einzelnes Individuum durch die Verhältnisse von sechs Zahlen, seine (Strahlen- oder Achsen-) Zeiger (§ 49) in einem tetraedrischen Zeigersystem bestimmt werden kann. Wir betrachten $k+1$ Komplexe $C_0, C_1 \ldots C_k$ mit den Zeigern:

$$\text{21)} \qquad \begin{matrix} c_{01} & c_{02} \ldots c_{06} \\ \cdot\;\cdot\;\cdot & \cdot\;\cdot\;\cdot\;\cdot\;\cdot \\ c_{k1} & c_{k2} \ldots c_{k6} \end{matrix} \qquad (k \leqq 5)$$

Wenn diese Matrix vom Range $k+1$ (Definition des Ranges § 39, c)) ist, nennen wir die Komplexe von einander **unabhängig**, andernfalls von einander **abhängig**. Wir nehmen jetzt an, $C_0 \ldots C_k$ seien von einander unabhängig und setzen aus ihren Zeigern die Zeiger eines Komplexes B auf folgende Art zusammen:

$$\text{22)} \qquad \varrho\, b_\nu = \sum_{\varkappa=0}^{k} \lambda_\varkappa c_{\varkappa\nu} \qquad (\nu = 1, \ldots 6)$$

ϱ ist ein Proportionalitätsfaktor. Es seien

$$\varrho\, b'_\nu = \sum_{\varkappa=0}^{k} \lambda'_\varkappa c_{\varkappa\nu} \qquad (\nu = 1, \ldots 6)$$

die Zeiger von B'; dann ist B' mit B nur identisch, wenn die λ' den λ proportional sind. Denn aus passenden $k+1$ von den sechs Gleichungen

$$\sum_{\varkappa=0}^{k} (\lambda_\varkappa - \sigma \lambda'_\varkappa)\, c_{\varkappa\nu} = 0$$

folgt

$$\lambda_\varkappa - \sigma \lambda'_\varkappa = 0 \qquad (\varkappa = 0, 1, \ldots k).$$

Lassen wir also die Verhältnisse der λ alle möglichen reellen Werte annehmen, so stellt 22) eine k-fach unendliche Mannigfaltigkeit M_k von Komplexen dar. Wir sagen, M_k sei von der k-ten Dimension oder (mit Grafsmann) von der $k+1$-ten Stufe ($k+1$-stufig), weil zu ihrer Bestimmung $k+1$ Komplexe notwendig waren. Wir fassen jetzt $k+1$ bestimmte Komplexe $B_0, B_1 \ldots B_k$ aus M_k auf:

$$\text{23)} \qquad \varrho_\mu b_{\mu\nu} = \sum_{\varkappa=0}^{k} \lambda_{\mu\varkappa} c_{\varkappa\nu} \qquad (\nu = 1, \ldots 6; \mu = 0, \ldots k).$$

Aus dem Multiplikationstheorem der Determinanten folgt, dafs irgend eine $k+1$-reihige Determinante der Matrix der b aus der entsprechenden der Matrix 21) durch Multiplikation mit

$$\Delta = |\lambda_{\mu\varkappa}| \qquad (\mu, \varkappa = 0, 1, \ldots k)$$

erhalten wird. Ist also, wie wir jetzt voraussetzen,

$$\text{24)} \qquad \Delta \neq 0,$$

so sind auch $B_0, \ldots B_k$ von einander unabhänig. Wir bezeichnen mit $B, C \ldots$ nicht nur die Komplexe, sondern auch die linearen Formen, die in ihren Gleichungen auftreten, nämlich:

$$B_\mu = \sum_{\nu=1}^{6} b_{\mu\nu} p_\nu, \qquad C_\varkappa = \sum_{\nu=1}^{6} c_{\varkappa\nu} p_\nu, \ldots$$

u. s. w.; hierbei sind die p homogene Linienzeiger, und zwar Strahlen- oder Achsenzeiger, je nachdem die Komplexzeiger Achsen- oder Strahlenzeiger sind (§ 49). Dann ist identisch:

$$\text{25)} \qquad \varrho_\mu B_\mu = \sum_{\varkappa=0}^{k} \lambda_{\mu\varkappa} C_\varkappa .$$

D. h. die Formen der B sind aus den Formen C „linear abgeleitet", weshalb auch die Mannigfaltigkeit M linear oder ein lineares Komplexgebiet heifst. Für $k=1$ erhalten wir die uns wohl bekannten Komplexbüschel, für $k=2$ die „Komplexnetze", für $k=3$ die „Komplexgebüsche", für $k=4$ die „Komplexgewebe" (Bezeichnungen Reyes und Sturms), für $k=5$ den ganzen „Komplexraum". Wenn B aus $C_0, \ldots C_k$ linear ableitbar ist, so sind B, $C_0, \ldots C_k$ von einander abhängig, und umgekehrt. Da sich aus sechs linearen Formen in sechs Veränderlichen jede weitere lineare Form dieser Veränderlichen linear ableiten läfst, so gilt:

Satz 164: **Mehr als sechs lineare Komplexe sind stets von einander abhängig.**

Wegen 24) lassen sich aus 23) auch die Formen $C_\varkappa$ linear durch die B_μ darstellen. Das System der Gleichungen

$$26) \qquad \sum_{\mu=0}^{k} \lambda'_{\tau\mu} B_\mu = 0 \qquad (\tau = 0, \dots k)$$

umfaſst also für willkürliche λ' genau dieselben Komplexe, wie das System der Gleichungen

$$\sum_{\varkappa=0}^{k} \lambda_{\mu\varkappa} C_\varkappa = 0$$

für willkürliche λ. D. h.:

Satz 165: **Ein lineares Komplexgebiet k-ter Dimension ist durch je $k+1$ unabhängige seiner Komplexe ebenso bestimmt, wie durch die $k+1$ ursprünglichen.**

Wir bezeichnen von nun an durch M, N, S, V stets lineare Komplexgebiete, deren Dimension durch den Index angezeigt wird. Man kann nun von den λ in den Gleichungen 22) die ersten $l+1$ willkürlich lassen ($l < k$), die anderen Null setzen. Dann folgt:

Satz 166: **Sind bei zwei linearen Komplexgebieten $l+1$ unabhängige Komplexe des einen M_l im anderen M_k enthalten, so ist ganz M_l in M_k enthalten.**

Zufolge dem letzten Satze kann man z. B. ein Komplexnetz auf folgende Art erhalten: Man verbindet jeden Komplex eines (durch C_0 und C_1 definierten) Büschels mit einem nicht dem Büschel angehörigen Komplex C_2 durch je ein Komplexbüschel, so erhält man die ∞^2 Komplexe, die das Netz ausmachen. Denn diesem Vorgang entspricht analytisch der, daſs man bei Bildung der linearen Formen B aus

$$\varrho B = \lambda_0 C_0 + \lambda_1 C_1 + \lambda_2 C_2$$

je eine feste Wahl von $\lambda_0 : \lambda_1$ mit allen Werten λ_2 verbindet. Analog kann man das Komplexgebüsch aus dem Komplexnetz und einem vierten Komplex ableiten, u. s. w.

Man bemerkt die Analogie mit folgenden Sätzen der Elementargeometrie: Eine Gerade (Ebene) ist durch zwei (drei) unabhängige ihrer Punkte bestimmt. Liegen zwei Punkte einer Geraden in einer Ebene, so liegt sie ganz in der Ebene. Man erhält sämtliche Punkte einer Ebene, wenn man alle Punkte einer Geraden mit einem aufserhalb liegenden Punkte durch Gerade verbindet, alle Punkte des Raums, wenn man alle Punkte einer Ebene mit einem aufserhalb liegenden Punkte verbindet. Während aber im Punktraum diese Konstruktion nun nicht mehr fortsetzbar ist, kann man in der Mannigfaltigkeit der linearen Komplexe noch zu vierdimensionalen Gebieten und zum fünfdimensionalen Komplexraum fortschreiten. Diese Bemerkung werden wir für die grundsätzliche Auffassung der Geometrie der „mehrdimensionalen Räume" verwerten (§ 80); zunächst aber wollen wir nachsehen, ob im Komplexraum auch die Schnitt- und Verbindungsgesetze für die linearen Gebilde des Punktraums ihre Analoga haben. Diese Gesetze für die Punkte, Geraden und Ebenen des Raums lassen sich so zusammenfassen (der Index bezeichnet wieder die Dimension, der Index Null einen Punkt): $\mathfrak{M}_m$ und $\mathfrak{N}_n$ haben i. A. ein Schnittgebilde s_{m+n-3} gemein oder bestimmen ein Verbindungsgebilde v_{m+n+1}, je nachdem $m+n \geqq 3$ oder $m+n < 3$ ist; dabei können m, n die Werte 0, 1, 2, 3 annehmen.

Im Komplexraum definieren wir als das **Verbindungsgebiet** zweier Gebiete die Gesamtheit aller Komplexe aller Büschel, die je einen Komplex des einen mit einem Komplex des anderen Gebietes verbinden. Unter zwei **allgemein liegenden** linearen Komplexgebieten M_k und N_l verstehen wir, falls $k+l \geqq 5$ ist, zwei solche, die in keinem niedrigeren linearen Gebiet als im ganzen Komplexraum enthalten sind, wenn jedoch $k+l < 5$, zwei solche, die keinen Komplex gemein haben. Wir beweisen nun den

Satz 167: **Zählt man die Dimension s des Schnittgebildes von M_m und N_n als -1, wenn gar kein gemeinsamer Komplex vorhanden ist, als Null, wenn ein einziger solcher vorhanden ist, und ist v die Dimension des Verbindungsgebietes, so ist**

$$s + v = m + n. \tag{27}$$

Wir denken uns M_m durch die unabhängigen Komplexe $B_0, \ldots B_m$ und N_n durch $C_0, \ldots C_n$ definiert. Dann läfst sich irgend ein Komplex von M in der Form

$$\varrho B = \sum_{\varkappa=0}^{m} \lambda_\varkappa B_\varkappa$$

irgend einer von N in der Form

$$\varrho' C = \sum_{\varkappa=0}^{n} \lambda'_\varkappa C_\varkappa$$

darstellen. Es mögen sich nun a, aber nicht mehr von einander unabhängige unter den C finden lassen, die von den B abhängig sind (a kann auch Null sein). Nach Satz 165 können wir voraussetzen, dafs diese a Komplexe die ersten a der Reihe $C_0, \ldots C_n$ selbst sind. Dann definieren $C_0, \ldots C_{a-1}$ das Schnittgebiet von der Dimension $a - 1 = s$; ferner sind

28) $$B_0, B_1, \ldots B_m, C_a, \ldots C_n$$

von einander unabhängig; denn wäre etwa identisch

$$\lambda'_a C_a + \ldots + \lambda'_n C_n = \lambda_0 B_0 + \ldots + \lambda_m B_m,$$

so wäre die lineare Form beiderseits des Gleichheitszeichens gegen die Voraussetzung eine weitere $a+1$-te von den C, aber nicht von $C_0, \ldots C_a$ abhängige Form, die auch von den B abhängig ist. Also definiert die Reihe 28) das Verbindungsgebiet von der Dimension $v = m+1+(n-a+1)-1 = m+n+1-a$; daher ist (vergl. Grafsmann, Ges. W. I, b, Art. 25):

$$v + s = m + n.$$

Der Satz 167 gilt auch, wenn man zu den Stufenzahlen übergeht, weil sich dann jede der vier Zahlen um eins erhöht. Für allgemein liegende Komplexgebiete ist $v = 5$, falls $m + n \geqq 5$; also:

Satz 168: Zwei allgemein liegende Komplexgebiete M_m, N_n haben, wenn $m+n \geqq 5$ ist, ein Schnittgebilde der Dimension $m + n - 5$ gemein.

Wenn $a = 0$, so sind alle $m + n + 2$ definierenden Komplexe beider Gebiete von einander unabhängig; also

Satz 169: Zwei allgemein liegende Komplexgebiete M_m, N_n haben, wenn $m+n<5$ ist, ein Verbindungsgebiet der Dimension $m + n + 1$.

Z. B. kann man aus zwei allgemein liegenden Komplexbüscheln ein Komplexgebüsch geradeso als Gesamtheit der verbindenden Büschel erhalten, wie man aus zwei windschiefen Geraden den ganzen Punktraum als Verbindungsgebilde erhält.

Schreibt man die Gröfsen b_ν aus 22) als letzte Zeile unter die Matrix 21), so erhält man eine Matrix, in der alle $k+2$-reihigen Determinanten Null sind. Man hat so die Gröfsen λ aus 22) eliminiert und lineare homogene Gleichungen zwischen den b erhalten, deren Koeffizienten nur von den gegebenen festen Gröfsen c abhängen. Wir wissen schon, dafs diesen Gleichungen mindestens ∞^k Wertesysteme $b_1 : b_2 : \ldots b_6$ genügen aber auch nicht mehr, weil sich auch umgekehrt aus diesen Gleichungen das System 22) ableiten läfst (vergl. den Schlufs von § 39, c)). Also genügen, wenn man auch die absoluten Werte der b berücksichtigt, ∞^{k+1} Wertesysteme b_ν den Gleichungen; daher sind $6-(k+1)=5-k$ unter den letzteren unabhängig.

Satz 170: Ein lineares Komplexgebiet k-ter Dimension läfst sich durch $5-k$ lineare homogene Gleichungen zwischen den Komplexzeigern darstellen.

Z. B. wird ein Komplexgewebe durch eine, ein Komplexbüschel durch vier solche Gleichungen dargestellt. Man bemerkt die Analogie mit den Sätzen: Eine Ebene wird durch eine, eine Gerade durch zwei lineare homogene Gleichungen zwischen den tetraedrischen Punktzeigern dargestellt.

§ 78. Ergänzende Komplexgebiete.

Die Bedingung für die Involution zweier Komplexe A und B mit den Zeigern a_i und b_i war bilinear (§ 56):

$$\omega(a, b) = \Sigma a_{i+3} b_i = 0.$$

Nun ist

29) $$(a, \lambda b + \lambda' b' + \ldots) = \lambda . \Sigma a_{i+3} b_i + \lambda' . \Sigma a_{i+3} b'_i + \ldots$$
$$= \lambda . \omega(a, b) + \lambda' . \omega(a, b') + \ldots$$

Wenn $B, B', \ldots B^{(k)}$ unabhängige Komplexe sind, definieren sie ein lineares Gebiet N_k, und es folgt.

Satz 171: Wenn ein Komplex zu $k+1$ unabhängigen Komplexen eines linearen Gebietes N_k involutorisch liegt, so liegt er zu jedem Komplex von N_k involutorisch.

Wir fragen nun nach allen Komplexen A, die zu jedem Komplex von N_k involutorisch liegen. Sie sind durch die $k+1$ von einander unabhängigen Gleichungen

$$30) \qquad \omega(a, b) = 0, \qquad \omega(a, b') = 0, \ldots$$

definiert, bilden also nach Satz 170 ein lineares Gebiet M_{4-k}, das wir das ergänzende Gebiet von N_k nennen. Es ist auch N_k das ergänzende Gebiet von M_{4-k}; denn es ist jedenfalls in demselben enthalten, hat aber schon die richtige Dimension. Wir sagen auch, M und N seien zwei „einander ergänzende Gebiete".

Satz 172: Zu jedem linearen Komplexgebiet gehört derart ein anderes, dafs jeder Komplex des einen Gebietes zu jedem des anderen involutorisch liegt und die Dimensionen solcher „einander ergänzenden" Gebiete sich zu vier (die Stufenzahlen zu sechs) ergänzen.

Aus der Darstellung 25) eines linearen Komplexgebietes folgt unmittelbar:

Satz 173: Die Strahlen, welche $k+1$ unabhängigen Komplexen eines linearen Gebietes M_k gemeinsam sind, bilden die Gesamtheit der Strahlen, die allen Komplexen von M_k gemein sind.

Ein singulärer Komplex C ist mit einem beliebigen Komplex C' in Involution, wenn (Satz 112) C' den Träger von C als Komplexstrahl enthält; daraus folgt:

Satz 174: Die Träger der singulären Komplexe eines linearen Gebietes sind identisch mit den gemeinsamen Strahlen des ergänzenden Gebietes.

Aus Satz 172 und 168 kann man in jedem Falle leicht beurteilen, wieviel unabhängige Komplexe innerhalb eines linearen Gebietes L_l zu einem gegebenen Gebiet M, das auch L_l angehört, involutorisch liegen können. Nehmen wir z. B. für L ein Komplexnetz ($l = 2$), so folgt, dafs es zu einem Komplex von L innerhalb L ein Büschel involutorischer Komplexe giebt. Man bemerkt die Analogie mit dem Satze für das Stahlenbündel: Zu einem Strahl s eines Bündels giebt es ein Büschel von Normalstrahlen; wenn s auf zwei Strahlen eines Büschels normal steht, so steht es auf allen normal. Nicht nur zum Begriff des Senkrechtstehens, sondern auch zum Winkelbegriff läfst sich im Komplexgebiet ein Analogon finden. Hierüber vergl. D' Ovidio (z. B. Le ser. triple etc. Acc. dei Lincei, Atti, 1876; Ser. II, Tom. 3), Müller (Die Liniengeom. nach d. Prinzipien d. Grafsmannschen Ausdehnungsl. Art. 12; Monatsh. f. Math. u. Phys. II).

Im Strahlenbündel giebt es zwischen der normalen und schiefen Lage kein Mittelding; anders im Komplexgebiete: In einem beliebigen Komplexnetz M_2' wird es i. A. keinen Komplex geben. der zu allen Komplexen eines anderen Netzes M_2 involutorisch liegt. Wenn aber M_2' und das ergänzende Gebiet N_2 von M_2 nicht allgemein liegen, so können ein, zwei oder drei von einander unabhängige Komplexe in M_2' vorkommen, welche die genannte Bedingung erfüllen. Darnach kann man M_2' „einfach", „zweifach" oder „dreifach normal" zu M_2 nennen (D' Ovidio, a. a. O.); im letzten Fall ist M_2' mit N_2 identisch. Wir überlassen die Untersuchung der anderen Fälle dem Leser und bemerken nur noch, dafs sich die Bezeichnungen „einfach . . . normal" nicht auf die Stufenzahlen irgend welcher Gebiete beziehen sollen, sondern nur auf die Reihenfolge der möglichen speziellen Lagen. Also wird ein Komplexnetz M_2' zu einem Komplexbüschel M_1 erst dann einfach normal liegen, wenn zwei Komplexe in M_2' gefunden werden können, die zu allen Komplexen von M_1 involutorisch liegen, weil ein solcher ohnehin immer vorhanden ist.

Man nennt zwei Komplexgebiete vollständig zu einander normal, wenn jeder Komplex des einen Gebietes zu jedem des anderen involutorisch liegt; hierbei wird nicht vorausgesetzt, dafs die Gebiete linear*) sind. Hieraus geht hervor:

*) Nichtlineare Komplexgebiete denke man sich durch nichtlineare Gleichungen zwischen den Komplexzeigern definiert.

Satz 175: Wenn G und G' vollständig zu einander normal sind und M das kleinste lineare Gebiet ist, in dem G enthalten ist, so ist G' im ergänzenden Gebiet von M enthalten.

Satz 176: Sind M und N einander ergänzende Gebiete, so ist jedes Teilgebiet von M zu jedem Teilgebiet von N vollständig normal. Das ergänzende Gebiet jedes Gebietes von M enthält N.

Insbesondere sind auch zwei involutorische Komplexe vollständig zu einander normal, aber der Zusatz „vollständig" ist hier überflüssig.

§ 79. Die gemeinsamen Strahlen der Komplexe eines linearen Gebietes M_k.

Für $k = 1$ erhalten wir die Strahlennetze (§ 53); wir gehen zum Fall:

A) $k = 2$. Wir denken uns das Komplexnetz M_2 durch drei unabhängige Komplexe A, B, C mit den Zeigern a_i, b_i, c_i definiert. A und B bestimmen ein Strahlennetz $\mathfrak{N}$. Diejenigen Strahlen von $\mathfrak{N}$, die auch C angehören, sind die gemeinsamen Strahlen von M_2. Wenn $\mathfrak{N}$ zwei Brennlinien hat, bilden also diese Strahlen nach Satz 9 eine Regelschar $\mathfrak{R}$. Um jedoch auch alle Spezialfälle und den Fall, wo $\mathfrak{R}$ imaginär wird, bequem zu überblicken, halten wir uns an die analytische Darstellung eines vierten Komplexes D von M_2 in der Form:

31) $$D = \lambda A + \mu B + \nu C.$$

Nach Satz 174 ist es dieselbe Aufgabe, die Träger der singulären Komplexe eines Netzes (nämlich des ergänzenden) zu bestimmen. Wir stellen daher die Bedingung auf, dafs D singulär ist:

$$\omega(d) = \omega(\lambda a + \mu b + \nu c) = 0$$

oder

32) $$\lambda^2 . \omega(a) + \mu^2 . \omega(b) + \nu^2 . \omega(c) + 2\lambda\mu . \omega(a, b) + 2\mu\nu . \omega(b, c) + 2\nu\lambda . \omega(c, a) = f(\lambda, \mu, \nu) = 0.$$

Durch die Nullpunkte einer festen Ebene E werden die Komplexe von M_2 so auf E abgebildet, dafs jedem Komplexbüschel eine Gerade entspricht; auch die Doppelverhältnisse bleiben nach Satz 127 bei dieser Abbildung $\mathfrak{A}$ ungeändert. Wir können also sagen:

Satz 177: **Durch die Nullpunkte einer festen Ebene E wird ein Komplexnetz auf E kollinear abgebildet.**

Deutet man andrerseits $\lambda : \mu : \nu$ in 31) als homogene Punktzeiger in E, so erhält man eine Abbildung $\mathfrak{A}'$ mit wesentlich denselben Eigenschaften (vergl. den Ausdruck für das Doppelverhältnis von vier Komplexen in § 63). Auch $\mathfrak{A}'$ ist zu M_2, daher auch zu $\mathfrak{A}$ kollinear. Man kann also durch passende Wahl des Grunddreiecks für $\lambda : \mu : \nu$ erreichen, dafs $\mathfrak{A}'$ und $\mathfrak{A}$ identisch werden.

Nun bedeutet 32) die Gleichung eines Kegelschnittes K in E. Die Determinante seiner Gleichung ist

33) $$\Delta = \begin{vmatrix} \omega(a) & \omega(a, b) & \omega(a, c) \\ \omega(a, b) & \omega(b) & \omega(b, c) \\ \omega(a, c) & \omega(b, c) & \omega(c) \end{vmatrix}$$

Wir setzen zuerst voraus:

a) Δ sei von Null verschieden. Dann ist K ein eigentlicher Kegelschnitt, der entweder α) reell oder β) imaginär sein kann. Im ersten Fall entspricht einer Geraden in E, je nachdem sie K schneidet, berührt oder nicht schneidet, ein Komplexbüschel mit hyperbolischem, speziellem oder elliptischem Träger. Es tritt also die Überlegung am Anfang dieses Paragraphen in Kraft (da man A und B in einem Büschel mit hyperbolischem Träger wählen kann), und die gemeinsamen Strahlen von M_2 bilden eine reelle Regelschar $\mathfrak{R}$, die E längs K schneidet. Aber auch im Falle β) ist stets ein reelles Polarsystem Σ vorhanden, welches K repräsentiert. Drücken wir aus, dafs ein Komplex $\lambda : \mu : \nu$ zu einem anderen $\lambda' : \mu' : \nu'$ involutorisch liegt:

$$\omega(\lambda a + \mu b + \nu c, \ \lambda' a + \mu' b + \nu' c) = 0$$

oder

34) $$\lambda\lambda' . \omega(a) + (\lambda\mu' + \lambda'\mu) . \omega(a, b) + \ldots = 0.$$

Halten wir $P \equiv (\lambda' : \mu' : \nu')$ fest, so stellt 34) die Polare von P in Σ dar; also:

Satz 178: Zu jedem Komplex eines Netzes M_2 giebt es ein vollständig normales Komplexbüschel in M_2. Diese Zuordnung in M_2 ist ein Polarsystem und bildet sich auch als solches vermöge Satz 177 auf jede Ebene E ab.

Wir können zeigen, dafs die ∞^3 Polarsysteme, die so für die verschiedenen Lagen von E hervorgehen, Schnitte eines und desselben räumlichen Polarsystems $\mathfrak{S}$ sind;*) im Falle α) ist $\mathfrak{S}$ durch $\mathfrak{R}$ definiert. Im Falle β) nehmen wir als A, B, C drei solche Komplexe, deren Nullpunkte in E an den Ecken A', B', C' eines Polardreiecks von Σ liegen; seine Seiten seien $A'B' \equiv c$, u. s. w. Jeder der Komplexe A, B, C liegt mit jedem anderen in Involution. Drehen wir also E um c, so werden A', B' zwei involutorische Punktreihen A'', B'' auf c beschreiben, von denen die ursprünglichen Lagen A', B' ein Paar sind, während der Nullpunkt C'' des dritten Komplexes C von C' ausgehend die Polare c' von c in C beschreibt. Dem Punkte A' sind also in den verschiedenen Lagen von E die Strahlen des Büschels (B', c') zugeordnet, dessen Scheitel bei allen möglichen Drehungen von E um A' stets auf der festen Geraden a liegt, also mit c' eine feste Ebene α bestimmt, die dem Punkt A' in $\mathfrak{S}$ entspricht. Wenn also auch $\mathfrak{R}$ nicht reell ist, so läfst sich doch das zugehörige Polarsystem stets finden, weil die gescharte Involution eines elliptischen Netzes (vergl. namentlich § 66, h)) als bekannt anzusehen ist. Die Ordnungsfläche von $\mathfrak{S}$ kann nach § 72 als imaginäre Regelfläche zweiter Ordnung betrachtet werden, und es folgt in Verbindung mit Satz 174:

Satz 179: Wenn Δ von Null verschieden ist, bilden die Träger der singulären Komplexe eines Netzes M_2 eine Regelschar $\mathfrak{R}$, die gemeinsamen

---

*) Dieses ist nicht zu verwechseln mit dem Polarsystem, das durch ein Komplexgebüsch

$$\lambda A + \mu B + \nu C + \varrho D$$

definiert ist, indem man zu jedem Komplex desselben das vollständig normale Komplexnetz sucht und $\lambda : \mu : \nu : \varrho$ als homogene räumliche Punktzeiger deutet.

Strahlen aller Komplexe von M_2 die Leitschar $\mathfrak{L}$ von $\mathfrak{R}$. Für das ergänzende Netz N_2 ist umgekehrt $\mathfrak{L}$ der Ort der singulären Komplexe und $\mathfrak{R}$ der Ort der gemeinsamen Strahlen.

Wenn $\mathfrak{R}$ imaginär ist, haben alle Komplexe von M_2 gleichbezeichnete Steigungen, ebenso von N_2. $\mathfrak{L}$ heifst auch die „Grundregelschar" des Netzes M_2.

b) Δ habe den Rang 2. Dann zerfällt K in zwei gerade Linien g, g'. Die Büschel B, B', welche durch g, g' abgebildet sind, enthalten lauter spezielle Komplexe, darunter einen gemeinsamen C. Wir können uns B durch die zwei Komplexe C, A und B' durch C, A' bestimmt denken; die Achsen von C, A, A' mögen c, a, a' heifsen. Dann schneiden sich c, a, ebenso c, a', aber nicht a, a', weil dies zu einem dritten Büschel singulärer Komplexe in M_2 Anlafs gäbe, während K nur zwei Gerade enthält. Die Achsen der singulären Komplexe bilden die beiden Strahlenbüschel $c, a \equiv (S, \alpha)$ und $c, a' \equiv (S', \alpha')$ (Fig. 77), während die gemeinsamen Strahlen von M_2 die Strahlbüschel (S, α') und (S', α) sind. Eine ähnliche Figur ist uns schon § 56 (Fig. 50) begegnet. c ist immer reell, aber g, g', also auch a, a' brauchen es nicht zu sein; dann haben alle Komplexe von M_2 einen einzigen reellen Strahl c gemein, der zugleich Träger des einzigen singulären Komplexes von M_2 ist. Diesen Fall erhalten wir offenbar, wenn wir alle Komplexe eines Büschels mit elliptischem Träger $\mathfrak{R}$ mit einem singulären Komplex, dessen Träger c auch $\mathfrak{R}$ angehört, durch Komplexbüschel verbinden. Denn dann ist c der einzige Strahl, der allen Komplexen von M_2 gemein ist. Allgemeiner können wir sagen:

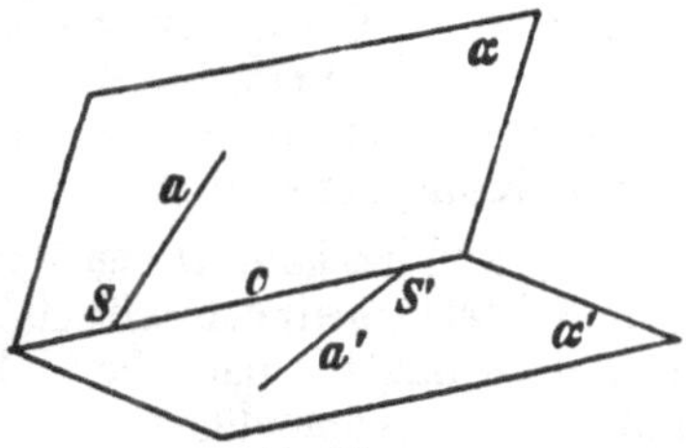

Fig. 77.

Satz 180: Hat Δ den Rang zwei, so kann man das Komplexnetz M_2 dadurch erhalten, dafs man alle Komplexe eines Büschels, dessen Träger $\mathfrak{R}$ elliptisch oder hyperbolisch ist, mit einem solchen singulären Komplex verbindet, dessen Achse $\mathfrak{R}$ angehört.

c) Δ habe den Rang eins. Dann ist $f(\lambda, \mu, \nu)$ ein vollständiges Quadrat einer linearen Form (vergl. Killing, Analyt. Geom. I, § 17). In unserer Abbildung von M_2 auf E giebt es also eine einzige Gerade als Ort der Bilder von singulären Komplexen. Die letzteren bilden ein Komplexbüschel $\mathfrak{B}$. Wir können M_2 durch zwei Komplexe A, B aus $\mathfrak{B}$ und einen dritten Komplex C bestimmen; dann wird

$$\omega(a) = \omega(b) = \omega(a, b) = 0.$$

Damit nun Δ wirklich den Rang eins hat, mufs auch

$$\omega(b, c) = \omega(a, c) = 0$$

sein; d. h. die Träger von A und B müssen in C enthalten sein.

Satz 181: Hat Δ den Rang eins, so erhalten wir das Komplexnetz, indem wir alle Komplexe eines Büschels singulärer Komplexe mit einem solchen Gewinde verbinden, in dem die Träger der singulären Komplexe enthalten sind.

d) Endlich habe Δ den Rang Null, d. h. alle Koeffizienten von 32) verschwinden einzeln. Dann sind alle Komplexe von M_2 singulär, und die Achsen irgend dreier von ihnen müssen sich schneiden.

Satz 182: Hat Δ den Rang Null, so besteht M_2 aus lauter singulären Komplexen, deren Achsen entweder dasselbe Bündel oder dasselbe Feld erfüllen.

Die übrigen Fälle können wir nun mit Hilfe des Satzes 174 rasch erledigen:

B) $k = 3$. Das ergänzende Gebiet N_1 von M_3 ist ein Komplexbüschel; also;

Satz 183: Die Achsen der singulären Komplexe eines Komplexgebüsches M_3 bilden ein Strahlennetz $\mathfrak{N}$. Je nachdem $\mathfrak{N}$ a) hyperbolisch, b) speziell, c) elliptisch, d) singulär ist, haben alle Komplexe von M_3 zwei, einen, keinen reellen Strahl oder ein Büschel von Strahlen gemeinsam.

Durch $\mathfrak{N}$ ist umgekehrt M_3 bestimmt, z. B. im letzten Fall durch ein ebenes Strahlbüschel.

C) $k = 4$. Das ergänzende Gebiet von M_4 ist ein einziger Komplex; also:

Satz 184: Die Achsen der singulären Komplexe eines Komplexgewebes M_4 bilden einen linearen Komplex C; je nachdem C singulär ist (a) oder nicht (b), haben alle Komplexe von M_4 einen Strahl gemeinsam oder keinen.

---

§ 80. Logische Bemerkungen über die Geometrie der mehrdimensionalen Räume.

Wir haben schon im § 77 auf gewisse Analogieen mit der Geometrie des Punktraums aufmerksam gemacht, durch welche die Mannigfaltigkeit der linearen Komplexe auch unabhängig von ihrer analytischen Darstellung als eine lineare charakterisiert ist, indem erstens, vom Komplexbüschel ausgehend, durch Verbindung eines linearen Gebietes mit einem „aufserhalb" desselben liegenden Komplex ein Gebiet nächst höherer Stufe gewonnen wird, zweitens für die so gewonnenen Gebiete die „linearen Schnitt- und Verbindungsgesetze" gelten, die in den Sätzen 165—169 ausgesprochen sind. Wir haben diese Sätze auf dem konkreten Boden der Liniengeometrie entwickelt; aber man sieht, dafs bei ihrem Beweis die Zahl fünf als obere Grenze für die Dimension der vorhandenen Gebiete gar keine Rolle spielt. Vielmehr könnten wir statt von 21) von einer Matrix

$$35)\qquad \begin{matrix} x_{01} & \dots & x_{0,q+1} \\ \cdot & \cdot\ \cdot\ \cdot & \cdot \\ x_{k1} & \dots & x_{k,q+1} \end{matrix}$$

ausgehen, die so aufzufassen ist, dafs den $q+1$ Veränderlichen $x_1, \dots x_{q+1}$, von denen nur die Verhältnisse in Betracht kommen, $k+1$ spezielle Wertesysteme erteilt wurden. Dann ist durch

$$36)\qquad \varrho y_\nu = \sum_{\varkappa=0}^{k} \lambda_\varkappa x_{\varkappa\nu} \qquad (\nu = 1, \dots q+1)$$

ein arithmetisches Wertegebiet definiert, indem die y nicht alle zugleich unbeschränkt veränderlich sind; sondern ihre Verhältnisse können nur ∞^k Wertesysteme annehmen. Dasselbe Wertegebiet kann auch durch $q-k$ lineare homogene Gleichungen zwischen den y dargestellt werden (vergl. Satz 170) und heifst deshalb linear. Nun tritt blofs die Zahl q an Stelle von fünf in den Sätzen 168, 169 und in der Definition des Allgemeinliegens. Im übrigen gelten für die q-dimensionale Mannigfaltigkeit der Veränderlichen $x_1 : x_2 : \ldots : x_{q+1}$ und ihre linearen Teilgebiete die linearen Schnitt- und Verbindungsgesetze, die denen unseres Raumes vollkommen analog sind, weshalb man das gesamte Wertgebiet $x_1 : \ldots : x_{q+1}$ kurz als einen „q-dimensionalen Raum“ zu bezeichnen pflegt. Die Gesetze, denen seine Teilgebiete (auch die nicht linearen) unterliegen, bilden den Inhalt der „q-dimensionalen Geometrie“. Insbesondere rechnet man hierzu solche Sätze, die eine Verallgemeinerung von Untersuchungen der analytischen Geometrie des Raumes sind oder eine Anwendung auf die eigentliche Geometrie im Auge haben oder endlich analogen Methoden und Vorstellungsweisen wie die synthetische Geometrie zugänglich sind. Für letzteren Umstand wollen wir sogleich ein Beispiel geben. Die fünfdimensionale Geometrie ist nämlich im Komplexgebiet verwirklicht.*) Wir können uns also, ohne den Boden

---

*) Dies beruhte auf der Thatsache, dafs sich jeder Komplex durch die Verhältnisse von sechs Zahlen, seine Zeiger, bestimmen läfst, die keinen weiteren Einschränkungen unterliegen, während die Linienzeiger eine quadratische Gleichung erfüllen müssen. Deshalb bilden die geraden Linien des Raumes kein lineares Gebiet; es ist hier schon unmöglich, zur Konstruktion eines linearen Gebietes den ersten Schritt zu thun, nämlich eine Regel anzugeben, nach der durch zwei Gerade eine einfache Mannigfaltigkeit von Geraden derart bestimmt wäre, dafs sie durch je zwei andere ihrer Geraden nach derselben Regel bestimmt wäre. Die Linearität des Komplexgebietes ist natürlich einer synthetischen Untersuchung zugänglich (Reye, Sturm), die durch Benutzung eines „Fundamentalsatzes“ über lineare Mannigfaltigkeiten (vergl. Zindler, Nachweis lin. Mannigf. u. s. w., Wiener S. B. Math. Cl. Bd. CI. Abt. II, 1892; § 1) abgekürzt werden kann. Hiernach braucht die Geltung der Gesetze, welche die Linearität ausmachen, nur bis $q=2$ im betreffenden Gebiet bewiesen zu werden, worauf sie von selbst für das ganze Gebiet gilt, wievielstufig es auch sei. Zur Anwendung dieses Satzes braucht man also keine analytische Darstellung des Gebietes zu besitzen, ja nicht einmal seine Dimension zu kennen. Man wird also die Bestimmbarkeit der Individuen eines Gebietes durch Zahlen, die keinen Einschränkungen unterliegen, zwar als hinreichendes Kennzeichen, aber nicht als Definition der Linearität anzusehen haben.

der gewöhnlichen euklidischen Geometrie zu verlassen, den Komplexraum als Substrat für die linearen Konstruktionen im fünfdimensionalen Raum denken. Da aber seine sonstigen Eigenschaften aufser den linearen Schnitt- und Verbindungsgesetzen dabei nicht in Betracht kommen, bezeichnen wir seine eindimensionalen linearen Gebiete, um an die Analogie zu erinnern, wie im Punktraum als Gerade, die zweidimensionalen als Ebenen und deuten, wenn nötig, durch Indices die Dimension der Gebiete an. Die niedrigeren derselben können wir auch schematisch durch Punkte, Gerade, ... abbilden und in unserer Vorstellung festhalten.

Beispiel: Wir nehmen im fünfdimensionalen Raum drei Ebenen E, E', E'' (Fig. 78) in allgemeiner Lage (§ 77) an. Dann läfst sich durch einen Punkt P von E eine einzige Gerade G legen, die sowohl E' als E'' schneidet, nämlich die Schnittlinie (Satz 168) der Verbindungsräume $R_3' \equiv (P, E')$ und $R_3'' \equiv (P, E'')$. Diese letzeren haben wirklich nur eine Gerade gemein, weil sie sonst in einem R_4 enthalten wären, in dem sich auch E' und E'' schneiden müfsten. G schneide E' in Q, E'' in N; analog sei durch den Punkt P' von E eine Gerade G' definiert, welche E' in Q', E'' in N' schneide. Dann liegen im Verbindungsraum $R_3 \equiv (G, G')$ auch die Geraden PP', QQ', NN', definieren also dort eine Regelfläche, der auch G, G' angehören; d. h.: Bewegt man P in E auf einer Geraden, so bewegt sich G auf einer Regelschar. Daraus folgt:

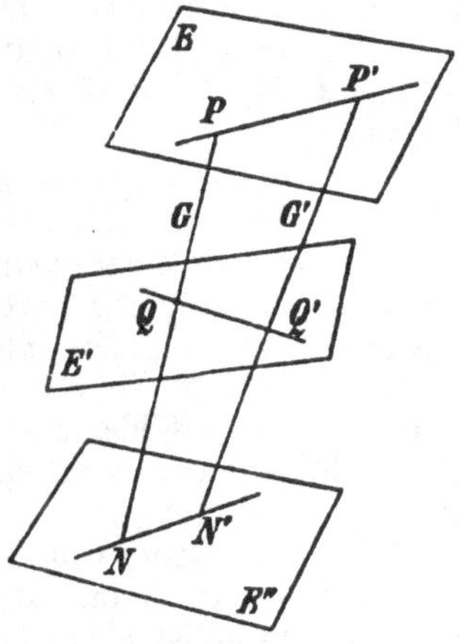

Fig. 78.

Satz 185: Drei allgemein liegende Ebenen im R_5 definieren ein System von ∞^2 Geraden, von denen sie sämtlich geschnitten und durch die sie kollinear aufeinander bezogen werden.

Der eigentliche Sinn derartiger Sätze tritt hervor, wenn man entweder eine arithmetische Mannigfaltigkeit als Substrat wählt oder eine lineare Mannigfaltigkeit geometrischer Gebilde.*) Nun ist das erstere ohne Zweifel logisch einfacher; aber die arithmetische Methode mufs sich immer auf eine bestimmte Darstellungsform der Wertgebiete stützen (schon das Wertgebiet einer Geraden im Raum kann in mannigfacher Weise durch zwei Gleichungen dargestellt oder aus zweien seiner Punkte abgeleitet werden), wodurch überflüssige Elemente in die Untersuchung hineingetragen werden. Dagegen operiert die synthetische Methode nur mit den Gebilden selbst, und gewifs hätte der Satz 185 durch Rechnung im Gebiet von fünf Veränderlichen nicht so einfach bewiesen werden können. Ja sogar eine gewisse Anschaulichkeit teilen die synthetischen Methoden der mehrdimensionalen Geometrie mit der gewöhnlichen Geometrie; sie bezieht sich freilich nur auf die stellvertretenden Vorstellungen („Surrogatvorstellungen“, vergl. Beitr. z. Th. d. math. Erkenntnis, Wiener S. B. Phil.-hist. Cl. Bd. 118, § 26) gewisser anderer Objekte.

Die Anwendung der mehrdimensionalen Geometrie auf die Geometrie des Punktraums gestaltet sich nun so: Hat man in irgend einer n-dimensionalen Mannigfaltigkeit M unseres Raumes einen Satz der reinen Geometrie der Lage bewiesen, so projiziere man zuerst das Ergebnis in ein dreidimensionales Gebiet G_3 innerhalb M oder schneide mit G_3; dann bilde man G_3 kollinear auf den Punktraum ab, wodurch man einen Satz des Punktraums erhält. Hierbei hat man bei keinem Schritte den Boden der gewöhnlichen Geometrie verlassen. Z. B. läfst sich der Satz 185 sofort so interpretieren, dafs sich im Punktraum drei Ebenen so aufeinander kollinear beziehen lassen, dafs

---

*) Da die Koeffizienten einer Form m-ter Ordnung in x, y in der Anzahl $1 + 2 + 3 + \ldots + (m + 1) = \binom{m+2}{2}$ vorhanden sind, so liefern die ebenen algebraischen Kurven m-ter Ordnung lineare Gebiete bis zum Grade $n = \binom{m+2}{2} - 1$. Die Interpretation der mehrdimensionalen Geometrie durch Systeme algebraischer Gebilde hat den Vorzug, mit einem Schlage für eine beliebige Dimension zu gelten, aber den Nachteil durch die Theorie des Imaginären kompliziert zu sein; dagegen bilden die reellen Komplexe für sich ein lückenloses fünfdimensionales Gebiet (vergl. auch „Synth. Gewinnung geom. lin. Mf. beliebiger Dim.“, Journ. f r. u. a. Math., Bd. 111).

je drei entsprechende projektive Punktreihen dieselbe Regelschar definieren.

Hat man in dieser Art die Methoden des „Projizierens und Schneidens aus höheren Räumen“ logisch einwandfrei begründet, so braucht man natürlich nicht jedesmal bei ihrer Anwendung an ein Substrat zu denken, sondern kann geradeso operieren, als ob die Schranken gefallen wären, die den Konstruktionen in unserem Raume durch die begrenzte Zahl seiner Dimensionen gesetzt sind. Aber man darf diesen Standpunkt nicht von vornherein einnehmen oder gar durch Hereinziehung metaphysischer Spekulationen (wie den Hinweis auf die mögliche Begrenztheit unserer Wahrnehmungsfähigkeit) stützen wollen.

Man hat überhaupt der mehrdimensionalen Geometrie gegenüber (ähnlich wie in der Theorie der imaginären Elemente) dreierlei Standpunkt eingenommen:

a) Man hat den Schritt, der von der Ebene zum Raume führt, per analogiam wiederholt und sich die Konstruktionen, die für die Ebene und den Raum gelten, so fortsetzbar gedacht, als ob aufserhalb unseres Raumes noch Punkte auffindbar wären, die man mit den Punkten unseres Raumes verbinden könnte. Dieses Verfahren ist logisch unzulänglich, obgleich es zu richtigen Ergebnissen führt. Bestenfalls könnte man nach dieser Methode hypothetisch sagen: Wenn es irgend welche höheren Mannigfaltigkeiten gäbe, für welche die Analogieen, von denen man ausgeht, verwirklicht wären, so würden auch die weiteren Sätze gelten, die daraus folgen. Dies reicht aber nicht hin, um die mehrdimensionale Geometrie auf die gewöhnliche Geometrie anzuwenden; da mufs man solche Mannigfaltigkeiten wirklich aufweisen, sich also entweder auf die arithmetischen Gebiete oder die linearen Systeme geometrischer Gebilde in unserem Raum stützen.

b) Man hat es abgelehnt, die Vorstellungsweisen und Methoden, welche heute die mehrdimensionale Geometrie ausmachen, überhaupt zu verwenden und es vorgezogen, jedesmal, wenn lineare Systeme geometrischer Gebilde auftreten, unmittelbar die ursprüngliche reale Bedeutung festzuhalten, welche derartige Untersuchungen haben können (Sturm, Vorrede z. III. Bd. der Liniengeom.). Dieser Standpunkt ist logisch korrekt, aber unzweckmäfsig. Denn man giebt so den Vorteil auf, ein und dasselbe Schema auf viele Untersuchungen anwenden zu können, die sonst in jedem Einzelfall durchgeführt werden müfsten. Auch ist der Vorwurf unzutreffend, die mehrdimensionale Geometrie ersetze „das Anschauliche durch das Nichtanschauliche“ (Sturm, a. a. O.). Vielmehr zeigt schon unser einfaches Beispiel, wie anschaulich man mit den Begriffen der mehrdimensionalen Geometrie umgehen kann; ja sogar durch schematische Zeichnungen wird man gefördert, ähnlich wie in der Theorie der imaginären Elemente.

c) Man hat die Methoden der mehrdimensionalen Geometrie auf eine der beiden Arten begründet, die schon am Schlufs von a) angeführt wurden. Ist dies ein für allemal geschehen, so ist damit nachträglich der Standpunkt a) legitimiert und man wird nun, um der Vorteile jener Methoden teilhaftig zu werden, nurmehr mit den abstrakten Begriffen der „Punkte, Geraden, ... eines vier- oder n-dimensionalen Raumes“ operieren. Diese Wörter sind durchaus nicht überflüssig, sondern dienen der Ökonomie des Denkens ebenso, wie die Ausdrücke in der Theorie der imaginären Elemente. Diesen Standpunkt c) haben auch wir eingenommen und suchten ihn in möglichst elementarer Weise auf dem hierzu vorzüglich geeigneten Boden der Liniengeometrie zu entwickeln.

Die Fähigkeit, die Methoden der mehrdimensionalen Geometrie zu gebrauchen, oder wie man mitunter sagt, „in n Dimensionen zu denken“ hat sich in den letzten Jahrzehnten unter den Mathematikern immer mehr verbreitet und ist heutzutage in den meisten Zweigen der Mathematik unentbehrlich geworden. Auch wir werden von nun an diese Methoden gelegentlich verwenden.

Man vergleiche über den Gegenstand dieses Paragraphen auch Killing, Grundl. d. Geom. I, Abschn. 3.

---

§ 81. Allgemeine Komplexzeiger und Linienzeiger; Kleinsche Linienzeiger; koreciproke Gewinde.

Wir haben bisher immer die Verhältnisse der in § 49 definierten sechs Zahlen, die wir jetzt $x_1, \ldots x_6$ nennen, als Komplexzeiger verwendet. Dabei drückte die Beziehung

37) $$\omega(x) = 2(x_1 x_4 + x_2 x_5 + x_3 x_6) = 0$$

aus, dafs der Komplex x ein spezieller ist, und dann konnten seine Zeiger auch als Zeiger seines Trägers betrachtet werden; die Beziehung

38) $$\omega(x, x') = \sum_1^6 x_k x'_{k+3} = 0$$

zeigte die Involution der Komplexe x und x' an. Nun können wir durch eine lineare Transformation

39) $$\varrho x_i = \sum_{k=1}^6 a_{ik} y_k \qquad (i = 1, \dots 6)$$

deren Determinante $|a_{ik}| = A$ wir von Null verschieden annehmen, die Verhältnisse der Wertesextupel x und y einander gegenseitig eindeutig zuordnen. Neben 39) stellt sich

40) $$\sigma y_k = \sum_{i=1}^6 A_{ik} x_i \qquad (k = 1, \dots 6)$$

wobei die A_{ik} die Unterdeterminanten von A oder ihnen proportional sind. Dann ist ein Komplex durch die Verhältnisse der sechs Zahlen y ebenso bestimmt, wie durch die x, gleichgültig, ob sich die Transformation 39) als Zeigeränderung deuten läfst (§ 40) oder nicht und gleichgültig, ob die a_{ik} reell oder komplex sind. Wir nennen die y allgemeine Komplexzeiger.

Setzt man in die Form $\omega(x)$ die Ausdrücke 39) ein, so erhält man eine quadratische Form $\Omega(y)$. Die Gleichung

41) $$\Omega(y) = 0$$

bedeutet, dafs die y nun Zeiger eines speziellen Komplexes, d. h. Linienzeiger sind; wir nennen sie allgemeine Linienzeiger. Analog geht 38) in eine andere bilineare Bedingung über:

$$\Omega(y, y') = 0.$$

Es ist identisch:

$$2\,\omega(x, x') = \sum_1^6 \frac{d\,\omega(x)}{d\,x_i} x'_i,$$

Man kann zeigen, dafs ebenso

42) $$2\,\Omega(y, y') = \sum_1^6 \frac{d\,\Omega(y)}{d\,y_i} y'_i.$$

Die Form auf der rechten Seite heifst **Polarform** der Form $\Omega(y)$. Entsprechen sich nämlich die Wertesysteme x und y, ebenso die Systeme x' und y', so entsprechen sich wegen der Linearität der Transformationsgleichungen auch die Systeme $x_i + \lambda x_i'$ und $y_i + \lambda y_i'$ für beliebige Werte λ, dafs also identisch

$$\omega(x + \lambda x') = \Omega(y + \lambda y'),$$

sobald man die x und x' vermöge 39) durch die y und y' ausdrückt. Wir entwickeln beiderseits nach der Taylorschen Reihe für sechs unabhängige Veränderliche:

$$\omega(x) + \lambda \Sigma \frac{d\,\omega(x)}{d\,x_i} x_i' + \lambda^2 \omega(x')$$

$$= \Omega(y) + \lambda \Sigma \frac{d\,\Omega(y)}{d\,y_i} y_i' + \lambda^2 \Omega(y').$$

Nun wissen wir schon, dafs vermöge 39) identisch

$$\omega(x) = \Omega(y), \quad \omega(x') = \Omega(y')$$

ist. Es müssen also auch die beiden Summen identisch ineinander übergehen, von denen die auf der linken Seite gleich $2\,\omega(x, x')$ ist, während wir dasjenige, in was diese Form übergeht, $2\,\Omega(y, y')$ genannt haben. Hiermit ist bewiesen (da die besondere Art der Form ω und die Zahl der Veränderlichen keine Rolle gespielt haben):

Satz 186: **Bei Transformation einer quadratischen Form durch eine lineare Substitution geht gleichzeitig die Polarform der ursprünglichen Form in die Polarform der neuen über.**

Wenn die x und die y Linienzeiger sind, bedeutete das Verschwinden eines x, dafs die Gerade eine Kante des Grundtetraeders schneidet ((§ 39, a)); also einem gewissen speziellen Komplex angehört; analog bedeutet jetzt $y = 0$, dafs die Gerade y dem linearen Komplex

$$\sum_{i=1}^{6} A_{ik}\, x_i = 0$$

angehört. An Stelle der sechs Tetraederkanten sind also sechs beliebige Komplexe, die „**Fundamentalkomplexe**" getreten.

Man kann nun die a so wählen, dafs die Form Ω eine besonders einfache Gestalt annimmt. Neben dem ursprünglichen Zeigersystem sind hierdurch die Kleinschen Zeiger (Math. Ann. Bd. II) ausgezeichnet,*) für sie ist (bis auf einen etwaigen konstanten Faktor):

43) $$\Omega(y) = \sum_{\lambda=1}^{6} y_\lambda^2.$$

Zu solchen Zeigern gelangt man z. B. sehr einfach (Koenigs, Géom. réglée, Art. 75), wenn man mit Rücksicht auf die Identität

$$2\,\omega(x) = (x_1 + x_4)^2 + (x_2 + x_5)^2 + (x_3 + x_6)^2 - (x_1 - x_4)^2 - (x_2 - x_5)^2 - (x_3 - x_6)^2$$

setzt:

40a) $$\begin{array}{ll} x_1 + x_4 = y_1 & x_1 - x_4 = i y_4 \\ x_2 + x_5 = y_2 & x_2 - x_5 = i y_5 \\ x_3 + x_6 = y_3 & x_3 - x_6 = i y_6; \end{array}$$

dementsprechend:

39a) $$x_1 = \frac{1}{2}(y_1 + i y_4), \qquad x_4 = \frac{1}{2}(y_1 - i y_4), \text{ u. s. w.}$$

Die Kleinschen Zeiger können natürlich nicht durch eine reelle Transformation erreicht werden; wohl aber können (wie hier) sämtliche Fundamentalkomplexe reell sein. Aus ihren Gleichungen

$$x_1 + x_4 = 0, \qquad x_1 - x_4 = 0$$

u. s. w.

sieht man, dafs keiner von ihnen speziell ist und je zwei involutorisch liegen. Diese beiden Eigenschaften gelten, wie wir jetzt zeigen wollen, auch für die allgemeinsten Kleinschen Zeiger z. Man erhält sie, wenn man auf die y eine

*) Auf mehr synthetischem Wege hat De Paolis (Atti della R. Acc. dei Linc. Ser. IV, Bd. I, 1885) Komplexzeiger auf Grund von sechs koreciproken Gewinden aufgestellt. Er nimmt einen „Einheitskomplex", analog dem Einheitspunkt des Grundtetraeders an und knüpft daran auch die analogen Konstruktionen. Mit Hilfe der Ausdehnungslehre hat die koreciproken Gewinde Müller (Monatsh. f. Math. u. Phys. II) behandelt.

beliebige orthogonale Substitution S anwendet, d. h. eine solche lineare Substitution, für welche identisch

$$\sum_1^6 y_\lambda^2 = \sum_1^6 z_\lambda^2$$

ist. 39) und S setzen sich zu einer linearen Transformation T zusammen. Auch ohne sie anzuschreiben, wissen wir, dafs $\omega(x, x')$ durch T in

44) $$\Omega(z, z') = \Sigma z_i z_i'$$

übergeht (Satz 186 und Gleichung 42)). Die Gleichungen der Fundamentalkomplexe sind jetzt:

45) $$z_\lambda = 0 \qquad (\lambda = 1, \ldots 6).$$

Die Gleichung eines linearen Komplexes

$$\Sigma A_\lambda x_\lambda = 0$$

geht durch T in eine Gleichung

$$\Sigma B_\lambda y_\lambda = 0$$

über, wobei sich die B ebenfalls linear durch eine Substitution T' aus den A zusammensetzen. Auch ohne T' auszurechnen, kann man behaupten, dafs

$$\Sigma A^2 = \Sigma B^2$$

und für je zwei Reihen von Koeffizienten:

$$\Sigma A_i A'_{i+3} = \Sigma B_i B'_i.$$

Denn für das ursprüngliche Zeigersystem x sind Koeffizienten und Zeiger je nach der Wahl der Bezeichnung entweder identisch oder werden es, wenn man die Indices mod 3 ändert. Ob ein Komplex speziell ist oder mit einem anderen involutorisch liegt, kann man also auch im System z an den Koeffizienten seiner Gleichung erkennen. Nun erkennt man an den Koeffizienten der Gleichungen 45):

Satz 187: Von den Fundamentalkomplexen eines Kleinschen Zeigersystems ist keiner speziell und je zwei liegen involutorisch.

Ball nennt zwei involutorische Gewinde (Schrauben) reciprok und mehrere Gewinde, von denen je zwei involutorisch liegen, koreciprok. Man kann sechs koreciproke Gewinde auf folgende Art erhalten: Das erste A wähle man beliebig, das zweite B im ergänzenden Gebiet (§ 78) A_4 von A beliebig, das dritte C im ergänzenden Gebiet B_3 des Büschels AB beliebig, u. s. w.; schliefslich ist das sechste eindeutig bestimmt.

Ein hervorragend einfaches System von sechs koreciproken Gewinden hat Ball (Theory of the Screws, Art. 41) angegeben: Aus dem Ausdruck für das Moment zweier Gewinde in § 52, Gleichung 55) entnehmen wir nämlich zunächst den

Satz 188: Wenn sich die Achsen zweier Gewinde senkrecht schneiden, oder wenn sie sich beliebig schneiden (parallel sind) und zugleich die Steigungen entgegengesetzt gleich sind, so liegen die Gewinde involutorisch.

Hieraus folgt unmittelbar Balls System von „kanonischen“ koreciproken Gewinden:

Satz 189: Macht man jede Achse eines rechtwinkligen Zeigersystems zur Achse zweier Gewinde mit entgegengesetzt gleichen Steigungen, so erhält man sechs koreciproke Gewinde.

Sechs koreciproke Gewinde bestimmen zu zweien 15 Strahlennetze, zu dreien 20 Regelscharen $\mathfrak{R}$; diese und die Brennlinien jener Netze stehen in mannigfachen Beziehungen zu einander. Für das Studium dieser Konfiguration müssen wir jedoch auf die schon genannte Abhandlung von Klein und auf Koenigs (a. a. O. Art. 78, ff.) verweisen. Ferner giebt jedes Strahlennetz zu einer gescharten Involution Anlafs (Satz 116), jede $\mathfrak{R}$ zu einem Polarsystem, deren es aber nur zehn giebt, weil je zwei $\mathfrak{R}$ zu einander Leitscharen sind (Satz 179). Mit Einrechnung der sechs Nullsysteme und der Identität haben wir also 16 Korrelationen und 16 Kollineationen. Es zeigt sich, dafs diese geometrischen Verwandtschaften eine Gruppe mit zahlreichen Untergruppen bilden (Sturm, Liniengeom. I, Art. 175, ff.).

Die Verhältnisse der y sind homogene Zeiger einer fünfdimensionalen Mannigfaltigkeit. Innerhalb dieser werden die Geraden durch die quadratische Gleichung

$$\Omega(y) = 0$$

ausgeschieden (auf deren spezielle Gestalt es nicht weiter ankommt), ähnlich wie im Punktraum durch eine quadratische Gleichung eine Fläche zweiter Ordnung ausgeschieden wird. Man kann also auch sagen, dafs die Liniengeometrie darauf hinauskomme (wenigstens die projektive), die Geometrie einer vierdimensionalen quadratischen Mannigfaltigkeit M im fünfdimensionalen Raume zu entwickeln (Klein, Math. Ann. V). Auch Segre hat diese Auffassung für die Liniengeometrie verwertet (Mem. dell' Acc. di Tor. Ser. II, Band 36). Nach ihr wird z. B. M von den Komplexbüscheln mit speziellen Trägern „berührt".

§ 82. Die Achsenmannigfaltigkeiten der linearen Komplexgebiete vierter und dritter Dimension.

Wenn wir nach § 74 jeden Komplex durch einen Stab darstellen, so werden die Achsen der Komplexe eines linearen Gebietes eine Stabmannigfaltigkeit bilden, welche das Komplexgebiet selbst vollkommen repräsentiert, wenn das Vorzeichen jedes Stabes bekannt ist. Wir haben von diesen Stabgebilden bisher nur die Stabfläche des Komplexbüschels genau diskutiert (§§ 74, 75). Unser nächster Gegenstand ist:

I) Der Stabwald $\mathfrak{S}$ des Komplexgewebes.

Er besteht aus den Stäben sämtlicher Komplexe C, die zu einem gegebenen C' reciprok sind (Satz 172), kann also nach § 52 durch die Gleichung

$$46)\qquad (\mathfrak{k} + \mathfrak{k}') \cos \omega - d \sin \omega = 0$$

dargestellt werden, wobei $\mathfrak{k}'$ konstant, $\mathfrak{k}$, d, ω veränderlich sind. Wenn nun α_i die Zeiger des Stabs von C, α'_i die des Stabs von C' sind, so können wir die entsprechende Stabgleichung unmittelbar aus § 52, Gleichung 53) entnehmen:

$$47)\qquad (\mathfrak{k} + \mathfrak{k}') \sum_1^3 \alpha_i \alpha'_i + \sum_1^6 \alpha_{i+3} \alpha'_i = 0 .$$

Dabei mufs, damit die Stäbe die gehörige Länge haben, nach Satz 48 sein:

$$48)\qquad \mathfrak{k} = \sqrt{\alpha_1^2 + \alpha_2^2 + \alpha_3^2}, \quad \mathfrak{k}' = \sqrt{\alpha_1'^2 + \alpha_2'^2 + \alpha_3'^2}$$

Schafft man in 47) das Wurzelzeichen über den veränderlichen Gröfsen weg, so kommt man auf eine Gleichung vierten Grades in den α_i.

Satz 190: Der Stabwald 𝔖 des Komplexgewebes ist vom vierten Grade.

Um ihn näher zu untersuchen, legen wir das Zeigersystem so, dafs der Stab α'_i in die Z-Achse fällt, also aufser α'_3 alle α' Null werden. Dann lautet die Gleichung von 𝔖:

49) $$(\mathfrak{k} + \mathfrak{k}')\,\alpha_3 + \alpha_6 = 0.$$

Wählen wir von 𝔖 diejenigen Stäbe aus, für welche $\mathfrak{k}$ einen bestimmten Wert hat, so sehen wir:

Satz 191: Der Stabwald 𝔖 läfst sich nach der Länge seiner Stäbe in ∞^1 Gewinde mit gemeinsamer Achse zerlegen.*)

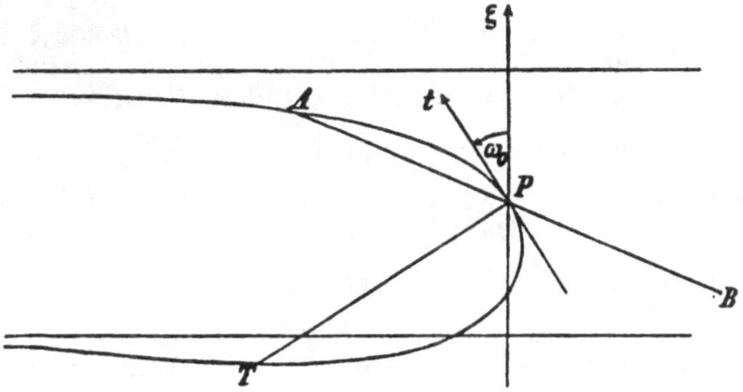

Fig. 79.

Diese Achse ist hier die Z-Achse; fällen wir auf sie aus einem Punkte P die Normale n mit dem Fufspunkt N, so folgt:

Satz 192: Die Fläche vierter Ordnung F_4, die dem Punkt P durch 𝔖 nach Satz 67 zugeordnet ist, läfst sich dadurch erzeugen, dafs ein Kreis mit veränderlichem Halbmesser r, dessen Mittelpunkt stets in P liegt, sich um n dreht.

*) Dieser Satz und die analogen für die anderen Achsenmannigfaltigkeiten finden sich (in anderer Form) bei D'Emilio, Gli Assoidi ... (Atti del Ist. Ven. (6), 3, b; 1885).

Die Abhängigkeit zwischen r und der Stellung der Kreisebene entnehmen wir aus 46):

$$51)\qquad \operatorname{tang}\omega = \frac{r + \mathfrak{k}'}{d}.$$

Dabei kann d (nach § 12, b) stets positiv gezählt werden; aber dann ist der Drehungssinn für

$$\omega = (\mathfrak{k}', \mathfrak{k})$$

durch NP als positive Halbnormale der Stellung $(\mathfrak{k}', \mathfrak{k})$ bestimmt. Da auch negative Werte $\mathfrak{k}$ Bedeutung haben, mufs r das ganze Intervall $-\infty \ldots +\infty$ durchlaufen. Eine anschauliche Vorstellung des „Pektenoides" F_4 erhalten wir, wenn wir durch P eine Ebene E' senkrecht zu PN legen und mit F_4 schneiden. Dann ist 51) oder

$$52)\qquad r = d \operatorname{tang}\omega - \mathfrak{k}'$$

die Polargleichung der Schnittkurve. Die Polarachse ζ ist parallel zur Z-Achse; die letztere liegt im Abstand d hinter der Zeichenebene E'. Aus dem Grenzwert, den

$\zeta = r \cos\omega = d \sin\omega - \mathfrak{k}' \cos\omega$ für $\omega = \pm\frac{\pi}{2}$ annimmt,

sieht man, dafs die Kurve die beiden Geraden $\zeta = \pm d$ zu Asymptoten hat. Die Figur ist für positives $\mathfrak{k}'$ gezeichnet (und zwar für $\mathfrak{k}' = \frac{2}{3}d$). Wenn T der Punkt ist, der am weitesten von der Asymptote absteht, so ist TP auf der Tangente t im Ursprung P senkrecht; t ist bestimmt durch $\operatorname{tang}\omega_0 = \mathfrak{k}' : d$. Die vollständige F_4 entsteht, wenn man für jeden Punkt A der Kurve $PB = AP$ macht und über AB als Durchmesser einen Kreis beschreibt, dessen Ebene auf der Zeichenebene E' senkrecht steht. Es genügt jedoch aus einem ähnlichen Grunde, wie beim Stabcylindroid (wo nur die Hälfte der charakteristischen Kurve zu nehmen war), ω nur das Intervall $0 \ldots \pi$ durchlaufen zu lassen, demnach nur den Halbkreis sich bewegen zu lassen, dessen Projektion die Strecke AP doppelt überdeckt. Dem Intervall

$\omega_0 < \omega < \frac{\pi}{2}$ entsprechen Stäbe mit positivem Vorzeichen,

also links gewundene Komplexe, den beiden anderen Intervallen rechts gewundene. Eine Abbildung des Pektenoids findet sich in Balls Theory of the Screws, Art. 236. Für $d = 0$ sieht man unmittelbar (vergl. Satz 188), dafs F_4 in eine Kugel und eine (doppelt zu zählende) Ebene zerfällt.

Eine mechanische Deutung erhält diese Untersuchung, wenn wir uns $\mathfrak{k}'$ als Bild einer Windung W vorstellen. Dann ist der Stabwald aller $\mathfrak{k}$ nach Satz 96 die Darstellung aller Dynamen, unter deren Einflufs ein Körper, der nur die Windung W auszuführen die Freiheit hat, im Gleichgewicht bleibt. Die Untersuchung gilt auch für $\mathfrak{k}' = 0$, d. h. wenn W sich auf eine reine Drehung reduziert. Dagegen müssen wir für $\mathfrak{k}' = \infty$ (W eine Translation) auf Gleichung 54 a) des § 52 zurückgehen. Setzen wir dort $k' = 0$, so erhalten wir $k \cos \omega = 0$ als Bedingung dafür, dafs eine Dyname (k, m) bei der Translation keine Arbeit leistet. $\mathfrak{S}$ besteht jetzt aus allen Stäben, welche zur Z-Achse senkrecht sind und aus allen unendlich fernen Stäben, d. h. Drehmomenten, ein Ergebnis, das mechanisch selbstverständlich ist.

Natürlich ist auch die duale Deutung möglich: Man kann unter $\mathfrak{k}'$ das Bild einer Dyname D verstehen; dann stellt der Stabwald alle Windungen dar, die ein Körper ausführen kann, ohne dafs D dabei Arbeit leistet. Insbesondere stellen die Stäbe t von der Länge Null, deren Richtung auf die Berührungsebene des Pektenoids beschränkt ist, die (schon Möbius bekannten) Drehungsachsen dar, für welche D das Gleichgewicht nicht stört.

II) Der Stabkomplex $\mathfrak{C}$ des Komplexgebüsches.

Ein Komplexgebüsch kann dadurch definiert werden, dafs es zu einem Komplexbüschel $\mathfrak{B}$ das ergänzende Gebiet ist. Indem wir die Bezeichnung „reziprok“ von den Komplexen und Schrauben auf die sie darstellenden Stäbe übertragen, können wir sagen: Wir haben alle Stäbe zu suchen, die zu den Stäben der Stabfläche $\mathfrak{F}$ von $\mathfrak{B}$ reciprok sind; es genügt hierzu, dafs sie zu zwei Stäben $\mathfrak{k}', \mathfrak{k}''$ von $\mathfrak{F}$ reciprok sind.

a) Für den Hauptfall, dafs $\mathfrak{F}$ ein eigentliches Cylindroid ist, nehmen wir die Stäbe der Hauptkomplexe als $\mathfrak{k}'$ und $\mathfrak{k}''$ und setzen wie in § 74 voraus, $\mathfrak{k}'$ liege in der X-, $\mathfrak{k}''$ in der Y-Achse. Wir umfassen damit aufserdem den Fall α) des Satzes 154 ($\mathfrak{k}' = \mathfrak{k}''$). Nennen wir $\mathfrak{k}$ den veränderlichen

Stab der zu $\mathfrak{k}'$ und $\mathfrak{k}''$ reciprok sein soll, so müssen seine Zeiger α_i die Gleichungen

53) $$(\mathfrak{k}+\mathfrak{k}')\,\alpha_1+\alpha_4=0, \qquad (\mathfrak{k}+\mathfrak{k}'')\,\alpha_2+\alpha_5=0$$

erfüllen, die aus 49) durch cyklische Vertauschung hervorgehen. Dabei ist wieder:

$$\mathfrak{k}=\sqrt{\alpha_1^2+\alpha_2^2+\alpha_3^2}.$$

Um den Trägerkomplex $\mathfrak{T}$ von $\mathfrak{C}$ zu finden, haben wir nach Satz 71 aus den Gleichungen

$$(t\,\mathfrak{k}+\mathfrak{k}')\,\alpha_1+\alpha_4=0, \qquad (t\,\mathfrak{k}+\mathfrak{k}'')\,\alpha_2+\alpha_5=0$$

das t zu eliminieren. Dies giebt als Gleichung von $\mathfrak{T}$:

54) $$(\mathfrak{k}'-\mathfrak{k}'')\,\alpha_1\,\alpha_2+\alpha_2\,\alpha_4-\alpha_1\,\alpha_5=0.$$

Satz 193: **Die Achsen der Komplexe eines Komplexgebüsches bilden einen quadratischen Komplex $\mathfrak{T}$.**

54) wird immer durch $\alpha_1=\alpha_2=0$ erfüllt; d. h. der Komplexkegel jedes Punktes enthält die Parallele p zum Hauptstrahl des Strahlennetzes von $\mathfrak{B}$ (zur Doppellinie des Cylindroids $\mathfrak{F}$). Die Gleichungen 53) stellen $\mathfrak{C}$ als Schnitt zweier Stabwälder dar; es folgt also aus Satz 191:

Satz 194: **$\mathfrak{C}$ läfst sich nach der (mit Vorzeichen behafteten) Länge seiner Stäbe in ∞^1 Strahlennetze zerfällen.**

Die Gleichungen eines solchen für die Länge $\mathfrak{k}=r$ sind:

55) $$(r+\mathfrak{k}')\,\alpha_1+\alpha_4=0, \qquad (r+\mathfrak{k}'')\,\alpha_2+\alpha_5=0.$$

Wir suchen den Stab des Netzes, der durch den Punkt $P'\equiv(x', y', z')$ geht. Bezeichnen wir mit λ, μ, ν seine Richtungskosinus, so ist

56) $$\alpha_1=x-x'=\pm\lambda r, \qquad \alpha_4=zy'-z'y=\pm r(\nu y'-z'\mu),$$

u. s. w.

Die Gleichungen 55) gehen über in

$$(r+\mathfrak{k}')\,\lambda-z'\,\mu+y'\,\nu=0$$
$$z'\,\lambda-(r+\mathfrak{k}'')\,\mu-x'\,\nu=0$$

somit:

$$57)\qquad \lambda:\mu:\nu$$
$$=[x'z'-y'(r+\mathfrak{k}'')]:[y'z'+x'(r+\mathfrak{k}')]:[(r+\mathfrak{k}')(r+\mathfrak{k}'')+z'^2].$$

Halten wir P' fest, so haben wir hiermit den Komplexkegel $\mathfrak{K}$ als Stabfläche dargestellt, indem wir nun die Richtung des Stabes als Funktion seiner Länge kennen. Für $r=\infty$ wird $\lambda:\nu=\mu:\nu=0$. Also ist p Asymtote der „charakteristischen Kurve", auf der die Endpunkte der Stäbe liegen; r hat das ganze Intervall $+\infty\ldots-\infty$ zu durchlaufen. Bei $r=0$ geht die Kurve durch die Kegelspitze, wobei die zugehörigen Schrauben den Sinn der Windung ändern.

Vermöge 56) wird aus 54):

$$58)\qquad (\lambda^2+\mu^2)z'-\lambda\mu(\mathfrak{k}'-\mathfrak{k}'')+\lambda\nu x'-\mu\nu y'=0.$$

Man kann dies als Gleichung der Schnittkurve $\mathfrak{U}$ von $\mathfrak{K}$ mit der unendlich fernen Ebene in den homogenen Zeigern $\lambda:\mu:\nu$ auffassen. Soll $\mathfrak{U}$ in zwei Gerade zerfallen, so mufs sein:

$$\begin{vmatrix} 2z' & (\mathfrak{k}''-\mathfrak{k}') & x' \\ (\mathfrak{k}''-\mathfrak{k}') & 2z' & -y' \\ x' & -y' & 0 \end{vmatrix}=0$$

oder

$$(x'^2+y'^2)z'=(\mathfrak{k}'-\mathfrak{k}'')x'y'.$$

Satz 195: **Die Komplexkegel von $\mathfrak{C}$ zerfallen in zwei Ebenen für die Punkte desjenigen Cylindroids, das zum reciproken Komplexbüschel gehört.**

Es hat keine Schwierigkeit, mit Hilfe von 56) und 57) die Zeiger x, y, z eines Punktes der charakteristischen Kurve als Funktion von r darzustellen.

Bei den analogen Untersuchungen der übrigen Fälle können wir uns kürzer fassen:

b) In den Fällen β) und γ) des Satzes 154 besteht $\mathfrak{F}$ aus lauter parallelen Stäben. Einen derselben $\mathfrak{k}'$ verlegen wir in die Z-Achse; ein anderer $\mathfrak{k}''$ soll die Y-Achse im Punkte $y=y_0$ schneiden. Dann sind die von Null verschiedenen Zeiger von $\mathfrak{k}''$:

$$a_3''=\mathfrak{k}'',\qquad a_4''=y_0\,\mathfrak{k}''$$

und die Gleichungen von $\mathfrak{C}$:

59) $(\mathfrak{k}+\mathfrak{k}')\,\alpha_3+\alpha_6=0, \qquad (\mathfrak{k}''-\mathfrak{k}')\,\alpha_3+y_0\,\alpha_1=0,$

die letztere zugleich die des Trägerkomplexes $\mathfrak{T}$, der hier linear und singulär mit unendlich ferner Achse ist.

c) Im Fall ε) des Satzes 154 verlegen wir b in die Z-Achse und erhalten:

$$(\mathfrak{k}+\mathfrak{k}')\,\alpha_3+\alpha_6=0, \qquad (\mathfrak{k}+\mathfrak{k}'')\,\alpha_3+\alpha_6=0.$$

Beide Gleichungen können nur durch $\alpha_3=\alpha_6=0$ erfüllt werden, was nach Satz 46 mechanisch selbstverständlich ist. Der Komplex $\mathfrak{C}$ besteht hier aus allen Stäben, die auf den Strahlen eines Normalennetzes liegen.

d) Ist endlich der Träger des Komplexbüschels $\mathfrak{B}$ singulär, so sind alle Komplexe singulär, und ihre Achsen bilden ein ebenes Büschel. Liegen sowohl dessen Ebene E als dessen Scheitel S im Endlichen, so kann man dies als Grenzfall des Falles a) auffassen, wenn man dort in den Ergebnissen $\mathfrak{k}'=\mathfrak{k}''=0$ werden läfst. Liegt E im Endlichen, aber nicht S, so lasse man im Falle b) $\mathfrak{k}'=\mathfrak{k}''=0$ werden. Liegen endlich sowohl S als E im Unendlichen, so kann man das Komplexbüschel durch alle Translationen versinnlichen, die auf einer bestimmten Richtung ϱ senkrecht stehen. Denn zu jeder Translation gehört ein singulärer Komplex mit unendlich ferner Achse. Man kann nun entweder unmittelbar die Dynamen suchen, welche bezüglich dieser Bewegungen keine Arbeit leisten oder aus der Diskussion des Falles $\mathfrak{k}'=\infty$ unter I) entnehmen, dafs $\mathfrak{S}$ aus allen Stäben besteht, die durch den unendlich fernen Punkt von ϱ gehen.

---

§ 83. Die Stabkongruenz $C_3^{(2)}$ des Komplexnetzes.

A) Die Stabfläche eines Komplexbüschels konnten wir im Hauptfall durch zwei sich senkrecht schneidende Stäbe $\mathfrak{k}$, $\mathfrak{k}'$ bestimmen (§ 74). Legen wir das Zeigersystem wie dort und fügen einen dritten Stab $\mathfrak{k}''$ in der Z-Achse hinzu, so definieren die drei sich senkrecht schneidenden Stäbe jedenfalls ein Komplexnetz $\mathfrak{N}$. Es fragt sich nur, ob dieses allgemein ist. Die Konstantenzählung würde es vermuten lassen;*) um es zu entscheiden, berechnen wir die Regelschar $\mathfrak{R}$ der singulären Komplexe in $\mathfrak{N}$, das durch die drei Komplexe

$$60)\quad p_4 + \mathfrak{k}' p_1 = 0, \qquad p_5 + \mathfrak{k}'' p_2 = 0, \qquad p_6 + \mathfrak{k}''' p_3 = 0$$

bestimmt ist. Um die Punktgleichung von $\mathfrak{R}$ für ein beliebiges Komplexnetz zu finden, haben wir auszudrücken, dafs ein Punkt $P \equiv (x, y, z)$ auf einer gemeinsamen Linie der drei definierenden Komplexe

$$61)\quad \Sigma a_i p_{i+3} = 0, \qquad \Sigma b_i p_{i+3} = 0, \qquad \Sigma c_i p_{i+3} = 0,$$

liegen soll. Die Bedingung für die Incidenz von P und p war durch die vier Gleichungen 40) in § 38 ausgedrückt, unter denen jedoch nur zwei unabhängige waren. Es müssen also für einen Punkt P von $\mathfrak{R}$ zwei von diesen Gleichungen, die drei Gleichungen 61) und

$$62)\qquad \omega(p) = \Sigma p_i p_{i+3} = 0$$

zusammen durch Werte p erfüllbar sein. Statt 62) können wir aber auch die beiden anderen der erwähnten Gleichungen 40) hinzunehmen. Denn die Verträglichkeit der Gleichungen 40) bringt von selbst die Erfüllung von 62) mit sich, weil in der Determinante von 40) der Faktor $\omega(p)$ enthalten ist. Also haben wir 7 lineare homogene Gleichungen in den p. Die 7 Determinanten sechster Ordnung aus der Matrix ihrer Koeffizienten müssen verschwinden. Von den Gleichungen, die wir so erhalten, sind die vier, welche die drei Reihen a, b, c enthalten, äquivalent, weil die Gleichungen 40) durch Änderung der Bezeichnung in einander übergeführt werden können, die anderen drei identisch erfüllt, weil sich sonst eine Bedingung dafür ergäbe, dafs ein Punkt auf einem gemeinsamen Strahl zweier Komplexe liegt. Es bleibt also eine einzige Bedingung für P übrig, die sich in unserem Falle (mit Weglassung der ersten Zeile der Matrix) auf

*) Ein Komplexnetz ist als Ebene eines fünfdimensionalen Raumes von $3 \cdot 5 - 3 \cdot 2 = 9$ Konstanten abhängig; ebensoviel schliefst die Wahl dreier Stäbe in sich, die ein rechtwinkliges Dreikant bilden.

$$63)\qquad \begin{vmatrix} & -x_4 & x_3 & -x_1 & & \\ x_4 & & -x_2 & & -x_1 & \\ -x_3 & x_2 & & & & -x_1 \\ \mathfrak{f}' & & & 1 & & \\ & \mathfrak{f}'' & & & 1 & \\ & & \mathfrak{f}''' & & & 1 \end{vmatrix} = 0$$

reduziert. Durch Entwickelung nach den drei letzten Zeilen erhält man:

$$63\,a)\qquad \mathfrak{f}'\mathfrak{f}''\mathfrak{f}''' + \mathfrak{f}'x_2^2 + \mathfrak{f}''x_3^2 + \mathfrak{f}'''x_4^2 = 0.$$

Die bisherige Rechnung gilt für ein beliebiges Zeigersystem; für unser rechtwinkliges sind x_1, x_2, x_3, x_4 durch 1, x, y, z zu ersetzen (§ 31). Also ist die Gleichung von $\mathfrak{N}$:

$$64)\qquad \frac{x^2}{\mathfrak{f}''\mathfrak{f}'''} + \frac{y^2}{\mathfrak{f}'''\mathfrak{f}'} + \frac{z^2}{\mathfrak{f}'\mathfrak{f}''} + 1 = 0.$$

Dies ist eine imaginäre Fläche oder ein Hyperboloid, je nachdem α) alle drei Gröſsen $\mathfrak{f}$ gleichbezeichnet sind β) oder nicht.

Satz 196: **Wenn die singuläre Fläche F_2 eines Komplexnetzes $\mathfrak{N}$ eine eigentliche Mittelpunktsfläche zweiten Grades ist, so läſst sich $\mathfrak{N}$ durch drei Komplexe definieren, deren Achsen in die Hauptachsen von F_2 fallen.**

Wir haben also mit unserer Annahme in der That den Hauptfall, die „**allgemeinen**“ Komplexnetze, getroffen. Ändern wir bei allen drei $\mathfrak{f}$ das Vorzeichen, so erhalten wir nach Satz 189 das ergänzende Gebiet von $\mathfrak{N}$, von dem wir schon wissen (Satz 179), daſs es dieselbe singuläre Fläche besitzt, was sich hier bestätigt. Aus den Zeigern

$$\begin{array}{llllll} a_1 = 1 & & & a_4 = \mathfrak{f}' & & \\ & b_2 = 1 & & & b_5 = \mathfrak{f}'' & \\ & & c_3 = 1 & & & c_6 = \mathfrak{f}''' \end{array}$$

der drei „Hauptkomplexe“ des Netzes setzen wir die eines beliebigen vierten Komplexes d_i nach der Formel

$$d_i = \lambda a_i + \mu b_i + \nu c_i \qquad (i = 1, \dots 6)$$

zusammen:

$$65)\qquad \begin{matrix} d_1 = \lambda & d_2 = \mu & d_3 = \nu \\ d_4 = \lambda \mathfrak{k}' & d_5 = \mu \mathfrak{k}'' & d_6 = \nu \mathfrak{k}''' \end{matrix}$$

und berechnen nach Satz 88 die Steigung $\mathfrak{k}$ von d und die Linienzeiger $\mathfrak{a}_i$ seiner Achse. Dabei können wir $\lambda^2 + \mu^2 + \nu^2 = 1$ voraussetzen, d. h. diese Gröfsen als Richtungscosinus der Achse deuten.

$$66)\qquad \mathfrak{k} = \Sigma d_i d_{i+3} = \lambda^2 \mathfrak{k}' + \mu^2 \mathfrak{k}'' + \nu^2 \mathfrak{k}'''.$$

$$67)\qquad \begin{cases} \mathfrak{a}_1 = \lambda & \mathfrak{a}_2 = \mu & \mathfrak{a}_3 = \nu \\ \mathfrak{a}_4 = \lambda(\mathfrak{k}' - \mathfrak{k}) & \mathfrak{a}_5 = \mu(\mathfrak{k}'' - \mathfrak{k}) & \mathfrak{a}_6 = \nu(\mathfrak{k}''' - \mathfrak{k}). \end{cases}$$

Die Gleichungen 67) stellen einen Einheitsstab auf der Komplexachse vor, während 66) die Länge des darstellenden Stabes von d angiebt. 67) stellt also die Achsenkongruenz C von $\mathfrak{N}$ ohne Rücksicht auf die Steigungen der Komplexe d. h. als Liniengebilde dar, dagegen 67) und 66) zusammen als Stabkongruenz. Drücken wir aus, dafs der Stab 67) mit dem Punkt (x, y, z) incidiert, so erhalten wir aus den Gleichungen 40) des § 38, wenn wir zur Abkürzung

$$\mathfrak{k}' - \mathfrak{k} = \delta', \text{ u. s. w.}$$

setzen

$$68)\qquad \lambda\delta' x + \mu\delta'' y + \nu\delta''' z = 0.$$

$$69)\qquad \begin{cases} \lambda\delta' + \mu z - \nu y = 0 \\ -\lambda z + \mu\delta'' + \nu x = 0 \\ \lambda y - \mu x + \nu\delta''' = 0. \end{cases}$$

Aus 69) folgt

$$70)\qquad \begin{vmatrix} \mathfrak{k}' - \mathfrak{k} & z & -y \\ -z & \mathfrak{k}'' - \mathfrak{k} & x \\ y & -x & \mathfrak{k}''' - \mathfrak{k} \end{vmatrix} = 0$$

zur Bestimmung von $\mathfrak{k}$, worauf jeder Wurzel eindeutig eine Richtung $\lambda : \mu : \nu$ zugeordnet ist. Drücken wir aber aus, dafs der Stab 67) mit der Ebene (u, v, w) incidiert, so folgt aus den Gleichungen 39) des § 38 analog:

$$\text{70 a)}\qquad \begin{vmatrix} 1 & \delta'' w & -\delta''' v \\ -\delta' w & 1 & \delta''' u \\ \delta' v & -\delta'' u & 1 \end{vmatrix} = 0.$$

Diese Gleichung ist in $\mathfrak{k}$ nur vom zweiten Grad: also:

Satz 197: **Die Achsenkongruenz eines allgemeinen Komplexnetzes ist von der dritten Ordnung und zweiten Klasse.**

Für die unendlich fernen Punkte ist jedoch immer nur einer der durchgehenden Strahlen reell, weil durch 67) die Zeiger eindeutig als Funktionen der Richtung gegeben sind. Aus 67) leiten wir drei Gleichungen ab, die für ein konstantes $\mathfrak{k}$ linear sind:

$$\text{71)}\qquad \mathfrak{a}_4 = \mathfrak{a}_1 \delta', \quad \mathfrak{a}_5 = \mathfrak{a}_2 \delta'', \quad \mathfrak{a}_6 = \mathfrak{a}_3 \delta'''.$$

Aber das Schnittgebilde dreier linearer Komplexe ist eine Regelschar, also:

Satz 198: **Die Achsenkongruenz eines allgemeinen Komplexnetzes läfst sich nach der Länge ihrer Stäbe in ∞^1 Regelscharen zerfällen.**

Die Gleichungen dieser Regelscharen können wir ebenso, wie vorher die Gleichungen von F_2, finden. Aber wir sehen aus dem Anblick der Formeln, dafs wir nur im Ergebnis $\mathfrak{k} - \mathfrak{k}'$ u. s. w. an Stelle von $\mathfrak{k}'$ u. s. w. zu setzen brauchen. Also ist

$$\text{72)}\qquad \frac{x^2}{(\mathfrak{k}-\mathfrak{k}'')(\mathfrak{k}-\mathfrak{k}''')} + \frac{y^2}{(\mathfrak{k}-\mathfrak{k}''')(\mathfrak{k}-\mathfrak{k}')} + \frac{z^2}{(\mathfrak{k}-\mathfrak{k}')(\mathfrak{k}-\mathfrak{k}'')} + 1 = 0$$

die Gleichung dieser Regelflächen (natürlich ist F_2 selbst darunter für $\mathfrak{k} = 0$ enthalten). Sie stellt für alle Werte $\mathfrak{k}$ ein System koaxialer Flächen dar, das neben imaginären Flächen in der That nur Hyperboloide enthält. Wir trennen die Fälle:

α) Z. B. seien alle drei Hauptstäbe positiv. Wir können immer voraussetzen, der von mittlerer Länge liege auf der

Y-Achse, müssen aber dann, um das Zeigersystem als solches erster Art zu wahren, zwei Fälle zulassen:

$$\mathfrak{k}' < \mathfrak{k}'' < \mathfrak{k}''' \quad \text{oder} \quad \mathfrak{k}' > \mathfrak{k}'' > \mathfrak{k}'''.$$

Es genügt, einen, etwa den ersten, zu diskutieren: Wir erhalten reelle Flächen für die Intervalle $\mathfrak{k}' < \mathfrak{k} < \mathfrak{k}''$ und $\mathfrak{k}'' < \mathfrak{k} < \mathfrak{k}'''$ und setzen im ersten Intervall:

$$\begin{aligned}
&(\mathfrak{k} - \mathfrak{k}'')(\mathfrak{k} - \mathfrak{k}''') = a^2 \\
73) \qquad &(\mathfrak{k} - \mathfrak{k}''')(\mathfrak{k} - \mathfrak{k}') = -b^2 \\
&(\mathfrak{k} - \mathfrak{k}')(\mathfrak{k} - \mathfrak{k}'') = -c^2
\end{aligned}$$

Dann sind ai, b, c der Reihe nach die drei Hauptachsen des Hyperboloides H. Lassen wir $\mathfrak{k}$ gegen $\mathfrak{k}'$ abnehmen, so umschliefst H immer enger die X-Achse; lassen wir es aber gegen $\mathfrak{k}''$ wachsen, so nähert sich der Asymptotenkegel von H der YZ-Ebene, während gleichzeitig die Kehlellipse in dieser Ebene sich einer bestimmten endlichen Strecke auf der Y-Achse nähert. Läfst man $\mathfrak{k}'$ das Intervall $\mathfrak{k}''' \ldots \mathfrak{k}''$ abnehmend durchlaufen, so beginnt dieser zweite Teil der Schar von Hyperboloiden mit solchen, welche die Z-Achse eng umschliefsen und schliefst mit solchen, deren Kehlellipsen derselben Strecke wie früher, aber diesmal in der XY-Ebene sich nähern. Danach kann man sich eine anschauliche Vorstellung über die Verteilung der Stäbe in dieser Kongruenz bilden.

Im Falle β) ändert sich an der vorstehenden Diskussion gar nichts, nur dafs eins der Hyperboloide zur singulären Fläche F_2 wird. Übrigens sieht man aus 72), dafs wenn man alle drei Gröfsen $\mathfrak{k}'$, $\mathfrak{k}''$, $\mathfrak{k}'''$ um denselben Betrag ändert, die Flächenschar dieselbe bleibt; nur verschiebt sich die singuläre Fläche innerhalb der Schar, und überhaupt sind die einzelnen Flächen den Werten $\mathfrak{k}$ anders zugeordnet. Ein analoger Umstand trat schon beim Cylindroid auf und gilt für die Achsenmannigfaltigkeit eines linearen Komplexgebietes beliebiger Dimension. Denn da in der Bedingung für die Reciprocität zweier Komplexe

$$(\mathfrak{k} + \mathfrak{k}') \cos \omega - d \sin \omega = 0$$

nur die Summe der Steigungen auftritt, so folgt (Ball): Wenn man die Steigungen aller Komplexe eines linearen

Gebietes um den gleichen Betrag (mit Beibehaltung der Achsen) vermehrt und gleichzeitig die Steigungen aller Komplexe des ergänzenden Gebietes um denselben Betrag vermindert, so ist nach wie vor jeder Komplex des einen Gebietes zu jedem des anderen reciprok. Aber auch die Gebiete müssen, weil sie ihre Dimension beibehalten haben, linear geblieben sein (vergl. Satz 175).

Satz 199: Jede Achsenmannigfaltigkeit eines linearen Komplexgebietes gehört noch zu ∞^1 anderen Gebieten derselben Dimension. Die zugehörigen Stabgebilde gehen aus einem derselben hervor, indem man die Längen aller Stäbe um gleichviel ändert.

Wenn $\mathfrak{f}' = \mathfrak{f}''$ ist, bleibt nur der zweite Teil der Schar H übrig, die jetzt aus Umdrehungshyperboloiden besteht. Besonders bemerkenswert ist der Fall $\mathfrak{f}' = \mathfrak{f}'' = \mathfrak{f}'''$. Hier folgt aus 66), dafs alle Stäbe gleich lang sind und aus 67), dafs sie durch den Ursprung gehen. In der That kann man dies auch synthetisch folgern: Denn $\mathfrak{f}', \mathfrak{f}''$ bestimmen nach Satz 154, α) ein Büschel von Stäben konstanter Länge. Verbinden wir einen veränderlichen Stab desselben mit $\mathfrak{f}'''$, so erhalten wir ∞^1 solche Büschel, welche die Kongruenz ausmachen.

Satz 200: Zu den Komplexnetzen gehört auch die Gesamtheit der Komplexe konstanter Steigung, deren Achsen sich im selben Punkte schneiden oder in derselben Ebene liegen.

Der letzte Teil des Satzes erhellt nämlich durch eine ganz analoge Konstruktion. Die ergänzenden Netze bestehen in diesen Fällen aus allen Komplexen entgegengesetzter Steigung mit denselben Achsen.

Wir kehren zum allgemeinen Fall zurück und richten unser Augenmerk auf den Fall, wo $\mathfrak{f}$ gleich einem der Hauptstäbe wird, z. B. $\mathfrak{f} = \mathfrak{f}'$. Die Gleichungen 71) werden hier:

$$\mathfrak{a}_4 = 0, \quad \mathfrak{a}_5 = \mathfrak{a}_2 (\mathfrak{f}'' - \mathfrak{f}'), \quad \mathfrak{a}_6 = \mathfrak{a}_3 (\mathfrak{f}''' - \mathfrak{f}').$$

Die letzten beiden Gleichungen definieren ein Strahlennetz; von ihm sind jene Strahlen herauszusuchen, welche die X-Achse schneiden, die aber selbst zu den Strahlen des Netzes gehört. Die Regelfläche zerfällt also hier in zwei (reelle oder imaginäre) Strahlbüschel, wie wir das schon öfter antrafen.

Die Gleichungen ihrer Ebenen erhält man aus 72), wenn man zuerst von den Nennern befreit und dann $\mathfrak{f}$ spezialisiert, z. B. für $\mathfrak{f} = \mathfrak{f}''$

$$\frac{z}{x} = \sqrt{\frac{\mathfrak{f}'' - \mathfrak{f}'}{\mathfrak{f}''' - \mathfrak{f}''}}.$$

Man sieht: Von den drei unter den Regelscharen vorkommenden Strahlbüschelpaaren sind zwei imaginär, eins reell. Die Entfernungen der Scheitel vom Ursprung sind gleich den Grenzwerten, welche die auf derselben Zeigerachse gelegenen Hauptachsen der Regelflächen annehmen, also z. B. für $\mathfrak{f} = \mathfrak{f}''$:

$$e_2 = \sqrt{(\mathfrak{f}''' - \mathfrak{f}'')(\mathfrak{f}'' - \mathfrak{f}')}.$$

Wir bestätigen dies, indem wir aus 69) und 70) alle Strahlen der Kongruenz suchen, welche durch den Punkt $0, e_2, 0$ gehen. 70) ergiebt hier:

$$\delta''(\delta'\delta''' + e_2^2) = 0.$$

Für $\delta'' = 0$ oder $\mathfrak{f} = \mathfrak{f}''$ wird in der That μ unbestimmt und $\nu : \lambda$ reell. Wir bekommen das uns schon bekannte Strahlbüschel. Die Gleichung

$$(\mathfrak{f}' - \mathfrak{f})(\mathfrak{f}''' - \mathfrak{f}) + e_2^2 = 0$$

hat nochmals die Wurzel $\mathfrak{f} = \mathfrak{f}''$, aber aufserdem:

$$\mathfrak{f} = \mathfrak{f}' - \mathfrak{f}'' + \mathfrak{f}''',$$

wofür $\mu = 0$ und $\nu : \lambda$ reell wird. Durch die Scheitel der Büschel geht also noch ein im Büschel nicht enthaltener Strahl der Kongruenz. Also:

Satz 201: **Die allgemeine Achsenkongruenz $C_3^{(2)}$ kann auch bestimmt werden durch ein Büschel von singulären Komplexen und ein Gewinde, dessen Achse durch den Scheitel des Büschels geht.**

Wenn nun unter den drei Hauptkomplexen des Netzes ein singulärer ist (z. B. $\mathfrak{f}' = 0$), so zeigt die Achsenkongruenz und die Schar H an und für sich gar keine Besonderheit

(Satz 199); nur rückt die Fläche F_2 der Achsen der singulären Komplexe in eine zerfallende Fläche der Schar H ein (deren i. A. drei in der Schar vorkommen), und wir haben den Fall A, b) des § 79 vor uns.

Für $\mathfrak{k}' = \mathfrak{k}''$ zerfällt H in zwei Strahlbüschel nur, wenn $\mathfrak{k} = \mathfrak{k}'''$ ist. Dagegen erkennt man ebenfalls aus 71), dafs es sich für $\mathfrak{k} = \mathfrak{k}' = \mathfrak{k}''$ auf ein Strahlbüschel in der XY-Ebene reduziert, und es liegt der Fall $A\,c$) des § 79 vor. Endlich haben wir für $\mathfrak{k}' = \mathfrak{k}'' = \mathfrak{k}''' = 0$ einen Fall A, d) des § 79.

Wir haben also nur noch die Fälle zu untersuchen, wo die Grundregelschar des Netzes (oder ihre Ausartungen) gegen die unendlich ferne Ebene ein besonderes Verhalten zeigen, betrachten aber vorher die Beziehung der beiden Kongruenzen C, C' zu einander, die durch ein Komplexnetz $\mathfrak{N}$ und das ergänzende $\mathfrak{N}'$ definiert sind. Die analytische Darstellung von C' geht aus der von C hervor, wenn man in den Formeln gleichzeitig die Vorzeichen von $\mathfrak{k}', \mathfrak{k}'', \mathfrak{k}'''$ ändert. Die Flächenschar 72) ändert sich dadurch nicht; vielmehr gehört in jeder Fläche der Schar die eine Regelschar zu C, die andere zu C', wie durch Satz 188 bestätigt wird. Schneidet eine Gerade g zwei Strahlen t_1, t_2 von C senkrecht, so gehört sie zu C'; denn man lege durch einen willkürlichen Punkt P von g einen Strahl t von C. Er ist Achse eines Gewindes G von $\mathfrak{N}$, dessen Steigung $\mathfrak{k}$ sei. Läfst man nun g Achse eines Gewindes G' mit der Steigung $-\mathfrak{k}$ sein, so ist nach Satz 188 G' sowohl zu G reciprok, als auch zu den zwei Gewinden von $\mathfrak{N}$, deren Achsen auf t_1, t_2 liegen. Also gehört G' zu $\mathfrak{N}'$.

Satz 202: Von den Achsenkongruenzen, die zu zwei einander ergänzenden allgemeinen Komplexnetzen gehören, ist jede das System der kürzesten Transversalen zwischen je zwei Strahlen der anderen.

Fafst man aus der Schar 72) ein Hyperboloid und auf demselben die Regelschar R von C heraus, so definiert dieselbe schon ∞^2 kürzeste Transversalen, die demnach C' angehören. Schneidet umgekehrt ein Strahl s' von C' zwei Strahlen t_1, t_2 von R reell, so mufs dies nach Satz 188 senkrecht geschehen; denn die zu s' und t_1 gehörigen Steigungen können nicht entgegengesetzt gleich sein, weil s' und t_1 auf verschiedenen Flächen der Schar liegen. Also:

Satz 203: Das System der ∞^2 kürzesten Abstände*) zwischen je zwei Strahlen einer Regelschar zweiter Ordnung ist abgesehen von Realitätsfragen mit der Achsenkongruenz eines Komplexnetzes identisch.

B) Wir wenden uns zu den Fällen, wo in der Achsenkongruenz eines Komplexnetzes N keine drei sich gegenseitig senkrecht schneidenden Strahlen vorkommen, das sind eben die Fälle, auf die wir bisher noch nicht gestofsen sind (vergl. § 79):

a) Wenn die Grundregelschar R von N auf einem hyperbolischen Paraboloid P liegt.

b) Wenn N nach Art des Satzes 180 erhalten werden kann, und zwar so, dafs α) einer oder β) beide Scheitel, der Strahlbüschel, in welche R zerfällt, unendlich fern liegen; in letzterem Fall kann γ) eins der Büschel selbst unendlich fern liegen.

c) Wenn N nach Art des Satzes 181 so entsteht, dafs der Scheitel S des Büschels singulärer Komplexe unendlich fern ist.

d) Wenn die Achsen der Komplexe von N α) ein Bündel mit unendlich fernem Scheitel oder β) das unendlich ferne Feld erfüllen (der Fall des Feldes im Endlichen ist durch Satz 200 erledigt).

a) Wir haben unter A) gesehen, dafs dort unter den Flächen H zerfallende auftraten, die zum Ausgangspunkt der Untersuchung hätten dienen können, was aber dort keinen Vorteil geboten hätte. Ebenso ist hier zu erwarten, dafs die Fälle a) und b, α) identisch sind, weshalb wir zuerst b, α) untersuchen. Nur den Fall, dafs P gleichseitig ist, nehmen wir seiner Besonderheit wegen voraus:

Die X- und die Y-Achse eines rechtwinkligen Systems seien die Haupterzeugenden von P, und zwar letztere diejenige, welche in R enthalten ist. Dann ist die Leitschar L von R der Ort der Achsen der singulären Komplexe von

---

*) Von diesem Ausgangspunkt hat Waelsch (Über eine Strahlenkongruenz beim Hyperboloid, Wiener Sitzgsber. Bd. 95, II; 1887) diese Kongruenz untersucht, zu deren Definition jede Fläche der Schar H, auch eine in zwei Strahlbüschel zerfallende, tauglich ist. S. auch Demoulin, Applic. d' une méth. vect. etc. Bruxelles 1894.

N und kann durch die X-Achse, die unendlich ferne Gerade u der YZ-Ebene und eine Gerade l definiert werden, welche die Y-Achse senkrecht schneidet und mit den anderen Achsen gleiche Winkel bildet. Als von Null verschiedene Zeiger a_i, b_i, c_i dieser drei Geraden können wir der Reihe nach annehmen:

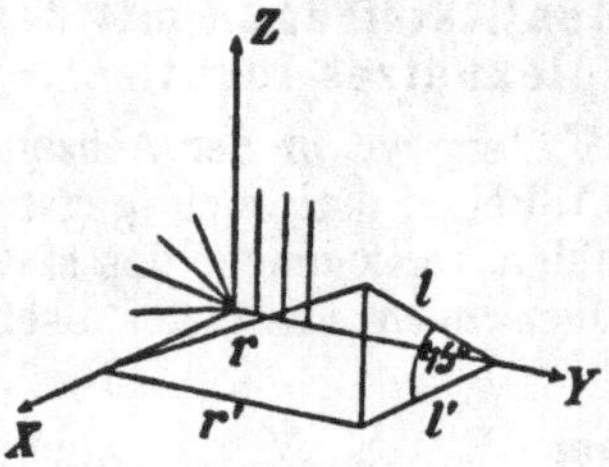

Fig. 80.

$$a_1 = 1 \qquad b_4 = 1$$
$$c_1 = c_3 = 1 \qquad c_4 = -c_6 = 1$$

Die drei singulären Komplexe a, b, c definieren N vollkommen, ebenso aber auch die drei Komplexe a_i, b_i, $c_i - b_i - a_i$; d. h. wir brauchen von der letzten Zeile nur beizubehalten:

$$c_3 = 1 \qquad c_6 = -1$$

und setzen nun die Zeiger eines beliebigen Komplexes von N nach der Formel $d_i = \lambda a_i + \mu b_i + \nu c_i$ zusammen:

$$\text{74)} \quad \begin{array}{lll} d_1 = \lambda & d_2 = 0 & d_3 = \nu \\ d_4 = \mu & d_5 = 0 & d_6 = -\nu \end{array}$$

Die Achse von d ist nach Satz 88 bestimmt durch:

$$\text{75)} \qquad \mathfrak{f} = \frac{\lambda\mu - \nu^2}{\lambda^2 + \nu^2}.$$

$$\text{76)} \quad \begin{array}{lll} \mathfrak{a}_1 = \lambda & \mathfrak{a}_2 = 0, & \mathfrak{a}_3 = \nu \\ \mathfrak{a}_4 = \mu - \lambda\mathfrak{f}, & \mathfrak{a}_5 = 0, & \mathfrak{a}_6 = -\nu(1 + \mathfrak{f}). \end{array}$$

Die Achsen genügen also stets den drei Gleichungen

$$\text{77)} \qquad \mathfrak{a}_2 = 0, \quad \mathfrak{a}_5 = 0, \quad \mathfrak{a}_6 + \mathfrak{a}_3(1 + \mathfrak{f}) = 0$$

von denen die ersten zwei das Normalennetz Σ der Y-Achse definieren; die dritte stellt für konstantes $\mathfrak{f}$ ein Gewinde dar, dessen Achse in die Z-Achse fällt, das also aus Σ eine Regelschar eines gleichseitigen Paraboloides heraushebt.

Satz 204: **Die Achsenkongruenz eines Komplexnetzes, dessen Grundregelschar R auf einem gleichseitigen Paraboloid P liegt, besteht aus dem**

Normalennetz der Hauptererzeugenden von R. Die Kongruenz zerlegt sich nach der Länge ihrer Stäbe in ∞^1 Regelscharen gleichseitiger Paraboloide, die alle mit P die Haupterzeugenden gemein haben.

Eine dieser Regelscharen $\mathfrak{k} = -1$ zerfällt in zwei Strahlenbüschel, wovon das eine unendlich fernen Scheitel hat (Fig. 80).

b, α). Zwei Strahlbüschel mit gemeinsamem Strahl seien durch drei Gerade a, b, c definiert, von denen sich a, c schneiden, ebenso b, c, nicht aber a, b. E, E' seien die Ebenen der Büschel und b unendlich fern (Fig. 81). Wir verlegen den Ursprung eines rechtwinkligen Systems in den Scheitel des Büschels (a, c), die Z-Achse nach c, die X- und die Y-Achse in die Halbierungsebenen der beiden Keile (E, E'). Wenn wir schliefslich $a \perp c$ voraussetzen, können wir als die von Null verschiedenen Zeiger von a, b, c annehmen:

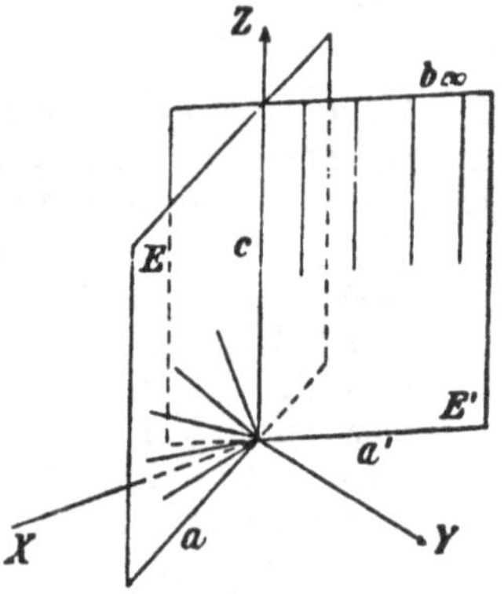

Fig. 81.

$$a_1 = 1 \quad a_2 = m$$
$$b_4 = m, \quad b_5 = 1$$
$$c_3 = 1.$$

Wir können den Fall $m = 1$, wo $E \perp E'$, als soeben erledigt beiseite lassen und $m < 1$ voraussetzen, was darauf hinauskommt, die X-Achse in den spitzen Keil zu verlegen. a, b, c definieren als Achsen singulärer Komplexe ein Komplexnetz N; ein beliebiger Komplex von N hat die Zeiger:

$$78)\qquad \begin{array}{lll} d_1 = \lambda & d_2 = \lambda m & d_3 = \nu \\ d_4 = \mu m & d_5 = \mu & d_6 = 0 \end{array}$$

und die Achse (Satz 88):

$$79)\qquad \begin{cases} \mathfrak{a}_1 = \lambda & \mathfrak{a}_2 = \lambda m & \mathfrak{a}_3 = \nu \\ \mathfrak{a}_4 = \mu m - \lambda \mathfrak{k}, & \mathfrak{a}_5 = \mu - \lambda m \mathfrak{k}, & \mathfrak{a}_6 = -\nu \mathfrak{k}, \end{cases}$$

wobei

80) $$\mathfrak{k} = \frac{2\lambda\mu m}{\lambda^2(1+m^2)+\nu^2}.$$

Die $\mathfrak{a}$ genügen den Gleichungen:

81) $$m\mathfrak{a}_1 - \mathfrak{a}_2 = 0,\ \mathfrak{k}\mathfrak{a}_3 + \mathfrak{a}_6 = 0,\ \mathfrak{k}(1-m^2)\mathfrak{a}_1 + \mathfrak{a}_4 - m\mathfrak{a}_5 = 0,$$

die für ein konstantes $\mathfrak{k}$ eine Regelschar als Schnitt dreier Komplexe darstellen. Ihre Gleichung in Punktzeigern erhält man durch eine ähnliche Rechnung wie unter A) als:

82) $$y^2 - m^2x^2 - 2m\mathfrak{k}z + \mathfrak{k}^2(1-m^2) = 0.$$

Für $\mathfrak{k} = 0$ erhalten wir das Ebenenpaar, von dem wir ausgingen, aber für alle anderen Werte $\mathfrak{k}$ Paraboloide mit gemeinsamen Hauptebenen E, E'; sie haben alle dieselbe Form; ihre Gröfse ist proportional $\sqrt{\mathfrak{k}}$. Hiermit haben wir eine anschauliche Vorstellung von der Verteilung der Stäbe im Raum. Die Gleichung 82) ist nur insofern noch speziell, als die Stäbe $\mathfrak{k} = 0$ in die zerfallende Fläche fallen. Wir brauchen nur $\mathfrak{k} - \mathfrak{k}'$ statt $\mathfrak{k}$ zu schreiben (Satz 199), damit die Achsen der singulären Komplexe in eine allgemeine Fläche der Schar rücken:

83) $$\frac{y^2 - m^2x^2}{(\mathfrak{k}-\mathfrak{k}')^2} - \frac{2mz}{\mathfrak{k}-\mathfrak{k}'} + 1 - m^2 = 0.$$

Da die auftretenden Paraboloide allgemein sind, und durch jedes von ihnen die ganze Schar bestimmt ist, so sehen wir nachträglich, dafs hiermit auch der Fall a) erledigt ist. Es hat keine Schwierigkeit, die den Gleichungen 70) und 70a) hier entsprechenden aufzuschreiben und daraus zu ersehen, dafs die Achsenkongruenz jetzt von der zweiten Ordnung und Klasse ist. Nimmt man von allen Paraboloiden diejenige Regelschar, die zu einer bestimmten Hauptebene E parallel ist, so sind alle kürzesten Transversalen je zweier Strahlen auf E senkrecht; es hat sich also in der That von der allgemeinen $C_3^{(2)}$ des Falles A) ein Strahlenbündel mit unendlich fernem Scheitel abgesondert.

Satz 205: Liegt die Grundregelschar eines Komplexnetzes auf einem schiefen Paraboloid P, so ist die Achsenkongruenz von der zweiten Ordnung und Klasse und zerlegt sich nach der Länge der Stäbe in ∞^1 Regelscharen (darunter eine zerfallende) auf Paraboloiden, die mit P die Hauptebenen (aber nicht mehr den Scheitel) gemein haben.

b, β) Wir erhalten diesen Fall, wenn wir ein Komplexbüschel B mit einem singulären Komplex C verbinden, dessen Achse in den unendlich fernen Strahl des Strahlennetzes N von B fällt. Die Stabfläche von B sei ein Cylindroid; ein Stab desselben definiert mit C ein Komplexbüschel, dessen Achsenfläche aus lauter gleichen und parallelen Stäben besteht (Satz 154, γ).

Satz 206: Wenn die Grundregelschar eines Komplexnetzes in zwei Strahlenbüschel mit unendlich fernen Scheiteln zerfällt, so zerlegt sich die Achsenkongruenz nach der Länge ihrer Stäbe in ∞^1 Parallelstrahlenbüschel und läfst sich aus einem Stabcylindroid erhalten, indem man jeden seiner Stäbe in einer zur Doppellinie senkrechten (aber nicht mit ihm zusammenfallenden) Richtung verschiebt.

b, γ) Das Komplexnetz N kann hier durch zwei unendlich ferne Geraden zweier (aufeinander senkrechten) Ebenen E, E' und durch eine Gerade g in E als Achsen dreier singulärer Komplexe definiert werden. Die Schnittlinie s von E, E' ist Achse einen Ebenenbüschels, dessen sämtliche unendlich ferne Geraden u singuläre Komplexe definieren, die N angehören. N kann also auch als Gesamtheit der Komplexbüschel definiert werden, die g mit allen Strahlengebüschen u verbinden. Dies sind lauter Komplexbüschel, deren Stäbe nach Satz 154, β) ein Parallelbüschel ausmachen, dem g angehört. Die Stäbe von N bilden also i. A. ein Parallelbündel, das durch drei seiner Stäbe definiert sein mufs. In der That sieht man unmittelbar: Wenn man ein Komplexnetz durch drei parallele Stäbe der Richtung ϱ definiert, ihre Anfangs- und Endpunkte durch je eine Ebene verbindet, so gehören nach Satz 154, β) und γ) zur Stabkongruenz des Netzes alle Stäbe der Richtung ϱ, die von den beiden Ebenen begrenzt werden.

b, δ) Wenn aber g auf s senkrecht steht, besteht die Stabkongruenz (vergl. § 74, b) aus allen Stäben eines

Parallelstrahlenbüschels. Man erhält diesen Fall, wenn man die drei parallelen Stäbe in derselben Ebene annimmt (aber nicht von zwei Geraden begrenzbar).

c) Sei E die Ebene des Büschels B singulärer Komplexe C mit parallelen Achsen α und a die Achse eines Gewindes G, das alle Achsen α enthält; dann ist $a \parallel E$. Definieren wir durch G und zwei der C ein Komplexnetz N, so gehören zu N auch alle Gewinde G', die durch Verschiebung von G in der Richtung α entstehen. Denn sie bilden ein Komplexbüschel, dessen Träger ein spezielles Strahlennetz mit unendlich ferner Brennlinie (Satz 154, γ) ist, das andererseits durch G und die unendlich ferne Gerade von E definiert ist. Irgend ein G' und irgend ein C definieren ein Cylindroid, dessen Stabfläche in der Achsenkongruenz $\mathfrak{C}$ von N vorkommt. Wir erhalten ∞^2 solche Cylindroide, die jedoch nur ∞^2 Strahlen enthalten. Jedes derselben kann aus jedem anderen durch eine Translation der Stellung E erhalten werden. Wir sind wieder auf den Fall b, β) gekommen. $\mathfrak{C}$ ist hier von der zweiten Ordnung und ersten Klasse. Denn ein Strahl von $\mathfrak{C}$ in einer beliebigen Ebene $\mathfrak{E}$ kann nur die Richtung $(E, \mathfrak{E})$ haben, die in einem Cylindroid nur einmal vertreten ist.

Wenn jedoch die Achsen der singulären Komplexe C ein unendlich fernes Büschel bilden, so definiert jeder C mit G ein spezielles Strahlennetz mit unendlich ferner Brennlinie. Man kommt also nach Satz 154, γ) auf den Fall, daſs die Stabkongruenz aus lauter parallelen Stäben gleicher Länge besteht, der unter b, γ) enthalten ist.

d, α) ist durch b, γ) erledigt; zu d, β) ist nichts weiter zu bemerken.

Wir stellen nun die mannigfachen Ausartungen der Achsenkongruenz eines Komplexnetzes zusammen, ohne die Fälle, wo sie auftreten, nochmals namhaft zu machen:

Satz 207: Die Stabkongruenz, welche die Achsen und Steigungen der Komplexe eines Netzes darstellt, ist i. A. von der dritten Ordnung und zweiten Klasse, in speziellen Fällen von der zweiten Ordnung und zweiten Klasse oder von der zweiten Ordnung und ersten Klasse oder ein Normalennetz: oder ihre Stäbe gehören demselben Bündel an (sie sind gleich lang oder können ungleich sein, je nachdem der Scheitel des Bündels im Endlichen liegt oder nicht), oder demselben Feld (und sind gleich lang, wenn das Feld im Endlichen liegt); oder ihre Stäbe füllen ein Parallelstrahlenbüschel.

---

§ 84. Die Grade der Bewegungsfreiheit.

Die Lage eines frei beweglichen starren Körpers K ist von sechs Konstanten c_i abhängig (z. B. braucht man drei, um einen Punkt P desselben zu fixieren, zwei weitere, um eine durch P gehende Achse a, die letzte um das Azimut um a festzulegen). Ist die Bewegung des Körpers von vornherein Bedingungen unterworfen, so verringert sich die Anzahl der Konstanten. Z. B. ist die Beschränkung, dafs ein Punkt Q des Körpers gezwungen ist, auf einer Fläche zu bleiben, eine „einfache Bedingung“, d. h. sie hat zwischen den Konstanten c_i eine Gleichung zur Folge. Diese ist die Flächengleichung selbst, wenn man die Zeiger von Q unter die c_i aufnimmt; der Körper wird nurmehr ∞^5 Lagen annehmen können. Man sagt nun, ein Körper habe Bewegungsfreiheit k-ten Grades, wenn er ∞^k Lagen annehmen kann, oder, was auf dasselbe hinauskommt, wenn zur Bestimmung seiner Lage aufser den gegebenen Bedingungen noch die Wahl der Werte von k Parametern nötig ist. Z. B. hat ein Körper, von dem $6 - k$ Punkte gezwungen sind, auf je einer Fläche zu bleiben, Bewegungsfreiheit k-ten Grades ($k = 1, \ldots 6$), ein Körper, von dem ein Punkt fest ist, Freiheit dritten Grades.

Wenn K von einer bestimmten Anfangslage L aus irgend eine Bewegung antritt, so wird dem Beginn der Bewegung eine bestimmte Momentanwindung entsprechen (§ 20), die (abgesehen von ihrer Geschwindigkeit und ihrem Sinn) durch den (mit Vorzeichen behafteten) Steigungsstab der zugehörigen Momentanschraube bestimmt ist. Es handelt sich darum, den Zusammenhang zwischen dem Grade der Bewegungsfreiheit und der Mannigfaltigkeit aller Momentanschrauben zu finden, die der Lage L entsprechen. Wenn zwei Windungen W_1 und W_2 mit den Bedingungen verträglich sind, so kann man diese mit beliebigem Geschwindigkeitsverhältnis zusammensetzen und erhält dadurch eine Windung W, die auch mit den Bedingungen verträglich ist. Denn anstatt K unmittelbar den gegebenen Bedingungen zu unterwerfen, kann man sich diesen Körper mit einem anderen K' so verbunden denken, daſs er in Bezug auf K' nur die Momentanwindung W_1 antreten kann, während K' denselben Bedingungen unterworfen sein soll, wie früher K. Dadurch hat K denselben Grad der Freiheit behalten, weil die Beweglichkeit von K bezüglich K' auf eine Windung beschränkt ist, die auch K' schon mit beliebiger Geschwindigkeit antreten kann. Daſs sich aber die Windungsgeschwindigkeiten derselben Schraube nur algebraisch addieren, ist klar. Obiger Ersatz ist also wirklich mit den ursprünglichen Bedingungen äquivalent. Lassen wir nun K bezüglich K' die Windung W_1 antreten und gleichzeitig K' selbst die Windung W_2, beide mit beliebigen Geschwindigkeiten, so erhalten wir (§ 17) eine Momentanwindung von K, die sich vermöge des Dualismus (§ 18) aus W_1 und W_2 ebenso zusammensetzt, wie eine Dyname aus zwei gegebenen. Den letzten Fall haben wir aber ausführlich diskutiert (§ 74—76) und können daher die Ergebnisse hierher übertragen: Stellt man W_1 und W_2 durch je einen Stab dar, so wird auch jede Windung der dadurch definierten Stabfläche F (i. A. ein Stabcylindroid, vergl. jedoch Satz 154) mit den Bedingungen verträglich sein.

Ist neben W_1 und W_2 noch eine dritte von diesen unabhängige (d. h. nicht zu F gehörige) Windung W_3 von K mit den Bedingungen verträglich, so wird auch jede Stabfläche, die durch W_3 und einen Stab von F definiert ist, lauter mit den Bedingungen verträgliche Windungen darstellen, und wir gelangen so zu den in § 83 genau studierten Stabkongruenzen u. s. w.

Satz 208: Die Momentanwindungen, die ein Körper mit Bewegungsfreiheit k-ten Grades von einer bestimmten Lage aus antreten kann, bilden ein lineares Gebiet k-ter Stufe.

Wir nennen dieses lineare Gebiet das jener Lage „zugeordnete Windungsgebiet“. Wir können alle Sätze, die wir über lineare Komplexgebiete und ihre Darstellung durch Stabgebilde kennen gelernt haben, hierher übertragen. Jeder Stab stellt hier eine Windung dar; wird die Stablänge

Null, während der Träger eine bestimmte Lage beibehält, so geht die Windung in eine reine Drehung über; entfernt sich der Träger ins Unendliche, so stellt er die Translation dar, die auf der Stellung seiner repräsentierenden Ebene senkrecht steht.

Betrachten wir zuerst die Freiheit zweiten Grades etwas genauer: Durch zwei Windungen W_1, W_2 ist hier das ganze einer Lage zugeordnete Windungsgebiet G definiert. Mit W_1, W_2 sind zwei lineare Komplexe C_1, C_2 gegeben, die ein Strahlennetz N gemein haben. W sei eine beliebige Windung des Gebiets und C der zugehörige lineare Komplex. Dann wird einem Punkt P durch W eine Fortschreitungsrichtung v zugeordnet, die in der Normalen der Nullebene von P bezüglich C liegt. Lassen wir W alle möglichen Lagen auf der Stabfläche annehmen, so beschreibt C das Komplexbüschel, dessen Achsenfläche F ist; also dreht sich v um den Strahl von N durch P. Geht jedoch durch P ein ganzes Büschel solcher Strahlen von N, so liegt v unveränderlich in der Normalen dieses Büschels; geht endlich durch P ein ganzes Bündel von Netzstrahlen (was nur bei singulären Netzen möglich ist), so ist P fest. Da umgekehrt durch ein Strahlennetz auch ein Komplexbüschel eindeutig festgelegt ist, können wir sagen:

Satz*) 209: Eine Bewegungsfreiheit zweiten Grades ist durch ein Strahlennetz N vollkommen bestimmt. Die Geschwindigkeiten, die ein Punkt P bei allen zulässigen Bewegungen annehmen kann, sind i. A. auf ein ebenes Strahlbüschel beschränkt, dessen Normale der Strahl von N durch P ist. Nur wenn durch P ∞^1 oder ∞^2 Strahlen von N gehen, ist die Geschwindigkeit von P bezw. auf eine einzige Richtung (mit beiderlei Sinn) beschränkt oder Null.

Ist N hyperbolisch, so ist für jeden Punkt einer Brennlinie b die Normale auf seiner Verbindungsebene mit der anderen Brennlinie b' die einzig mögliche Fortschreitungsrichtung. Dies stimmt damit überein, dafs sich jede Windung

*) Stammt im wesentlichen von Schönemann (Über die Konstr. der Normalen u. s. w., Berliner Akad. 1855, wieder abgedruckt Journ. f. Math. Bd. 90).

von G aus zwei Drehungen um b, b' zusammensetzen läfst; b, b' sind nämlich das gemeinsame Polarenpaar für alle Strahlengewinde des Büschels (vergl. § 53 und Satz 31). In anderer ausgezeichneter und von der Realität der Brennlinien unabhängiger Weise kann man jede Windung von G aus zwei solchen zusammensetzen, deren Achsen sich senkrecht schneiden (man nehme die Hauptstäbe des Cylindroids); ist N parabolisch, so geht die eine Windung in eine Drehung über.*)

Stellt man die Überlegungen, die zu diesem Satz führten, in ganz analoger Weise auch bei höheren Freiheitsgraden an, so ergiebt sich:

Satz 210: Besitzt ein starrer Körper Bewegungsfreiheit k-ten Grades ($k \geq 3$), so kann einer seiner Punkte P sich i. A. nach allen Richtungen des Raums bewegen. Nur wenn durch P bezw. einer, ∞^1 oder ∞^2 gemeinsame Strahlen von k unabhängigen linearen Komplexen des zugeordneten Windungsgebietes gehen, sind die Bewegungsrichtungen auf ein ebenes Strahlbüschel oder auf eine Gerade beschränkt oder ganz aufgehoben.

Bilden z. B. bei Freiheit dritten Grades die gemeinsamen Strahlen des zugeordneten Komplexnetzes eine reelle Regelschar, so haben die Punkte dieses Hyperboloids sozusagen nur Freiheit zweiten Grades. Wir übergehen die übrigen Fälle, weil wir fast nur die Diskussion des § 79 zu wiederholen hätten. Auch viele Sätze über Zerlegung und Zusammensetzung der Windungen bei höheren Freiheitsgraden ergeben sich auf dem jetzigen Standpunkt von selbst, z. B. (vergl. die Bestimmung der Stabkongruenz des § 83 durch die drei Hauptstäbe):

Satz 211: Im allgemeinen Fall der Bewegungsfreiheit dritten Grades läfst sich jede mögliche Windung aus drei Windungen zusammensetzen, deren Achsen ein rechtwinkliges Dreikant bilden.

Wenn wir für vier Punkte eines starren Körpers je eine Fläche vorschreiben, die nicht verlassen werden darf,

*) Die Ansicht Schönemanns, dafs sich die Bewegung in diesem Fall auf eine Drehung um die einzige Brennlinie reduziere (a. a. O. Art. 3), ist also unrichtig.

so haben wir eine Freiheit zweiten Grades, und die vier Normalen der Flächen in den vier Punkten bestimmen für jede Lage des Körpers das zugeordnete Strahlennetz. Da wir alle Strahlennetze durch vier Strahlen bestimmen können, so können wir umgekehrt jede Freiheit zweiten Grades so erhalten; die Auswahl der vier Punkte des Körpers ist nur dadurch beschränkt, dafs die vier Normalen wirklich ein Netz bestimmen müssen; es hindert also z. B. nichts, dafs drei davon in einer Geraden liegen.

Wir können schon nicht mehr jede Freiheit dritten Grades auf analoge Art erhalten. Denn schreiben wir drei Punkten je eine Fläche vor, so sind die drei Normalen gemeinsame Strahlen aller Komplexe des zugeordneten Windungsgebietes. Die Grundregelschar 𝔊 dieses Gebietes ist also immer reell. Es fragt sich, ob der Fall, wo 𝔊 nicht reell ist und alle übrigen (speziellen) Fälle überhaupt durch reelle Bewegungen verwirklicht werden können. Eine einfache Überlegung bejaht dies: Definieren wir ein beliebig vorgegebenes Windungsgebiet k-ter Stufe durch k unabhängige Windungen $W_1, \ldots W_k$, so können wir den Körper K mit einem anderen K_1 so verbinden, dafs er bezüglich K_1 nur W_1 antreten kann, dann K_1 mit K_2 so, dafs K_1 bezüglich K_2 nur W_2 antreten kann u. s. w. Schliefslich wird K gegenüber K_k Freiheit k-ten Grades mit dem vorgegebenen Windungsgebiet haben.

Satz 212: Jedes lineare Windungsgebiet kann als zugeordnetes Gebiet einer reellen Bewegung auftreten.

Satz 213: Nur für $k = 1$ und 2 kann jede Freiheit k-ten Grades dadurch erhalten werden, dafs man $6 - k$ passende Punkte des Körpers zwingt, auf je einer Fläche zu bleiben.

Für eine bestimmte Lage kommen dabei nur die Berührungsebenen der Flächen in Betracht. Der eben angedeutete Weg zur Verwirklichung einer beliebigen Freiheit k-ten Grades ist natürlich nicht der einfachste. Wie z. B. die Freiheit fünften Grades durch eine einfache mechanische Vorrichtung in allgemeinster Weise erreicht werden kann, darüber sehe man Thomson und Tait, Theor. Phys. I, Art. 201.

§ 85. Das Gleichgewicht eines starren Körpers.

Wir beginnen zunächst mit einem Satz der Bewegungslehre, den wir dann vermöge des Dualismus für Kräftesysteme verwerten werden. Wenn man aus k unabhängigen Windungen $W_1, \ldots W_k$, die also ein k-stufiges lineares Gebiet G definieren, eine neue Windung W linear ableitet, d. h. jene k Windungen mit beliebigen Geschwindigkeitsverhältnissen zusammensetzt, so gehört W auch dem Gebiet G an (vergl. den Beweis des Satzes 208) und umgekehrt: Jede G angehörige Windung mufs sich aus $W_1, \ldots W_k$ linear ableiten lassen (vergl. § 77). Aus sechs unabhängigen Windungen mufs sich jede Windung überhaupt ableiten lassen. Ersetzen wir die resultierende Windung W durch die entgegengesetzte W', die auch G angehört, so geben die $k+1$ Windungen $W', W_1, \ldots W_k$ die resultierende Null.

Satz 214: Haben n Windungen die Resultierende Null, so gehören sie demselben $n-1$-stufigen Windungsgebiet an; ihre darstellenden Stäbe gehören also demselben $n-2$-dimensionalen Stabgebilde an, nämlich für $n = 3, 4, 5, 6$ i. A. beziehungsweise einem Stabcylindroid, einer Stabkongruenz 3. Ordnung, 2. Klasse, einem quadratischen Stabkomplex, einem Stabwald vierten Grades (§ 82). Sieben Windungen können stets mit solchen Geschwindigkeiten zusammengesetzt werden, dafs sie die Resultierende Null ergeben.

Verlangen wir insbesondere, dafs alle Windungen dieselbe Steigung besitzen, so folgt aus der Zerlegung dieser Stabgebilde nach der Länge ihrer Stäbe (Sätze 191, 194, 198, 204, 205):

Satz 215: Haben n Windungen gleicher Steigung die Resultierende Null, so gehören ihre Achsen für $n = 4, 5, 6$ bezw. derselben Regelschar, demselben Strahlennetz, demselben linearen Komplex an.

Der Satz gilt auch für den speciellen Fall der Drehungen (Steigung Null); wir sprechen dies im dualen Gebiet aus:

Satz 216: Stehen n Kräfte im Gleichgewicht, so gehören ihre Wirkungslinien für $n = 4, 5, 6$ bezw. derselben Regelschar, demselben Strahlennetz, demselben linearen Komplex an. Auf 7 Geraden lassen sich immer Kräfte finden, die im Gleichgewicht stehen.

Der Spezialfall der Kräfte im Gleichgewicht ist natürlich einer elementaren Behandlung zugänglich: Legt man z. B. bei vier Kräften eine Gerade g, welche die Wirkungslinie dreier schneidet, so mufs auch das Moment der vierten Kraft bezüglich g Null sein (Möbius), u. s. w. Bei fünf Kräften kann man den entsprechenden Satz nur dann auf diese Art erschliefsen, wenn das zugehörige Strahlennetz reelle, getrennte Brennlinien hat.

Wenn n Gerade $g_1, \ldots g_n$ die Bedingungen des Satzes 216 erfüllen, so fragt es sich, wie man n Kräfte auf ihnen konstruiert, die im Gleichgewicht sind.

a) $n = 4$. Das zugehörige Kräftepolygon mufs geschlossen sein. Wählt man daher eine Kraft auf g_1 beliebig, zieht zu g_2 und g_4 in den Enden ihres Stabes Parallele g_2' und g_4', so findet man einen einzigen Strahl g_3', der g_2', g_4' schneidet und zu g_3 parallel ist. Die Seiten dieses geschlossenen windschiefen Vierecks stellen die Gröfse der Kräfte dar.

Satz 217: Zwei Regelscharen desselben Strahlennetzes oder eine Regelschar und ein Strahlennetz desselben linearen Komplexes haben zwei Strahlen gemein.

Im ersten Fall kann man nämlich das Strahlennetz durch zwei lineare Gleichungen zwischen Linienzeigern darstellen und jede der Regelscharen durch je eine hinzutretende dritte Gleichung; mit Rücksicht auf die Relation zwischen den Linienzeigern ergiebt sich der erste Teil des Satzes, der zweite analog.

b) $n = 5$; wir behandeln noch diesen Fall nach Sturm, Sulle forze in equil. (Ann. di Mat. Ser. 2, Bd. 7, 1875), woselbst auch die übrigen Fälle nebst Angabe der älteren Litteratur*) erledigt sind. Es bestimmen g_1, g_2, g_3 und g_1,

*) Unter dieser sind (aufser schon genannten von Möbius), die Arbeiten von Sylvester und besonders von Chasles (Comptes R. Bd. 16 u. 52) hervorzuheben. Wir bringen noch eine hervorragend einfache Überlegung des letzteren: Wenn sechs Kräfte mit den

g_4, g_5 zwei Regelscharen R und R', die nach Satz 216 demselben Strahlennetz N angehören und daher nach Satz 217 aufser g_1 noch einen zweiten Strahl g' gemein haben; er läfst sich linear finden, indem man durch g_1 zwei Ebenen E, E' legt und N als Erzeugnis zweier kollinearen Felder betrachtet (Satz 100). Hierdurch werden R, R' in E durch Gerade r, r' abgebildet. Der Schnittpunkt von r, r' bestimmt g'. Wählt man nun auf g' zwei entgegengesetzt gleiche Kräfte $k, -k$, konstruiert dann nach a) ein System S, das auf g_1, g_2, g_3, g' im Gleichgewicht ist, und dem k angehört, ferner ein System S', das auf g_1, g_4, g_5, g' im Gleichgewicht ist, und dem $-k$ angehört, so wird auch das System $S + S'$ im Gleichgewicht sein. Aber die Kräfte auf g' tilgen sich, so dafs nur ein System von 5 Kräften auf den gegebenen Wirkungslinien übrig bleibt. Fällt der Schnittpunkt von r, r' auf g_1, so fällt g' mit g_1 zusammen, und R, R' berühren sich längs g_1. Dann lasse man eine andere der fünf Geraden die Rolle von g_1 spielen.

Die bisherigen Sätze über Kräfte im Gleichgewicht (und die duale Übertragung von Satz 214) können als Sätze über das Gleichgewicht eines freien starren Körpers aufgefafst werden. Wir wenden uns zum allgemeinsten Satz, der über das Gleichgewicht eines starren Körpers aufgestellt worden ist*): Die Windungen, die K in einem gegebenen Augenblick ausführen kann, sind durch ein lineares Windungsgebiet G definiert (§ 84). Soll K bei einer Dyname D im Gleichgewicht bleiben, so mufs D zu jeder Windung von G reciprok sein (vergl. Satz 96). Umgekehrt ist diese Bedingung hinreichend; denn würde K bei D eine Windung W antreten, so würde D dabei Arbeit leisten, wäre also

---

Wirkungslinien $g_1, \ldots g_6$ an einem starren Körper K im Gleichgewicht sind, so mufs die Summe der Arbeiten, die sie bei einer beliebigen Bewegung von K leisten, Null sein. Bestimmt man nun durch $g_1, \ldots g_5$ ein Gewinde G, und erteilt K die dadurch definierte Momentanwindung, so stehen die entsprechenden Kräfte senkrecht auf den Bahnen ihrer Angriffspunkte (§ 22), leisten also keine Arbeit. Daher kann auch die sechste Kraft keine Arbeit leisten und wirkt senkrecht auf der Bahn ihres Angriffspunktes; d. h. ihre Wirkungslinie gehört G an.

*) Ball, Theory of the Screws, Art. 73. Wir machen nochmals nachdrücklich auf dieses reichhaltige und originelle Werk aufmerksam.

nicht zu W reciprok. Nun bilden die Schrauben, auf denen sämtliche zu allen Windungen von G reciproken Dynamen liegen, auch ein lineares Gebiet, nämlich das ergänzende Gebiet (§ 78); also:

Satz 218: **Ein starrer Körper K mit Bewegungsfreiheit m-ten Grades bleibt bei allen Dynamen im Gleichgewicht, deren Schrauben das $6-m$-stufige ergänzende Gebiet des Windungsgebietes von K erfüllen.**

Da wir die linearen Schraubengebiete, ihre Beziehung zu den ergänzenden Gebieten und ihre Darstellung durch Stabgebilde genau erörtert haben, können wir diesen Satz trotz seiner grofsen Allgemeinheit auch mit einem anschaulichen Inhalt ausstatten und zahlreiche Folgerungen daraus ziehen, z. B.: Bestimmt man durch die Achsen dreier Windungen eines Körpers mit Freiheit dritten Grades eine Regelschar R, so bilden die Achsen der Dynamen, unter denen K im Gleichgewicht bleibt, das System der kürzesten Transversalen je zweier Strahlen von R (vergl. Satz 202 und 203).

§ 86. Zeiger der linearen Komplexgebiete.

Wir können den Schritt, der uns von den Punktzeigern zu den Linienzeigern führte, im Komplexraum wiederholen: Es seien:

84) $$x_{i1}, x_{i2}, \ldots x_{i6} \qquad i = (1, \ldots \mu;\ \mu < 6)$$

die Zeiger von μ linearen Komplexen. Wir setzen voraus, die Matrix 84) sei vom Range μ; dann ist durch sie ein μ-stufiges lineares Komplexgebiet G definiert. Wir nennen die $\binom{6}{\mu}$ Determinanten μ-ter Ordnung, die sich aus ihr bilden lassen, die **homogenen Zeiger** von G. Es kommt nur auf ihre Verhältnisse an, die von der Auswahl der Komplexe innerhalb G unabhängig sind. Denn setzt man

$$\sum_{i=1}^{\mu} \alpha_{i\varkappa} x_{i\nu} \qquad (\nu = 1, \ldots 6;\ \varkappa = 1, \ldots \mu)$$

an Stelle von $x_{\varkappa\nu}$, so multiplizieren sich alle Zeiger mit der Substitutionsdeterminante $|\alpha_{i\varkappa}|$ (vergl. Aufg. 26). Da ein und dasselbe G durch Annahme von μ Komplexen auf $\infty^{\mu(\mu-1)}$ Arten bestimmt werden kann, hängt es von

$$5\mu - (\mu - 1)\mu = \mu(6 - \mu)$$

Konstanten ab. Es müssen also zwischen den Verhältnissen der Zeiger

$$\binom{6}{\mu} - 1 - \mu(6 - \mu)$$

Relationen bestehen und zwischen den Zeigern selbst ebensoviel homogene Relationen. Die Betrachtung ändert sich nicht, wenn wir statt des fünfdimensionalen Komplexraums einen beliebigen n-dimensionalen Raum zu Grunde legen und demgemäfs $n + 1$ statt 6 in die Formeln einsetzen:

Satz 219: Von den $\binom{n+1}{\mu}$ homogenen Zeigern eines $\mu - 1$-dimensionalen linearen Gebietes im n-dimensionalen Raum sind durch $1 + \mu(n + 1 - \mu)$ passende unter ihnen, die von einander unabhängig sind, alle übrigen bestimmt.

Beim Komplexbüschel heifst die Matrix

$$85)\qquad \begin{matrix} x_{11} \ldots x_{16} \\ x_{21} \ldots x_{26}. \end{matrix}$$

Wir setzen $x_{1i}x_{2k} - x_{1k}x_{2i} = u_{ik}$. Um die sechs Relationen zwischen den u zu finden, denken wir uns unter 85) nochmals dieselbe Matrix angeschrieben, so dafs wir nun aus der neuen Matrix 15 viergliedrige Determinanten bilden können, die sämtlich Null sind und genau wie bei den Linienzeigern (§ 32) je eine Relation liefern. Von diesen Relationen müssen jedoch 9 passend gewählte eine Folge der sechs übrigen sein. Wir betrachten insbesondere die sechs Relationen die wir erhalten, wenn wir bei Bildung der Determinanten zwei feste Spalten, z. B. die letzten zwei auf alle Arten mit zwei andern verbinden. Diese sechs Relationen sind sicher von einander unabhängig; denn jedes u_{ik} $(i, k \leq 4)$ kommt nur in einer von ihnen vor. Deshalb sind auch diese Relationen nach den genannten sechs u_{ik} rational auflösbar.

Satz 220: Zwischen den 15 homogenen Zeigern eines Komplexbüschels (Strahlennetzes) bestehen sechs unabhängige quadratische Relationen; durch neun passend gewählte lassen sich die sechs übrigen Zeiger rational ausdrücken.

Der Zusatz „passend gewählte" ist nötig, um gewisse spezielle Auswahlen auszuschliefsen; z. B. ist klar, dafs durch neun solche Zeiger, zu deren Bildung nur 5 Spalten der Matrix herangezogen wurden, die übrigen nicht bestimmt sein können, weil das Strahlennetz selbst nicht bestimmt ist.

Um die 10 Relationen für $\mu = 3$ zu finden, müssen wir das Verfahren Vahlens („Über die Relationen zw. den Determ. einer Matrix", Journ. f. Math., Bd. 112) anwenden: Wir bezeichnen mit u_{klm} die Determinante aus der k-ten, l-ten und m-ten Spalte der Matrix

$$86) \qquad \begin{matrix} x_{11} \dots x_{16} \\ x_{21} \dots x_{26} \\ x_{31} \dots x_{36} \end{matrix}$$

und die Adjunkte von $x_{\lambda\mu}$ in u_{123} mit $\xi_{\lambda\mu}$, wobei wir u_{123} von Null verschieden voraussetzen dürfen. Dann ist nach dem Multiplikationssatz, wenn wir Spalten mit Spalten verbinden:

$$87) \qquad \begin{vmatrix} x_{1k} & x_{1l} & x_{1m} \\ x_{2k} & x_{2l} & x_{2m} \\ x_{3k} & x_{3l} & x_{3m} \end{vmatrix} \begin{vmatrix} \xi_{11} & \xi_{12} & \xi_{13} \\ \xi_{21} & \xi_{22} & \xi_{23} \\ \xi_{31} & \xi_{32} & \xi_{33} \end{vmatrix} = \left| \sum_{i=1}^{3} x_{i\lambda}\, \xi_{i\mu} \right|$$

$$(\lambda = k, l, m; \; \mu = 1, 2, 3).$$

Jedes Element der Determinante rechts ist selbst eine Determinante, die entsteht, indem man aus der Matrix von u_{123} je nach dem Wert von μ entweder die 1. oder 2. oder 3. Spalte streicht und dafür je nach dem Wert von λ die k-te oder l-te oder m-te Spalte von 86) einsetzt; also:

$$88) \qquad u_{klm} \cdot u_{123}^2 = \begin{vmatrix} u_{k23} & u_{1k3} & u_{12k} \\ u_{l23} & u_{1l3} & u_{12l} \\ u_{m23} & u_{1m3} & u_{12m} \end{vmatrix}.$$

Setzen wir k, l, m (in irgend einer Reihenfolge, deren Änderung nur eventuelle Zeichenänderung beider Seiten zur Folge hat) gleich 1, 2, 3, so erhalten wir die Identität

$$u_{123}^3 = u_{123}^3.$$

Wählen wir von den drei Zahlen k, l, m nur eine gröfser als drei, so erhalten wir auch Identitäten. Wählen wir dagegen zwei der Zahlen gröfser als drei, z. B. $k = 1$, $l > 3$, $m > 4$, so erhalten wir

$$u_{1lm} \cdot u_{123} = u_{1l3} \cdot u_{12m} - u_{1m3} \cdot u_{12l}.$$

Solcher Relationen ergeben sich neun. Wählen wir endlich $k, l, m = 4, 5, 6$, so erhalten wir eine Relation dritten Grades. Diese 10 Relationen sind von einander unabhängig, weil in jeder derselben ein u, nämlich das auf der linken Seite stehende u_{klm}, vorkommt, das in keiner der übrigen auftritt. Rechts ist nämlich nur ein Index gröfser als drei, links aber in u_{klm} mindestens zwei. Zugleich sind die Relationen nach diesen zehn u aufgelöst.

Satz 221: Zwischen den 20 homogenen Zeigern eines Komplexnetzes (einer Regelschar) bestehen zehn unabhängige Relationen, von denen eine 3., die übrigen 2. Grades sind. Durch zehn passend gewählte Zeiger lassen sich die übrigen rational ausdrücken.

Für $\mu = 4$ erhalten wir nach demselben Verfahren wieder sechs unabhängige quadratische Beziehungen, wie sich aus der Dualität zwischen den linearen Komplexgebieten und ihren ergänzenden von vornherein vermuten liefs. Für $\mu = 5$ erhält man keine Beziehungen mehr.

Wir haben die Komplexgebiete mittlerer Dimension ($\mu = 2, 3, 4$) bei Definition ihrer Zeiger als verbindende Gebiete aufgefafst. Man könnte sie auch als Schnittgebilde der Gebiete höchster Dimension ($\mu = 5$) auffassen und so für die drei Gebietarten mittlerer Dimension zweierlei Zeiger erhalten, ähnlich wie wir bei den Linien des Raums Strahlen- und Achsenzeiger unterschieden. Der Zusammenhang zwischen diesen zwei Zeigerarten würde sich aus Pasch, Zur Th. d. lin. Kompl. § 1, 2 (Journ. f. Math. Bd. 75) ergeben. Dabei kann das ursprüngliche Zeigersystem, in dem die Komplexzeiger definiert sind, tetraedrisch oder rechtwinklig sein; demnach können wir auch für die linearen Komplexgebiete tetraedrische und rechtwinklige homogene Zeiger unterscheiden. Wir wollen dies nicht weiter verfolgen, sondern nur darauf aufmerksam machen, dafs durch

Verbindung der Ergebnisse dieses und des § 84 Sätze, wie der folgende, selbstverständlich werden:

Satz 222: **Die Bedingungen, denen ein starrer Körper mit Bewegungsfreiheit dritten Grades unterworfen ist, lassen sich in jedem Augenblick durch 20 homogene Zeiger, unter denen sich 10 unabhängige (d. h. 9 wesentliche Parameter) finden, vollkommen kennzeichnen.**

Übungsaufgaben:

57) Wann tritt es ein, dafs eine auf einem Cylindroid liegende Ellipse die Erzeugende ihrer Ebene E berührt?

58) Aus dem Satz 163 sind die vorhergehenden Sätze über das Cylindroid, soweit als möglich, abzuleiten.

59) In der Fig. 76 ist $\mathfrak{k}_\vartheta$ negativ, $\mathfrak{k}_\eta$ positiv; der Leser zeichne auch andere Fälle.

60) Die Determinante 33) multipliziert sich nur mit einem Faktor, wenn man an Stelle von a, b, c drei andere Komplexe des Netzes setzt.

61) Es sind die (sechs) Fälle namhaft zu machen, in denen ein lineares Komplexgebiet mit seinem ergänzenden Gebiet Komplexe gemein hat.

62) Wenn ein Komplex eines Büschels B gefunden werden kann, der zu allen Komplexen eines anderen Büschels B' involutorisch liegt, so kann umgekehrt ein Komplex von B' gefunden werden, der zu allen Komplexen von B involutorisch liegt (Ball, Th. of the Screws, Art. 118).

63) Welchen Fall eines Komplexnetzes erhält man, wenn man ein Büschel singulärer Komplexe, deren Achsen das ebene Büschel B bilden, mit einem Gewinde verbindet, dessen Achse B angehört?

64) Bewegt sich eine Gerade g mit drei Punkten A, B, C auf drei Flächen, so wird jeder Punkt von g sich auf einer Fläche bewegen, deren Normale mit den drei Flächennormalen in A, B, C hyperbolisch liegt (Schönemann, Journ. f. Math. Bd. 90).

65) Man zeige, dafs in § 85, a) die Reihenfolge, in der man die Geraden zur Konstruktion heranzieht, auf das Ergebnis keinen Einflufs hat.

66) Nach Analogie der Aufgabe § 85, b) sind auch die Fälle $n = 6, 7$ zu behandeln.

Vermischte Übungsaufgaben:

67) Wenn eine Gerade bei einer Bewegung Tangente eines ihrer Punkte ist, so ist es auch ihre Polare bezüglich des Gewindes, das zur Momentanschraubung gehört.

68) Wenn eine Gerade Charakteristik einer Ebene ist, so ist ihre Polare Charakteristik einer anderen Ebene, die auf E senkrecht steht.

69) Wenn sich eine Gerade g bewegt, so bilden die Tangenten der Bahnen ihrer Punkte ein Paraboloid.

70) Der Inhalt des Parallelepipeds, das von irgend drei Erzeugenden derselben Regelschar bestimmt wird, ist konstant.

71) Wenn man die Ecken zweier Tetraeder irgendwie einander zuordnet, so definieren die vier Verbindungsstrahlen ein Strahlennetz, ebenso die Schnittlinien der Paare von Gegenebenen. Diese beiden Netze sind von derselben Art.

72) Wenn bei der Darstellung § 55, a) eines Strahlennetzes die Parameter δ, δ' der Gleichung

$$a\delta\delta' + b\delta + c\delta' + d = 0$$

genügen, so wird aus dem Netz eine Regelschar herausgehoben, die für $a = 0$ ein Paraboloid ist.

73) Zu zeigen, dafs die Gerade

$$x = \lambda z + \mu a, \qquad y = \mu z + \lambda b$$

bei veränderlichem λ und μ ein Strahlennetz durchläuft.

74) Wenn die zwei Transversalen von vier Geraden in eine einzige t zusammenfallen, so ist das Doppelverhältnis ihrer vier Schnittpunkte mit t gleich dem Doppelverhältnis ihrer vier Verbindungsebenen mit t.

75) Ähnlich wie in § 60 elliptische und hyperbolische Netze zur Ableitung von Parameterdarstellungen des Gewindes verwendet wurden, ist dies mit den parabolischen Netzen durchzuführen.

76) Drei gegenseitig involutorische Komplexe gruppieren die Punkte des Raums nach Tetraedern (vergl. die Gruppierung nach vier Elementen P, Q, α, β in § 56 durch zwei involutorische Komplexe). Vier gegenseitig involutorische Komplexe geben zu Gruppen von acht Punkten und acht Ebenen Anlaſs, die sich in vierfacher Weise als zwei Möbiussche Tetraeder auffassen lassen.

77) Die Komplexe eines Büschels sind bezüglich eines unter ihnen paarweise reciprok.

78) Ein Strahlennetz kann durch ∞^1 Regelscharen erzeugt werden, von denen zwei Strahlen s, s' fest sind, der dritte t sich auf einer Regelschar R bewegt, die durch einen s der festen Strahlen geht.

79) Ein Gewinde kann durch ∞^2 Regelscharen erzeugt werden, von denen zwei Strahlen s, s' fest sind, der dritte t in einem Strahlennetz beweglich, dem auch einer s der festen Strahlen angehört; oder durch ∞^2. Regelscharen, von denen ein Strahl fest, die beiden anderen in einem Strahlennetz frei beweglich sind; oder durch ∞^1 Strahlennetze, von denen drei Strahlen s, s', s'' fest sind, der vierte t in einer Regelschar beweglich, von der zwei Strahlen der Regelschar (s, s', s'') angehören.

80) Die Polaren einer festen Geraden bezüglich aller Komplexe α) eines Komplexnetzes, β) Gebüsches, γ) Gewebes bilden α) ein Strahlennetz, β) einen linearen Komplex, γ) erfüllen den ganzen Raum.

81) Der geometrische Ort der Geraden, auf denen zwei projektive Ebenenbüschel eine Involution bestimmen, ist ein linearer Komplex.

82) Das Doppelverhältnis $(a\,b\,c\,d)$ von vier hyperbolischen Geraden aus ihren Zeigern a_i, b_i, c_i, d_i zu berechnen.

Anhang I.

Anleitung zur Lösung der Übungsaufgaben.

Einige der leichteren Aufgaben sind hier mit Stillschweigen übergangen; bei den anderen wurde je nach der Natur der Aufgabe der Beginn oder die Hauptschritte des Lösungsverfahrens oder das Endergebnis mitgeteilt oder endlich auf eine Abhandlung verwiesen, wo die Lösung gefunden werden kann. Wo ein Autor schon bei Stellung der Aufgabe citiert wurde, ist die hier gegebene Lösung eine andere.

Abschnitt I.

1) Dreht sich ein Strahl m in einer zur Achse parallelen Ebene E, so füllen für jede Lage von m die zu m parallelen Gewindestrahlen eine Ebene. Diese Ebenen bilden ein Parallel-Ebenenbüschel, dem auch E angehört.

2) Seine Zeiger sind:

$$x = \frac{\mathfrak{f}B}{C}, \quad y = -\frac{\mathfrak{f}A}{C}, \quad z = -\frac{D}{C}.$$

3) Man führe in Gleichung 8) gleichzeitig ein:

$$\begin{aligned} x &= x_1 \cos\alpha - y_1 \sin\alpha \\ y &= x_1 \sin\alpha + y_1 \cos\alpha \\ \xi &= \xi_1 \cos\alpha - \eta_1 \sin\alpha \\ \eta &= \xi_1 \sin\alpha + \eta_1 \cos\alpha, \end{aligned}$$

u. s. w.

5) Vergl. die Konstruktion in Fig. 17.

6) Wählt man die Achsenrichtung senkrecht zu g, so wird g' von der Achse geschnitten; wählt man sie parallel

zu g, so erhält man kein eigentliches Gewinde, wohl aber ein Strahlengebüsch.

9) Man konstruiere die Nullebene des unendlich fernen Punktes von s; jene Richtung in ihr, die zugleich zum kürzesten Abstand von g und g' senkrecht steht, ist die Achsenrichtung. Hiermit ist man bei der Bestimmungsweise b) angelangt. Wenn jedoch diese Lösung versagt (wieso?), verschafft man sich ein zweites Polarenpaar; am einfachsten dadurch, dafs man zu einer Verbindungslinie eines Punktes von g und eines von s die Polare sucht.

10) Man konstruiere zu einer Transversale von g und h die Polare u. s. w.

11) Wenn l'_1 und d'_1 die senkrechten Projektionen von l_1 und d_1 auf die horizontale Ebene durch P sind, so ist

$$d_1 = d'_1 = d \,.\, \sin\alpha.$$

Es ist also nur noch zu zeigen, dafs

$$\sin\alpha \,.\, \cot\nu_1 = \cot\nu,$$

was mit Hilfe eines sphärischen Dreiecks geschieht, dessen Ecken auf l_1, l'_1, d liegen.

13) Die Höhe des Schraubenganges wächst im quadratischen Verhältnis mit dem Cylinderhalbmesser, weil sowohl die Tangente des Steigwinkels als der Kreisumfang im einfachen Verhältnis wachsen.

Abschnitt II.

14 a) Bezüglich der Normalen der Nullebene ν von P; b) und c) Die Kugel berührt ν in P (Möbius, Statik, § 89).

15 b) Wenn M_1 und M_2 die Momente bezüglich a_1 und a_2 sind, so mufs der Nullpunkt auf einer Geraden liegen, deren Punkte von a_1 und a_2, das Abstandsverhältnis $M_1 : M_2$ haben, u. s. w. (Möbius, Statik, § 96).

16 c) Wenn k, m die gegebene Dyname, K die Gröfse der Stäbe des Kreuzes, d ihre Entfernung von der Achse ist, so ergiebt der Satz 25:

$$K = \frac{k}{2}\sqrt{2}, \qquad d = m : k = \mathfrak{k}.$$

18 b) Die Grenzlage ist nach 17 b) dieselbe, als ob sich g um g' drehen würde, also der Fuſspunkt des kürzesten Abstands von g', daher auch von der Axe.

19) Die Normale von E, welche beide Polaren schneidet, ist Strahl des zugehörigen Gewindes; ihr Schnittpunkt mit E hat also einen Geschwindigkeitsvektor in E selbst.

21) Die erreichbare Zone wird von zwei Kreisen mit den Halbmessern ω und $\omega + 2\gamma$ (Fig. 25) aus dem Mittelpunkt A'' begrenzt.

22 a) Die Höhe ist auch im reciproken Tetraeder eine Höhe; aber Spitze und Fuſspunkt sind vertauscht. b, α) Dem Oktaeder entspricht ein Körper, der von zwei Quadraten und vier überschlagenen Vierecken (Fig. 82) begrenzt ist;

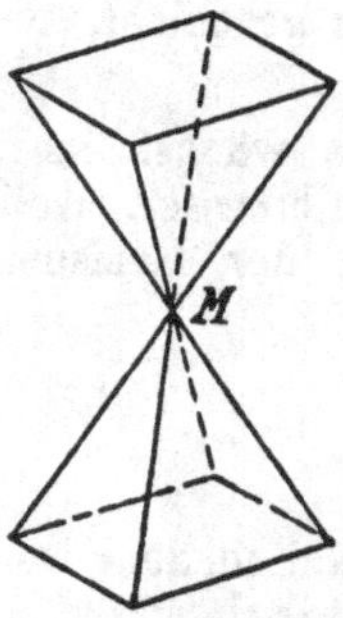

Fig. 82.

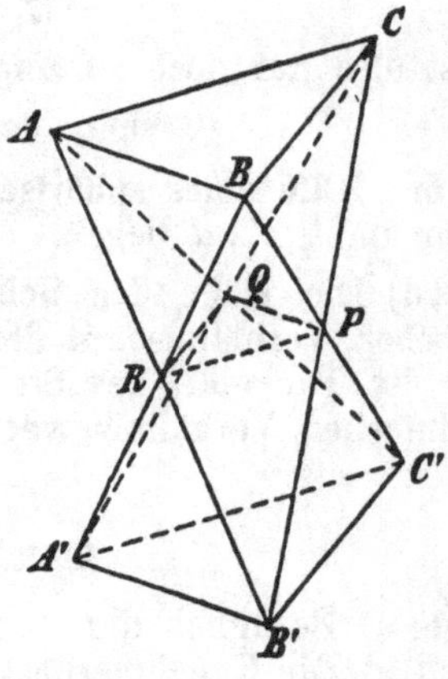

Fig. 83.

M ist nicht als Ecke des Polyeders zu betrachten; β) Dem Würfel ein Körper, der von den zwei durch Parallelverschiebung in einander überführbaren Dreiecken ABC und $A'B'C'$ und den sechs Dreiecken $A'BC$, $B'CA$, $C'AB$; $AB'C'$, $BC'A'$, $CA'B'$ (Fig. 83) begrenzt ist. Die Seiten des Dreiecks PQR sind nicht als Polyederkanten zu betrachten, ebensowenig die überschlagenen Vierecke $ABA'B'$ u. s. w. als Polyederflächen.

23) Die Lösung ist in Fig. 84 zur Hälfte gezeichnet; die andere Hälfte erhält man durch Spiegelung längs MN. Es wurde damit begonnen, $PQ = a = \frac{5}{2} c$ parallel zu a zu ziehen, dann 1, 2 parallel den gleichnamigen Stäben in Fig. 31; dann wurde $PS = c$ gemacht, u. s. w.

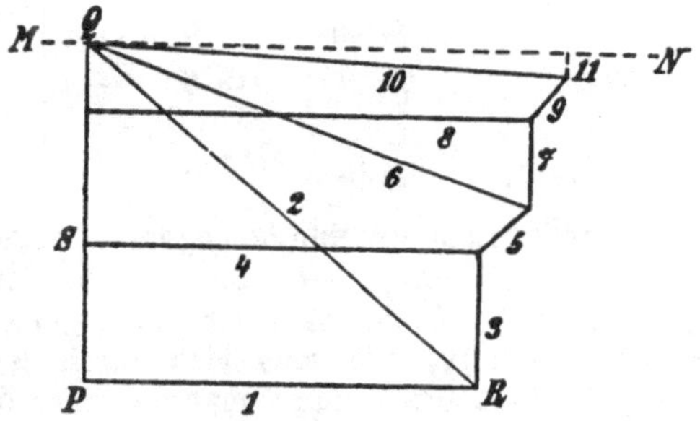

Fig. 84.

24) Vergleiche die in § 27 zitierte Schrift von **Hauck**; noch allgemeinere Sätze finden sich bei **Hauck**, Journ. f. d. r. u. a. Math. Bde. 100 und 120; **Schmid**, Monatsh. f. Math. u. Phys., Bd. VIII.

Abschnitt III.

26) Führt man statt der Zeiger y, z lineare homogene Formen derselben ein:

$$y_i' = \lambda y_i + \mu z_i, \qquad z_i' = \nu y_i + \varrho z_i,$$

so multiplizieren sich die Linienzeiger mit Faktoren, die von den Indices unabhängig sind.

29) Es ist

$$\begin{vmatrix} A_{l\lambda} & A_{l\mu} \\ A_{m\lambda} & A_{m\mu} \end{vmatrix} = \pm A \begin{vmatrix} a_{i\iota} & a_{i\varkappa} \\ a_{k\iota} & a_{k\varkappa} \end{vmatrix},$$

wobei das obere oder das untere Zeichen gilt, je nachdem die Permutationen l, m, i, k und $\lambda, \mu, \iota, \varkappa$ derselben oder verschiedenen Klassen angehören (vergl. Pascal, Determ. § 8). Da jedoch in Gleichung 72) die Permutation l, m, i, k fest ist und es nur auf die Verhältnisse der Koeffizienten der p' ankommt, können wir das Vorzeichen von der Permutation $\lambda, \mu, \iota, \varkappa$ allein abhängen lassen, u. s. w.

31) Es sei eine Determinante ν-ter Ordnung von der Form

$$\varDelta = \begin{vmatrix} \varphi_\lambda & \varphi_{\lambda-1} & \cdots & \varphi_{\lambda-\nu+1} \\ \varphi_{\lambda+1} & \varphi_\lambda & \cdots & \varphi_{\lambda-\nu+2} \\ \vdots & & & \vdots \\ \varphi_{\lambda+\nu-1} & \varphi_{\lambda+\nu-2} & \cdots & \varphi_\lambda \end{vmatrix}$$

gegeben, wobei jedes Element eine homogene Funktion irgend welcher anderen Gröfsen p_i ist, deren Grad durch den Index angezeigt wird. Dann ist $\varDelta$ eine homogene Funktion $\lambda\,\nu$-ten Grades in den p_i, wie man sich durch den Schlufs von ν auf $\nu+1$ überzeugt (ändert man in einer derartigen Determinante alle Indices einer Zeile oder Kolonne um gleich viel, so bleibt sie homogen in den p_i, wenn sie es früher war). Hieran wird nichts geändert, wenn man beliebig viele Elemente durch Nullen ersetzt.

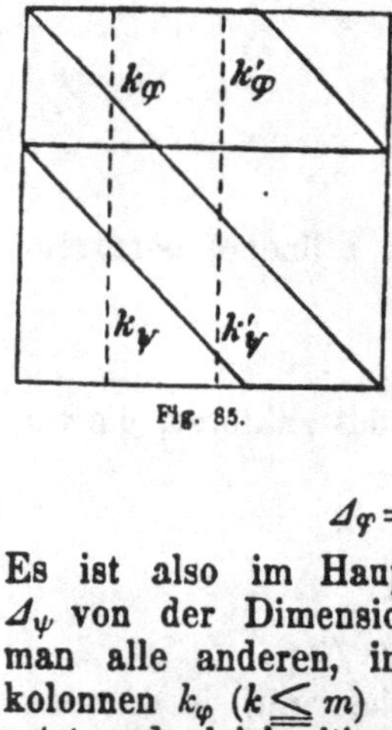

Fig. 85.

Wenn wir $m \leqq n$ voraussetzen, kann der Bau von D durch Fig. 85 versinnlicht werden, wobei die zwei stark begrenzten Parallelogramme durch Elemente φ und ψ erfüllt sind (einschliefslich der schrägen Begrenzungen), die übrigen Räume durch Nullen. Entwickelt man D nach den Unterdeterminanten der ersten m Zeilen, so erhält man lauter Produkte von Determinanten $\varDelta_\varphi \cdot \varDelta_\psi$, wobei im Hauptglied

$$\varDelta_\varphi = \varphi_n^m, \qquad \varDelta_\psi = \psi_0^n.$$

Es ist also im Hauptglied $\varDelta_\varphi$ von der Dimension mn, $\varDelta_\psi$ von der Dimension Null. Aus dem Hauptglied erhält man alle anderen, indem man der Reihe nach die Teilkolonnen k_φ $(k \leqq m)$ von $\varDelta_\varphi$ durch andere k'_φ $(k' > m)$ ersetzt und gleichzeitig in $\varDelta_\psi$ die ergänzenden Teilkolonnen

k'_ψ und k_ψ vertauscht. Dabei ändern sich die Dimensionen von Δ_φ und Δ_ψ im entgegengesetzten Sinne um die gleiche Anzahl.

32) „Ort" kann hier nur im Sinne der Punktgeometrie verstanden werden. Dann bestimmen aber auch sogar zwei Gleichungen zwischen Linienzeigern noch keinen „Ort".

Abschnitt IV.

33) Wenn die projektiven Büschel durch $(S; a, b, c)$ und $(S'; a, b', c')$ gegeben sind (Fig. 86), so wird die Achsenrichtung α als Nullpunkt der unendlich fernen Ebene konstruiert, indem man $\beta \| b'$, $\gamma \| c'$ durch S zieht und die Ebenen $b\beta$ und $c\gamma$ zum Schnitt bringt. Obgleich das räumliche Gebilde durch die in der Zeichnung angenommenen Elemente bei weitem noch nicht fixiert ist, kann man doch einen Punkt T von α konstruieren, indem man eine Hilfsebene $E_0 \| a$ benützt. Um die Achse selbst zu finden, mufs man den Nullpunkt einer zu α senkrechten Ebene suchen (ist nicht mehr ausgeführt und wäre erst möglich nach Beseitigung der erwähnten Vieldeutigkeit der Figur).

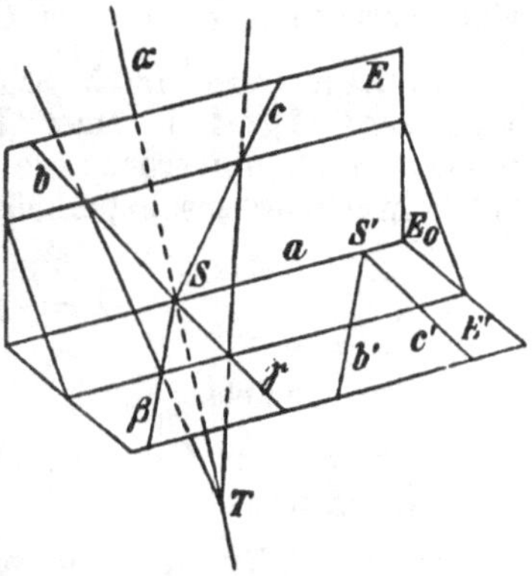

Fig. 86.

35) Thatsächlich verliert das Gewinde nicht seine axiale Symmetrie, aber sein Parameter ändert sich im Verhältnis q, wie man sowohl an den Nullebenen der Punkte in E leicht bestätigen kann, als auch derjenigen, deren kürzester Abstand von der Achse zu E senkrecht ist.

36) Macht man die Achse des Gewindes zur Z-Achse, so nimmt die Gleichung des zugehörigen $\mathfrak{C}_2$ die einfachere Form an:

$$(a_6\, q_3 + a_3\, q_6)^2 - M'^2 (q_1^2 + q_2^2 + q_3^2) = 0.$$

Man kann sich auf die Untersuchung der Komplexkegel beschränken, deren Scheitel (mit der Abscisse x) auf der X-Achse liegen und hier wieder auf die Aufsuchung jener zwei Strahlen, welche die X-Achse senkrecht schneiden. Setzt man noch

$$\frac{a_6}{a_3} = \mathfrak{k}, \quad \frac{M'^2}{a_3^2} = m,$$

wobei also $\mathfrak{k}$ der Parameter des zugehörigen Gewindes $\mathfrak{G}$ ist, so erhält man als Gleichung des erwähnten Geradenpaars

$$1) \qquad (\mathfrak{k}^2 - m) z'^2 + 2\mathfrak{k}\, x y' z' + (x^2 - m) y'^2 = 0.$$

Der Richtungskoeffizient $\lambda = z' : y'$ läfst sich hieraus leicht berechnen, ebenso der Öffnungswinkel des Kegels.

$\mathfrak{C}_2$ kann also durch Schiebung und Schraubung der Regelfläche 1), d. i. einer Regelfläche vierter Ordnung, geradeso erzeugt werden, wie das Gewinde durch Schiebung und Schraubung des hyperbolischen Paraboloids:

$$\lambda = -\frac{x}{\mathfrak{k}}.$$

Wenn zunächst:

I) $m = \mathfrak{k}^2$, so folgt aus 1), dafs alle Durchmesser von $\mathfrak{G}$ zu $\mathfrak{C}_2$ gehören.

In der That ist von vornherein mechanisch selbstverständlich, dafs für $M'^2 = a_6^2$, d. h. wenn das gegebene Moment gleich dem Feld der äquivalenten Dyname ist, alle Durchmesser von $\mathfrak{G}$ der Aufgabe genügen; denn der Stabanteil der Dyname hat bezüglich derselben das Moment Null, und der Feldanteil hat bezüglich aller Durchmesser dasselbe Moment. Die Regelfläche reduziert sich hier auf den dritten Grad.

II) Wenn $m < \mathfrak{k}^2$, so ist mechanisch selbstverständlich, dafs umsomehr durch jeden Punkt reelle Strahlen von $\mathfrak{C}_2$ gehen müssen, weil das erreichbare Moment für die Achsen durch einen Punkt seinem absoluten Betrage nach ein Maximum, aber kein von Null verschiedenes Minimum hat (Aufgabe 14).

III) Wenn $m > \mathfrak{k}^2$, so dringen in das Innere des Cylinders vom Halbmesser $\sqrt{m - \mathfrak{k}^2}$ keine Strahlen von $\mathfrak{C}_2$ ein. Es berühren ihn Strahlen mit der Neigung

$$\frac{\mathfrak{k}}{\sqrt{m - \mathfrak{k}^2}}.$$

Sämtliche Strahlen von $\mathfrak{C}_2$ können nach Tangenten von Schraubenlinien angeordnet werden, von denen auf jedem der koaxialen Cylinder zwei Scharen von je ∞^1 liegen. Es sind die Spezialfälle $\mathfrak{k} = 0, \infty$ zu beachten (vergl. § 48, b).

38) Jedes hyperbolische Netz kann durch eine Transformation $\mathfrak{T}$ des Satzes 108 aus einem rechtwinkligen Netz $\mathfrak{R}$ erhalten werden. Schneidet man $\mathfrak{R}$ durch zwei zur Mittelebene parallele Ebenen, welche die Brennlinien harmonisch trennen, so erhält man zwei solche affine Systeme Σ, Σ_1, deren Projektionen Σ, Σ' auf einander involutorische Centralbüschel haben. Macht man ihre Doppelstrahlen zu Achsen, so kann die Affinität zwischen Σ und Σ' durch die Gleichungen:

1) $$x' = \mu x, \; y' = -\mu y$$

dargestellt werden. Aus

$$\frac{y'}{x'} = -\frac{y}{x}, \; x'y' = -\mu^2 xy$$

geht hervor, daſs das System Σ' aus Σ durch Spiegelung längs einer Geraden und ähnliche Vergröſserung im Verhältnis μ abgeleitet werden kann. Also kann $\mathfrak{R}$ auf ∞^1 Arten durch zwei solche affine Systeme erzeugt werden, die durch Spiegelung, Ähnlichkeitstransformation und Translation auseinander ableitbar sind.

Schneidet man $\mathfrak{R}$ durch zwei Ebenen, die von der Mittelebene beiderseits gleichen Abstand haben, so treten an Stelle von 1) die Gleichungen

2) $$x' = \varkappa x, \quad y' = \frac{1}{\varkappa} y,$$

wobei $\varkappa$ eine positive oder negative Konstante bedeutet, je nachdem die beiden Ebenen zwischen den Brennlinien liegen oder auſserhalb derselben.

Die weiteren Gleichungen

$$\varkappa \frac{y'}{x'} = \frac{1}{\varkappa} \frac{y}{x}, \quad x'y' = xy$$

ergeben keine so einfache Deutung mehr.

41) $x' = c \cot \alpha . \frac{y}{z}, \quad y' = c \operatorname{tang} \alpha . \frac{x}{z}, \quad z' = \frac{c^2}{z}.$

42) Wenn man y, y' als fest, x, x' als beweglich betrachtet, kommt man zur Sylvesterschen Erzeugungsweise; dem Punkt x ist die Ebene (g, x') als Nullebene zugeordnet, also immer dieselbe, welches Paar man auch statt y, y' als fest betrachtet. Da g, g' auch Strahlen aller Gewinde sind, so sind diese identisch. Diese Bestimmungsweise durch zwei projektive Punktreihen kommt auch darauf hinaus, vom Gewinde ein spezielles Strahlennetz und noch einen Strahl zu geben.

44) Z. B. kann sie aus 113, a) so entnommen werden: Wählt man irgend welche Gröfsen p_i, die der Komplexgleichung

1) $$c p_3 + p_6 = 0$$

und der Gleichung

2) $$\Sigma p_i p_{i+3} = 0$$

genügen, so kann man aus den vier Gleichungen

$$\sigma p_1 = c, \ \sigma p_2 = -z, \ \sigma p_3 = y, \ \sigma p_5 = cw$$

die vier Gröfsen σ, y, z, w reell berechnen; die beiden überzähligen Gleichungen

$$\sigma p_6 = -cy, \qquad \sigma p_4 = y^2 + zw$$

sind dann vermöge 1) und 2) von selbst erfüllt.

45) Bei 110) sind die u-Flächen und die v-Flächen hyperbolische Paraboloide, die $u, \mathfrak{z}$ und die $v, \mathfrak{z}$-Kongruenzen spezielle Strahlennetze und zwar im einen Fall solche, deren Brennlinie unendlich fern liegt; analog bei 113).

46) Man wähle auf g zwei Punkte; ihre Nullebenen bezüglich der Komplexe des Büschels beschreiben zwei projektive Ebenenbüschel, u. s. w.

Abschnitt V.

48) Setzt man

$$x_k = a_k + i\,a'_k, \quad y_k = b_k + i\,b'_k,$$

schreibt

$$\begin{aligned} &\lambda + i\lambda' \text{ statt } \lambda, \\ &\mu + i\mu' \quad " \quad \mu, \\ &z_k + i z'_k \quad " \quad z_k, \end{aligned}$$

so wird:

$$\sigma z_k = a_k(\nu\lambda + \nu'\lambda') + a'_k(\nu'\lambda - \nu\lambda') + b_k(\nu\mu + \nu'\mu') + b'_k(\nu'\mu - \nu\mu')$$

$$\sigma z'_k = a_k(\nu'\lambda - \nu\lambda') - a'_k(\nu\lambda + \nu'\lambda') + b_k(\nu'\mu - \nu\mu') - b'_k(\nu\mu + \nu'\mu')$$

Löst man jedes der beiden Systeme nach den Klammern auf, und setzt die Auflösungen einander proportional, so erhält man eine Darstellung der gescharten involutorischen Kollineation, die frei von Parametern ist. Dieselbe lautet, wenn man in der Determinante

$$|\,a_k\,a'_k\,b_k\,b'_k\,| \qquad (k = 1, \ldots 4)$$

die Adjunkte jedes Elementes mit dem entsprechenden griechischen Symbol bezeichnet:

$$\tau\,\Sigma\,\alpha_k z'_k = \Sigma\,\alpha'_k z_k, \qquad \tau\,\Sigma\,\beta_k z'_k = \Sigma\,\beta'_k z_k,$$

$$\tau\,\Sigma\,\alpha'_k z'_k = -\,\Sigma\,\alpha_k z_k, \qquad \tau\,\Sigma\,\beta'_k z'_k = -\,\Sigma\,\beta_k z_k.$$

Man sieht aus den Gleichungen, dafs die Kollineation involutorisch ist, und dafs keine reellen Doppelpunkte vorhanden sind. Denn für die Doppelpunkte folgt $\tau^2 = -1$.

52) $$(b^2 + c^2 - r^2)\,q_1^2 + (c^2 + a^2 - r^2)\,q_2^2 + (a^2 + b^2 - r^2)\,q_3^2$$
$$+ q_4^2 + q_5^2 + q_6^2 - 2\,[a\,b\,q_1\,q_2 + b\,c\,q_2\,q_3 + c\,a\,q_3\,q_1]$$
$$+ 2\,a(q_3 q_5 - q_2 q_6) + 2\,b(q_1 q_6 - q_3 q_4) + 2\,c(q_2 q_4 - q_1 q_5) = 0.$$

53) Der Ort ist das gleichseitige Paraboloid:

$$\frac{a\,b}{c} = -\frac{n}{m}(1 - m^2).$$

Wählt man den Mittelpunkt auf dieser Fläche, so ist der Halbmesser der Kugel durch

$$b^2 - a^2 m^2 + (c^2 - r^2 - n^2)(1 - m^2) = 0$$

bestimmt. In der That ist es für eine Kugel eine zweifache Bedingung, eine imaginäre Gerade zu berühren, weil sie die konjugierte von selbst berührt.

54)
$$q_3^2 - q_6^2 + 2(q_1 q_5 - q_2 q_4) = 0\,,$$
$$q_3^2 + q_6^2 + 2(q_2 q_5 - q_1 q_4) = 0\,.$$

Vergl. auch Zeuthen, Math. Ann. Bd. I.

55) In doppelter Berührung; denn sie haben mit ihm nur zwei gemeinsame Punkte und die Zahl der Schnittpunkte kann sich im imaginären Gebiet nur verringern, indem einige zusammenfallen. In der That kann man dies durch einen Grenzübergang aus einer allgemeinen Fläche anschaulich verfolgen, indem zwei Nabelpunkte in einen Scheitel zusammenrücken, somit auch ihre Tangenteninvolutionen auf der unendlich fernen Geraden aller Parallelkreisebenen dieselbe Involution herausschneiden.

56) Es sind diejenigen, die den imaginären Kugelkreis $\mathfrak{K}$ treffen. Dies kann nur in den gemeinsamen Punkten von $\mathfrak{K}$ und der unendlich fernen Kurve C von F_2 geschehen. C ist auch der Schnitt des Asymptotenkegels A von F_2 mit der unendlich fernen Ebene. Die Strahleninvolutionen in den cyklischen Ebenen von A definieren solche imaginäre Strahlen von A, die auch $\mathfrak{K}$ treffen. Sie schneiden also auf der unendlich fernen Ebene, da sie in beiderlei Sinn zu nehmen sind, die vier Schnittpunkte von C und $\mathfrak{K}$ aus. Man hat daher folgenden Satz: In einem Parallelebenenbüschel, das eine cyklische Ebene eines Hyperboloids H enthält, ist durch H eine Involution definiert. Diese schneidet auf irgend einer Erzeugenden e von H auch eine Involution aus, wodurch auch eine gescharte räumliche Involution definiert ist (Satz 137); die Ordnungsstrahlen der letzteren bilden ein Rotationsnetz. Wir haben das Ergebnis reell formuliert; aber es hätte ohne die Theorie der imaginären Elemente nicht so leicht abgeleitet werden können. Diese Aufgabe ist ein schlagendes Beispiel für die Verwendbarkeit dieser Theorie.

Abschnitt VI.

57) Wenn E durch eine der äußersten Erzeugenden des Cylindroids geht.

61) Nach der Einteilung des § 79 sind es die Fälle A) b, c, d; B) b, d; C) a. Die gemeinsamen Komplexe können nur singulär sein.

62) Sei C derjenige Komplex von B, der zu B' vollständig normal liegt (§ 78); dann liegt B' im ergänzenden Gebiet C_4 von C (Satz 175). Aber auch das ergänzende Gebiet B_3 von B liegt in C_4, schneidet also hier B' in einem Komplex C', der zu B vollständig normal ist.

63) Den Fall, daſs die Grundregelschar ein gleichseitiges Paraboloid ist (§ 83, B, a).

64) Wie man auch g als Bestandteil eines Körpers mit Freiheit dritten Grades betrachten mag, die Flächennormalen in A, B, C definieren die Grundregelschar des zugehörigen linearen Windungsgebietes.

66) Vergl. die in § 85 zitierte Schrift Sturms.

Vermischte Übungsaufgaben.

69) Chasles, C. R. 16 (1843); es sei bei dieser Gelegenheit auf die beiden Werke von Schönflies „Geometrie der Bewegung in synth. Darst.“ (1886) und von Mannheim „Géométrie cinématique“ (1894) hingewiesen.

70) Franel, Vierteljahrsschr. der naturf. Ges. Zürich, Bd. 40, 1895.

71) Franel, ebenda; für den Fall, daſs die Netze identisch sind, vergl. Kohn, Wiener Sitzgsber. Bd. 107, II, 1898.

72) Durch die Gleichung wird auf den Brennlinien eine Projektivität definiert (D'Emilio, die in § 55 zitierte Schrift.)

73) Sie schneidet stets die beiden Geraden

$$x\sqrt{b} - y\sqrt{a} = 0, \qquad z = \sqrt{ab};$$

und

$$x\sqrt{b} + y\sqrt{a} = 0, \qquad z = -\sqrt{ab}.$$

(Hermes, über Strahlensyst. 1. Ord. u. Kl. Journ. f. Math. Bd. 67, 1867). Das Netz ist hyperbolisch oder elliptisch, je nachdem a, b gleichbezeichnet sind oder nicht.

74) Denn t ist Brennlinie eines parabolischen Strahlennetzes, das durch eine Korrelation mit dem Träger t definiert werden kann (§ 58).

76) Klein, Math. Ann. Bd. II; Caporali und del Pezzo, Introd. alla teoria dello sp. rig. (in den Mem. di Geom. von Caporali).

77) Denn jeder Strahl des zugehörigen Netzes wird durch einen Komplex des Büschels in sich selbst abgebildet (Caporali u. del Pezzo, a. a. O. § 8).

78) R sei durch s, t', t'' definiert; dann bestimmen s, s', t', t'' ein Strahlennetz N, dem sämtliche erwähnten ∞^1 Regelscharen angehören (Satz 99), dasselbe aber auch erschöpfen, wie man erkennt, wenn man durch s zwei Ebenen legt und N durch zwei kollineare Felder erzeugt (Satz 100).

79) N sei durch s, t_1, t_2, t_3 definiert; dann ist durch s, s', t_1, t_2, t_3 eine Gewinde G bestimmt, dem sämtliche ∞^2 Regelscharen angehören (Satz 101 und 11), dasselbe aber auch erschöpfen; denn wählt man einen beliebigen Strahl p von G, so bestimmt er mit s, s' eine Regelschar, die nach Satz 217 N außer in s noch in einem zweiten Strahl schneidet, der als t zu nehmen ist, wenn man auf p kommen will. Analog in den anderen Fällen.

80) Sturm, Liniengeom. I, Art. 130, 142, 154.

81) Caporali u. del Pezzo, a. a. O. § 4.

82) Wir schneiden a, b, c, d durch zwei Strahlen t, t' der Leitschar. Dann ist (Fig. 87):

$$(abcd) = (ABCD) = (a\beta\gamma\delta).$$

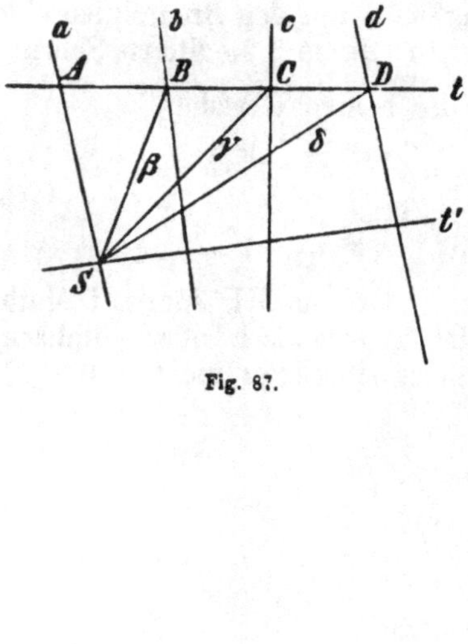

Fig. 87.

Nun müssen sich nach § 39, c) die Zeiger von γ und δ in der Form

$$\gamma_i = a_i + \lambda\beta_i,$$
$$d_i = a_i + \mu\beta_i$$

schreiben lassen, wobei λ und μ aus der Bedingung zu bestimmen sind, daſs sich γ, c schneiden, ebenso δ, d. Setzen wir also

$$\omega(a, c) = \Sigma a_{i+3} c_i = (a c),$$

u. s. w., so ist

$$(a c) + \lambda (\beta c) = 0 \qquad (a d) + \mu (\beta d) = 0$$

und nach Satz 55:

$$(a b c d) = \frac{\lambda}{\mu} = \frac{(a c)}{(\beta c)} : \frac{(a d)}{(\beta d)}.$$

Nun vertauschen wir a, b, ebenso t, t' und lassen B die Rolle von S spielen. Dann erhalten wir

$$(b a c d) = \frac{(b c)}{(\beta c)} : \frac{(b d)}{(\beta d)}$$

und durch Elimination von β:

$$(a b c d) = \sqrt{\frac{(a c)}{(c b)} : \frac{(a d)}{(d b)}}.$$

Es ist noch das Vorzeichen der Wurzel, deren positiven Wert wir u nennen, zu bestimmen: Berechnen wir nach derselben Regel

$$(a c b d) = \pm v,$$

so ist einerseits

$$(a b c d) + (a c b d) = 1,$$

andererseits kann von den drei Gleichungen

$$u + v = 1, \qquad u - v = 1, \qquad -u + v = 1$$

nur eine durch die positiven Werte u, v erfüllt werden. Das Doppelverhältnis läſst sich der Natur der Sache nach auch rational durch die Zeiger ausdrücken (Voss, Math. Ann. Bd. 8, S. 61).

Anhang II.

Die Anfertigung der Figuren.

Wenn auch die folgenden Erläuterungen zum Verständnis des Buches nicht unentbehrlich sind, soll sich doch ein Geometer darüber Rechenschaft geben können, wie räumliche Gebilde richtig zu zeichnen sind. Bei einigen der folgenden Erklärungen wird die Kenntnis der Elemente der darstellenden Geometrie vorausgesetzt. Alle Figuren des Buches sind, wo nicht ausdrücklich anders bemerkt, in axonometrischer Projektion gezeichnet, wofern sie überhaupt räumliche Gebilde darstellen.

Abschnitt I.

Fig. 1. Der Kreis wurde in der Umlegung in 12 gleiche Teile geteilt und die Teilpunkte durch Parallele zur Achse auf die Ellipse projiziert. Indem man die Strecke 11′ von 1 aus einmal, von 2 aus zweimal u. s. w. in der Richtung a aufträgt, erhält man Punkte der Schraubenlinie.

Fig. 10. Da durch das Achsenverhältnis der Ellipsen, welche Kreise darstellen, die Neigung ihrer Ebene und somit die Lage der ganzen räumlichen Figur gegen die Bildebene sich vollkommen bestimmt, ist auch die Neigung ν der Cylindertangente l gegen die Kreisebene, d. h. gegen die Kreistangente t in B bestimmt. Die willkürliche Annahme des Gewindestrahls l durch B im Bilde bestimmt somit den Parameter $\mathfrak{k}$ des Gewindes. Sein Strahl l_1 mit der Neigung ν_1 (analog l_2) mufs aus der Proportion

$$\tan \nu_1 : \tan \nu = c_1 : c$$

(Gleichung 14) konstruiert werden. Dies ist in der Nebenfigur (in vergröſsertem Maſsstab) geschehen. Um die

Richtung von t zu finden, ziehe man $PT \parallel DA$; dann ist $t \parallel TQ$, weil PTQ im Raume ein rechter Winkel ist. Es ist $AN \parallel t$ (Länge beliebig), $t_2 \parallel t_1 \parallel t$, $n_2 \parallel n_1 \parallel n \parallel a$; S ist als Schnittpunkt von l und n bestimmt; dann schneidet NS auf n_1 und n_2 Punkte von l_1 und l_2 heraus, weil n, n_1, n_2, proportional den Tangenten der Winkel ν, ν_1, ν_2 sind.

Fig. 13. Die Geraden a, l_1, d, d_1 wurden im Bilde willkürlich angenommen, hierauf $n \parallel a$ durch Q, $d_1' \parallel d_1$ durch N gezogen, wodurch l_1' bestimmt ist. Man sieht jetzt zugleich, daſs man jene vier Geraden in der That willkürlich annehmen durfte; denn man kann n, l_1', d_1' als das Achsenkreuz betrachten u. s. w. Schlieſslich muſs $l \parallel NQ$ gezogen werden.

Abschnitt II.

Fig. 20. Die Hyperboloide sind bloſs skizziert und durchsichtig gedacht.

Abschnitt III.

Fig. 33. Das Dreikant P_1 wird von E in STU, von $\mathfrak{E}$ in $\mathfrak{STU}$ geschnitten. Die Eckpunkte dieser beiden Dreiecke wurden auf den Kanten beliebig angenommen, zugleich $\mathfrak{E}$ horizontal gedacht. Hierauf wurde die Spur E_h von E auf $\mathfrak{E}$ konstruiert, indem ST mit $\mathfrak{ST}$ zum Schnitt gebracht wurde, u. s. w. Es sei $P_1 P_1' = \mathfrak{e}_1$ die Senkrechte von P_1 auf $\mathfrak{E}$, δ_1 die Senkrechte von P_1 auf E, N die Verbindungsebene $(\mathfrak{e}_1, \delta_1)$. Dann können $\mathfrak{e}_1$ und N_h noch beliebig angenommen werden; denn jetzt können E_h, N_h, $\mathfrak{e}_1$ als die Achsenrichtungen betrachtet werden. Die Spur N_e von N auf E muſs jedoch (z. B. mit Hilfe von $P_1 \sigma$) konstruiert werden. Um δ_1 zu finden, handelt es sich nur noch darum, von P_1 auf N_e die Senkrechte zu konstruieren. Zieht man $P_1 B \perp E_h$, so ist $P_1 B$ parallel zur Bildspur von N. Wenn also $AC \perp P_1 B$, so ist ACB auch im Raume ein rechter Winkel, daher AC eine Höhe des in N gelegenen Dreiecks ABP_1. Eine zweite Höhe und somit den Höhenschnittpunkt ω findet man, indem man $B\omega \parallel N_h$ zieht. $P_1 D$ durch ω ist die gesuchte Strecke δ_1; δ_2 zieht man parallel dazu durch P_2 und begrenzt es durch DS. Analog findet man $\mathfrak{e}_2$.

Fig. 34. Zuerst wurden E_1 und E_2 als im Raume rechteckig begrenzt angenommen, dann P_1 in E_2, P_2 in E_1. Zieht man α, x parallel zu den Rändern der Ebenen, so kann die senkrechte Projektion P_2'' von P_2 auf E_2 noch beliebig auf x angenommen werden. Aber jetzt sind drei aufeinander senkrechte Richtungen x, y, $P_2''P_2$ bekannt, die als Achsenrichtungen betrachtet werden können, und die Projektion P_1' von P_1 auf E_1 mufs konstruiert werden, weil die Lage der Figur gegen die Bildebene (bis auf ihre Entfernung von derselben) bestimmt ist. Legen wir also P_2'' in die Bildebene, so erhalten wir durch $\sigma \perp y$ und $\tau \perp P_2''P_2$ zwei Punkte der Bildspur β von E_1; P_1P_1' mufs senkrecht zu β gezogen und durch Parallele zu den Rändern begrenzt werden. Nun kennt man die Projektionen k' und k'' von k auf E_1 und E_2, kann daher, wenn S' und $\mathfrak{S}'$ auf k angenommen werden, die Strecken d' und e' zeichnen.

Abschnitt IV.

Fig. 40. Um möglichst einfach eine richtige Skizze zu erhalten, wurde $A_3C = A_2A_3 = NA_2$ gemacht, ebenso $B_3B_4' = B_2B_3 = B_1B_2$.

Fig. 47. Die Paare kongruenter Ellipsen der beiden Scharen des Satzes 109 bestimmen Hyperboloide, für welche der Hauptstrahl des Netzes eine Achse ist. Drei dieser Hyperboloide wurden gezeichnet und drei Paare konjugierter Richtungen in den Ellipsen (z. B. AA', BB'). Die Konturen der Hyperboloide sind nicht überall gezeichnet; jedoch trennt überall ihr Berührungspunkt mit den Netzstrahlen einen voll ausgezogenen und einen punktierten Teil des Strahls. Die Netzstrahlen lassen sich auch nach gleichseitigen hyperbolischen Paraboloiden anordnen, wenn man alle zusammenfafst, die einen Durchmesser einer Ellipsenschar (z. B. AA', daher auch BB') schneiden. Dieselbe Figur kann sowohl als Bild eines Rotationsnetzes als eines allgemeinen elliptischen aufgefafst werden.

Abschnitt V.

Fig. 58. Da die Lage der Geraden g, g_1 durch ihre axonometrische Projektion allein noch nicht bestimmt ist, kann man in E die Richtung der Spuren h, h_1 des Paares paralleler Ebenen durch g und g_1 willkürlich annehmen. Projiziert man dann den Punktwurf auf g in der Richtung g_1 und umgekehrt, so erhält man Punkte auf den Strahlen der Quadrupel a, a'; b, b' und a_1, a_1'; b_1, b_1'. Jetzt könnte man unmittelbar die weitere Konstruktion des gemeinsamen Punktes nach b) anschliefsen. Denn diese Konstruktion hat projektiven Charakter; es macht daher keinen Unterschied, dafs sie hier blofs das Bild einer Konstruktion ist, die sich in Wirklichkeit in einer anderen Ebene abspielt.

Abschnitt VI.

Fig. 66. Ein Kreis K des Kreiscylinders wurde (nach derselben Methode wie bei Fig. 1) in 32 gleiche Teile geteilt; durch die Teilpunkte wurden die Senkrechten auf seine Ebene gezogen und auf diesen nach oben oder unten die Ordinaten der Kurve $z = \frac{1}{2} \sin 2\vartheta$ aufgetragen. Dabei ist die grofse Halbachse der Ellipse K die Einheit in wahrer Länge, also die Excentricität von K ihre Länge in der Verkürzung nach der Z-Richtung. Nimmt man daher die halbe Excentricität CH als Einheit, macht danach einen Mafsstab, und betrachtet $\frac{1}{32}$ des Kreisumfangs als äquivalent $22\frac{1}{2}^0$, so kann man die aufzutragenden Werte z unmittelbar aus der Sinustafel ablesen und dann am Mafsstab abnehmen.

AA' und BB' sind die Achsen der Hauptkomplexe des Büschels und liegen in der Mittelebene. GG' ist die tiefste, HH' die höchste Erzeugende; beide sind die „äufsersten“. Ihre Richtungen halbieren den (rechten) Winkel zwischen AA' und BB'. DD' ist die Doppellinie, soweit sich auf ihr zwei reelle Erzeugende schneiden. Die Figur des Modells ist der Übersichtlichkeit halber anstatt durch die gestrichelte Linie der Figur 65 durch die Sinuslinie selbst begrenzt, was beim wirklichen Modell allerdings nicht ausführbar ist. Der Cylinder ist undurchsichtig gedacht, das Cylindroid jedoch durchsichtig, wie es ja bei einem Fadenmodell der Fall ist.

Fig. 68. Eine Ellipse K wurde beliebig gezeichnet und als Projektion eines Kreises betrachtet, ferner d durch einen Punkt B von K parallel zur kleinen Achse der Ellipse angenommen. Der zu BB' konjugierte Durchmesser AA' von K steht im Raume auf BB' senkrecht. Macht man $A'H = -AG \parallel d$, so ist GH im Raume die grofse Achse einer auf dem Kreiscylinder durch K liegenden Ellipse, die also aus den konjugierten Durchmessern BB' und GH gezeichnet werden kann (Krümmungskreise in den Endpunkten dieser Durchmesser nach Rohn und Papperitz, Darst. Geom., Art. 410). Die Erzeugenden des Cylindroids findet man nun, wie i. T. angedeutet. Die durch G und H gehenden sind bezw. die tiefste und die höchste. BB' und die Tangente in B an K sind die Haupterzeugenden.

Fig. 81. Es ist darauf zu achten, dafs X, a, Y, a' ein harmonisches Büschel bilden; man erreicht dies am einfachsten, indem man auf einer Parallelen zu a' zwei gleiche Strecken aneinanderlegt, durch deren Endpunkte X, a, Y gehen müssen.

Berichtigungen.

Seite 37: Die Anm. ist dahin zu berichtigen, daß Giorgini in einer anderen Abhandlung im XX. Bande der genannten Memorie (1828) das Nullsystem entdeckt hat.

Seite 336: Der Satz 199 erleidet Ausnahmen: vgl. E. Study, Geometrie der Dynamen, Seite 311 und meinen Encyklopädie-Artikel III C 8, Seite 1056.

In §§ 75—77 treten die Gleichungsnummern (19) bis (23) doppelt auf.

Sachverzeichnis.

Manuldruck von F. Ullmann G. m. b. H., Zwickau Sa.

FSC
www.fsc.org
MIX
Papier | Fördert
gute Waldnutzung
FSC® C083411

Kolibri 360 GmbH
Ferdinand-Jühlke-Straße 7
99095 Erfurt, Deutschland
produktsicherheit@kolibri360.de